Adobe InDesign CC 2017
中文版经典教程

[美] 凯莉·科尔德斯·安东(Kelly Kordes Anton)
约翰·克鲁斯(John Cruise) 著

刘春雷 汪兰川 李娜 译

人 民 邮 电 出 版 社
北 京

图书在版编目（CIP）数据

Adobe InDesign CC 2017中文版经典教程 / （美）凯莉·科尔德斯·安东（Kelly Kordes Anton），（美）约翰·克鲁斯（John Cruise）著；刘春雷，汪兰川，李娜译. -- 北京：人民邮电出版社，2018.3（2021.1 重印）
ISBN 978-7-115-47484-1

Ⅰ. ①A… Ⅱ. ①凯… ②约… ③刘… ④汪… ⑤李… Ⅲ. ①电子排版－应用软件－教材 Ⅳ. ①TS803.23

中国版本图书馆CIP数据核字(2018)第007230号

版权声明

◆ 著　　[美] 凯莉·利尔德斯·安东（Kelly Kordes Anton）
　　　　[美] 约翰·克鲁斯（John Cruise）
　译　　刘春雷　汪兰川　李　娜
　责任编辑　赵　轩
　执行编辑　陈聪聪
　责任印制　焦志炜

◆ 人民邮电出版社出版发行　　北京市丰台区成寿寺路 11 号
　邮编　100164　　电子邮件　315@ptpress.com.cn
　网址　http://www.ptpress.com.cn
　北京捷迅佳彩印刷有限公司印刷

◆ 开本：800×1000　1/16
　印张：23.75
　字数：555 千字　　　　2018 年 3 月第 1 版
　印数：4 601 – 5 000 册　　2021 年 1 月北京第 5 次印刷

著作权合同登记号　图字：01-2017-4810 号

定价：79.00 元

读者服务热线：(010)81055410　印装质量热线：(010)81055316
反盗版热线：(010)81055315
广告经营许可证：京东市监广登字 20170147 号

内容提要

本书由 Adobe 公司编写，是 Adobe InDesign CC 软件的正规学习用书。全书共 16 课，涵盖了创建页面、使用对象和应用、文本的导入和编辑、排版艺术、颜色的使用、样式的创建和应用、导入和修改图形、创建表格、透明度处理、输出和导出、创建电子书等内容。

本语言通俗易懂并配以大量的图示，特别适合 InDesign 新手阅读；有一定使用经验的用户也可从中学到大量高级功能和 InDesign CC 新增的功能。本书也适合各类培训班学员及广大自学人员参考。

作者简介

Kelly Kordes Anton 在 InDesign 中已撰写和编辑各式书籍，包括 *Adobe InDesign How-Tos*: 100 *Essential Technigues* 和多种版本的 *Adobe InDesign classroom in a Book*。作为一名自由撰稿人和作家，她撰写和编辑了许多关于出版软件、摄影、视频制作等的文章和书籍。目前她在科罗拉多州戈尔登县的 MillerCoors 做一名通信专家。

John Cruise 编著关于使用页面的软件近三十年，出版了很多书，包括 *InDesign Bible*、*Adobe InDesign How-Tos*: 100 *Essential Technigues* 和多种版本的 *Adobe InDesign classroom in a Book*。John 为多种出版物撰写文章，包括 *Macworld*、*MacAddict*、*MacLife* 和 *Layers magazine*，现居住在科罗拉多丹佛市。目前他已不使用和编写关于 InDesign 的书籍，开始练习太极、瑜伽和网球运动，并开始学习普通话。

致谢

没有合作者的贡献，本书是不可能完成的。感谢 Nancy Davis 组建了一个强大的团队；技术编辑 Chad Chelius，确保在每一页上的每一个字的准确性；输入者 Candyce MAIRS，测试在每节课的每一环节；校对者 Dan Foster，确保核对无误；制作者 Danielle Foster，抛光页面，并准备打印最终文件；Tracey Croom，皮尔森的高级编辑，监督整个生产过程，使每个人保持知情和督测权利。作者还要感谢以下摄影师提供了用于示例课程文件的图像：他们是 Shauneen Hutchinson、Sylvia Bacon、Diane Supple 和 Eric Shropshire。

前言

欢迎使用 Adobe InDesign CC 2017。InDesign 是一款功能强大的设计和制作软件，可提供精确的控制及与其他 Adobe 专业图形软件的无缝集成。利用 InDesign 可制作出专业品质的彩色文档，用在高分辨率彩色印刷机和各种输出设备（如桌面打印机和高分辨率排印设备）上，或是导出各种格式，包括 PDF 和 EPUB。作家、艺术家、设计师和出版工作人员可通过前所未有的各种媒体，与更广泛的受众交流。InDesign 通过与其他 Creative Cloud 组件无缝集成，为此提供了支持。

教材用书

本书由 Adobe 产品专家编写。课程经过精心设计，方便读者按照自己的节奏阅读课程。如果读者是 Adobe InDesign 新手，将从中学到该程序的基础知识和操作方法；如果读者有一定的 InDesign 使用经验，将会发现本书介绍了许多高级功能，包括针对最新版本软件的使用技巧和操作提示。

本书在每节课程中提供完成特定项目的具体步骤。读者可按顺序从头到尾阅读全书，也可根据个人兴趣和需要选读对应章节。每课的末尾都有复习题，对该课程的内容进行总结。

必备知识

开始使用本书之前，应了解计算机及其操作系统基本常识。懂得如何使用鼠标、标准菜单以及命令，知道如何打开、保存和关闭文件。如果需要复习这些技巧，请参阅有关操作系统的纸质或在线的文档。

注意：当操作指南因为平台差异出现不同时，通常先列出在 Windows 中的操作，然后是在 Mac OS 中的操作。比如，单击 Alt 键（Windows）或 Option 键（Mac OS）。

安装软件

开始使用本书之前，应确保系统设置正确，并安装了相应的软件和硬件。

本书并不包含 Adobe InDesign CC 软件，读者需要单独购买。除了 Adobe InDesign CC，本书里的某些课程还可能需要使用到 Adobe Bridge。读者可参照屏幕提示，从 Adobe InDesign CC 中将该应用程序安装到硬盘上。

Adobe Creative Cloud 桌面应用

除了 Adobe InDesign CC，本书里的课程也需要 Adobe Creative Cloud 桌面应用程序，它提供了用于管理包括 Creative Cloud 会员在内的数十个应用程序和服务的关键位置。您可以使用 Creative Cloud 桌面应用程序来同步和共享文件、管理字体、摄影访问库等。

注意：关于 Typekit 更多的信息，在 typekit com/help 中的 Creative Cloud Help 信息中添加字体文件，前往 https://helpx adobecom/creative-cloud/help/add-fontstypekit html。

Creative Cloud 桌面应用程序安装时会自动下载用户的第一个 Creative Cloud 产品。如果用户有 Adobe 应用程序管理器，它将自动更新 Creative Cloud 桌面应用程序。

如果计算机上未安装 Creative Cloud 桌面应用程序，可以从下载页面上的 Adobe Creative Cloud 网站（creative.adobe.com/products/creative-cloud）或 Adobe Creative Cloud 桌面应用程序页面（adobe.com/creativecloud/catalog/desktop.html）下载。

本书使用的字体

本书课程中用到的字体都是 Adobe InDesign CC 软件的自带的。有些字体在 InDesign 中未安装，而是通过 Typekit-Adobe 提供的用于桌面应用程序和网站上的一个巨大字体库订阅服务系统使用。TE Typekit 服务与 InDesign 的字体选择功能和 Creative Cloud 桌面应用集成，并在 Creative Cloud 中订阅。

当你打开一个没有安装在计算机上的 Typekit 字体的文件时，会弹出一个缺少字体对话框，提示您选择同步字体。如果 Typekit 字体同步缺失，对话框中则会显示缺少 Typekit 字体。

保存和恢复 InDesign 默认文件

InDesign Defaults 文件存储了程序首选项和默认设置，如工具设置和默认的计量单位。为确保 Adobe InDesign 应用程序的首选项和默认设置与本书中使用的相符合，在开始课程前，应将当前的 InDesign Defaults 文件移动到其他路径。在完成本书学习之后，可以将 InDesign Defaults 文件移回原来的文件夹，恢复开始学习前的首选项和默认设置。

注意：每次开始新课程时，即使恢复 InDesign 默认文件，面板也会保持开放。如果发生这种情况，则可以手动关闭面板。

移动当前 InDesign 默认文件

移动 InDesign 默认文件到另一个位置，将提示 InDesign 会自动创建一个新的设置为原厂设置的首选项和默认值。

1 退出 Adobe InDesign。

2 在 Windows 或 Mac OS 中找到 InDesign 默认文件。

3 如果想恢复首选项，移动文件到硬盘驱动器的另一个文件夹。否则，可以删除该文件。

4 启动 Adobe InDesign CC。

找到在 Windows 中的 InDesign 默认文件。

InDesign 默认文件位于文件夹：[startup drive]\Users\[username]\AppData\Roaming\Adobe\InDesign\Version 12.0\en_US*\InDesign Defaults。

注意：如果隐藏文件是可见的，但仍然无法找到参数文件，可以使用操作系统的查找文件的特点和“InDesign 默认搜索”。

- 默认情况下，AppData 文件夹在 Windows 7、Windows 8 和 Windows 10 中是隐藏的。如需显示 AppData 文件夹，在控制面板中单击“外观和个性化”，然后单击“文件夹选项”（Windows 7 和 Windows 8）或“文件资源管理器选项”（Windows 10）。
- 单击“文件夹选项 / 文件资源管理器”选项对话框中的“查看”选项卡，选中“显示隐藏的文件、文件夹和驱动器”，然后单击“确定”。

找到在 Mac OS 中的 InDesign 默认文件。

InDesign 默认文件位于：[startup drive]/Users/[username]/Library/Preferences/Adobe InDesign/Version 12.0/en_US*/InDesign Defaults。

- 取决于安装的语言版本，文件夹名称可能会有所不同。

- 找到 Mac OS 10.9 后，库文件夹是显示隐藏的。若要访问此文件夹，请从查找菜单中选择“查找”>“查找文件夹”。在库的文字对话框中输入“库”，然后单击“确定”或“前往”。

恢复保存的 InDesign 默认文件

如果恢复保存 InDesign 默认文件，实施以下操作。

1 退出 Adobe InDesign。

2 找到保存的 InDesign 默认文件，将它拖回原来的文件夹，即可取代目前的 InDesign 默认文件。

资源下载

本书所需的素材文件及相关内容，请通过 www.epubit.com.cn/book/details/4845 或 box/ptpress.com.cn/y/47484 下载。

[illegible] Adobe InDesign。

在Windows 或Mac OS中 [illegible] InDesign [illegible]

[illegible]

[illegible] Adobe InDesign CC

[illegible] Windows 中的 InDesign 默认文件

InDesign 默认文件位于下面的文件夹中：[startup drive]\Users\[username]\AppData\Roaming\Adobe\InDesign\Version 13.0\en_US*\InDesign Defaults。

注意 [illegible] InDesign [illegible]

[illegible]

目 录

第1课 工作区简介

课程概述

本课中，将学习如何进行下列操作。

- 打开文件。
- 选取和使用工具。
- 使用应用程序栏和控制面板。
- 管理文档窗口。
- 使用工作面板。
- 定制工作区。
- 改变文档的缩放比例。
- 导览文档。
- 使用上下文菜单和面板菜单。
- 改变界面。

学习本课大约需要 45 分钟。

InDesign界面非常直观，用户可以轻松创建像上图这样出众的布图设计。为了最大程度地发挥其强大的布局和设计功能，了解InDesign工作区十分必要。工作区由应用程序栏、控制面板、文档窗口、菜单、剪贴板、工具面板以及其他面板组成。

概述

本课程中，将带领读者练习使用工作区导览一个简单布局的几个页面。这是该文档的最终版本，读者不用修改其中的对象、添加图片或是修改文本，利用该文档探索 InDesign 的工作区即可。

1 为确保 Adobe InDesign 的首选项和默认设置符合本课程的要求，请先按照前言中的步骤设置 InDesign 默认文件。

2 开始 Adobe InDesign。

3 确保面板和菜单命令与本课所使用的相匹配，依次选择“窗口”>“工作区”>“高级”，然后选择“窗口”>“工作区”>“重置高级”。

4 选择菜单“文件”>“打开”，然后选择硬盘下 InDesignCIB 中的课程文件夹，打开“Lesson01”文件夹中的“01_Start.indd”文件。

5 如果弹出警报，通知文档包含已修改的源链接，请单击“更新链接”。

6 如果对话框显示缺少字体，通过 Adobe Typekit 同步字体来访问缺少的字体。单击“关闭”字体完成同步。有关使用 Adobe Typekit 的更多信息，参见“前言”。

7 选择菜单“文件”>“存储为”，将文件重命名为“01_Introduction.indd”，并储存至“Lesson01”文件夹中。

8 若要以更高的分辨率显示文档，请选择“视图”>“显示性能”>“高质量显示”。

9 使用文档窗口上的滚动条，向下滚动查看明信片的第二页，然后滚动到明信片的第一页。

观察熟悉工作区

InDesign 工作区是用户第一次打开或创建一个文档时所见到的区域。

- 菜单栏，应用程序栏和控制面板，位于屏幕的顶部。

- 工具面板，位于屏幕左侧。
- 常用的面板，位于屏幕右侧。

用户可以根据自己的工作方式定制 InDesign 的工作区。例如，可以选择仅显示常用的面板、最小化或重新排列面板组合、调整窗口大小、添加更多的文档窗口等。工作区域的配置被称为工作区。读者可以保存自定制的工作区设置或选择特定项目的配置，如数字出版、打印和打样以及印刷排版等。

选择和使用工具

工具面板包含了一些工具，可用于创建和修改页面对象，添加文本、图片并为其设置格式，以及进行颜色处理。默认情况下，工具面板停放在工作区的左上角。在本示例中，将工具面板置于浮动状态，让其水平放置，并尝试使用选择工具。

使用选择工具

使用选择工具可以移动和调整对象，并可选择用于格式化的对象，如应用颜色。单击选择工具，即可使用该工具。稍后，将尝试选择工具的其他方法。

提示：InDesign 页面的构建块是对象，包括帧（包含文本和图形）和直线。

1 将屏幕上的工具面板定位在屏幕的最左侧。

2 将鼠标指针指向工具面板中的每个工具以查看其名称。

3 单击选择工具（ ）。

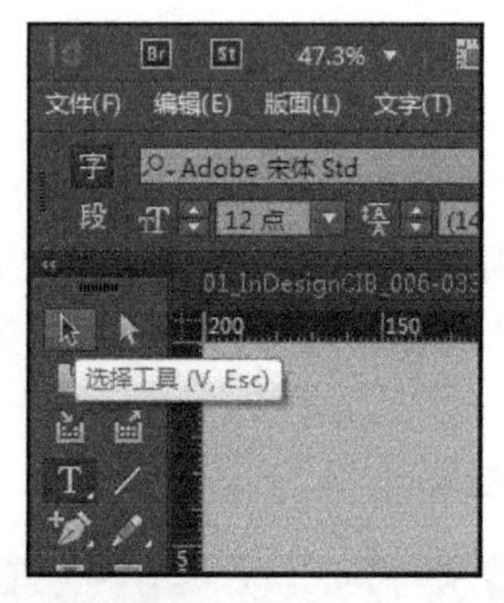

4 单击鸟嘴附近选择包含鸟照片的图形框架。

5 将框架拖动到右侧，看看帧移动的方式。

> **注意**：如果单击并按住鼠标再开始拖动，可以看到拖动对象。

6 释放鼠标后，按下 Ctrl + Z（Windows）或 Command + Z（Mac OS）组合键撤销移动。

7 选择工具仍然处于选中状态，再次单击页面上的其他对象，并将它们拖到新位置。每次移动后立即撤销。

> **注意**：页面包含 3 个文本框和一个黑色的背景框架，可以尝试移动它们。

使用文字工具

现在切换到文字工具，它允许输入、编辑和格式化文本。接下来我们不单击选择它，而是使用其键盘快捷方式。

1 将鼠标指针指向文字工具（T）以显示其工具提示。括号中显示的字母表示即选择此工具的单字母键盘快捷方式。

2 将鼠标对准其他各种工具，可看到单字母键盘快捷键。

3 在键盘上按 T 键选择文字工具。

4 单击图片中间的“Shore bird”。

5 在“Shore bird”附近使用文字工具键入几个字符。

6 按 Ctrl + Z（Windows）或 Command + Z（Mac OS）组合键对“Shore bird”撤销刚才的更改。

提示：学习设计和实践，可以改变许多想法。

7 使用文字工具，单击其他文字并修改文本，这样做之后立即撤销每个更改。

使用直线工具和抓手工具

现在，切换到直线工具，它可以让您创建水平、垂直的线和对角线。当你使用直线工具时，按住键盘快捷键 H 可以暂时切换为抓手工具，松开键盘快捷键后，InDesign 会恢复到先前选择的工具。这对于快速使用工具很有用，例如，你可以用抓手工具移动到页面的另一个区域，然后在那里创建一个直线。

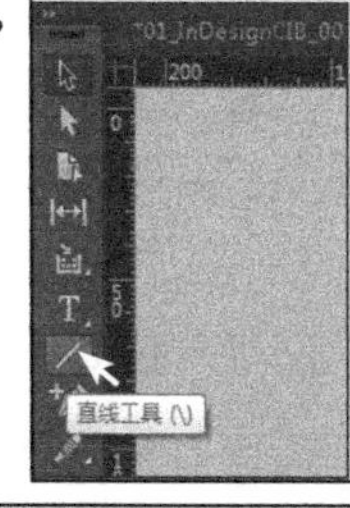

1 单击选中直线工具（）。

2 单击并拖动鼠标在页面的任意位置创建一条直线。按 Ctrl + Z（Windows）或 Command + Z（Mac OS）组合键撤销刚才的操作。

提示：按 Shift 键，使用直线工具可以创建水平、垂直或 45° 的直线。

3 仍选择直线工具，按键盘上的 H 键，这时抓手工具被选中。

4 拖动抓手工具查看页面的另一区域。当释放 H 键时，将再次选择直线工具。

使用矩形框工具和椭圆框工具

到目前为止，您使用了在工具面板上选择工具的 3 种方式：①单击工具；②按键盘快捷键；③按住键盘快捷键临时选择工具。现在，您将选择在工具面板上不可见的工具。工具右下角的一个小三角形表示此工具有一个附加隐藏工具的菜单。

在这个练习中，你将选择和使用矩形框工具、椭圆框工具，并将创建这些框架以包含导入的图形和文本。

1 选择“视图”>“屏幕模式”>“标准”，可看到包含图形和文本的对话框。

2 在键盘上按 F 键选择矩形框工具。

3 移动鼠标指针到左侧查看文档周围的面板，单击并拖动鼠标创建一个矩形框架。

> **提示：**按下 Shift 键的同时使用矩形框架工具或用椭圆框架工具，可以轻松地创建一个正方形或圆形。

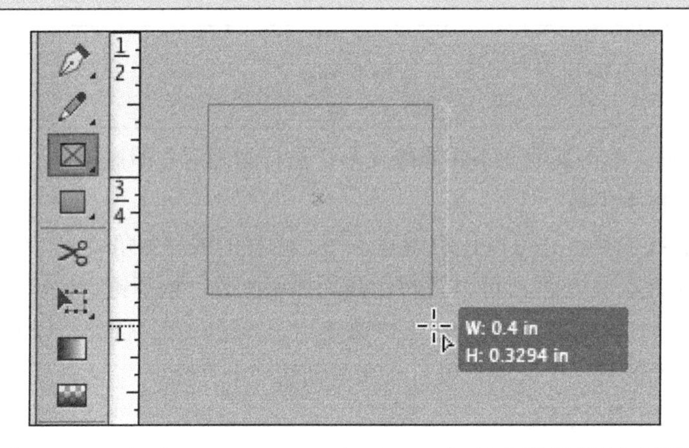

4 按 Ctrl + Z（Windows）或 Command+ Z（Mac OS）组合键撤销创建矩形。

5 查看椭圆框工具，单击并按住矩形框工具以显示附加隐藏工具。

6 选择椭圆架工具（⊗），并注意它是如何替代矩形架工具的。

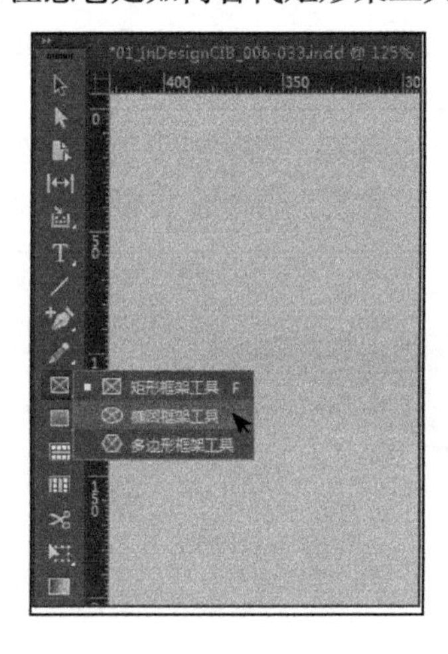

7 单击并拖动鼠标，在页面上任意位置创建椭圆图形框架。按 Ctrl + Z（Windows）或 Command + Z（Mac OS）组合键撤销创建框架。

提示：Alt 键（Windows）或 Option 键（Mac OS ）可以在面板工具之间切换。

8 单击并按住椭圆框架工具来显示菜单，然后再次选择矩形框架工具。这是显示的默认工具。

9 将鼠标指针逐一指向工具面板中的工具，熟悉它们的名称和快捷键。对于带有黑三角形的工具，单击并按住鼠标以显示其隐藏的工具菜单。具有隐藏功能菜单的工具如下。

- 文字工具
- 铅笔工具
- 钢笔工具
- 矩形框架工具
- 矩形工具
- 自由变换工具
- 吸管工具

检查控制面板

控制面板显示在应用程序栏下方，并提供快速访问编辑选定对象的选项。

1 选择“视图”>“屏幕模式”>“标准”，可看到包含图形和文本的对话框。

2 在工具面板中，选定选择工具（ ）。

3 单击所打开文件页面的文本“Shore bird”。当前控制面板提供了控制选定对象（文本框）位置、大小和其他属性的选项。

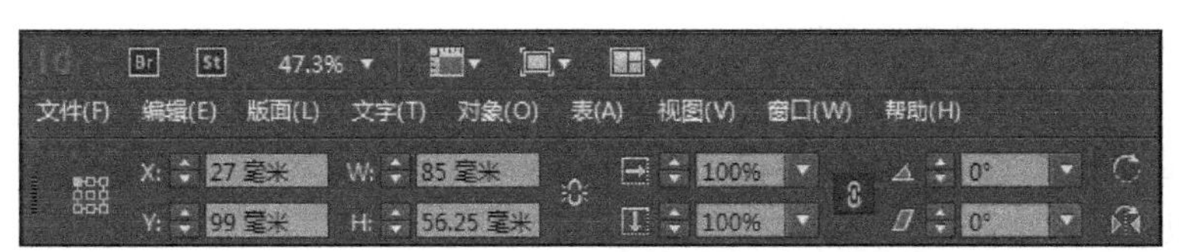

4 在控制面板中，单击 X、Y、W 和 H 的上下箭头来查看如何重新定位所选文本框并更改其尺寸。按 Ctrl + Z（Windows）或 Command+ Z（Mac OS）组合键撤销所做的改变。

提示：通过在相应区域输入特定的值或是用鼠标拖曳可以移动和调整对象的大小。

5 在工具面板中，选择文字工具（T.）。

6 拖曳并选择文本“Shore bird”。当前控制面板提供了段落控制栏的文字格式的选项。

7 选择“Shore bird”，单击“字体大小”框右侧的向下箭头，减小字体大小。

8 按 Ctrl + Z（Windows）或 Command+ Z（Mac OS）组合键撤销所做的更改。

9 单击纸板（外页的空白区域）选择文本。

应用程序栏

默认工作区的顶部是应用程序栏，从这里可以快速访问最常用的布局辅助工具。这些选项包括更改文档的缩放比例、显示和隐藏向导以及控制多文档窗口的显示方式。通过应用程序栏还可访问 Adobe 资源。

- 为熟悉应用程序栏上的控件，可将鼠标指针移至控件以显示工具提示。
- 若要在 Mac OS 中显示和隐藏应用程序栏，选择“窗口”>“应用程序栏”；在 Windows 中无法隐藏应用程序栏。

> **注意：**当在 Mac OS 中隐藏应用程序栏时，水平缩放控件在文档窗口的左下角显示。当“窗口”>“应用程序”框架被选中时不能隐藏应用程序栏。

- 在 Mac OS 中，应用程序栏、文档窗口和面板可以被组合成一个名为应用程序框架的单元。要激活应用程序框架，选择“窗口”>“应用程序栏”（在单个应用程序窗口中，这个工作区组件的分组是在 Windows 上的默认值）。

文档窗口和剪贴板

文档窗口和剪贴板组成工作区域，具有以下特点。

- 文档窗口的左下角有显示文档中不同页的控件。
- 延伸每个页面，或者包围剪贴板。
- 剪贴板可用作工作区域，也可用作存储区域。例如，在剪贴板进行复杂图形的绘制，并将其存放在剪贴板中，以便使用。

现在，可以查看剪贴板和文档窗口。

> **提示：**剪贴板中的对象不会打印出来。剪贴板还在文档周围提供了额外空间，让对象能够延伸到页面边缘的外面，这被称为出血。当必须打印跨越页面边缘的对象时，可使用出血。

1 查看文档和剪贴板，在应用程序栏菜单中选择缩放级别为 50%。

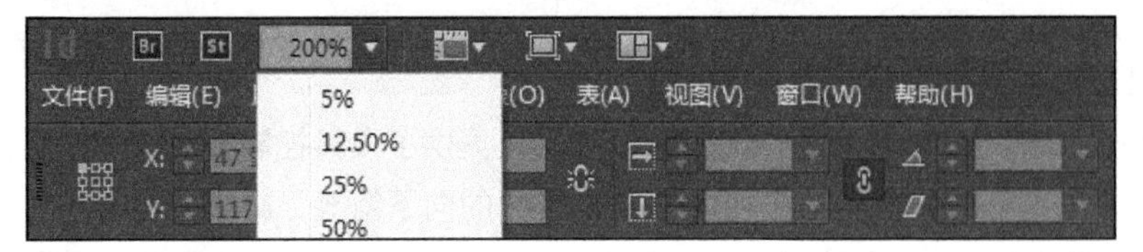

2 在工具面板中，选择“选择工具”（ ）。

3 单击包含“Shore bird”的文本框架，拖动框架的剪贴板。

> **注意：**在较小的显示器中，可能无法拖动所有面板的文本框，但仍然可以看到作为存储区域的面板。

4 按 Ctrl + Z（Windows）或 Command+ Z（Mac OS）组合键撤销所做的更改。

5 在窗口中选择“视图” > “使页面适合窗口”。

6 在“文档”窗口的左下角，单击“页码”框旁边的箭头，以显示文档页和主页的菜单。

7 从菜单中选择“2”，文档窗口中即显示第 2 页。

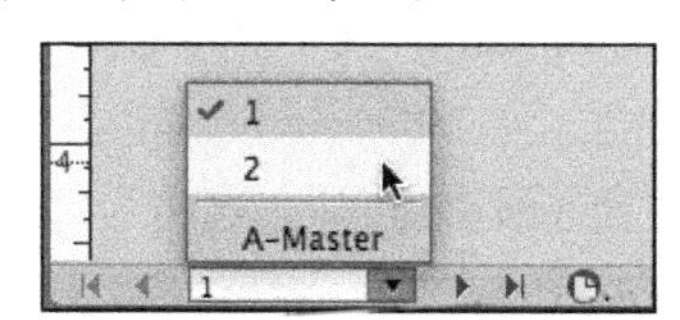

8 单击页码框左边的箭头，在菜单中选择“1”，将其返回到第 1 页。

9 选择“视图” > “屏幕模式” > “预览”，以隐藏框架。

使用多文档窗口

打开多个文档时，每个文档都会在主文档窗口中各自的标签窗口中显示。用户可以为一个文档打开多个窗口，从而同时查看到布局中的不同部分。本例中，将创建第二个窗口，以便观察改变标题栏会对整个页面带来何种影响。这里用到的排列文档窗口的技巧也可用于同一文档的不同视图以及其他已经打开的文档。

1 打开“01_Introduction.indd”，选择“窗口” > “排列” > “新建窗口”，将出现一个名为“01_Introduction.indd:2”的新窗口，而原窗口则名为“01_Introduction.indd:1”。

2 如需要，可在 Mac OS 中选择“窗口” > “排列” > “平铺”，以同时在屏幕上显示两个窗口。

> **提示：**利用应用程序栏可以快速访问窗口管理选项。单击“排列文档”按钮，可查看所有的选项。

3 在工具面板中选择缩放显示工具（ ）。

4 在名为“01_Introduction.indd:2”的窗口中，拖曳出一个环绕白色框（含有文本“Just humalong…”），用以放大里面的文本。请注意，另一个窗口保持原有尺寸不变。

5 在键盘上按 T 键选择文字工具（T.）。

6 在第二个窗口中，最后单击“Shore bird”，改变为“Shore birds”。

注意第一个窗口中的变化。

7 按 Ctrl + Z（Windows）或 Command+ Z（Mac OS）组合键，撤销修改，恢复为“Shore bird”。

8 选择“窗口”>“排列”>“合并所有窗口”，这将为每个窗口创建标签。

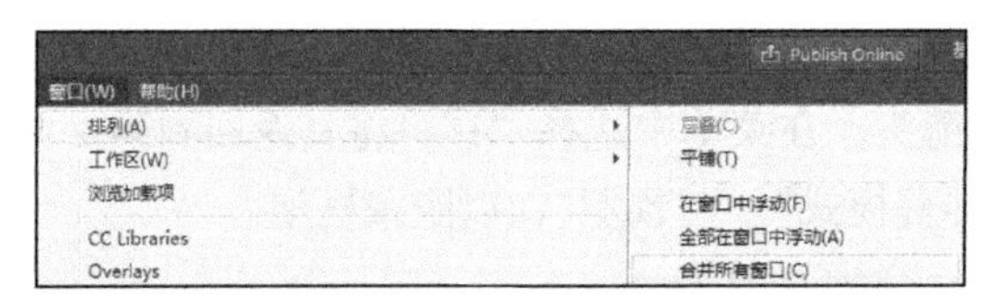

9 单击左上角（控制面板下）的选项卡来选择要显示的文档窗口。

10 单击选项卡上的关闭窗口按钮，关闭“01_introduction.indd:2”。原有的文档窗口保持打开。

11 如有需要，在窗口中选择“视图”>“使页面适合窗口”。在 Mac OS 中，通过单击文档窗口左上角的最大化按钮，可以调整和重新定位剩余窗口。

使用面板

面板让用户能够快捷地使用常用工具和功能。默认情况下，面板停放在屏幕的右侧（除了前面提到的工具面板和控制面板）。根据选择的工作区不同，面板可能会出现不同的默认显示，每个工作区都会存储面板设置。用户可以采用各种方式重新组织这些面板。

提示：按照个人喜好在 InDesign 中配置面板和工作区，并可很快发现哪些面板使用最多，喜欢保存在哪里，什么尺寸最适合。

本节中，将练习打开、折叠以及关闭高级工作区中的默认面板。

打开和关闭面板

如需显示某个隐藏的面板，可以从窗口菜单（或是窗口菜单的子菜单）中选择该面板的名称。如果面板名称旁边有勾号，说明它已经打开，并显示在面板区的最前端。

1 选择“窗口”>“信息”，打开信息面板。

2 在工具面板中，选择“选择工具”（ ）。

3 将鼠标指针指向并单击页面上的各种对象，即可在信息面板中查看其详细信息。

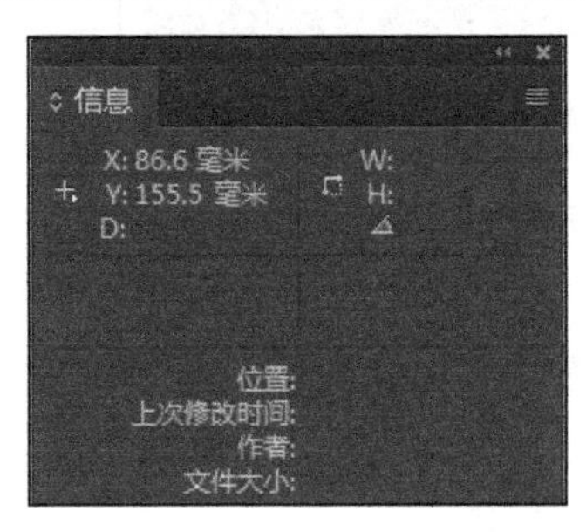

4 再次选择“窗口”>“信息”，关闭信息面板。

提示：信息面板是浮动的，也可以单击它的关闭按钮将其关闭。

展开与折叠面板

本小节中，将练习展开和折叠面板、隐藏面板名称，以及扩展停靠区中的所有面板。

1 在文档窗口右侧的默认停靠处，单击页面面板图标以展开页面面板。

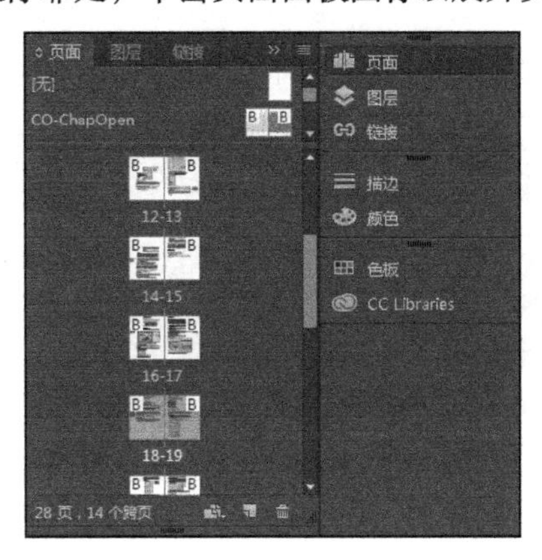

2 单击面板名称右侧的双箭头▶▶，将面板折叠。

3 若要减小面板停靠的宽度，请将面板停靠的左边缘拖动到右侧，直到名称隐藏，变为图标。

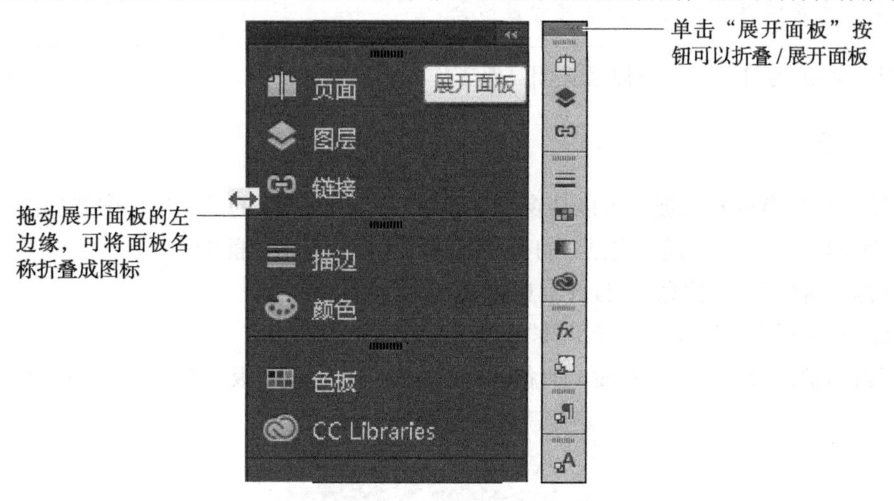

4 要扩展停放区中的所有面板，以便看到面板的所有选项，单击停放区右上角的双箭头（◀◀）。

提示：“展开面板”按钮是展开或折叠的双箭头◀◀。

下一步的练习中，将不需要面板扩展。

重新排列和定制面板

本小节中，将练习把一个面板拖出停放区，使其变成浮动面板；将另一面板拖曳进该面板，以创建一个定制面板组，并对该面板组进行拆分、堆叠以及最小化的操作。

1 将段落样式面板定位到右侧停靠的默认面板的下方，使其从停放区分离创建浮动面板。

提示：未锁定的面板称作浮动面板。单击浮动面板标题栏上的双箭头，可展开或最小化该面板。

2 拖动段落样式面板的标签远离停放区，即可从停放区上移除面板。

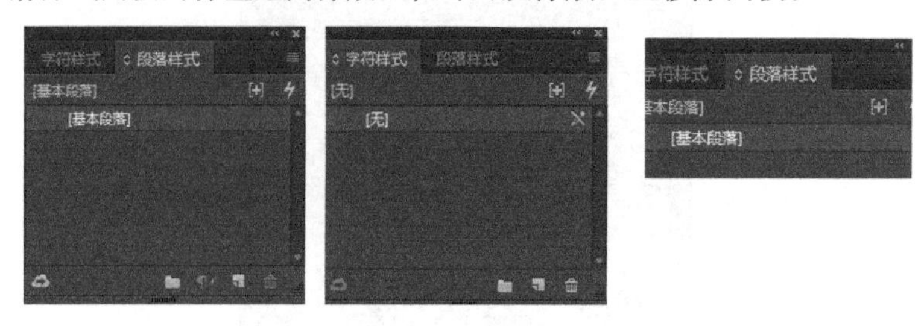

现在，将添加字符样式面板到浮动段落样式面板以创建面板组。

3 将字符样式面板定位到面板底，拖曳其标签到灰色区域的段落样式面板选项卡右侧。

提示：当需要设置文本格式，又不想打开多余的面板时，把字符样式面板和段落样式面板进行编组将非常实用。

4 当段落样式面板周围出现蓝线时，释放鼠标即可。

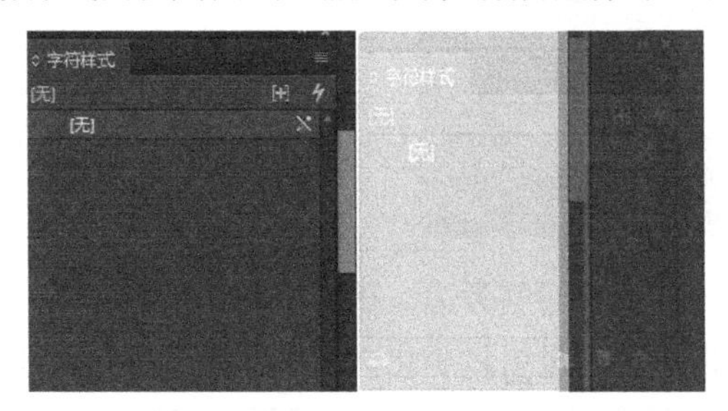

5 将组内的某个面板拖出该面板组，即可解除其与面板组的编组关系。

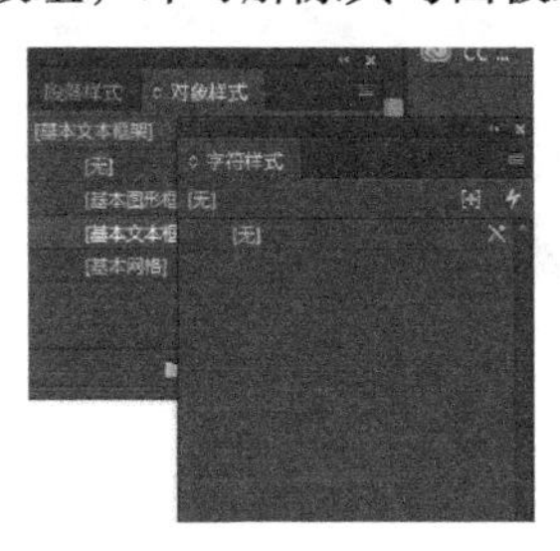

此外，也可将浮动面板设置为垂直堆叠显示。

6 将字符样式面板的标签拖曳至段落样式面板下方，当出现蓝线时，释放鼠标。

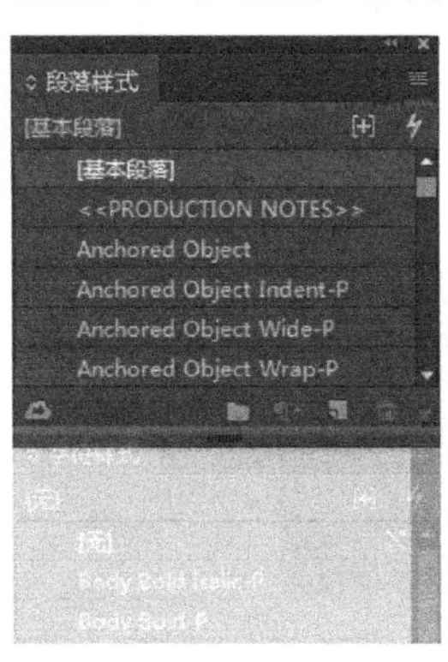

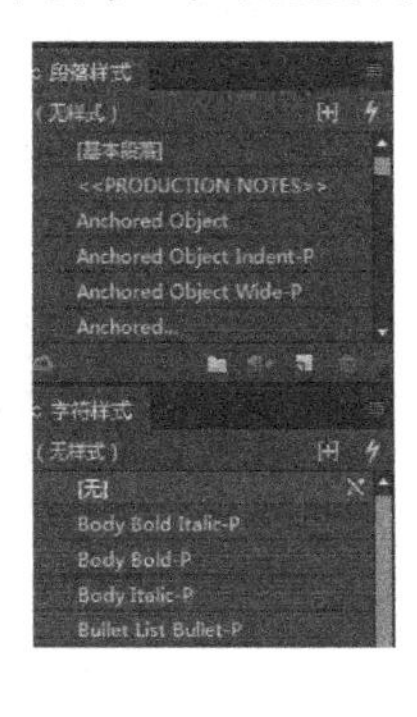

现在，这些面板将堆叠显示，而不是编组显示。堆叠的面板垂直相连，可通过拖曳最上方面板的标题栏将这些面板作为一个整体拖动。接下来将学习调整堆叠面板的尺寸。

7 拖动面板的右下角可调整其大小。

提示：对于浮动面板，可以通过拖动右下或左下角来改变其宽度和高度，或者通过拖动底部改变其高度，通过拖动左边缘或右边缘改变其宽度。对于停靠面板，可以通过拖动左下角来改变宽度和高度，或者通过拖动左边缘来改变宽度，通过拖动面板的底部来改变高度。

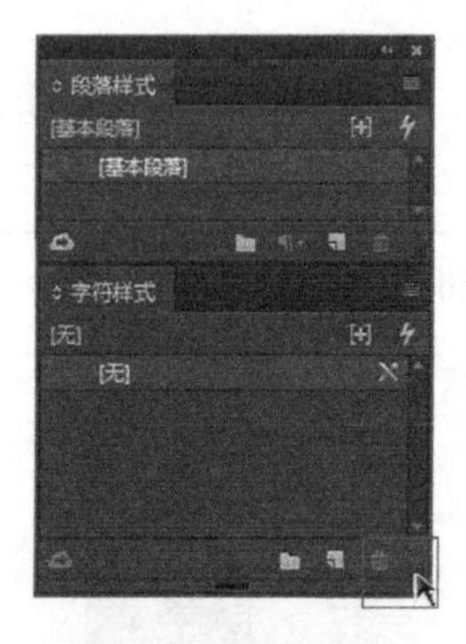

8 将字符样式面板的标签拖至段落样式面板标签旁边，重新组成面板组。

9 双击面板标签旁边的灰色区域，即可将面板组最小化。再次双击可重新展开。

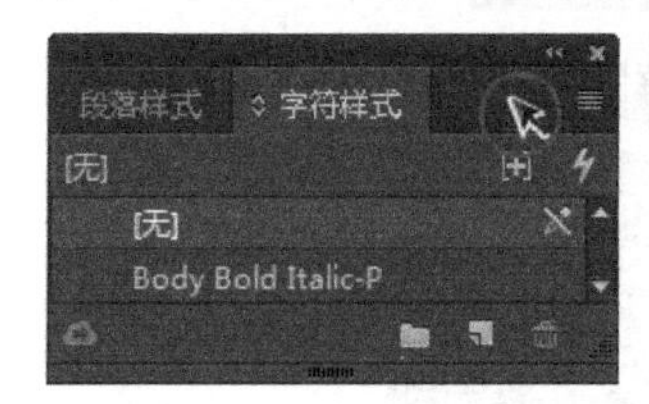

保持这些面板的显示方式，以供在下一个练习中使用。

移动工具面板和控制面板

一般来说，应始终保持打开工具面板和控制面板。然而，像所有其他面板一样，也可以将其移动到最适合的位置。本小节中，将尝试移动这两个面板。

1 要移动工具面板，让它浮在工作空间中，拖动面板的虚线条将其拖曳到剪贴板。当工具面板处于浮动状态时，它可以是两列垂直面板、单列垂直面板或单行水平面板。工具面板必须以浮动状态（不停靠）显示。

> **提示：**可以拖动标签或灰色虚线栏标签的下方，到工具面板中移除。

2 单击工具面板双箭头（），工具面板即变成一个水平行。

3 单击工具面板顶部的双箭头（）可将其转换为垂直面板。再次单击双箭头，则返回默认工具面板。

4 要再次停靠工具面板，请将工具面板顶部的虚线条（ ）拖拽到屏幕的左上边缘。

5 当工作区边缘出现蓝色线条时，松开鼠标。

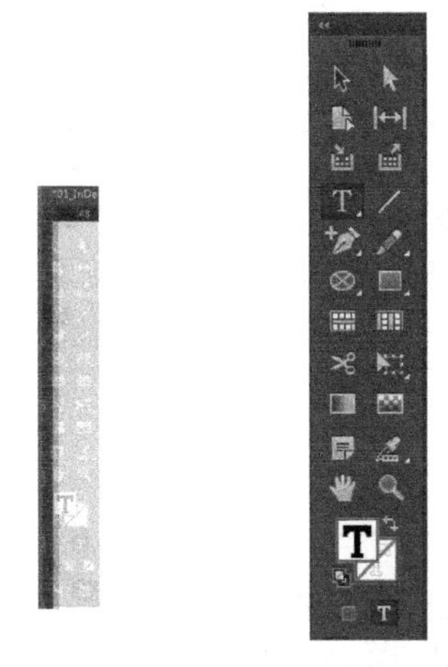

如果用户不想让控制面板停靠在文档窗口顶部，也可以将其移动至其他位置。

6 在“控制面板”中，将垂直虚线栏（ ）拖到文档窗口中，释放鼠标按钮，使该面板处于浮动状态。

> **提示**：要想自定义选项来控制面板显示，单击齿轮图标（ ）。

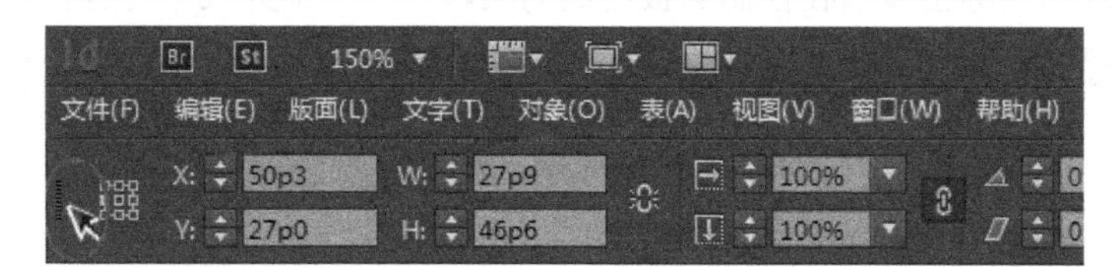

7 要再次停靠面板，请单击控制面板右边的菜单按钮（ ），然后选择“停放于顶部”。

> **提示**：也可以在停靠区拖动控制面板的虚线条，直到水平蓝线出现在对接位置，再松开鼠标，来停靠面板。

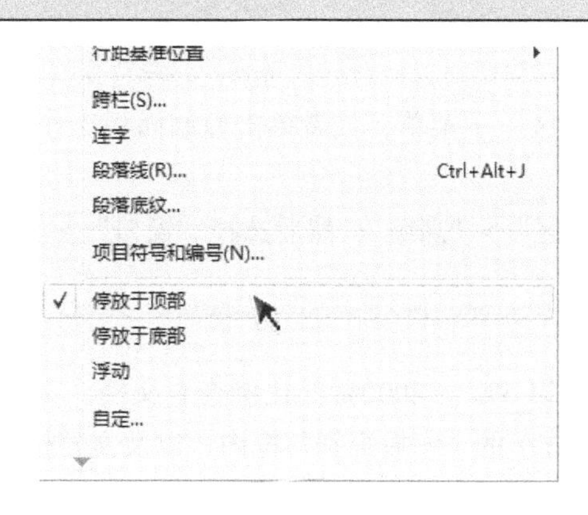

定制工作区

工作区就是面板和菜单的配置（文档窗口的配置信息不会保存至工作区）。InDesign 为许多特定目标提供多种工作区，如数字出版、打印和打样，以及印刷排版。用户不能修改默认工作区，但可保存自定义工作区。本练习中，将保存之前练习中的面板定制信息，并将定制界面外观。

提示：要进一步定制工作区，可选择“编辑” > “菜单”来控制 InDesign 菜单上出现的命令。比如，用笔记本电脑时，用户可能更喜欢短些的菜单，也可能希望为新用户简化这些命令。用户只需将定制的菜单保存至相应的工作区即可。

1　选择“窗口” > “工作区” > “新建工作区”。

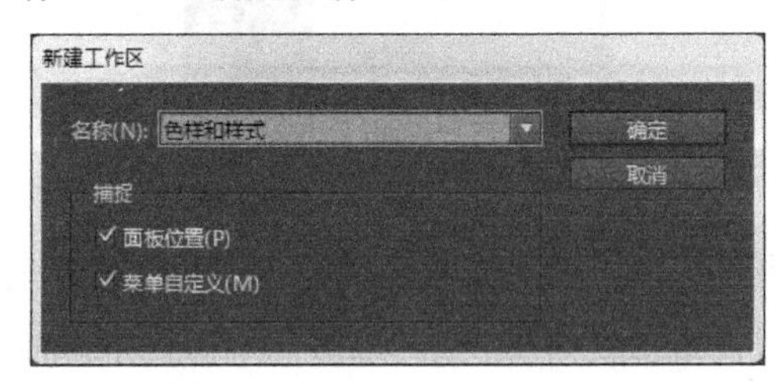

2　在“新建工作区”对话框的名称栏中输入“色样和样式”。如有需要，可勾选“面板位置”和“菜单自定义”，然后单击“确定”按钮。

3　选择“窗口” > “工作区”，查看已选择的定制工作区。

4　选定工作区的名称也显示在控制面板右侧的菜单中。单击此菜单可选择其他工作区。

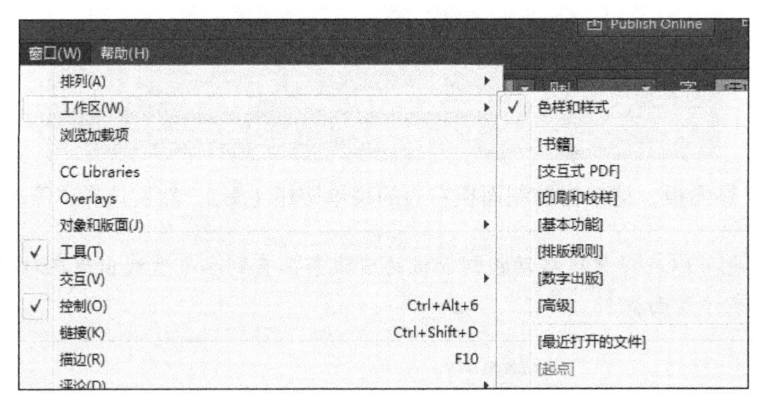

5　选择“窗口” > “工作区”子菜单，或者单击控制面板工作区菜单，会看到不同的面板和菜单配置。

6　选择“窗口” > “工作区” > “高级”，然后选择“窗口” > “工作区” > “重置‘高级’”。

修改文档的缩放比例

InDesign 的控件可使用户以 5% ～ 4000% 的比例查看文档。文档打开时，当前的缩放比例显示在应用程序栏（控制面板上方）的“缩放级别”框内，以及文档标签或标题栏的文件名旁边。

在文档标题栏中，名称旁边的百分比表示缩放级别

提示：利用快捷键可快速将查看比例变为200%、400%、50%。Windows中，按Ctrl+2组合键，缩放比例为200%，按Ctrl+4组合键缩放比例为400%，按Ctrl+5组合键缩放比例为50%。Mac OS中，按Command+2组合键，缩放比例为200%、按Command+4组合键缩放比例为400%，按Command+5组合键缩放比例为50%。

使用视图命令

通过下列操作，可轻松地缩放文档视图。

- 选择“视图”>“放大”，将缩放比例放大到上一个预设值。
- 选择“视图”>“缩小”，将缩放比例缩小到下一个预设值。
- 选择“视图”>“使页面适合窗口”，可将整个目标页面显示在文档窗口中央。
- 选择“视图”>“使跨页适合窗口”，可将整个目标跨页显示在文档窗口中央。
- 选择“视图”>“实际尺寸”，可按100%的比例显示文档。
- 在应用程序栏的“缩放级别”菜单中选择缩放倍数，可按照任意预设值缩放文档。
- 在“缩放级别”框中键入一个百分比，然后按回车键即可按输入比例显示文档。

注意：如果在Mac OS关闭应用程序栏，则缩放控件显示在文档窗口的左下角。

- 按Ctrl+=（Windows）或Command+=（Mac OS）组合键用来放大。
- 按Ctrl+-（Windows）或Command+-（Mac OS）组合键用来缩小。

使用缩放工具

除使用视图菜单中的命令外，还可利用缩放显示工具来缩放视图。本小节就来学习使用该工具。

提示：单击缩放工具增加缩放级别。

1 选择“视图”>“实际尺寸”，以100%的缩放级别查看文档。

2 从工具面板中选择缩放显示工具（🔍），并将其置于附近的文本，“The Shorebird SANCTUARY”上，注意，缩放工具中央出现了一个加号。

3 单击3次。以单击的点为中心，视图将更改为下一个预设的放大倍率。

接下来练习如何缩小视图。

4 将缩放工具放在文本上，按住 Alt（Windows）或 Option（Mac OS）键，缩放工具的中心会出现减号。

5 按住 Alt（Windows）键或 Option（Mac OS）键时，单击 3 次以缩小视图显示比例。

还可以使用缩放工具拖动文档周围某个区域以放大特定区域。

6 在选取缩放显示工具的情况下，按住鼠标在文本上拖曳出环绕文字的矩形框，然后释放鼠标。

选取区域的缩放比例取决于拖曳出的矩形框的大小，矩形框越小，放大比例越大。

7 选择“视图”>“使页面适合窗口”。

由于在设计和编辑过程中会经常用到缩放显示工具，所以任何时候都可以通过键盘临时选择缩放显示工具，而不用取消正在使用的工具。下面就来试试。

8 单击工具面板中的“选择工具”（ ），然后将鼠标指针指向文档窗口的任意位置。

9 按住 Ctrl+ 空格键（Windows）或 Command+ 空格键（Mac OS）组合键，鼠标指针将从选择工具图标变为缩放显示工具图标，此时可以单击以放大视图。松开按键时，鼠标图标将恢复为选择工具。

> **注意：**Mac OS 中，缩放的快捷键可能会冲突。用户可以从系统“首选项”>“键盘”中取消系统的快捷键。

10 选择“视图”>“使跨页适合窗口”，使跨页位于视图中间。

导览文档

有几种不同的方式可以导览 InDesign 文档，包括使用页面面板、抓手工具、“转到页面”对话框。一旦找到一个你熟悉的方法，可以记住其快捷键，从而使操作更便捷。例如，如果想在“转到页”对话框中输入页码，请记住其快捷键。

提示：可使用版面菜单中的命令来进行翻页操作，包括“第一页”“上一页”“下一页”“最后一页”“下一跨页”以及“上一跨页”。

翻页

可使用页面面板、文档窗口底部的页面按钮、滚动条或是其他方法来进行翻页。页面面板为文档中的所有页面都提供了页面图标。双击面板中的任意页面图标或页码即可切换到对应的页面或跨页。本小节将学习如何进行翻页操作。

1 如有需要，单击页面面板图标展开该面板。

2 双击第 2 页的图标，以在文档窗口中显示它。

3 双击第 1 页的图标，可使第 1 页在文档窗口中居中。

4 若要返回文档的第 2 页，单击文档窗口左下角页码框右侧的向下箭头，然后选择“2”。

下面使用文档窗口底部的按钮进行翻页操作。

注意：当选择“视图”>“使页面适合窗口”时，导航控件是导出而不是网页。

5 单击页码框旁边的“上一页”按钮（向左箭头），直到显示第 1 页。

6 单击页码框旁边的“下一页”按钮（向右箭头），直到显示第 4 页。

7 选择“版面”>“转到页面”。

提示：翻页的快速键为 Ctrl + J（Windows）或 Command + J（Mac OS）。

8 在“转到页面”对话框中输入“1”，单击“确定”按钮。

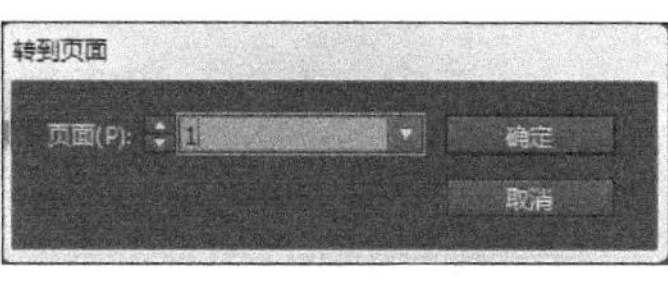

使用抓手工具

使用抓手工具可以方便地对页面进行拖曳，以便准确地找到所需查看的内容。本小节将学习使用该工具。

1 在应用程序栏的“缩放级别”菜单中选择 400%。

提示：当使用选择工具时，可按下空格键暂时切换到抓手工具；当使用文字工具时，按下 Alt（Windows）或 Option（Mac OS）键可暂时切换到抓手工具。

2 选择抓手工具（ ）。

3 单击并按住鼠标并沿任意方向拖曳页面，然后在文档窗口中向下和向右拖曳，显示第 2 页。

4 在仍选择抓手工具的情况下，单击页面并按住鼠标，将出现视图矩形框。

- 拖曳该矩形框，将显示页面的不同区域或不同的页面。
- 松开鼠标将显示该视图矩形框包含的区域。
- 当矩形框显示时，按下键盘的方向键可以放大或缩小矩形框的尺寸。

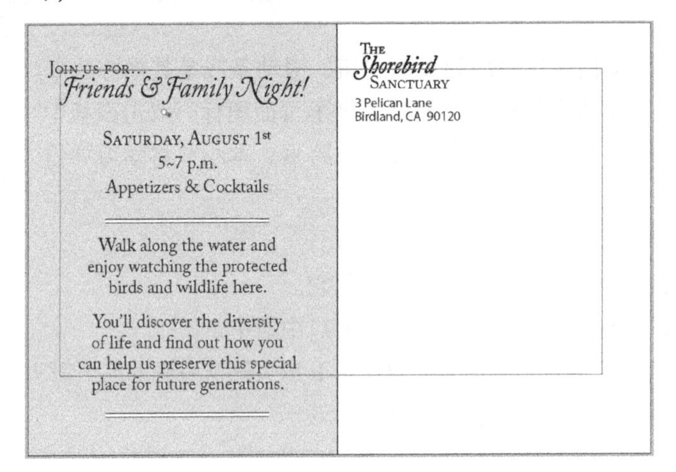

5 双击工具面板中的抓手工具，可使页面适合窗口。

使用上下文菜单

除了屏幕顶部的菜单，还可使用上下文菜单列出与活动工具或选定对象相关联的命令。为显示上下文菜单，可将鼠标指针移至已选对象的上方或是文档窗口的任意位置，然后单击鼠标右键（Windows）或是按住 Control 键并单击鼠标（Mac OS）。

1 使用选择工具（ ），单击页面上的任意对象，例如包含“3 Pelican Lane”的文本框。

提示：当选择了文字工具编辑文本时，其上下文菜单可用来插入特殊字符、检查拼写以及执行其他与文本相关的操作。

2 选中文本框，单击鼠标右键（Windows）或者按住 Control 键并单击鼠标（Mac OS），并查看列出的选项。

3 在页面上选择不同类型的对象，并展开它们的上下文菜单，查看可用的命令。

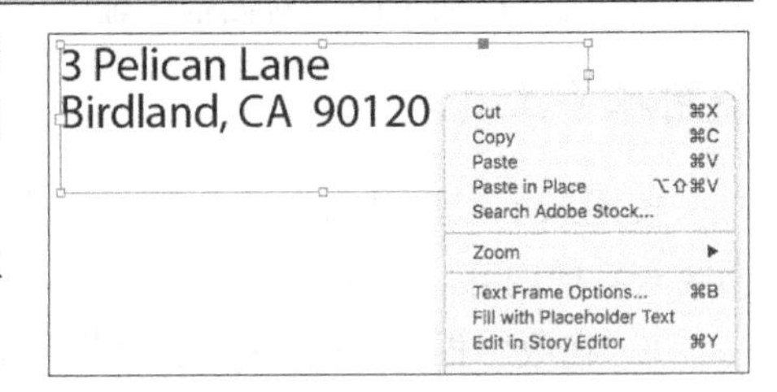

使用面板菜单

大部分面板都有其特有的选项。单击面板菜单按钮，将弹出一个菜单，包含选定面板的特有命令和选项。

下面学习修改色板面板的显示方式。

1 选择“窗口”>“颜色”>“色板”来显示色板面板。然后将色板面板拖曳出停放区，在右侧创建浮动面板。

注意：如有必要，单击双箭头（）可在其标题栏扩大样本面板。

2 单击色板面板右上角的面板菜单按钮（≡），打开面板菜单。使用色板面板菜单可以新建颜色色板，也可载入其他文档中已有的色板。

3 选择色板面板菜单中的“大色板”选项。

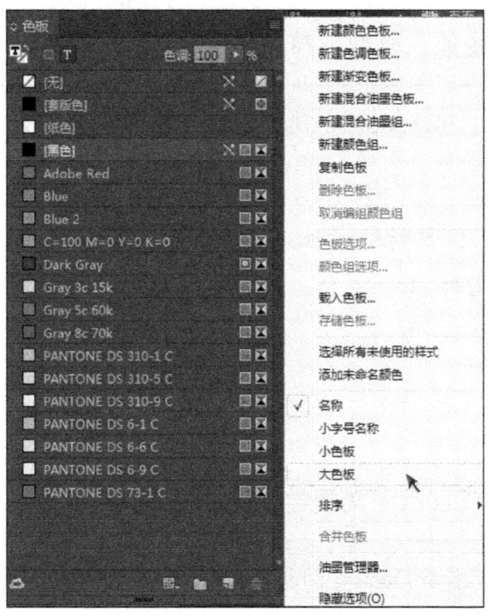

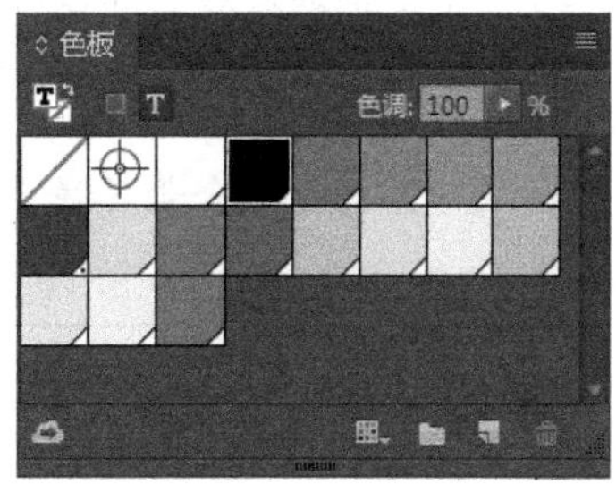

修改界面

可以通过改变整体颜色、设定各种工具的工作方式，以及通过面板进行配置来自定义设计界面。设置对话框中的一些选项会影响应用程序（设计本身），而其他则只能影响到活动文档。如果在没有文档打开的情况下更改文档特定的首选项，则更改将会影响所有新文档（不影响现有文档）。

注意：可以使用任何你喜欢的颜色主题。

1 选择“编辑”>“首选项”>“界面”（Windows），打开“首选项”对话框，可以定制设计的外观。

2 从颜色主题菜单中选择“浅色”，查看浅色的界面外观。

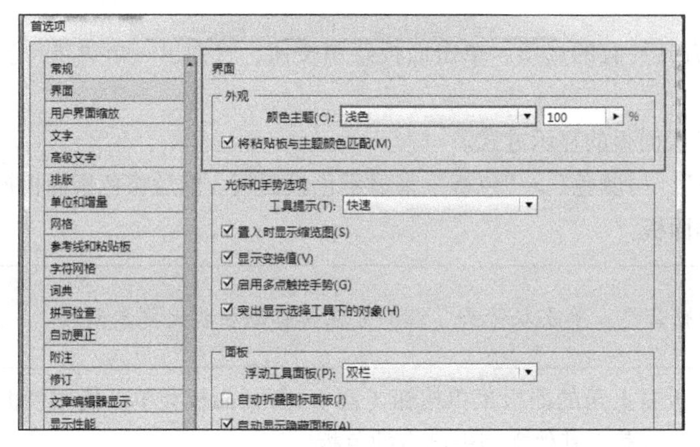

3 依次选择预设的“中等浅色”“中等深色”“深色”，并查看外观效果。

4 在“首选项”对话框通过点击面板可以查看自定义 InDesign 的其他选项。例如，在“显示性能”面板可以指定选项默认视图（快速、典型、高品质）。

提示：如果计算机有一个兼容显卡，InDesign 会使用 GPU 和高质量默认显示性能自动显示文件。

- 可以在“视图”菜单上改变显示性能，但仅能暂时性改变。
- 操作时，没有打开的文档会影响所有文件。

5 完成首选项设置后，单击“确定”。

练习

了解工作区后，使用 01_Introduction.indd 或自己的文档尝试完成下列操作。

提示：想要了解完整并最新的有关使用 InDesign 面板、信息工具和其他应用程序的功能，可在应用程序栏的搜索框使用“Adobe 帮助”菜单。

- 选择“窗口”>“实用程序”>“工具提示”，显示已选择工具的相关信息。然后选取更多工具来查看相关信息。
- 选择“窗口”>“评论”>“附注”以显示附注面板组，其中包括任务面板和修订面板。可以使用这些面板在文档上进行协作。
- 查看键盘快捷键对话框（“编辑”>“键盘快捷键”），进一步了解现有的快捷键及如何对其进行修改。
- 复习菜单配置以及如何在“菜单自定义”对话框（“编辑”>“菜单”）中进行编辑。
- 通过“窗口”>“工作区”>“新建工作区”，打开“新建工作区”对话框根据自己的需要合理安排面板，创建自定义工作区。

复习题

1 对文档进行放大显示有哪种方式？

2 如何选择 InDesign 中的各种工具？

3 描述 3 种显示面板的方法。

4 如何创建面板组？

复习题答案

1 可以从“视图”菜单中选择命令以缩放文档以及使文档适合窗口，也可以使用工具面板中的缩放显示工具，在文档上单击或拖曳鼠标以缩放视图。另外，可以使用快捷键来缩放视图，还可以使用应用程序栏上的“缩放级别”框来进行操作。

2 可通过在工具面板中单击来选择工具或是使用工具的快捷键。例如，可以按下键盘“V”键选中选择工具，按住该快捷键可以临时选择该工具。通过将鼠标指针置于工具面板中的某个工具单击并按住鼠标，可以选择弹出式菜单中隐藏的工具。

3 要显示面板，可以单击它的图标、标签，或是从“窗口”菜单中选择相应的名称。例如，选择“窗口”>“对象和版面”>“对齐”。也可从“文本”菜单中访问文本特定的面板。例如，选择“文字”>“字形”。

4 将面板拖曳出停放区创建自由浮动面板，再将其他任意面板拖进该浮动面板，即可创建面板组，面板组可作为一个面板单元进行移动及调整尺寸。

第2课 初识InDesign

课程概述

本课中，将学习如何进行下列操作。

- 视图布局助手。
- 使用印前检查面板检查潜在的制作问题。
- 输入和设计文本。
- 导入文本以及串连文本框架。
- 导入图形。
- 移动、旋转、笔画和填充对象。
- 自动设置段落、字符和对象样式格式。
- 在演示模式中预览文档。

学习本课大约需要 1 小时。

Amuse-
Bouche
Bakery & Bistro
Relax in our elegant dining room and enjoy handcrafted artisan breads, irresistable appetizers, seasonal entrées, and homemade desserts. Our chef's inspired amuse-bouches tantalize your tastebuds and are the talk of the town.
Starters & Small Plates
Try baked garlic, home-made tater tots, hummus, mussels and more for appetizers. Share small plates such as portobello sliders, seared scallops and jumbo lump crab cakes.
Entrées & Desserts
Indulge in our chef's daily creations, such as pesto cavatappi or grilled organic chicken, and be sure to leave room for scrumptious croissant bread pudding or lemon mousse.

InDesign布局的构建模块为对象、文本和图片。利用布局助手（如向导），可帮助设置尺寸和位置，利用样式可自动设置页面元素的格式。

概述

本课程用到的文档是一个正常大小可进行印刷和邮寄的明信片。另外，该明信片可导出成PDF文件用做电子邮件。如将在本课中学到的那样，无论使用何种媒介输出，InDesign文档的构建模块都是一样的。本课程中，用户将学习为明信片添加文本、图片以及设置格式。

1 为确保Adobe InDesign程序的首选项和默认设置符合本课程的要求，请参阅前言，将InDesign Defaults文件移动到4～5页。

2 启动Adobe InDesign。

3 为确保面板和菜单命令符合本课程要求，请依次选择“窗口”>“工作区”>“高级”，然后再选择“窗口”>“工作区”>“重置‘高级’”。

4 选择“文件”>“打开”，查找并单击“02_start.indd”文件夹，该文件夹位于“InDesign”文件夹的“lesson02”文件夹。

5 如果缺少字体对话框显示，单击“通过Adobe Typekit同步字体”访问任何缺少的字体。单击“关闭”字体完成同步。有关使用Adobe Typekit的更多信息，参见“前言”。

6 选择“文件”>“存储为”，将文件名修改为“02_Postcard.indd”，并将其保存至Lesson02文件夹中。

7 若要以更高的分辨率显示文档，请选择“视图”>“显示性能”>“高品质显示”（如果尚未启用的话）。

8 如果想看到文档完成后的样子，可在同一个文件夹中打开“02_end.indd”文件。

9 单击文档窗口左上角的选项卡，返回文档继续工作。

视图指南

修改或完成已有文档是InDesign入门用户的必备工作。现在，该明信片文档显示为预览模式，该模式将插图显示在标准窗口，隐藏了非打印元素，如提示、网格、框架边线以及隐藏的字符。对本文档进行操作，可查看提示和隐藏字符（如空格和制表符）。逐渐习惯使用 InDesign 后，将发现查看模式和布局助手会让用户对 InDesign 的使用更加得心应手。

> **提示：**屏幕模式除“正常”外，还有“出血”（查看页面边界外面的预定义出血区域）、“辅助信息区”（查看出血区域之外，包含有打印指令或任务信息的区域）以及“预览”（全屏后方便向用户展示设计理念）。

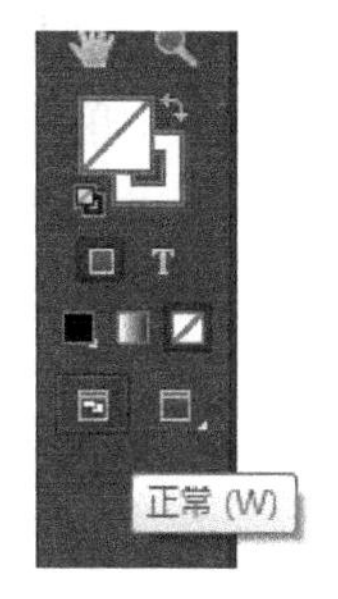

1 单击工具面板底部的屏幕模式按钮并按住鼠标，然后从弹出的菜单中选择“正常”（▣）。

所有布局助手都能显示出来。例如，现在文本框架和对象显示有淡蓝色非打印线，因为框架边线已显示出来（“视图”>“附加”）。现在将使用其他布局助手。

2 在应用程序栏上，单击视图选项菜单（▤▾），确保已勾选“参考线”。也可以选择“视图”>“网格和参考线”>“显示参考线”。

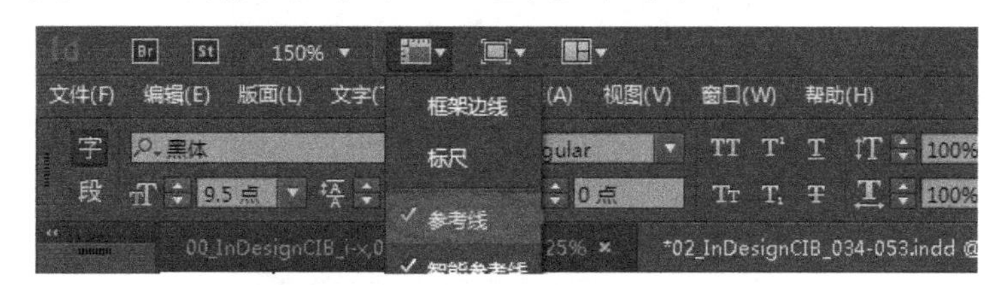

当参考线显示时，对文本和对象进行精确布局将会非常容易，包括自动将其卡入到位。参考线不会被打印出来，也不会限制打印和导出区域。

3 从视图选项菜单中选择“隐藏字符”，确保隐藏字符在菜单中被勾选。

显示隐藏（非打印）的字符，如标签、空格以及段落换行等，有助于精准选择和设置文本。通常情况下，为方便操作，无论在编辑还是设置文本格式时，都应显示隐藏字符。

4 对本文档进行操作时，如有需要，可利用在第 1 课中学到的方法对面板进行移动、重排列、滚动及缩放。

印前检查文档

对某文档进行操作时，无论是从头新建文档，还是修改已有的文档，都需要注意输出问题。通过本书的课程，读者将学到有关这些问题的知识。常见问题如下。

出版过程中，检查文档输出问题的过程被称为印前检查。InDesign 提供实时印前检查功能，让用户在检查文档过程中可以防止潜在问题产生。用户也可通过创建或导入制作规则（称作配置文件）来检查文件。默认的配置文件适用于字体缺失和溢流文本（即不适合于框架的文本）。本节中，将练习解决溢出文本排版过密的问题。

1 选择“窗口”>“输出”>“印前检查”，打开“印前检查”面板。

> **提示：**注意观察文档窗口的左下角，查看是否产生错误。双击红色印前检查图标，即可打开印前检查面板查看错误的详细信息。

使用“基本（工作）”印前检查配置，InDesign 发现 1 个错误，正如红色印前检查图标（●）所示，显示在印前检查面板和文档窗口的左下角。查看印前检查面板上的错误清单，可知该错误为文本错误。

2 单击印前检查面板上“文本”旁的箭头，可查看该错误。

3 单击“溢流文本”旁的箭头，然后单击“文本框架”。

4 单击下面的“信息”按钮，可显示该错误的详细信息。

5 双击文本框以定位并选择页面上的错误文本框，或者单击页面右侧的页码链接。

框架出口上（对话框边缘的右下角的小方块）的红色加号（+）表示问题为溢流文本排版过密。

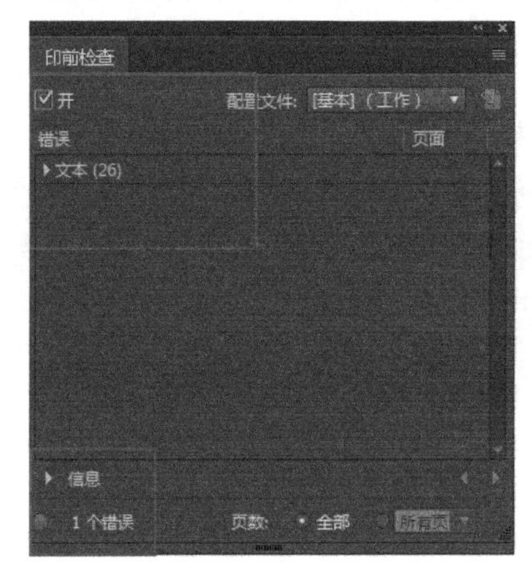

6 使用选择工具（▶），单击并拖动文本框底部的手柄，使框的高度大约是 12p10。

> **提示：**可以以各种方式处理溢流文本，包括在布局中编辑文本修改（“编辑”>“在文章编辑器中编辑”），来减小字体大小或扩大文本框。一个快速的方法：双击底（中心）文本框来扩大溢流文本框。

7 单击剪贴板，取消选择文本框架。

8 选择“视图”>“使页面适合窗口”。

这时，文档窗口左下角显示没有印前检查错误产生。

9 关闭印前检查面板。选择“文件”>“存储”。

添加文本

InDesign 中，大部分的文本都包含在文本框架中（文本也可包含在表格中或者沿路径排列）。用户可以直接在文本框架中输入文本，或是从文本处理软件中导入文本文件。当导入文本文件时，可将文本添加至现有的文本框架或新建的文本框架中。如果文本不适合该文本框架，则可串接或连接文本框架。

输入和设计文本

准备开始制作明信片。首先,在形如对话气泡的文本框架中输入文本。然后,设置该文本的格式,并调整其在气泡文本框架中的位置。

1 选择文本工具（T.），然后单击图片右侧的对话框。

> 提示：可利用文字工具编辑文本、设置文本格式以及创建新的文本框架。

2 按退格键（Windows）或删除键（Mac OS）4 次，删除单词“cafe”。

Bakery·&¶
Relax·in·our·elegant·dining·room·and·enjoy·
handcrafted·artisan·breads,·irresistable·appetizers,·

3 在文本框输入文字“Bistro”，餐厅的描述符变为“Bakery & Bistro”。

Bakery·&·Bistro¶
Relax·in·our·elegant·dining·room·and·enjoy·
handcrafted·artisan·breads,·irresistable·appetizers,·

4 插入点仍然在文本中，单击 3 次选择“Bakery & Bistro”。

5 如有必要，单击控制面板中的字符格式控制图标（字），从字体样式菜单中选择粗体。

> 注意：如有必要，可使用选择工具拖动文本框的底部。

6 选择“文件”>“储存”以保存所做的工作。

样式和放置文本的选项

InDesign提供了格式化字符和段落文本的选项。这里列出常见选项。

- 字符：字体、字体样式、大小。
- 段落格式：如居中对齐、左/右缩进、段前/后间距。
- 文本框选项：列、插图间距、垂直对齐。

控制面板、段落面板（“文字”>“段落”）和字符面板（“文字”>“字符”）提供所有你需要的控件样式的文本。若要控制文本在其框架内的位置，选择“对象”>“文本框架选项”，打开“文本框架选项”对话框，其中这些选项中的许多都在控制面板上可以找到。

置入和串接文本

在大部分的出版流程中，作者和编辑都使用文本处理软件。当文本接近完成时，再将该文件发送给平面设计师。为完成该明信片，使用“置入”命令导入一个 Microsoft Word 文件至页面底部的文本框架中。然后，连接第一个和其他两个文本框架，这被称为“串接”。

1 使用选择工具（ ），单击剪贴板的空白区域，以确保没有选择任何对象。

提示：有下列几种选择载入文本图标：可以拖曳以创建新的文本框架，单击已有文本框架内部，或是在页面分栏辅助线中单击，创建新的文本框架。

2 选择“文件”>“置入”，确保“置入”对话框底部的“显示导入选项”复选框没有被勾选。

3 在 lesson02 文件夹，双击 amuse.docx 文件。

鼠标指针变为载入文本图标（ ），该文本被添加至明信片左下方的文本框架中（该文本框架边为淡蓝色的非打印线）。

4 将导入的文本图标置于文本框架的左上角，然后单击。

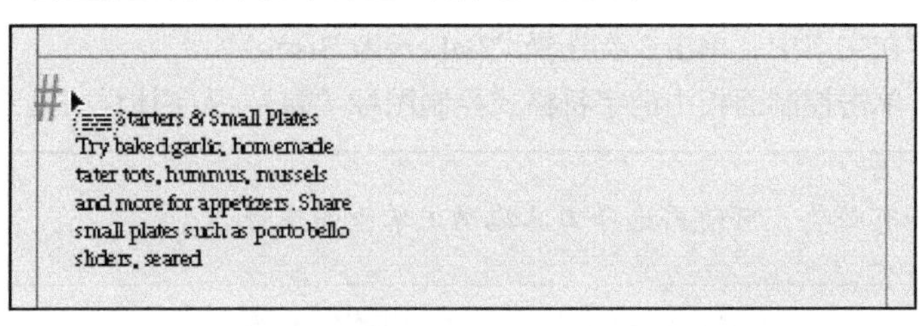

注意：可以参考最终的课程文档“02_End.indd”，查看将正文文本置于何处。

Starters & Small Plates

Try baked garlic, homemade tater tots, hummus, mussels and more for appetizers. Share small plates such as portobello sliders,

一个端口上的文本框；红色加号表示溢流文本

Word 文件中的文本并不完全适合于该文本框架。框架出口中的红色加号表明存在溢流文本。可串接这些文本框架来串接文本。

5 使用选择工具（），选择已包含文本的文本框架。

6 单击已选文本框架右下角的出口，鼠标指针变为载入文本图标，此时立即单击该文本框右侧的文本框架。

注意：一系列串接文本框的所有文本被称为"故事"。

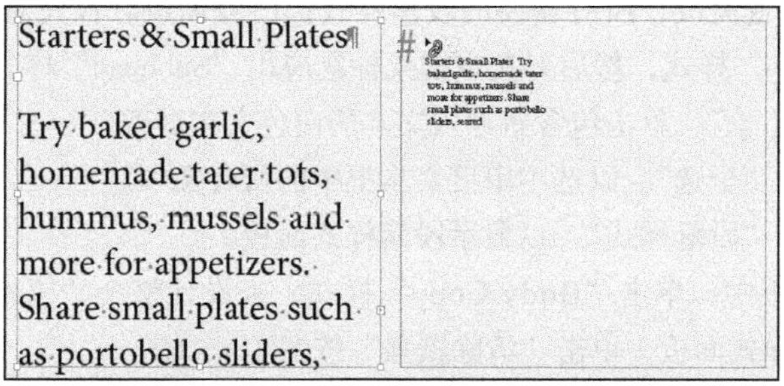

Starters & Small Plates

Try baked garlic, homemade tater tots, hummus, mussels and more for appetizers. Share small plates such as portobello sliders,

在这一点上，文字仍然是重叠。可以通过在本课后面介绍的样式格式化文本来解决此问题。

注意：由于字体的版本不同，可能在框架中看到略有不同的文本。

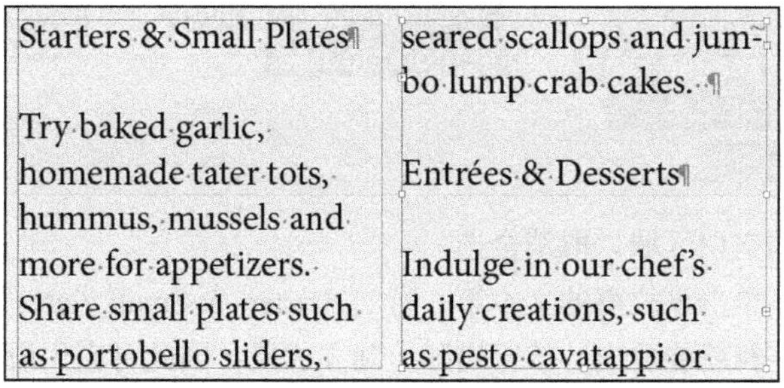

Starters & Small Plates

Try baked garlic, homemade tater tots, hummus, mussels and more for appetizers. Share small plates such as portobello sliders,

seared scallops and jumbo lump crab cakes.

Entrées & Desserts

Indulge in our chef's daily creations, such as pesto cavatappi or

7 选择“文件”>“存储”。

使用样式

InDesign 提供了段落样式、字符样式以及对象样式，以便快速方便地设置文本和对象的格式，更重要的是，简单地编辑样式便可以完成全局修改。具体样式操作如下。

提示：段落样式包含段落开始的嵌入样式以及段落中各行的样式。这就使常用的段落格式自动应用，如段落首字下沉，以及每段文字的首字母都大写。

- 段落样式包括所有文本格式属性，如字体、大小和对齐，适用于段落中的所有文本。您可以选择一个段落，通过单击可快速地选定。
- 字符样式只包含字符属性，如字体样式（粗体或斜体）或仅适用于段落中选定文本的字体颜色。字符样式通常用于调用段落内的特定文本。
- 对象样式使用户可以对选定对象应用格式，如填充颜色和描边颜色、描边效果和角效果、透明度、阴影、羽化、文本框架选项以及文本环绕。

下面将学习设置文本的段落样式和字符样式。

应用段落样式

由于该明信片已接近完成，所有需要的段落样式都已经创建。首先对两个串接文本框中的所有文本应用“Body Copy”样式，然后对文本框架标题应用“Subhead”样式。

1 使用文字工具（T），单击包含新导入文本的白色文本框架。

2 选择“编辑”>“全选”，以选中串接文本框中的所有文本。

3 选择“文字”>“段落样式”，以显示段落样式面板。

4 在段落样式面板中，单击“Body Copy”样式，来设计整个“故事”的格式。如果有必要，在底部的段落样式面板，单击“清除覆盖”按钮（¶*）。

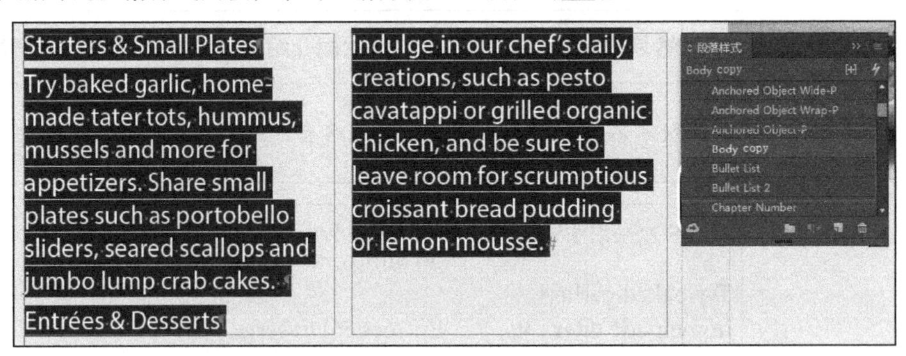

5 单击剪贴板中的空白区域，取消全选。

6 使用文字工具，单击该故事的文本第一行：“Starters & Small Plates”。

根据行末隐藏字符就能看出，该行实际上独立成段，因此可应用段落样式。

7 在段落样式面板中选择“Subhead”。

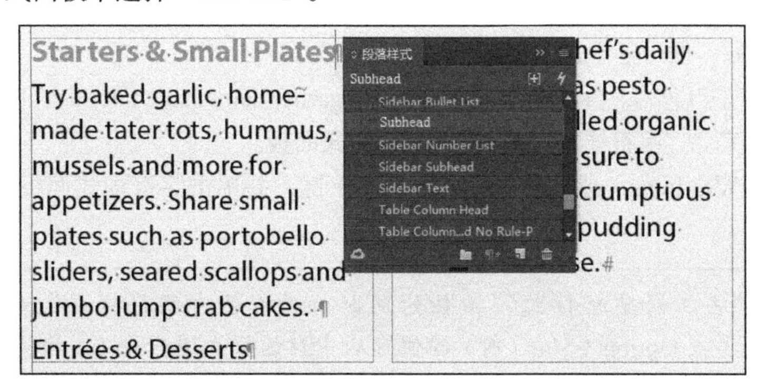

8 运用小标题段落样式“Entrées & Desserts”。

9 选择“文件”>“存储”保存所做修改。

为文本设置字符样式

目前的设计趋势是高亮句段中的几个关键单词，从而有效地吸引读者的注意。对于明信片而言，设置某几个单词的格式就能使它们看起来很醒目。并且基于这些文字创建字符样式，然后就可以快速地为其他文字应用该字符样式。

提示：在操作时可根据自己的需要对面板进行拆分、调整尺寸或移动。面板的布局配置很大程度上依赖于屏幕可用空间的大小。许多 InDesign 用户都会利用另一台显示器来管理面板。

1 使用缩放显示工具（🔍），放大明信片左下侧的第一个文本框架。该文本框架标题为“Starters & Small Plates”。

2 用文字工具（T），选择正文第一段中的“baked garlic, homemade tater tots, hummus, mussels”。

3 如有需要，在控制面板单击“字符格式”控制图标（A）。

4 控制面板的左侧显示类型样式菜单，选择“斜体”。

5 在控制面板中，单击“填充”菜单旁边的箭头。单击“下一步”的 colorful_theme 文件夹，打开色板文件夹。

6 选择的样本命名为“C=17 M=88 Y=100 K=0”的颜色，应用到文本。

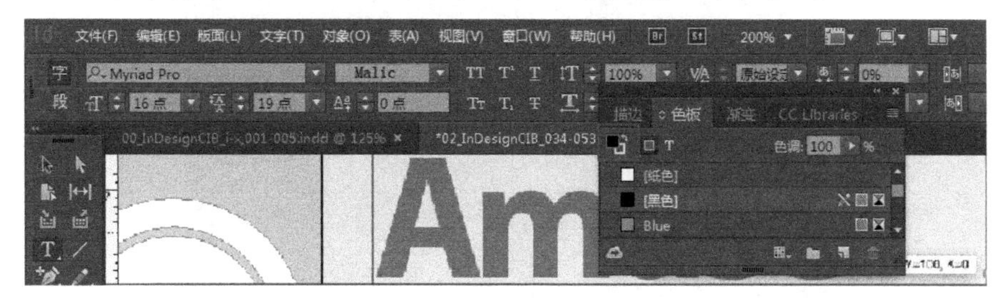

7 单击取消选择文本，并观察变化。然后选择“文件”>“存储”。

创建和应用字符样式

设置文本格式后，便可基于这些设置创建字符样式了。

1 利用文字工具（T），再次选定文字“baked garlic, homemade tater tots, hummus, mussels”。

2 选择“文字”>“字符样式”，以显示字符样式面板。

3 按住 Alt（Windows）或 Option（Mac OS）键，并单击字符样式面板底部的“创建新样式”按钮。

注意：单击“创建新样式”按钮的同时打开“新建字符样式”对话框，按下 Alt（Windows）或 Option（Mac OS）键便可从中对该样式进行命名。该操作同样适用于段落样式和对象样式面板。

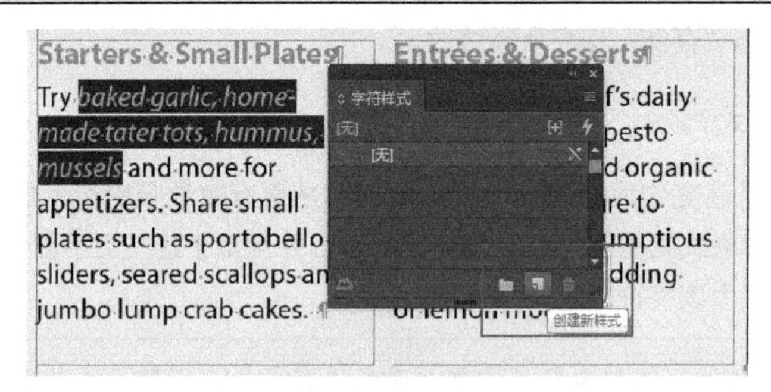

在打开的“新建字符样式”对话框中可看到，名为“字符样式 1”的新样式已经创建。该新样式包含了选定文本的特征，如图所示。

注意：如果“新建字符样式”对话框不立即打开，在字符样式面板双击“字符样式 1”。

4 在样式名称框中，键入“Red Italic”。

5 在“新建字符样式”对话框的底部，勾选“将样式应用于选区”。

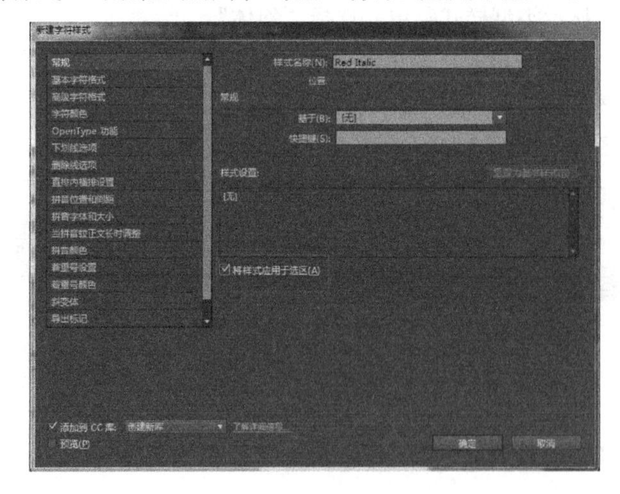

6 在对话框左下角，取消勾选“添加 CC 库”（如果需要），然后单击“确定”。

7 在第一个文本框，用文字工具，选择“portobello sliders, seared scallops and jumbo lump crab cakes”。

> **提示：**排版时，常常需要对经过样式修改的文字及其后面的标点应用相同的样式。（比如，一个单词用意大利语表示，你会在它后面用一个逗号）。这可能根据设计偏好跟出版商的风格而有所不同。但关键是要一致。

8 在字符样式面板中单击 Red Italic 红色斜体。

因为使用了字符样式而不是段落样式，所以格式只影响所选文本，而不是整个段落。

9 用文字工具，在文本框右边选择“pesto cavatappi or grilled organic chicken”。

10 在字符样式面板中单击红色斜体。

11 重复步骤 8 ～ 9，对“croissant bread pudding or lemon mousse”使用 Red Italic 字符样式。

12 选择“文件”>“存储”。

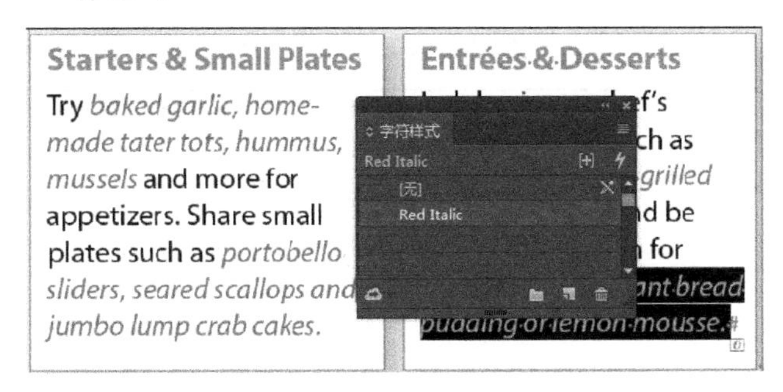

处理图形

现在为明信片添加最后的设计元素，对图片进行导入、尺寸调整和置入等操作。InDesign 文档用到的图片已放置在框架内。使用选择工具（ ），可调整该框架的尺寸及图片在其中的位置。在第 10 课中，将学习到更多有关图片导入的操作技术。

1 选择“视图”>“使页面适合窗口”。

> **提示：**用户可插入图片至选定的文本框架或者创建一个图片框架，也可从桌面或 Mini Bridge 面板（窗口菜单）将图片文件拖曳进 InDesign 页面或剪贴板。

把图片放置于明信片的右上侧。

2 选择“编辑”>“全部取消选择”，以确保没有选定任何对象。

3 选择“文件”>“置入”，在“置入”对话框中，确保没有勾选“显示导入选项”。

4 在 Lesson02 子文件夹中，双击 DiningRoom.jpg 文件。

载入的图形图标（ ）显示为图片预览。当单击页面时，InDesign 将新建一个图片框架并按照实际尺寸显示图片。现在创建一个图片框架以放置该图片。

5 将加载的图形图标放置在明信片右上角的浅蓝色和粉红色向导的交叉处。

注意： 可参考最终的课程文档“02_End.indd”，查看图片最终位置。

6 向右下拖曳鼠标建立一个跨越栏宽的文本框架。

提示： 当为图片创建图片框架时，图片将自动铺满图片框架。可使用控制面板上的缩放控件，精确地调整图片尺寸。在第 10 课中，将学到更多相关知识。

释放鼠标，即可创建出图片框架。该图片框架的长度由图片的比例自动确定。

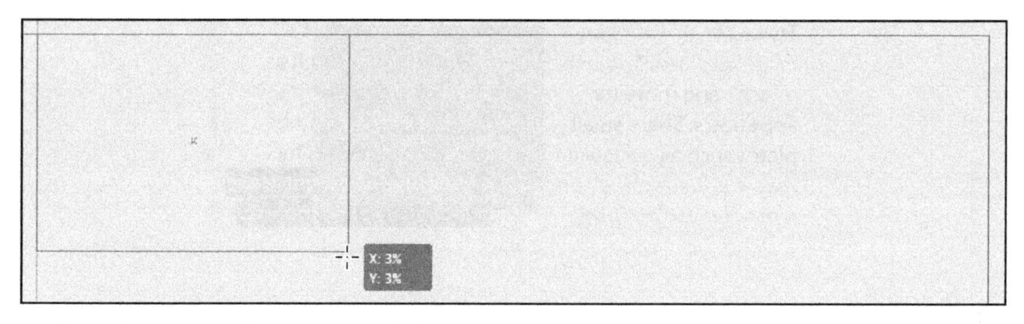

7 使用选择工具（ ）选取图片框架底部的中图选取点，对其进行拖曳，将图片框架的底部与文本框架的底部对齐并使图片位于文字右侧。

使用选择工具通过减小其框架的大小来裁剪图形

8 按 Ctrl + Z（Windows）或 Command+ Z（Mac OS）组合键撤销。

9 继续使用选择工具，将鼠标指针移至图片上可显示内容抓取光标，状似圆环。

注意：在拖曳过程中，如需更精确地控制，可按下 Shift 键，将移动方向精确为水平、垂直或 45° 夹角。如果你在使用选择工具调整一个框架，或者在一个框架内移动图形前，先点击或暂停，那么图形的剪切部分会出现重影，但在框外是可见的。

10 单击该内容抓取光标选择图片，然后将图片在文本框架中拖曳至理想位置。

在其框架内拖动重新定位图形

11 按 Ctrl + Z（Windows）或 Command+ Z（Mac OS）组合键撤销图像移动。图形的最终位置应该是在步骤 6 中的位置。

12 选择“文件”>“存储”保存文档。

应用对象

InDesign 页面的构建模块称为对象，包括文本框架、图片框架、标尺、表格等。通常，可以利用选择工具对对象进行移动和调整尺寸等操作。对对象可以填充颜色（背景颜色）、设置线条粗细（边框厚度）以及描边色。用户也可以自由地移动对象，使其与其他对象对齐，可按照参考线或固定值精确放置。另外，还可调整对象尺寸、设置文本环绕方式等。在第 4 课中，将学到更多相关知识。

移动和旋转对象

用 InDesign 绘图工具在页面左侧创建刀和叉。本小节中将会把这个图形移动到餐厅名字“Amuse-Bouche”的右面，然后，将旋转对象。

1 选择“视图”>“使页面适合窗口”，将文档页中的页居中。如果有必要，移动到页面中可见的白色图形的左边。

2 如果有必要，使用选择工具（ ）单击叉和刀图形。

3 将图形拖到标题“Amuse-Bouche”右边。

4 微调对象的位置，在控制面板输入以下值。

X：11p5。

Y：3p。

5 若要旋转对象，请在旋转角度字段中键入 30。

注意：当在控制面板 X 和 Y 字段中输入值时，对像将根据它的参照点重新定位。你可以通过单击 X 和 Y 字段左侧的一个框来查看和更改参照点。

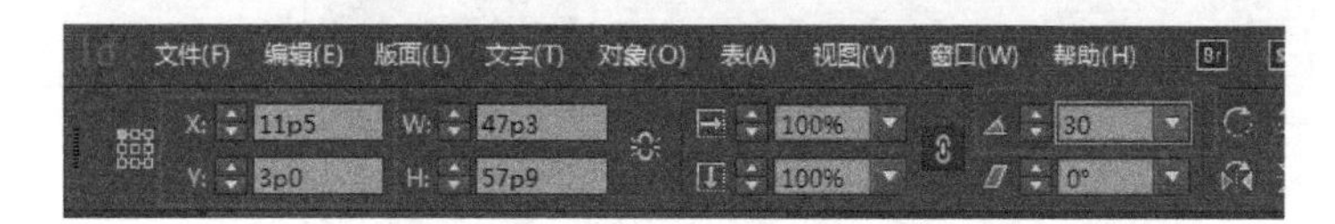

6 选择"文件">"存储"。

改变对象的描边和填充

选择对象时，可以更改其笔画（轮廓或边框）的重量和颜色。此外，还可以应用填充（或背景）颜色。

1 使用选择工具（），选择白色叉和刀图形对象。

2 选择"窗口">"描边"，打开描边面板。"粗细"1 点，按 Enter 键（Windows）或 Return（Mac OS）键返回。

3 仍然选择图形对象，单击"描边"右边的色板面板图标。

4 单击面板顶部的笔划框（），以确保将颜色应用于描边（而不是填充）。

注意：如有必要，请拖动色板的右下角，以调整其大小并查看丰富的主题。

5 单击"下一步"的 colorful_theme 文件夹看到色板，然后单击名为"C=41 M=25 Y=96 K=13"的色板。

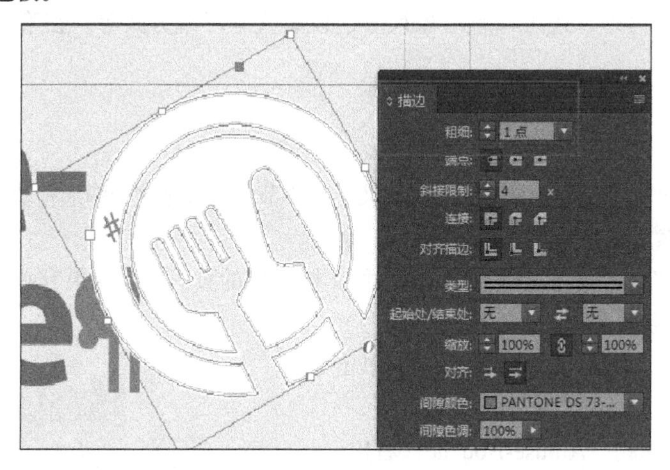

6 如果仍选择了图形对象，请单击面板顶部的填色（ ），以指示要将颜色应用于对象的填充。

7 单击“C=17 M=88 Y=100 K=0”。

> 提示：选择“编辑”>“全部取消选择”并按键盘上的D键，即可快速恢复默认的颜色为黑色。

8 单击取消选择所有对象的面板。

9 选择“文件”>“存储”。

使用对象样式

与利用段落样式和字符样式一样，用户通过保存各种属性为样式，可快速统一地对对象进行格式设置。本节中，将应用已有的对象样式，对包含主文本的两个串接的文本框架进行样式设置。

1 选择“视图”>“使页面适合窗口”。

2 选择“窗口”>“样式”>“对象样式”，以显示对象样式面板。

3 利用“选择”工具（ ），单击左侧包含“Starters & Small Plates”子标题的文本框架。

4 单击对象样式面板中的“Green Stroke and Drop Shadow”样式。

5 单击第二个文本框，其中包含“Entrées & Desserts”小标题。

6 单击对象样式面板中的“Green Stroke And Drop Shadow”样式。

7 选择“文件”>“存储”。

在演示文稿模式中查看文档

演示文稿模式中，InDesign界面会完全隐藏，文档将铺满整个屏幕。这种模式非常适合于在便携式电脑上将设计理念呈现给客户。

1 单击工具面板底部的“预览”按钮并按住鼠标，然后选择“演示文稿”（ ）。

2 文档查看完毕后，按下Esc键可退出演示文稿模式。该文档将以先前的正常模式显示。

3 没有布局辅助的文档，选择“视图”>“屏幕模式”>“预览”。

4 选择“视图”>“实际尺寸”，可按照实际输出尺寸进行查看。

5 选择“文件”>“存储”。

恭喜！您已经完成了 InDesign 的入门课程！

InDesign最佳实践

在完成本课明信片的过程中，尝试使用文档的基本构建模块，并进行创建文档的最佳实践。按照最佳实践创建出来的文档，会易于设置、修改和复制。这些技术包括如下几项。

- 开始时进行“印前检查”。只要收到待制文档就使用“印前检查”功能，可确保文档正确输出。例如，如果该文档缺失了某种字体，继续操作文档前就必须获取该字体。
- 避免重叠对象。设置一个对象的格式而不是分层对象。例如，两个含有明信片主文本的文本框架都应用了同样的文本设置、边框粗细、边框颜色以及阴影。经验不足的InDesign用户可能会趋向于通过重叠多个框架来创建这种效果。移动、对齐对象或是修改格式时，使用多个对象会产生额外工作。
- 串接文本框架。新手用户经常将文本放置或粘贴至独立的文本框架中。这些文本框架中的文本需要被单独选择和设置。如果将该文本置入串接的文本框架，它仍然会作为一个独立文本，称作“故事”。使用一个故事而不是独立文本具有许多好处，用户可选中故事中所有文本，对它们进行设置，并可在故事范围内使用“查找/替换”功能。对更长篇幅的文档进行操作时，例如一本书，串接文本框架对于控制文本位置以及修改都十分重要。
- 对所有格式使用样式。 InDesign为对象、段落、句子、字符、表格以及表格单元都提供了样式。使用样式，可快速统一地对文档中所有元素进行设置。另外，如果需要对格式进行修改，只需对样式进行修改便可。例如，在剪贴板中，如果需要修改正文使用的字体，只需修改正文段落样式中的字符格式。样式可根据新的格式轻松地更新，并方便各文档之间进行样式共享。

完成本课程之后，将学习到这些功能的更多相关信息。

练习

想学习更多 InDesign 更多知识，请完成下列操作。

- 通过在控制面板中选择其他选项来更改文本格式。
- 将不同段落和字符样式应用于文本。将对象样式应用于不同对象。
- 移动和调整对象和图形。
- 双击某段落、字符或对象样式，并修改其格式设置。注意观察这些修改给文本或对象带来哪些影响。

复习题

1 说明布局会造成的输出问题。

2 哪些工具可以创建文本框架？

3 哪些工具可以串接文本框架？

4 哪种现象表明文本框架包含的文本超出其范围（即溢流文本）？

5 哪种工具可以用来移动框架和框架中图片？

6 哪个面板提供的选项用于修改选定的框架、图片或文本？

复习题答案

1 当布局中的某些内容不符合选定的印前检查配置时，例如，如果一个文本框有溢流文本（文本不适合框架），报告错误。文档窗口左下角也能看到印前检查报告出的错误信息。

2 可使用文字工具创建文本框架。

3 可使用选择工具串接文本框架。

4 文本框架右下角的红色加号说明该文本为溢流文本。

5 选择工具可以拖动框架（及其图形）或在图片框架中移动图片。

6 控制面板为修改选定的字符、段落、图片、框架及表格等提供了选项。

第3课 设置文档和处理页面

课程概述

本课中，将学习如何进行下列操作。

- 将用户文档设置存储为文档预设。
- 创建新文档，并设置文档默认值。
- 制定主页。
- 再创建一个主页。
- 将主页应用到文档页面。
- 为文档添加页面。
- 重新排列和删除页面。
- 修改页面尺寸。
- 创建节标记并指定页面编号。
- 制定文档页面。
- 旋转文档页面。

学习本课大约需要 90 分钟。

Egrets and Herons

Preserving habitat

Of the more than 400 species of birds found in the Carolinas, perhaps the most majestic are the colonial wading birds. Characterized by long legs, long necks and long, pointed bills, these charismatic and graceful denizens of shores, lagoons, and wetlands search for food—fish, frogs, and small invertebrates, such as shrimp, crabs, and crayfish.

Herons and egrets both belong to the Ardeidae family, however, there is no clear distinction between the two. In general, species that are white or have ornate plumage are called egrets. You can identify herons and egrets in flight because of their retracted necks, unlike their cousin the ibis, which flies with an outstretched neck. In the late 1800s, Great Egrets were hunted nearly to extinction for their feathers. This led to the first laws protecting endangered birds.

2 Flora & Fauna of the Coastal Carolinas

Monarch Butterflies

Amazing migration

As a result of what researchers assert is a "catastrophic drop" in the number of monarchs migrating from the northern part of the United States and Canada to Mexico, a number of conservation efforts are underway. Mexican authorities have redoubled efforts to stop illegal logging in the mountain area where the butterflies spend the winter. In August 2014, scientists from a number of organizations filed a petition with the U.S. Fish and Wildlife Service requesting that monarchs be listed as "threatened."

Perhaps the most significant efforts are being made with respect to the monarchs' most important food source and larval host—milkweed plants. The world's struggle against weeds may be succeeding, but in winning that war, the battle to save the monarch is being lost. Milkweed loss means monarch loss. Experts today are studying ways to restore milkweed growth in the areas frequented by migrating butterflies. Even citizen scientists and backyard gardeners can help by planting milkweed, but caution is also required because not every variety of milkweed is appropriate for monarch purposes.

F&F

Flora & Fauna of the Coastal Carolinas 31

利用设置文档的工具，可以确保页面布局的一致性并简化工作。本课中，将学习如何为新文件标明设置、设计主页和处理文件页面。

概述

本课中，将设定一个 8 页的简报，并在其中一个对页中置入文本和图片。还将利用不同尺寸的页面，在简报中插入 4 页的页面。

1 为确保 Adobe InDesign 程序的首选项和默认设置符合本课程的要求，请先按照“前言”中的步骤将 InDesign Defaults 文件移动到 4 ～ 5 页。

2 启动 Adobe InDesign。为确保面板和菜单命令符合本课程要求，请依次选择“窗口” > “工作区” > “高级”，再选择“窗口” > “工作区” > “重置‘高级’”。开始工作之前，先打开已部分完成的 InDesign 文档。

3 打开文件 03_End.indd，其位于 InDesign CIB 文件夹中的课程文件夹 Lesson 03 中。(如果缺少字体对话框显示，单击“同步”的字体，然后单击“关闭”，字体已经成功地从 Typekit 同步)。

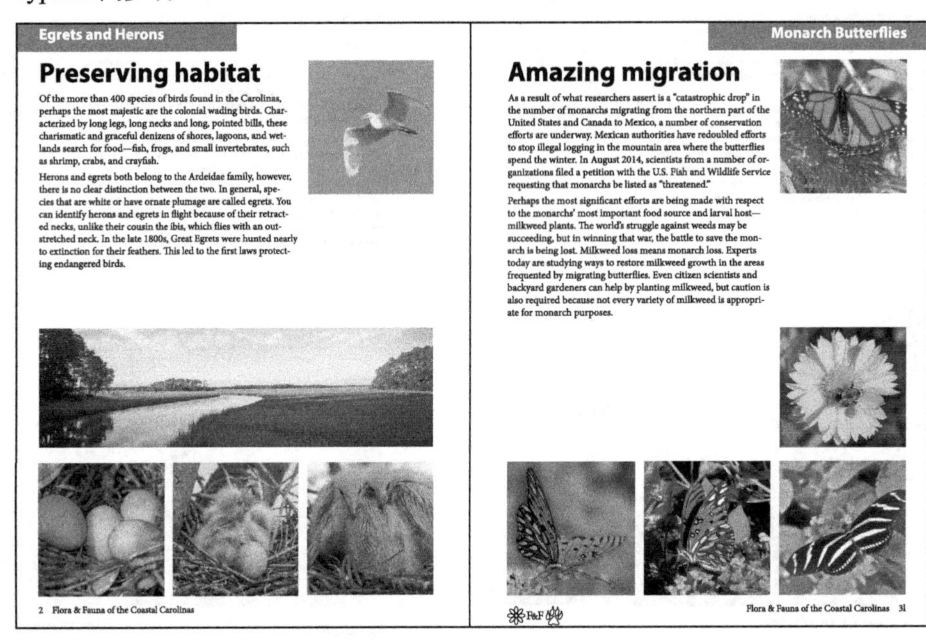

4 滚动文档以便查看其他页面。要查看页面的参考线和占位框架，请选择“视图” > “屏幕模式” > “正常”。浏览页面 2 ～ 3，这将是本课唯一需要设定的页面。此外还将设定一个主页跨页。

5 查看完毕后，关闭 03_End.indd，也可让其打开以作参考。

创建并保存用户文档设置

InDesign 允许保存经常使用的文档设置，包括页数、页面大小、分栏以及边距等。当需要快速创建文档并保持文档一致性时，可选择已保存的文档设置。

1 选择“文件” > “文档预设” > “定义”，打开“文档预设”对话框。

提示：可在任意对话框或面板中使用文档支持的测量单位。如果需要使用与默认不同的测量单位，只需在数值后输入该单位符号，如 p 为派卡（Picas），pt 为点（point），in 为英寸。可通过选择“编辑”>“首选项”>“单位和增量”（Windows）或 InDesign>“首选项”>“单位和增量”（Mac OS）选择测量。

2 单击“新建”，打开“新建文档预设”对话框。

3 在“新建文档预设”对话框中对下列选项进行设置。

- 在“文档预设”框中输入“Newsletter”。
- 在“页数”框中输入“8”。
- 确保已勾选“对页”。
- “页面大小”使用“Letter”。
- 在“分栏”的“行数”文本框中输入 3，并设置“栏间距”为“1p0”。
- 在页边距中，确保没有选择“边距”中的“将所有设置设为相同”图标（图标显示为 ），这样四边的边距可设置不同的值：“上”设为“6p0”，“下”“内”“外”都设为“4p0”。

4 单击“出血和辅助信息区”旁的小三角，显示另外的控件。在“出血”的“上”文本框中输入“125in”。请确保已选中“将所有设置设为相同”的图标，以使“下”“内”“外”文本框中使用相同的值。单击“下”，注意 InDesign 自动将其他单位测试量值（本例中为英寸）转换为相应的派卡值（Picas）和点值（Point）。

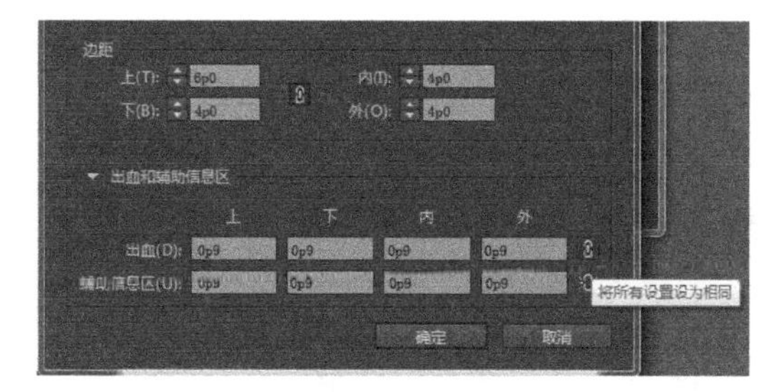

出血值指定了每个页面之外的区域，页面之内的区域可以打印或者显示设计所需元素，如图片、背景颜色等，出血值扩展了页面边缘。印刷后，出血区会被剪裁并删除。

5 在两个对话框中单击“确定”按钮，即可保存文档预设。

新建文档

每次新建文档，都可以从“新建文档”对话框中选择文档预设作为开始，也可以利用该对话框指定几项文档设置，包括页数、页面尺寸、栏数等。本节中，将为刚建的文档使用“Newsletter”预设。

提示：在“新建文档”对话框中，“起始页码”默认值为 1，文档将从右侧页面开始，所以页面 1 是对开页的右侧页面。也可在“起始页码”输入偶数值（如 2、4、8 等），这时文档将从对开页的左侧页面开始。在该框输入的值就规定了文档的首页的位置。

1 选择菜单“文件”>“新建”>“文档”。

2 在“新建文档”对话框中，如果文档未选中，请从“文档预设”菜单中选择“Newsletter”。并在“新建文档”对话框的左下角选择“Newsletter”，以查看窗口中文档的预览。

3 单击“确定”按钮。

InDesign 将创建一个新文档，并使用该文档预设的所有配置，如页面大小、边距、栏数以及页数等。

4 通过单击页面面板图标，或是选择“窗口”>“页面”来打开页面面板。如有需要，拖曳面板右下角直到所有文档页面图标可见为止。

提示：通过选择“文件”>“文档预设”>“预设名称”，可基于某文档预设创建新的文档。如果选择某个预设时按下 Shift 键，那么“新建文档”对话框就不会显示出来。

在页面面板中，页面 1 的图标为灰色高亮，图标下面的页面编号也反相显示，说明页面 1 当前正显示在文档窗口中。

页面面板由两部分组成。上半部分用来显示文档主页图标（主页类似于背景模板，可将其应用于文档的任一页面），主页包含了如页眉、脚注以及页面编号等在所有文档页面中出现的元素。下半部分显示文档页面图标。

本文档中，默认的主页（默认名为：“A- 主页”）是由两个对页组成的跨页。

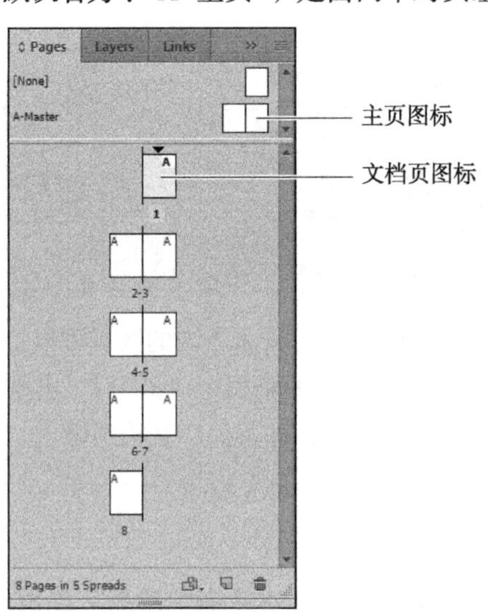

5 选择“文件”>“存储为”，将文件命名为“03_Setup.indd”，并保存至 Lesson03 文件夹中，然后单击“保存”。

切换打开的 InDesign 文档

学习过程中，如果新建文档和提供的最终文档都已打开，可在两者之间来回进行切换以便参考。

1　打开“窗口”菜单，可以看到菜单底部列出了当前已打开的 InDesign 文档。

提示：切换打开的 InDesign 文档的快捷键为 Ctrl+`（Windows）或 Command+`（Mac OS）（“`”键位于制表符键下方）。

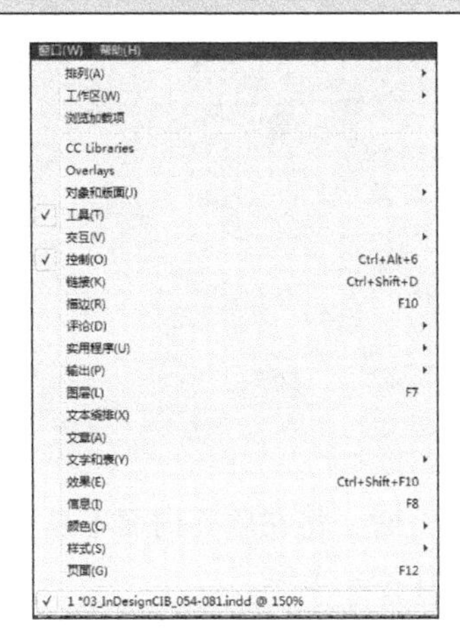

2　选择要查看的文档。这里选择 03_setup.indd 文件。

所有已打开的文档，其名称会按照打开顺序在文档窗口的顶部从左往右显示。单击某个文档的名称便可显示该文档。

编辑主页

向文档添加图片和文本框架之前，需要设置主页作为文档页面的背景。设置主页后，添加到主页的所有对象都会自动地出现在主页所在文档页面中。

本文档中，将创建两个主页跨页：一个包含参考线网格和脚注信息，另一个包含占位框架。通过创建多个主页，可在修改页面的同时确保设计一致性。

为主页添加参考线

参考线是非打印线，用来辅助精确布局。为主页添加了参考线之后，应用了该主页的所有文档页面都将显示参考线。本文档中，将添加一系列的参考线，形成网格，以方便精确放置图片框架、文本框架及其他对象。

1　在页面面板的上半部分，双击“A- 主页”。该主页的左页面和右页面都将显示在文档窗口中。

提示：如果主页的两个页面没有位于文档窗口的正中央，可以通过双击工具面板上的抓手工具来将其居中。

2 选择“视图”>“使跨页适合窗口”，可同时显示主页的两个页面。

3 选择“版面”>“创建参考线”，打开“创建参考线”对话框。

4 勾选“预览”可显示出对其做的修改。

5 在“行数”文本框中输入“4”，“行间距”文本框中输入“0p0”。

6 在“栏数”文本框中输入“2”，“栏间距”文本框中输入“0”。

7 对于“参考线适合”，选中“边距”。

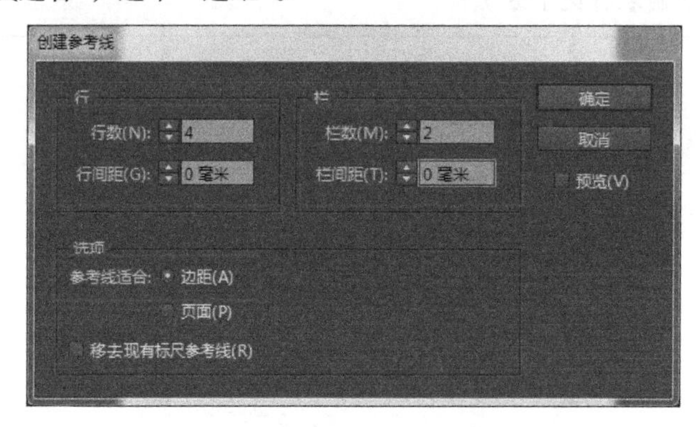

选择“边距”而不是“页面”时，将在版心内而不是页面内创建参考线。由于栏参考线已经显示在文档中，则无需添加栏参考线。

提示：当操作文档页面而不是主页时，通过“新建参考线”命令（“版面”菜单中），可单独将参考线添加至某文档页面。

8 单击“确定”按钮，可以看到水平参考线出现在主页中。

从标尺中拖曳参考线

可从水平和垂直标尺拖曳出参考线，从而在各个页面中添加更多帮助对齐的辅助线。拖曳出参考线时按住 Ctrl（Windows）或 Command（Mac OS）键，参考线将应用到整个跨页。拖曳参考线时按下 Alt（Windows）或 Option（Mac OS）键，可将水平参考线变为垂直参考线，或者将垂直参考线变为水平参考线。

本小节中，将把页眉置于页面顶部空白区之上，把页脚置于页面底部空白区之下。为能精确放置页眉和页脚，将手动添加两条水平参考线和两条垂直参考线。

提示：页眉文本放置在页面的顶部，从正文分开。页眉可以包括页码、出版物名称或发行日期等信息。当被放置在页面的底部时，这样的文本被称为页脚。

1 选择“窗口”>“对象和版面”>“变换”，打开变换面板。无需在文档中单击，仅在文档窗口中移动鼠标指针，即可观察到水平和垂直标尺随着指针移动而移动。请注意标尺中的细线如何响应鼠标指针的位置。控制面板上“X”和“Y”坐标值和变换面板上“X”和“Y”坐标值也指出了当前光标的位置。

2 按住 Ctrl（Windows）或 Command（Mac OS）键，并将鼠标指针置于跨页上方的水平标尺中。将标尺线向下拖曳 2p6 派卡。当进行拖曳时，Y 坐标值显示在指针旁，同时也显示在控制面板和变换面板中的“Y”文本框中。当创建参考线并按下 Ctrl（Windows）或 Command（Mac OS）键，该参考线将扩展至整个跨页，包括剪贴板区域。如果没有按下 Ctrl（Windows）或 Command（Mac OS）键，则参考线只会应用于释放鼠标的页面上。

> **提示：**拖动标尺参考线时也可不按住 Ctrl（Windows）键或 Command（Mac OS）键，并在剪贴板内松开鼠标，参考线将横跨跨页中的所有页面，包括剪贴板内。

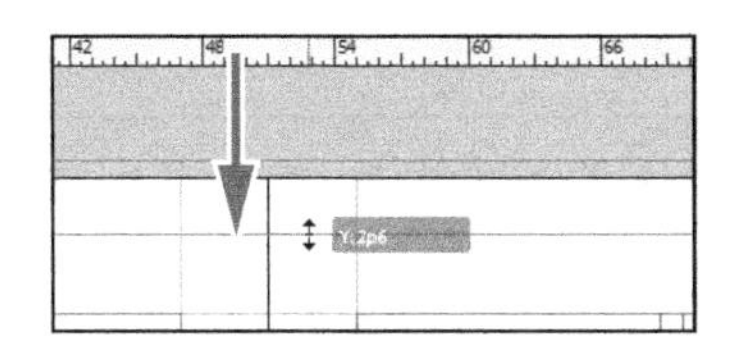

> **注意：**变换面板的控件类似于控制面板。可以使用面板进行许多常见的修改，如改变位置、大小、规模和旋转角度等。

3 按住 Ctrl（Windows）或 Command（Mac OS）键，从水平标尺中拖曳两条参考线，一条至 5p 位置，另一条至 63p 位置。

4 按住 Ctrl（Windows）或 Command（Mac OS）键，并从垂直标尺中拖曳一条参考线至 17p8 位置。拖曳时，观察控制面板上“X”值的变化。该位置上，参考线将切断栏参考线。拖曳时，如果“X”值不能显示 17p8，那也请尽量拖曳到靠近的位置，然后保持选定参考线，在控制面板或变换面板中的“X”文本框中，输入“17p8”，再按 Enter 键。

5 按住 Ctrl（Windows）或 Command（Mac OS）键，并再从垂直标尺中拖曳一条参考线至 84p4 位置。

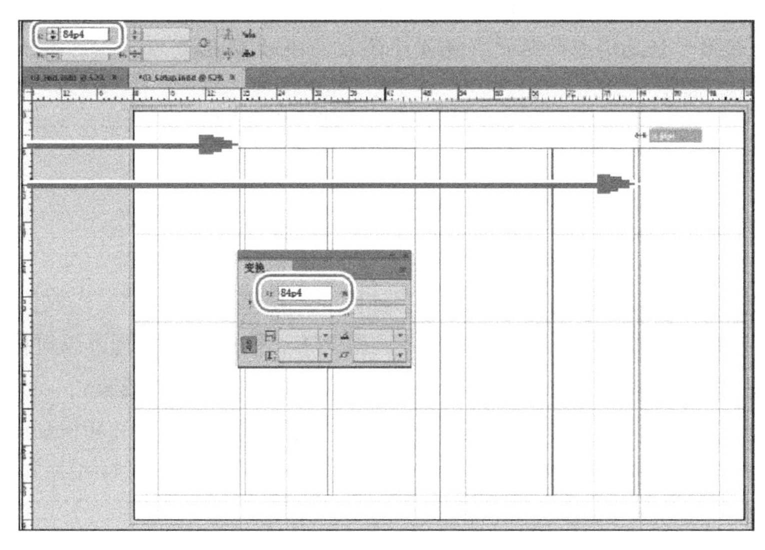

6 关闭或停放变换面板，然后选择“文件” > “存储”。

在主页中创建文本框架

在主页中添加的任何文本或图片都将显示在应用了该主页的所有页面中。在页脚位置，将添加出版物的标题（“Flora & Fauna of the Coastal Carolinas”），并为对开跨页的两个页面添加页码。

1 确保可看见左主页的底部。如有需要，放大视图并使用滚动条或抓手工具（ ）滚动文档。

2 选择工具面板中的文字工具（ ）。在左页面中，单击最左列两参考线交点位置，并进行拖曳，新建如下所示的文本框架。文本框架的右侧边缘应与页面中间的垂直标尺参考线对齐，底部边缘应与页面底部对齐。

> **注意：**当使用文字工具创建文本框架时，文本框架的起始位置位于显示的“I”型光标的左上角黑色箭头顶部。当光标位于参考线上时，光标箭头将变为白色。

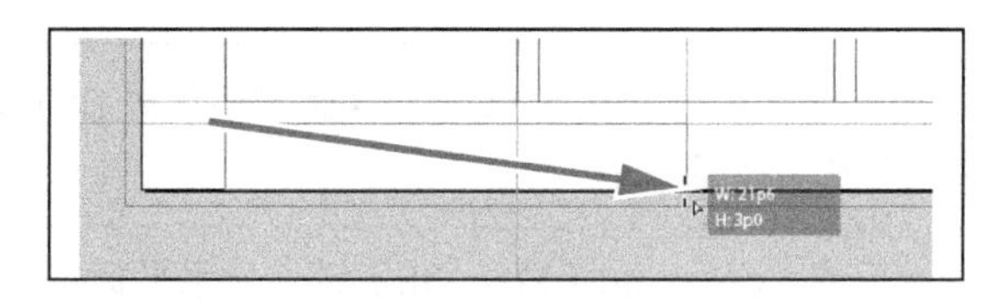

3 将插入点置于新文本框架内，选择菜单“文字”>“插入特殊字符”>“标志符”>“当前页码”。文本框架中将显示字母“A”。应用该主页的文档页面中，将显示相应的页码编号，如在页面 2 中显示“2”。

4 为在页码后插入一个全角空格，将插入点置于文本框架中，右键单击（Windows）或者按住 Control 键单击（Mac OS），在打开的上下文菜单中选择“插入空格” > “全角空格”。也可从文字菜单中选择此命令。

> **提示：**EM 空间是当前字体的宽度。例如，当使用 12 点文本时，EM 空间为 12 点宽。这个词起源于金属类型的时代，并描述了大写字母 M 的宽度。

5 在全角空格后输入“Flora & Fauna of the Coastal Carolinas”。

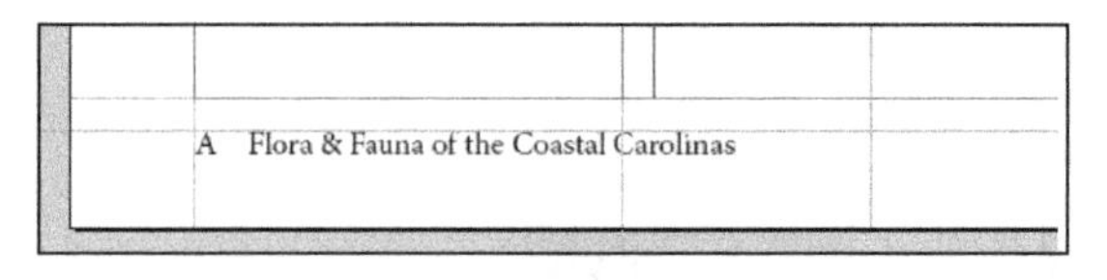

6 单击文档窗口的空白区域，或者选择“编辑” > “全部取消选择”，以取消选择文本框架。

接下来，把左页面的页脚复制到右页面，并调整文本，使两侧的页脚可以对称显示。

7 选择“视图” > “使跨页适合窗口”，可以同时看见两主页面的底部。

8 使用选择工具（ ），选定左页面的页脚文本框架。按住 Alt 键（Windows）或 Option 键（MacOS），将文本框架拖曳至右页面，使其与右页面的参考线对齐并同左页面对称显示（如下图所示）。

> **提示**：按住 Alt（Windows）或 Option（Mac OS）键拖曳某文本框架，同时按下 Shift 键，将可把移动方向的角度限制在 45° 。

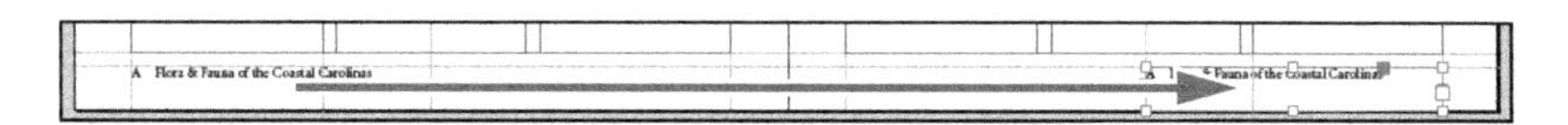

9 选择文字工具（T），然后在右页面中单击文本框架中的任意位置，创建插入点。

10 单击控制面板上的“段落样式”（¶），然后单击“右对齐”按钮。

> **提示**：根据显示器的尺寸，有时不用单击“段落样式控件”按钮，也可看见控制面板中的段落样式控件（位于字符样式控件的右侧）。

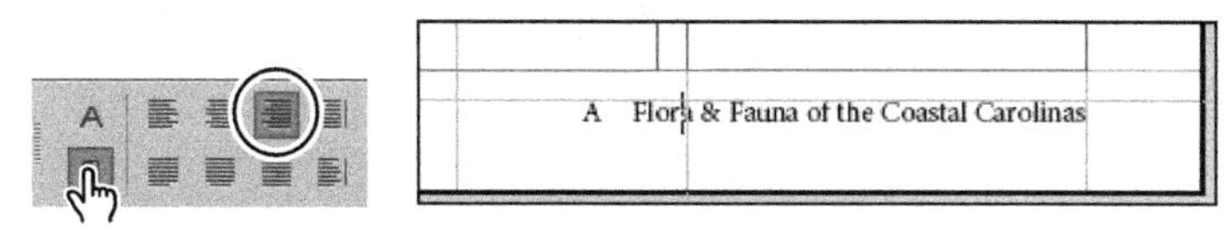

单击控制面板左侧的“段落样式”可查看对齐

现在右侧页面的脚注文本框架中的文本靠右对齐。下面修改右侧页面的页脚，将页码编号置于“Flora & Fauna of the Coastal Carolinas”的右侧。

11 删除页脚开始处的全角空格和页码。

12 在“Flora & Fauna of the Coastal Carolinas”设置插入点，然后选择“文字”>“插入空格”>“全角空格”（注意：在下一步中添加当前页码字符之前，您不会看到此更改）。

13 选择“文字”>“插入特殊字符”>“标志符”>“当前页码”，即可在空格之后插入当前页码。

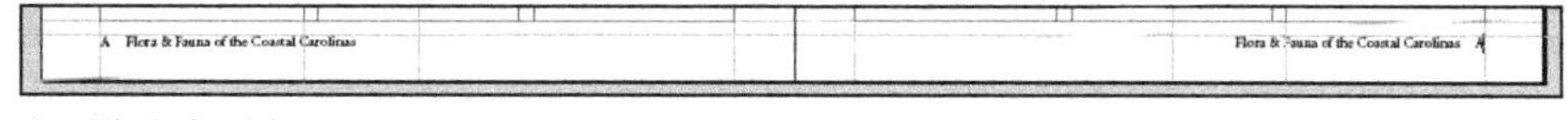

左页脚和右页脚

14 选择“编辑”>“全部取消选择”，然后选择“文件”>“存储”。

重命名主页

当文档包含多个主页时，可能需要为每个页面指定合适的名称以便识别。下面将第 1 个主页重命名为“3-column Layout”。

1 如果页面面板没有打开，可选择“窗口”>“页面”，确认选定了 A- 主页后。单击页面面板菜单按钮（☰），选择“‘A- 主页的’主页选项”。

2 在“名称”文本框中，输入“3-column Layout”，然后单击“确定”按钮。

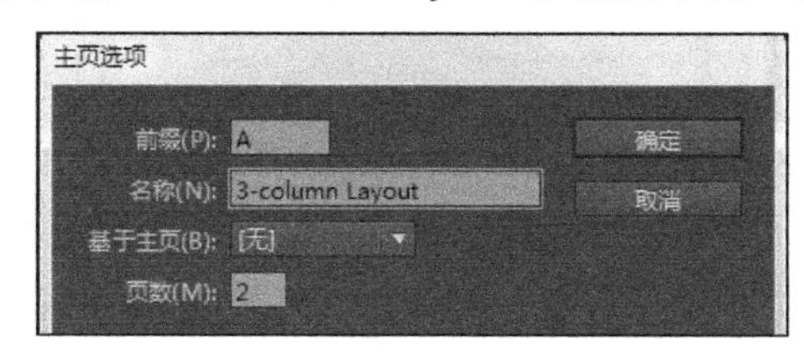

提示：除修改主页名称外，也可利用“主页选项”对话框修改文档主页的其他属性，如前缀、主页页数以及该主页是否基于另一主页等。

添加文本占位符框架

该文件主体的每个页面中都会包含文本和图片。在每个页面中，主文本框架和图片框架都是一样的，所以可在“A-3-column Layout”主页中创建文本占位符框架和图片占位符框架。

提示：如果希望在左右页面设置不同的边距和分栏，可分别双击跨页左右页面，然后通过选择“版面”>“边距和分栏”来进行设置。

1 若需在文档窗口中居中显示左页面，可双击页面面板中“A-3-column Layout”主页中的左页面图标。

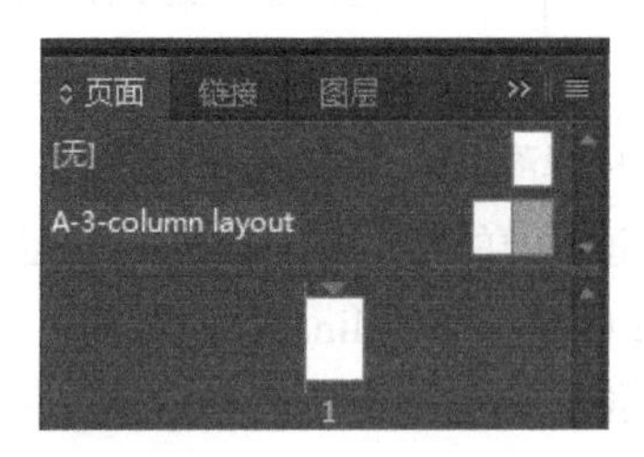

2 选择文字工具（T.），在页面的左上角单击水平和垂直页边交点处并进行拖曳，可新建文本框架。该文本框架水平方向横跨两栏，垂直方向为从页面的上边缘到下边缘。

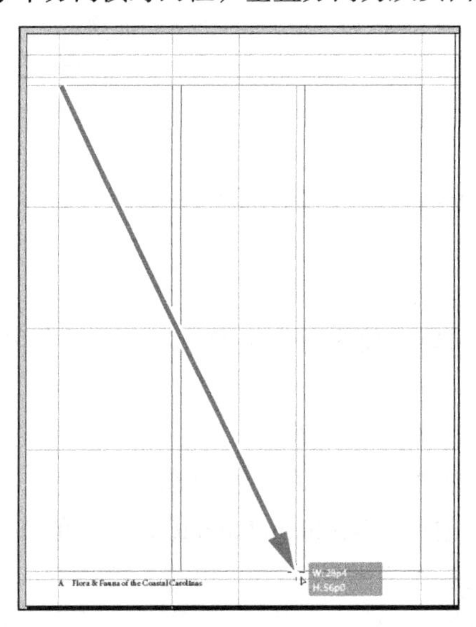

3 双击页面面板中“A-3-column Layout”主页的右页面图标，将其在文档窗口居中显示。

4 使用文字工具（T.），在右页面新建一个文本框架，新的文本框架与刚刚在左页面新建的文本框架一致，确保文本框架的左上角与页面左上角的边缘参考线交点对齐。

5 单击页面或剪贴板空白区域，或者选择“编辑”>“全部取消选择”。

6 选择“文件”>“存储”。

添加图片占位符框架

在已为各页面的主文本添加了文本框架后，下面将为“A-3-column Layout”主页添加两个图片框架。与创建文本框架类似，文档中的这些占位符框架有助于确保设计的一致性。

提示：并非在所有文档中都需要添加占位符框架，名片、广告等单页文档就不需要主页和占位符框架。

虽然矩形工具（⊠）和矩形框架工具（▣）功能类似，但矩形框架工具（包含一个非打印的对角线）更常用于创建图片占位符。

1 选择工具面板中的矩形框架工具（⊠）。

2 将十字形光标置于右页面上边缘参考线和右边缘参考线的交点。

单击并向左下方拖曳以新建占位符框架，水平、垂直方向各占一栏宽度，至下一个参考线。

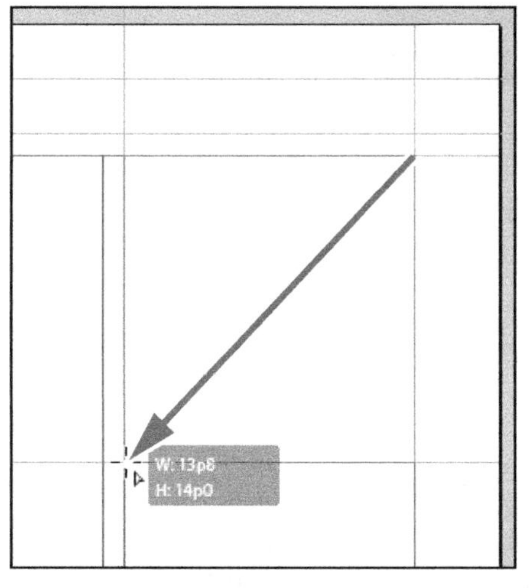

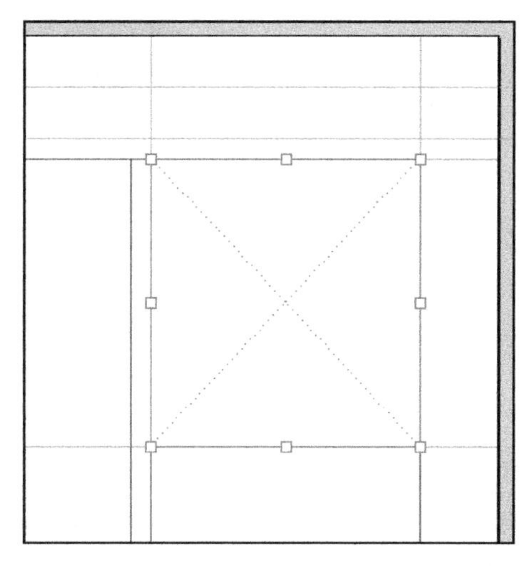

3 在左侧页面创建相同的占位符框架。

4 使用选择工具单击页面或剪贴板空白区域，或者选择“编辑”>“全部取消选择”。

5 选择“文件”>“存储”。

创建其他主页

在同一个文档中可创建多个主页，并可以独立地创建每个主页，也可以基于同一文档中的某一主页进行创建。基于另一主页创建出来的主页，对父级主页做的任何修改都会自动地应用于子级主页。

例如，如果“A-3-column Layout”对该文档的大部分跨页页面都适用，便可作为其他主页的父级主页，共享主要的版面元素，如边距和当前页码编号字符等。

接下来，为适应不同的版面，将创建独立的主页跨页，应用双栏格式，然后修改双栏布局。

1 从页面面板菜单中选择“新建主页”。

2 在“名称”文本框中，输入“2-column Layout”。

3 在“基于主页”菜单中，选择“A-3-column Layout”，单击“确定”按钮。

注意页面面板上半部分的“B-2-column Layout”主页上也显示了字母 A。该字母说明“B-2-column Layout”模板继承了“A-3-column Layout”的设置。如果对“A-3-columnLayout”主页进行修改，也会影响到“B-2-column Layout”。读者可能会注意到，在其他主页中不太容易选定对象，如页脚。在后面的小节中将介绍如何选择和覆盖主页项。

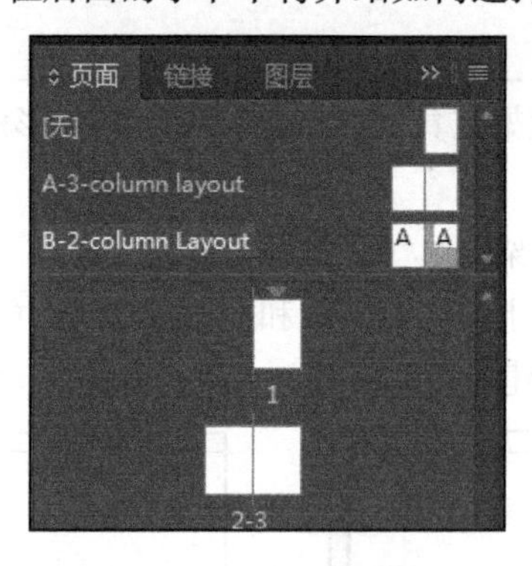

提示：如果在页面面板中未显示所有的主页图标，可单击横栏，将主页图标和文档页图标分开，并向下拖曳，直到显示其他主页图标。

4 选择“版面”>“边距和分栏”。

5 在“边距和分栏”对话框中，将“分栏”中的“栏数”设置为“2”，然后单击“确定”按钮。

覆盖主页项目

使用双栏布局的文档页面不需要占位框架，所以只需要保留“A-3-column Layout”上的页脚文本框架和参考线。下面就来介绍移除“B-2-column Layout”主页上的占位框架。

1 利用选择工具（ ），在“B-2-column Layout”主页左页面的图片框架中单击。此时程序未能响应。这是因为该占位符框架继承了父级主页，无法通过简单的单击进行选取。

提示：为覆盖多个主页项目，可以按住 Shift+Ctrl（Windows）或 Shift+Command（Mac OS）组合键，并使用选择工具，拖曳出矩形框架选定需要覆盖的对象。

2 可按住 Shift+Ctrl（Windows）或 Shift+Command（Mac OS）组合键，在图片框架中单击。该图片框架现在已被选取，此时可以覆盖该占位符框架在主页上的项目。按下退格或删除键，可删除该占位符框架。

3 使用同样的方法删除右页面的图片占位符框架，以及两侧页面的文本占位符框架。

4 选择“文件”>“存储”。

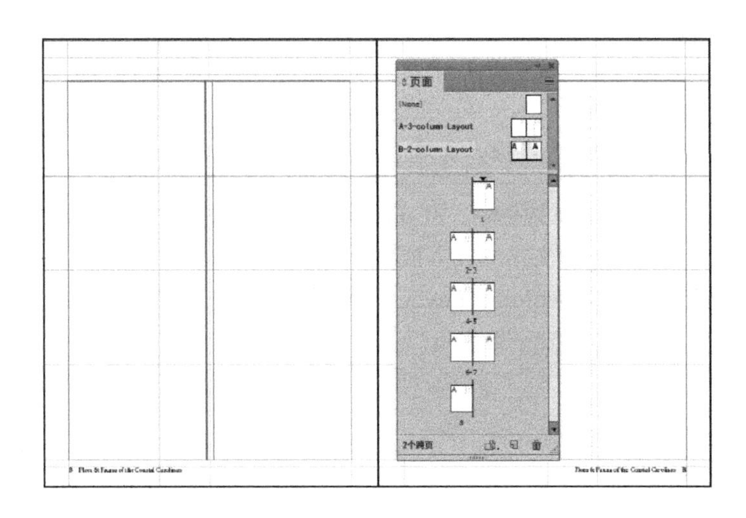

修改父级主页

为完成文档主页布局，将在“A-3-column Layout”主页顶部添加几个页眉元素，为右页面添加其他的页脚元素。然后将查看“B-2-column Layout”主页，观察如何自动为跨页添加新对象。

导入“snippet”，而不是手动布局其他的页眉和页脚占位符框架。与图片文件类似，snippet 是包含 InDesign 对象及其相对位置的文件；InDesign 可以将对象输出为 snippet 文件，并将 snippet 导入文档（本课后面的内容中，还将用到 snippet 文件，在第 10 课中将介绍更多 snippet 相关知识）。

> **注意：**在第 4 课中将学习到更多新建和修改文本框架、图片框架以及其他对象的相关知识。

1 双击页面面板中上的“A-3-column Layout”主页名称，以显示跨页。

2 选择“文件”>“置入”。打开 Lesson03 文件夹（位于 InDesign CIB 文件夹的 Lesson 文件夹）中的 Links 文件夹，单击名为“Snippet1.idms”的文件，将其打开。

3 将导入的 snippet 图标（ ）置于跨页左上角红色出血参考线之外，单击以放置 snippet。

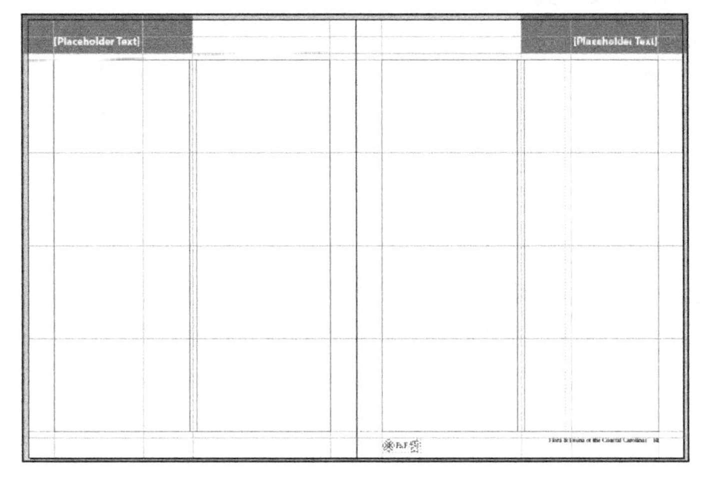

提示：可在页面或跨页中选择一个或多个对象来创建 Snippet。选择“文件”>“输出”，然后从“保存为文本”菜单（Windows）或“样式”菜单（Mac OS）中，选择“InDesign Snippet”。选择文件保存路径并命名后，单击“存储”。

snippet 将在每页的页眉放置标题，并在右页面底部导入图片。每个页眉包含空白的红色图片框架，以及白色占位符文本的文本框架。

4 双击页面面板中的“B-2-column Layout”主页名称。刚应用到“A-3-columnLayout”主页上的新元素会自动地应用到子级主页。

5 选择“文件”>“存储”。

将主页应用到文档页面

现在已创建了所有的主页，该将它们应用到文档中的页面了。默认情况下，所有的文档页面都应用了“A-3-column Layout”主页进行设置。将“B-2-column Layout”主页应用到通讯稿的几个页面，然后将“None”主页应用到封面页，因为该封面页不需要页眉或页脚信息，所以不需要主页。

可以通过拖曳主页图标到文档页面图标上，或者使用页面面板菜单选项将主页应用到文档页上。在大型文档中，将页面图标水平地显示在页面面板中会很方便。

提示：在大文档，可能会发现文件页面图标水平显示在页面面板更容易。为此，请从页面面板菜单中选择“视图”。

1 双击页面面板中的“B-2-column Layout”主页名称。确保所有的主页和文档页都能显示在面板上。

2 将“B-2-column Layout”主页的左页面图标拖曳至文档页面 4。当页面 4 显示有黑色边框时，说明在文档页应用了主页，此时可松开鼠标。

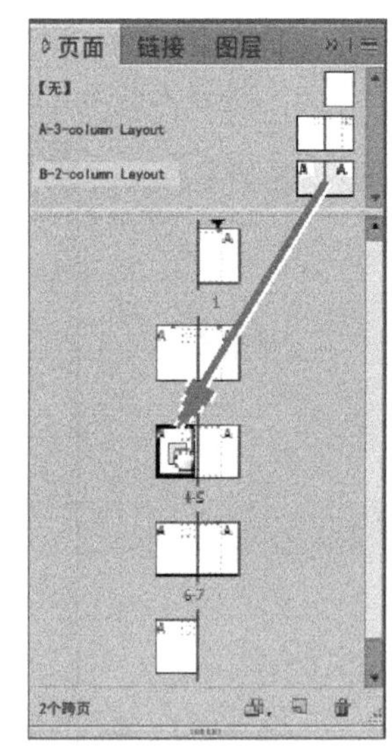

3 将“B-2-column Layout”主页的右页面图标拖曳至文档页面 5，并将左页面图标拖曳至文档页面 8。

4 双击页面面板中的页面号 4 ～ 5（页面图标下），可显示出该跨页。注意该跨页的两页面已应用了主页的双栏布局以及父级主页上的页眉和页脚元素。还要注意，由于“A-3-columnLayout”模板跨页中设置了“当前页面编号”字符，故每个页面上都显示了正确的页面编号。

5 双击页面 1 的图标。由于该页面基于“A-3-column Layout”主页，所以包含了页眉和页脚元素，而封面不需要这些元素。

6 从页面面板菜单中选择“将主页应用于页面”。在“应用主页”对话框中，从“应用主页”下拉列表中选择“无”，并确认“于页面”文本框中数字为“1”，然后单击“确定”按钮。

7 选择“文件”>“存储”。

添加新页面

用户可在已有的文档中添加新的页面。本节中就为该新闻稿添加另外6个页面。后续内容中，还将利用其中的4个页面，作为“特别版面”，并设置不同的页面尺寸和独立的页面编号。

1 在页面面板中选择“插入页面”。

2 在“插入页面”对话框中，在“页数”文本框输入“6”，从“插入”下拉列表中选择“页面后”，并在页码文本框中输入“4”，然后从“主页”下拉列表中选择“无”。

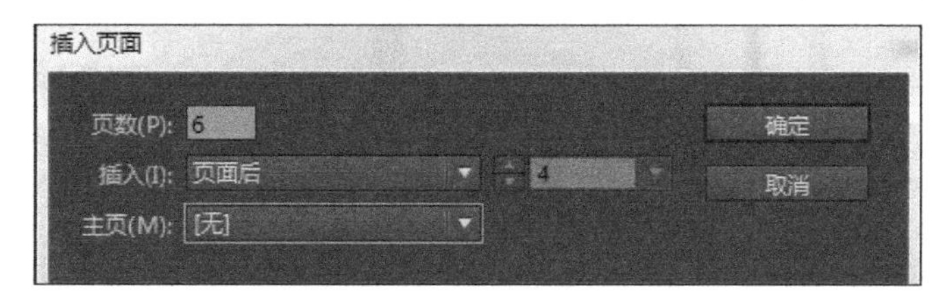

3 单击“确定”按钮。此时在文档中插入了6个空白页面，展开页面面板，便可查看所有的文档页面。

重新排列和删除页面

本节中将使用页面面板来重新排列页面，并删除多余的页面。

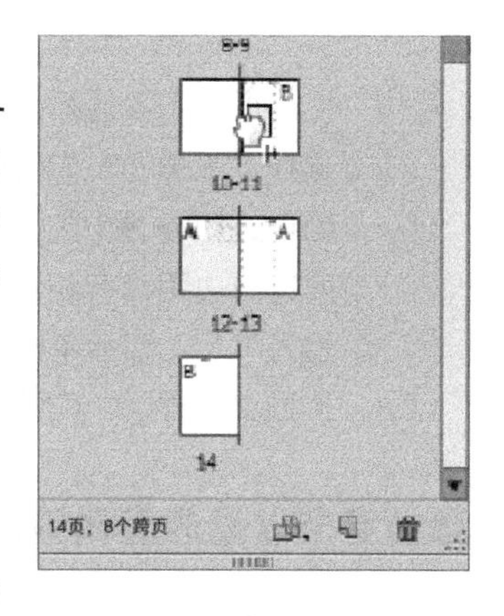

1 在页面面板中，单击页面12将其选中。注意该页面基于“A-3-column Layout”主页，将其向上拖曳至页面11的图标（该图标基于“B-2-column Layout”主页），当手形工具中的箭头指向右边时，说明页面11将沿着该方向被“推出”，松开鼠标。

注意，此时页面11已改为基于“A-3-column Layout”主页，而之前的页面11页变成了页面12。页面13及其之后的页面14都未变动。

2 单击页面5，然后按下Shift键并单击页面6（即之前插入的6个页面中的两页），便可选定该跨页。

3 单击面板底部的“删除选中页面”按钮（🗑），删除页面5和页面6。

4 选择“文件”>“存储”。

修改页面尺寸

下面将通过修改“特别版面”的页面尺寸，在通讯稿中创建插入页。然后快速制定两跨页来构建此版面。

1 选择“页面”工具（![]）。单击页面面板中的页面 5，然后然后按下 Shift 键并单击页面 8，此时页面 5 ～ 8 将在面板中突出显示。下面修改这些页面的尺寸。

2 在控制面板的宽度文本框中输入“36p”，高度文本框中输入“25p6”。每次为选定的页面输入数值后，按下 Enter 键，该值将被应用于选定的页面。这些数值将生成一个标准明信片大小的插入页。

3 在页面面板中双击页面 4，然后选择“视图” > “使跨页适合窗口”。注意此时跨页包含了尺寸不同的页面。

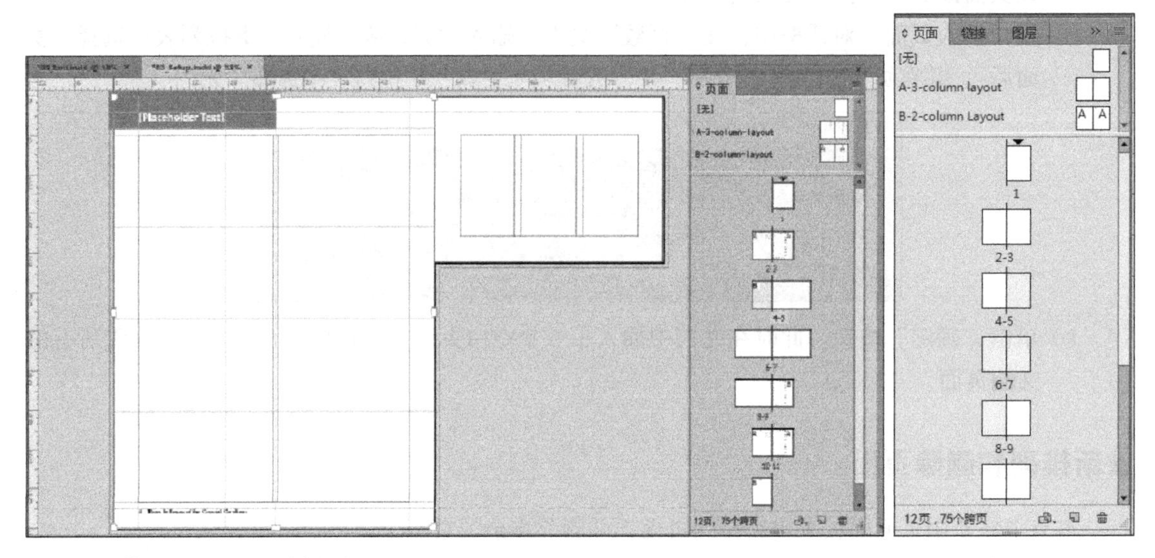

4 使用页面工具选择页面 5 ～ 8。

5 选择“版面” > “边距和分栏”，打开“边距和分栏”对话框，设置新的边距和分栏参考线。确保边距设置中的“将所有设置设为相同”图标（![]）已被选择，这样输入 1 个值即可使四边的边距具有相同值。在“上”文本框中输入“1p6”，在“分栏”的“栏数”文本框中输入“1”，然后单击“确定”按钮。

6 选择“文件” > “存储”。

添加章节以修改页码编排方式

下面将为新建的特别版面应用其自己的页面编排系统。通过创建章节，可在文档中使用不同的页码编排方式。接下来，将在特别版面的第 1 页开始一个新章节，随后调整后面页面的编号，以保证页面编号能正确显示。

1 使用选择工具（![]），在页面面板中，双击页面 5 图标，将其选择并显示。

2 从页面面菜单中选择“页码和章节选项”。在“新建章节”对话框中，确保已勾选“开始新章节”和选中“起始页码”，并将“起始页码”设为“1”。

3 在对话框中编排页码下的“样式”下拉列表中，选择“i, ii, iii, iv…”，然后单击“确定”按钮。

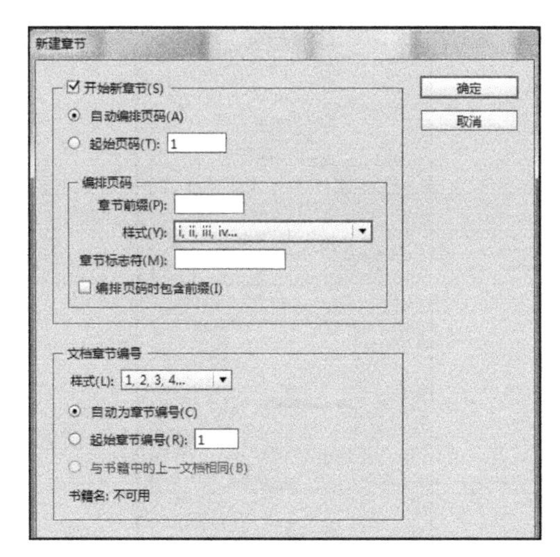

4 查看页面面板上的页面图标。可以看到从第 5 个文档页面开始，页面图标下的数字变为罗马数字。其余含有页脚的文档页面，其页脚中的数字也变为了罗马数字。

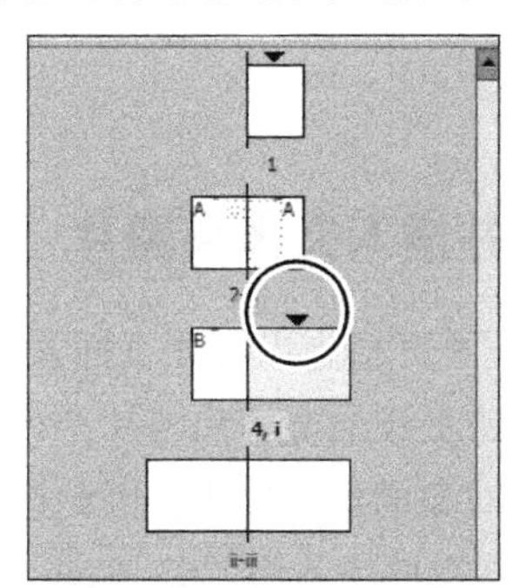

图标上面的三角形表示一段的开始。

现在，将为特别版面接下来的文档页面使用阿拉伯数字，并接续特殊版面之前的编号（页面 4）。

5 单击并选择页面面板上的页面 V。

注意：单击主页或文档页图标，只会使页面显示出来以便编辑，而不会使页面显示在文档窗口中。如果希望导览页面，可双击页面面板中相应的页面图标。

6 从页面面板菜单中选择“页码和章节选项”。

7 在“新建章节”对话框中，确保已勾选“开始新章节”。

8 选择“起始页码”，并在旁边的文本框中输入“5”，使该章节从页面 5 开始，并使文档后面页面接着前面非特殊版面的文档页面（1 ～ 4）继续编号。

9 从“样式”下拉列表中选择“1, 2, 3, 4…”，然后单击“确定”按钮。

现在，页面被正确地重新编排了页码。注意在页面 1、页面 i 和页面 5 上方显示的黑色三角形，这说明从这些地方开始了新章节。

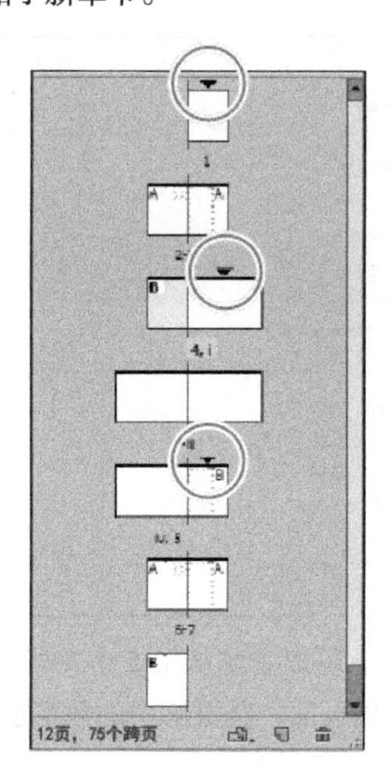

10 选择“文件” > “存储”。

覆盖文档页面上的主页项目，并插入文本和图片

现在，共 12 页的文档整体框架（8 页指南以及 4 页插入页）已经就绪，可以开始设计各文档页面了。本节将为页面 2 和页面 3 的跨页添加文本和图片，并观察这些操作对设置了主页的页面有何影响。第 4 课中将学习创建和修改对象的更多知识，因此这里，将简化设计过程。

1 选择“文件” > “存储为”，将文件命名为“03_Newsletter.indd”，并保存至 Lesson03 文件夹中。

2 在页面面板中，双击页面 2 图标（不是页面 ii），然后选择“视图” > “使跨页适合窗口”。注意，由于页面 2 和页面 3 应用了“A-3-column Layout”主页，因此该页面包含了参考线、页眉和页脚，以及该主页上的占位符框架。

从其他应用程序中导入文本或图片，如 Adobe Photoshop 中的图片或 Microsoft Word 中的文本，可使用“置入”命令。

3 选择“文件” > “置入”。如有需要，可打开 Lesson03 文件夹（位于 InDesign CIB 文件夹中的 Lesson 文件夹）中的 Links 文件夹。单击 Article1.docx 文件，然后按住 Shift 键单击 Graphic2.jpg 文件，即选定了 4 个文件：Article1.docx、Article2.docx、Graphic1.jpg 和 Graphic2.jpg，单击“打开”按钮。

此时鼠标指针变为了载入文本图标（），并可预览置入的文本文件 Article1.docx 的前几行。

> **提示：**如果在已有的占位框架中单击，InDesign 将利用该占位等框架，而不是新建一个。当导出文件或图形到布局时，若 InDesign 识别出了载入的文本图标或图形图标下已存在的框架，那么就会显示括号。

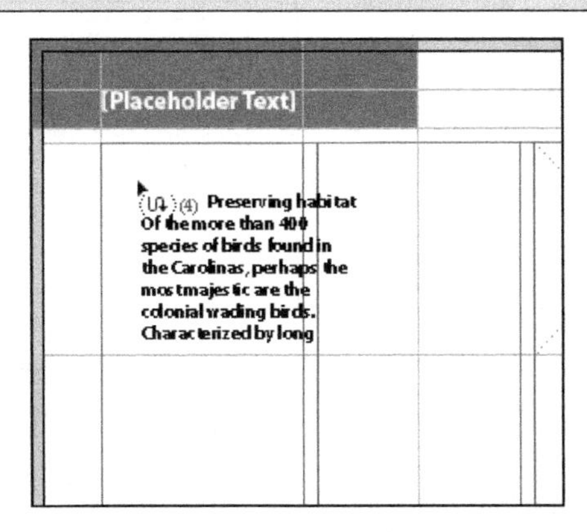

4 将载入的文本图标置于页面 2 中的占位符文本框架上，单击将 Article1.docx 导入该文本框架。

5 导入其余的 3 个文件：单击页面 3 中的文本框架，导入文本 Article2.docx；单击页面 2 中的图片框架，导入图片 Graphic1.jpg；单击页面 3 中的图片框架，导入图片 Graphic2.jpg。

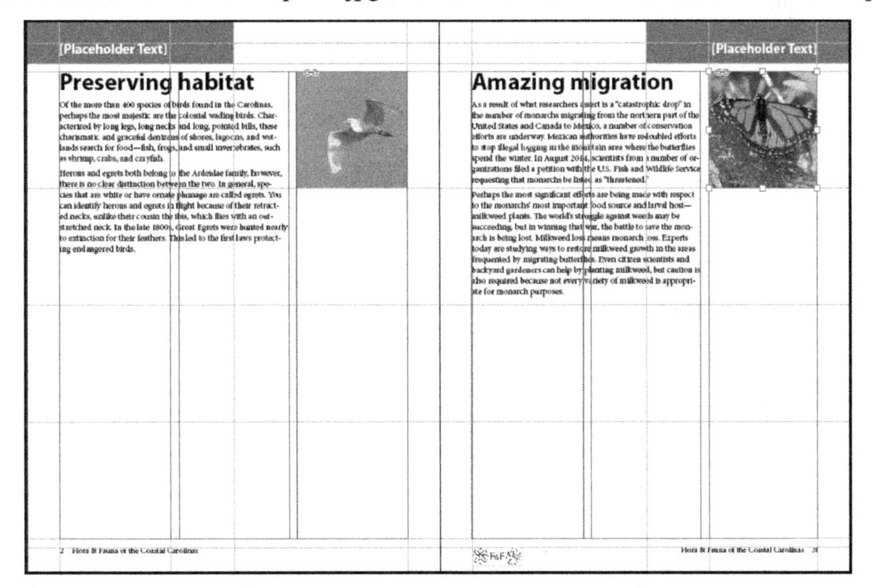

6 选择“编辑”>“全部取消选择”。

接下来，导入 snippet 来完成该跨页的设计。

7 选择“文件”>“置入”。单击文件 snippet 2.idms，然后单击“打开”按钮。

8 将载入的 snippet 图标放置在跨页的左上角之外，即红色出血参考线处，单击以放置 snippet。

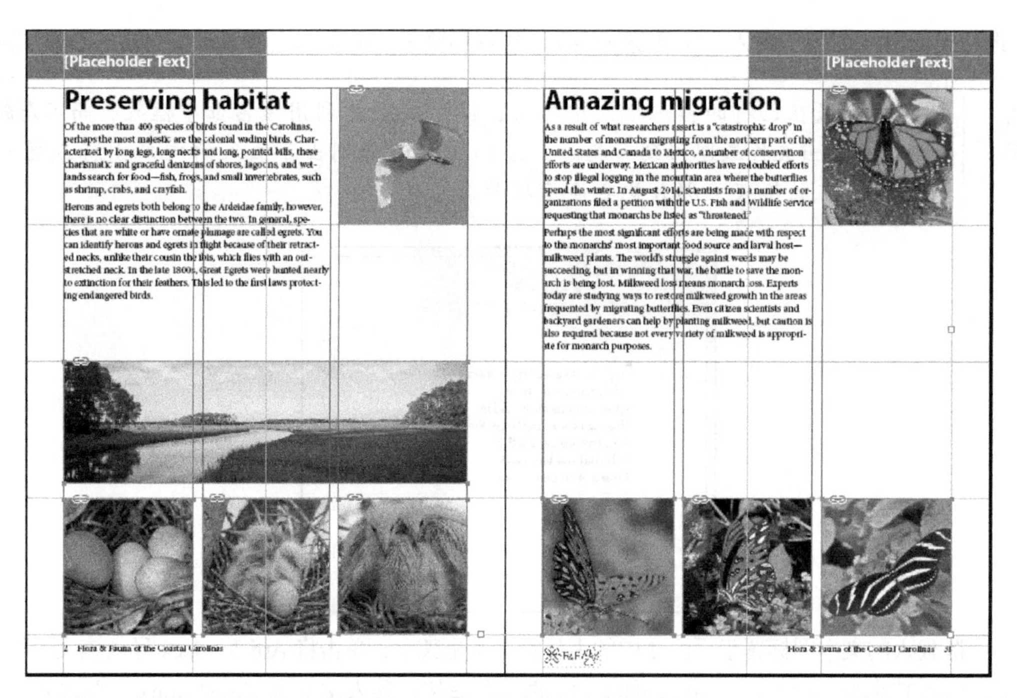

9 选择“编辑”>“全部取消选择”，或是单击页面或剪贴板的空白区域，全部取消选择对象。

10 选择“文件”>“存储”。

下面将在跨页上覆盖两个主页项——包含页眉文本的文本框架，并用新的文本替换占位符。

替换占位符文本

1 选择类型工具（T.），然后按住 Shift + Ctrl（Windows）或 Shift +Command（Mac OS）组合键，并单击占位符文本框内 2 页，包含占位符文本。

2 选择“编辑”>“全部取消选择”。

3 选择“文件”>“存储”。

查看完成后的跨页

下面将隐藏参考线和占位符框，以便查看完成后的跨页。

1 单击选择工具（▶），双击页面面板上的页面 2，以在窗口中显示该页面。

2 选择“视图”>“使跨页适合窗口”，如有需要，还可隐藏任意面板。

3 选择“视图”>“屏幕模式”>“预览”，可隐藏剪贴板及所有参考线、网格和占位符框架的边缘。

> **提示：**使用制表符键可显示 / 隐藏面板，包括工具面板和控制面板（使用“文字”工具对文本进行操作时，不可使用该功能）。

至此，通过设置一个 12 页的文档，完成了为主页添加对象，以确保整个文档设计一致。

4 选择“文件”>“存储”。

恭喜！您已完成本课程的学习！

旋转跨页

某些情况下，可能需要旋转页面或跨页以便查看阅读。如标准尺寸的纵向杂志可能需要一个横向日历，此时可以将日历上所有对象旋转90°，但查看和编辑版面和文本时，将需要转头或旋转显示器。因此为方便编辑，可以旋转跨页。例如，打开Lesson_03文件夹的文件“03_End.indd”。

1 在页面面板中，双击页面 4，将其显示在文档窗口中。

2 选择“视图”>“使页面适合窗口”，将该页面居中显示在窗口中。

3 选择“视图”>“旋转跨页”>“顺时针 90°”。

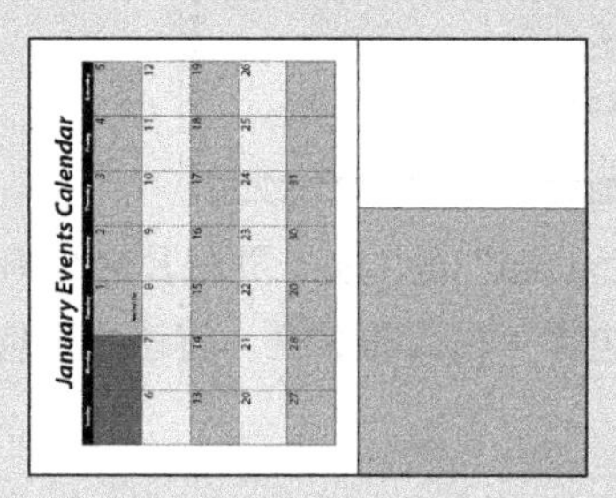

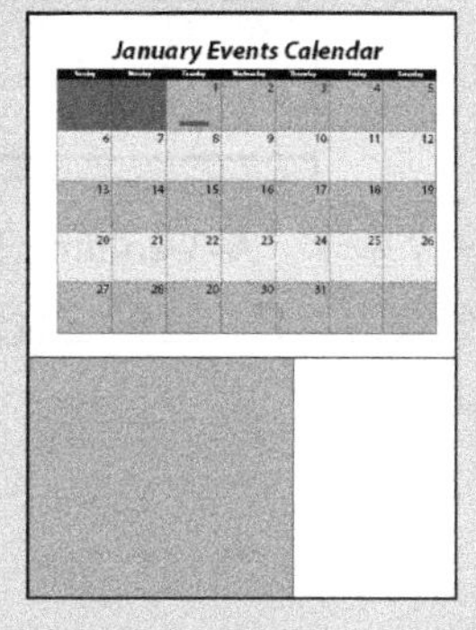

向右旋转跨页后，将可更加轻松方便地对页面上的对象进行编辑。

4 选择“视图”>“旋转跨页”>“清除旋转”。

5 不保存修改，关闭文档。

练习

学习本课后，可应用这些操作对文档进行编辑，这是提高操作技能的良好学习方式。请试试下面的练习，它们将为您提供更多 InDesign 操作技巧练习。

提示：选择“视图”>“屏幕模式”>“标准”，回到标准显示模式。

1 在页面 3 的第 3 栏中再插入一张照片。可使用 Lesson03 文件夹中的 Links 文件中的“GraphicExtra.jpg”。打开“置入”对话框后，单击水平参考线和第 3 栏左边缘的交点，并进行拖曳，直到宽度与该分栏相等，释放鼠标。

2 再为文档新建一个基于“A-3-column Layout”的主页，并将其命名为“C-4-columnLayout”，将其“栏数”修改为“4”，这样它就包含4栏而非3栏。将该主页应用到任意的空白页面（页面1或5～8）。

复习题

1 为主页添加对象有何优势？

2 如何在文档中修改页面编号方案？

3 在文档页面中如何选择主页项目？

4 基于已有的主页新建主页有何好处？

复习题答案

1 通过给主页添加对象，如参考线、页脚和占位符框架等，可使应用了该主页的文档页面版面保持一致。

2 在页面面板中，选择编号起始页的页面图标。然后从页面面板菜单中，选择“页码和章节选项”，并制定新的页面编号方案。

3 按住 Shift+Ctrl（Windows）或 Shift+Command（Mac OS）组合键，单击对象即可将其选定。然后可对选定的对象进行编辑、删除或其他操作。

4 基于已有主页而新建的主页，可以为新的主页和已有的主页建立父级与子级关系。对父级主页进行的任何修改都会自动应用到子级主页。

第4课 使用对象

课程概述

本课中，将学习如何进行下列操作。

- 使用图层。
- 创建和编辑文本框架和图片框架。
- 将图片导入图片框架。
- 裁剪、移动和缩放图形。
- 调节两占位符框架的间距。
- 为图片框架添加说明。
- 置入并链接图片框架。
- 修改占位符框架的形状。
- 文本绕排对象或图形。
- 创建复杂形状占位符。
- 将框架形状转化为其他形状。
- 修改和对齐对象。
- 选择和修改多个对象。
- 创建 QR 码。
- 添加箭头到直线。

学习本课大约需要 90 分钟。

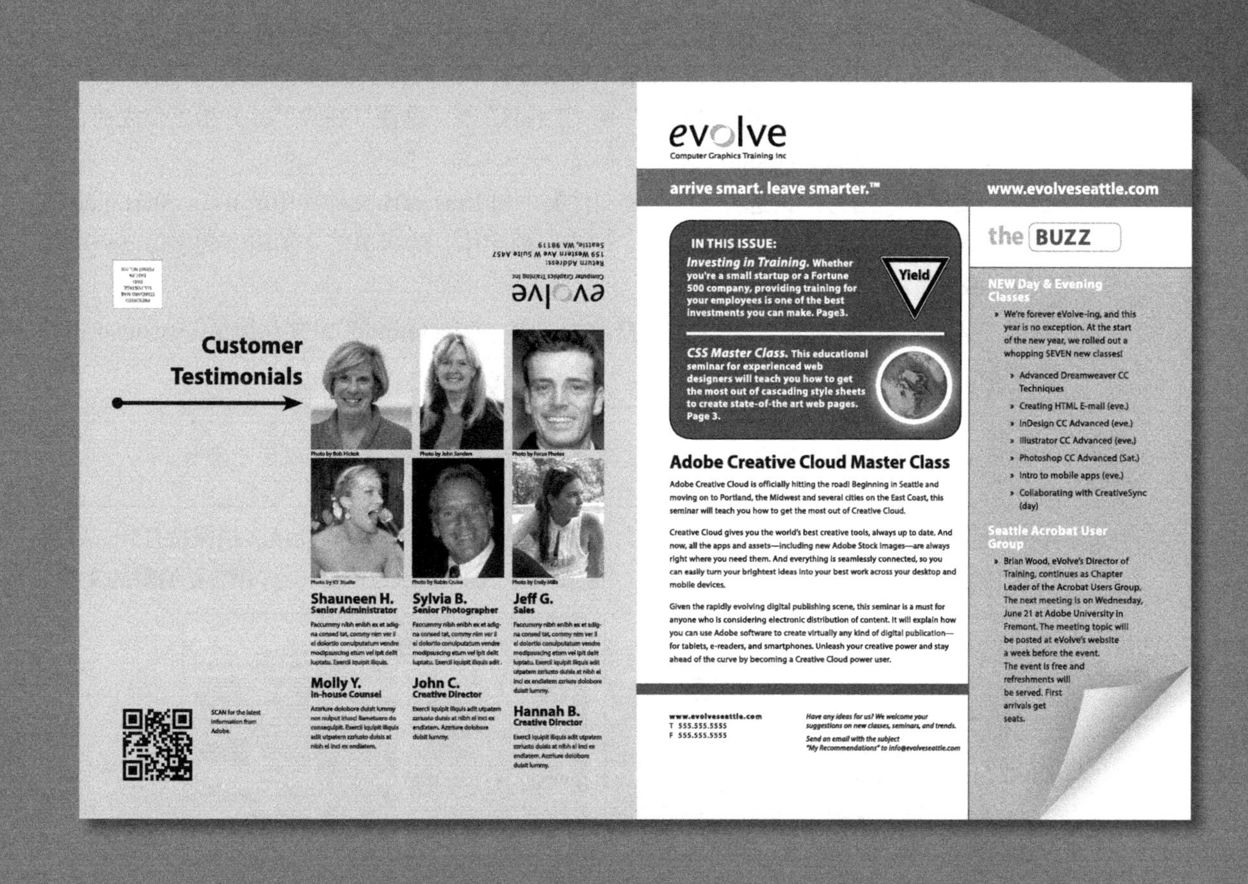

InDesign框架中可容纳文本、图片或色彩对象。使用框架时，Adobe InDesign提供了极大的灵活性，让用户能够充分控制设计方案。

概述

本课中，将对两张跨页进行操作，该跨页组成 4 页的通讯稿。下面将为两张跨页添加文本和图片，并进行若干修改工作。

1 为确保 Adobe InDesign 程序首选项和默认设置符合本课程的要求，请先按照“前言”中的步骤将 InDesign Defaults 文件移动到 4 ～ 5 页。

> **注意：**若打开示例文档时出现提示，请单击“更新链接”。

2 启动 Adobe InDesign。为确保面板和菜单命令符合本课程要求，请依次选择“窗口” > “工作区” > “高级”，然后再选择“窗口” > “工作区” > “重置‘高级’”。开始工作之前，应先打开已部分完成的 InDesign 文档。

3 选择“文件” > “打开”，选择 Lessons 文件夹中的 Lesson04 文件夹中的 04_a_Start.indd 文件（如果缺少字体对话框显示，单击“同步”的字体，然后单击“关闭”的字体已经成功从 Typekit 同步）。

4 选择“文件” > “存储为”，将文件名修改为“04_Objects.indd”，并存储至 Lesson04 文件夹中。

> **注意：**本课程操作过程中，可根据需要移动面板或修改缩放比例以便于操作。

5 在同一文件夹中打开“04_b_End.indd”，查看完成后的文档。可以让该文档保持打开，以便工作时参考。当一切准备就绪，可选择“窗口” > “04_Objects.indd”，打开需要编辑的文档。

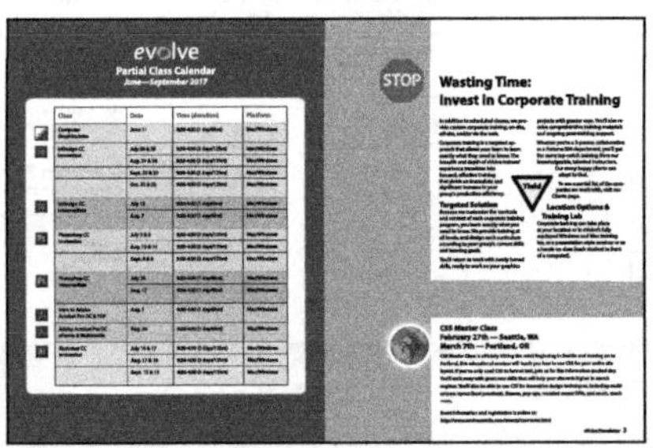

本课程中用到的通讯稿包含两个对页跨页。左侧的跨页包含了页面 4（封底）和页面 1（封面）；右侧的跨页包含了页面 2 和页面 3（中央跨页）。逐页浏览时，请记住这样的页面顺序。现在，可查看完成后的通讯稿

使用图层

在开始创建和修改对象之前，应先理解 InDesign 图层的工作机制。默认情况下，每个新的 InDesign 文档包含一个图层（名为“图层 1”）。可修改该图层的名称，也可以随时为创建的文档添加更多新的图层。将对象分布在不同的图层上，便于进行选取和编辑。在图层面板上，可选

择、显示、编辑和打印单个图层、图层组或全部图层。

“04_Objects.indd”文件包含两个图层。下面将利用这些图层了解图层的顺序以及对象在图层的位置将对文档的设计效果带来什么影响。

1 单击图层面板图标，或者选择菜单“窗口”>“图层”打开图层面板。

2 如果在图层面板上没有选定图层“Text”，请单击将其选定。若该图层高亮显示即表示已被选中。注意图层名称右侧出现了“钢笔”图标（ ），说明该图层为当前的目标图层，此时导入或创建的任何对象都将放置到目标图层中。

图层简介

可将图层看做是一层层堆起来的透明胶片。创建对象时，可将其放置在选定的图层上，也可以将对象在图层间进行移动。每个图层都包含一组对象。

图层面板（“窗口”>“图层”）显示了该文档中的图层列表，可用来创建、管理和删除图层。图层面板也可显示某个图层上所有对象的名称，从而可对这些对象进行显示、隐藏或锁定等操作。单击图层名称左侧的三角符号，可在显示/隐藏对象名称之间切换。

利用多图层，可创建和编辑某一特定区域及特定内容，而不会影响其他区域和内容。例如，如果某个文档打印十分缓慢，可能是因为它包含许多大图片，这时可用一个图层仅仅放置文本，在需要校订文本时，隐藏其他图层，快速显示文本图层即可。也可使用图层为同一版面显示不同的设计方案，或是为不同地区提供不同的广告版本。

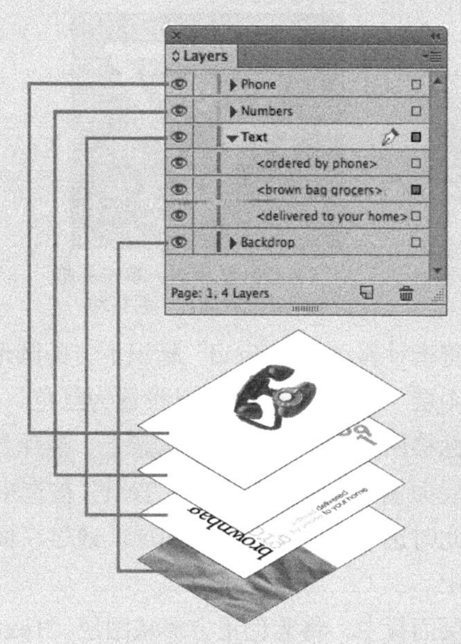

3 单击图层“Text”名称左侧的三角符号。此时，该层上所有的分组和对象名称都显示在该图层名称下方。使用面板滚动条可查看名称列表，然后再次单击三角符号将它们隐藏。

4 单击图层“Graphics”名称最左侧的眼睛图标（ ）。此时，该层上的所有对象都被隐藏。单击眼睛图标可以切换显示 / 隐藏某一图层。当隐藏图层时，眼睛图标消失；再次单击空框，可重新显示图层。

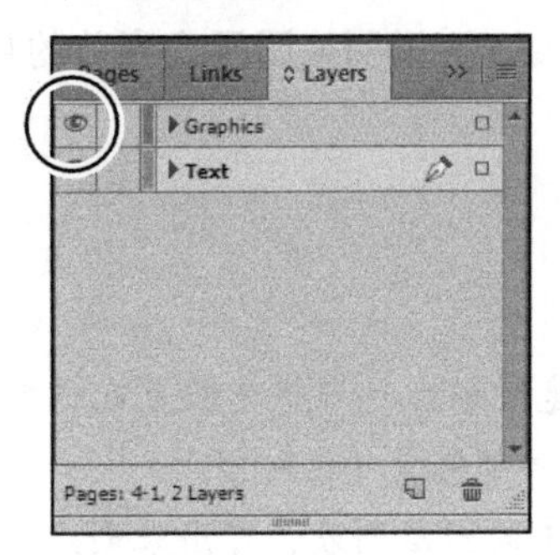

单击隐藏图层内容

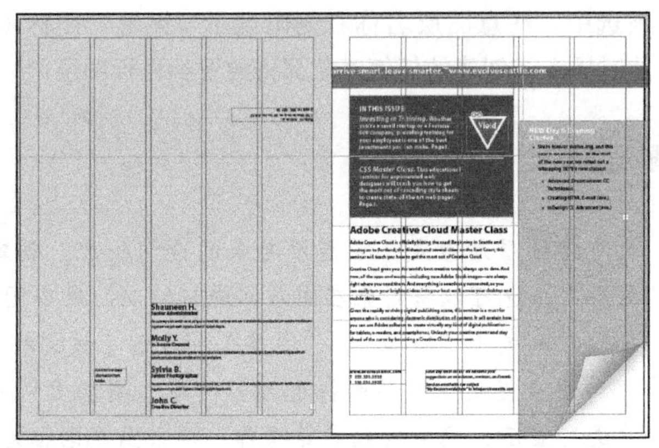

隐藏跨页的图层“Graphics”

5 使用缩放显示工具（ ）放大封面（页面 1）上的深蓝色框架。

6 使用选择工具（ ），将鼠标指针移动到 Yield 图形符号内。注意该框架周围高亮显示的蓝色矩形。蓝色的边框说明该框架位于图层“Text”，因为该层事先已设置为蓝色。透明的环状内容提取器显示在该框架的中心。当鼠标指针移动至该内容提取器上时，鼠标指针变成了手形。

当箭头指针显示时，单击并拖曳框架并带着图片一起移动

当手形指针显示时，单击并拖曳图片在图片框中移动

7 现在将指针移动至“Yield”标识下方的圆形图片框架中。注意该框架红色高亮显示，这是因为图层“Graphics”事先已设置为红色。

8 将光标移回“Yield”标示的框架上，确保显示箭头指针，然后单击图片框架内将其选中。在图层面板中，请注意图层“Text”被选中，在该层名称的右侧显示有小蓝色正方形，这说明此时选中的对象属于该图层。通过在面板图层间拖曳该正方形，可将对象移动至其他图层中。

9 在图层面板中，将蓝色正方形从图层“Text”拖曳至图层“Graphics”，然后松开鼠标。现在该图片已经属于图层“Graphics”，并位于最上层。

提示：要查看“Yield”标识在图层“Graphics”与其他对象的相对位置，可通过单击该图层名称左侧的三角符号展开图层“ Graphics”。

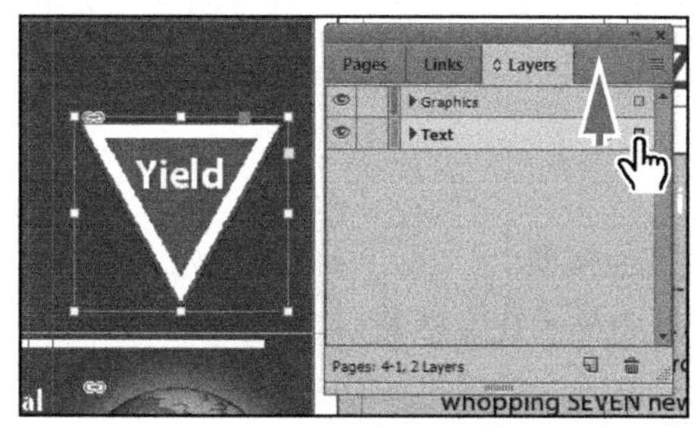

选择图片并拖曳该图标至图层面板

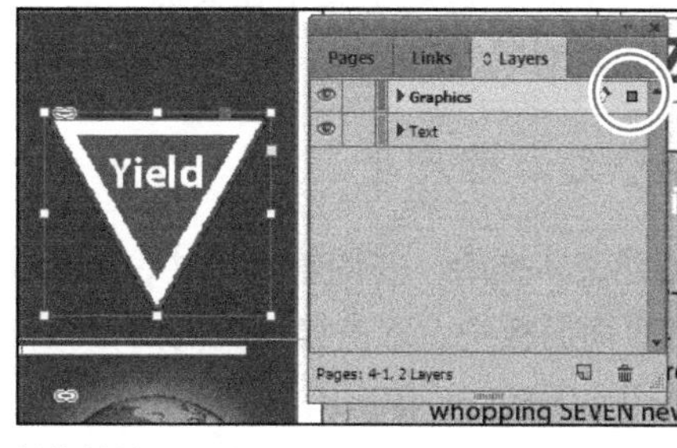

操作结果

10 单击图层“Graphics”左侧空白的图层锁定框，锁定该层。

11 选择“视图”>“使页面适合窗口”。

下面制作新图层，并将已有的内容移动至新图层中。

12 在图层面板的底部，单击“创建新图层”按钮（ ）。由于创建图层前，图层“Graphics”是被选定的，因此新建的图层在图层面板上位于图层“Graphics”上方。

13 双击新建图层的名称（“图层 3”），打开“图层选项”对话框。在对话框中将图层名称修改为“背景”，并单击“确定”按钮。

提示：也可以在图层面板中选择图层，然后单击其名称重命名图层。

14 在图层面板中，将图层“背景”拖曳至图层列表的底部。当移动至图层“Text”下方出现了一条线时，松开鼠标，该层便被移至最底部。

15 选择“文件”>“存储”。

创建和修改文本框架

大部分实例中，文本都需要放置在文本框架中（也可利用“路径文本”工具，导入文本）。文本框架的尺寸和位置决定了文本在页面上的显示位置。利用“文字”工具可创建“文本框架”，并可使用多种工具对其进行编辑，接下来将逐一学习。

创建和调整文本框尺寸

下面创建文本框架，并调整其尺寸，然后修改其他框架。

1 在页面面板中，双击第 4 页的图标，将其居中显示在文档窗口中。

2 在图层面板中，单击图层“Text”将其选定。此时，创建的任何内容都会置于图层“Text”中。

3 选择工具面板中的文字工具（T），将鼠标指针置于第 1 栏和水平参考线在垂直标尺 22p0 处的交点，单击并进行拖曳可创建一个与第 2 栏右边缘对齐且高度大约为 8p 的框架。

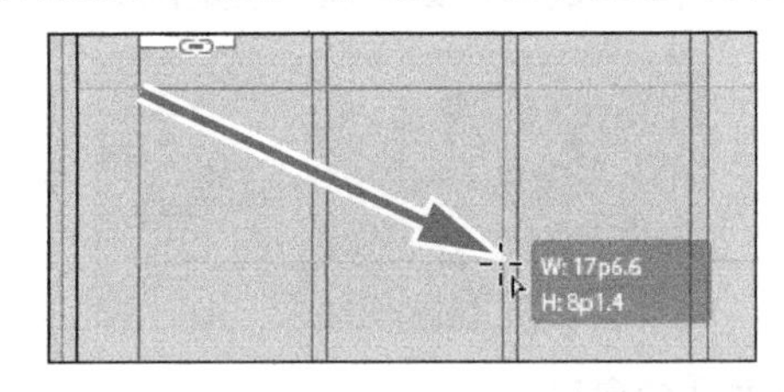

4 使用缩放显示工具（），放大文本框架，然后选择文字工具。

5 在新建的文本框架中输入“Customer”，并按下 Shift+Enter（Windows）或 Shift+Return（Mac OS）组合键强制换行（不会创建段落），然后输入“Testimonials”。在文本内任意处单击，选定该段落。

现在，将对文本应用段落样式。

6 单击段落样式面板图标，或者选择“文字”>“段落样式”，打开该面板。单击名为“Testimonials”的样式，将其应用到已选定的段落。

提示：在应用段落样式之前，不必高亮显示整个段落，在段落中任意处单击即可。

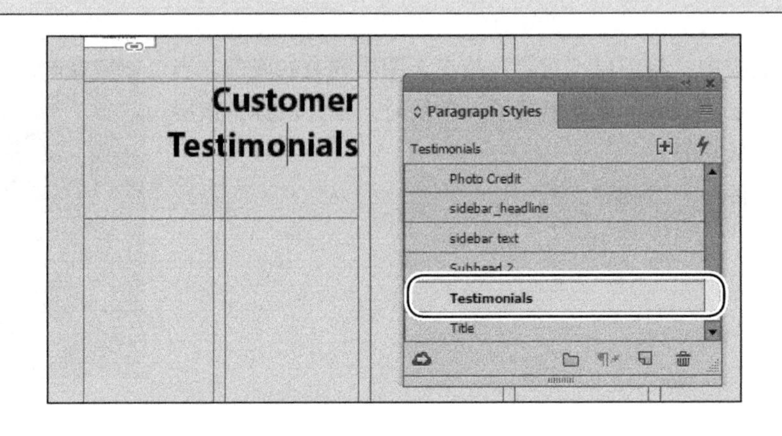

在第 9 课中将学到有关样式的更多知识。

7 使用选择工具（ ），双击选定文本框架底部中点，使文本框架的高度适合文本。

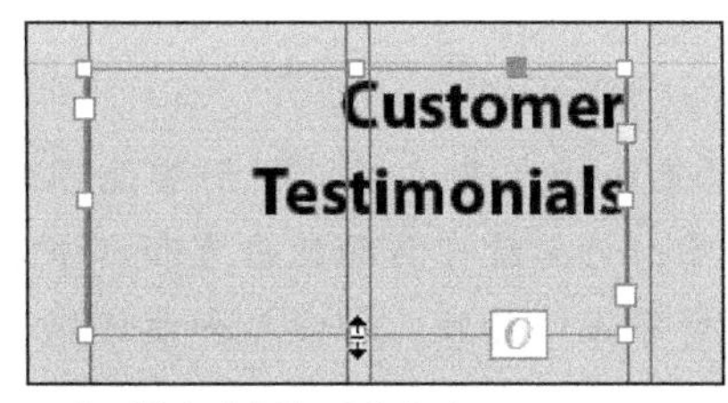

双击可使文本框架适合文本

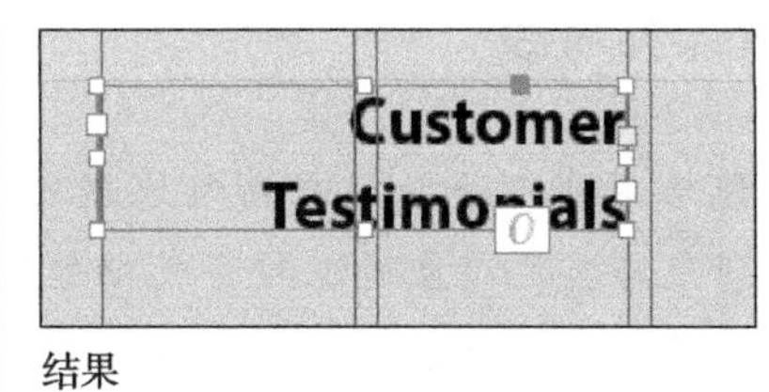

结果

8 选择“视图”>“使跨页适合窗口”，然后按 Z 键临时使用缩放显示工具，以放大封面页（页面 1）最右侧的分栏。利用选择工具（ ），选择“The Buzz”下方的文本框架。该文本框包含文本“NEW Day & Evening Classes…”。

文本框架右下角的红色加号(＋)说明该框架包含溢流文本。溢流文本是指由于文本框架太小，框架内的文本无法正常显示。通过修改文本框架的尺寸或形状可修复该问题。

9 向下拖曳所选文本框架下边缘中央的手柄，以调整文本框架的高度，直到文本框架下边缘与 48p0 处的水平参考线对齐。当接近参考线时，鼠标指针箭头将从黑色变为白色，说明该文本框架边缘已接近对齐参考线了。

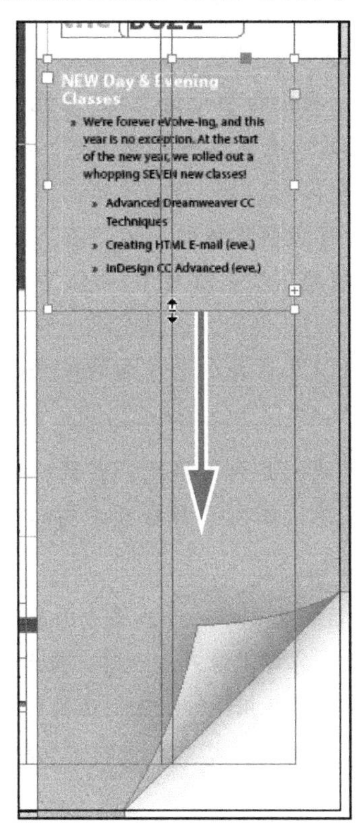

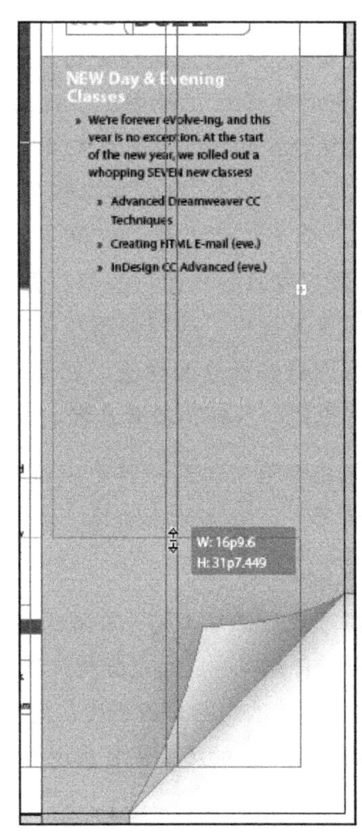

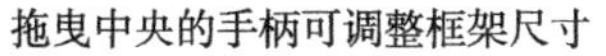
拖曳中央的手柄可调整框架尺寸

结果

10 选择“编辑”>“全部取消选择”，然后选择“文件”>“存储”。

使用智能参考线

智能参考线可帮助用户精确地创建对象和指定其位置。利用智能参考线，可设置对象与其他对象边缘对齐或中心对齐，将其放在页面的垂直和水平方向的中央，以及让对象与分栏和栏间距的中点对齐等。另外，智能参考线还能动态拖曳，在操作时提供视觉反馈。

在“参考线和剪贴板”（“编辑”>“首选项”>“参考线和剪贴板”（Windows）或“InDesign”>“首选项”>“参考线和剪贴板”（Mac OS））中，可启用4个“智能参考线”选项。

- 对齐对象中心。当创建或移动某个对象时，可让其边缘与页面或跨页中的其他对象中心对齐。
- 对齐对象边缘。当创建或移动某个对象时，可让其边缘与页面或跨页中的其他对象边缘对齐。
- 智能尺寸。对某对象进行创建、调整尺寸以及旋转操作，将使其宽度、高度或旋转角度都与页面或跨页中的其他对象对齐。
- 智能间距。可快速排列对象，并保持各对象间距相等。

利用“智能参考线”命令（“视图”>“网格和参考线”>“智能参考线”）可打开/关闭智能参考线。也可从应用程序栏的“查看选项”菜单中，打开/关闭智能参考线。默认情况下，智能参考线处于打开状态。

可新建一个多栏的文档，以便学习熟悉智能参考线的功能（在“新建文档”对话框中单击“边距和分栏”按钮，再将“栏数”设置为大于1的值）。

1. 在工具面板中，选择矩形框架工具（⊠），单击左边参考线并向右拖曳。注意当指针移至分栏中央、栏间距中央以及页面水平方向的中央时会出现智能参考线。这时，松开鼠标。

2. 选择矩形框架工具，单击上边距参考线，并向下拖曳。当鼠标指针移至创建的第一个对象的上边缘、中心以及下边缘或页面垂直方向的中央时，将出现智能参考线。

3. 使用“矩形框架工具”在页面的空白区域可创建一个或多个对象。慢慢拖曳鼠标并仔细观察，当鼠标指针移至任意对象的边缘或中点时，将出现智能参考线。另外，当新对象的高度或宽度与其他对象相等时，在创建的对象和具有相同高度或宽度的对象旁将出现两边带箭头的垂直线或水平线（或两者都有）。

4. 不保存修改，并关闭文档。

重塑文本框架

在此之前，已使用选择工具拖曳手柄来调整文本框架的尺寸。现在，将使用直接选择工具通过移动文本框架中的一个锚点来调整文本框架的形状。

1 在工具面板中，选择直接选择工具（![]），单击刚刚调整的文本框架。此时在选定的文本框架四角出现了 4 个很小的锚点。这些锚点都为空心状，说明都没有被选中。

2 选择文本框架左下角的锚点，并向下拖曳，直到该点接触到页面底部的边距参考线，然后释放鼠标。拖曳时，文本也随之调整，给出实时的视图。松开鼠标后，注意溢流文本的指示（红色的加号不再显示，所有故事的文本现在都可见）。

提示：选择框架，并双击缩放显示工具（![]），或是在拖曳时按住 Ctrl（Windows）或 Command（Mac OS）键可同时调整文本框架及字符的尺寸。带有缩放显示工具的工具面板还包含自由变换、旋转以及剪切等工具。拖曳时按住 Shift 键，可保持文本框架及文本比例。

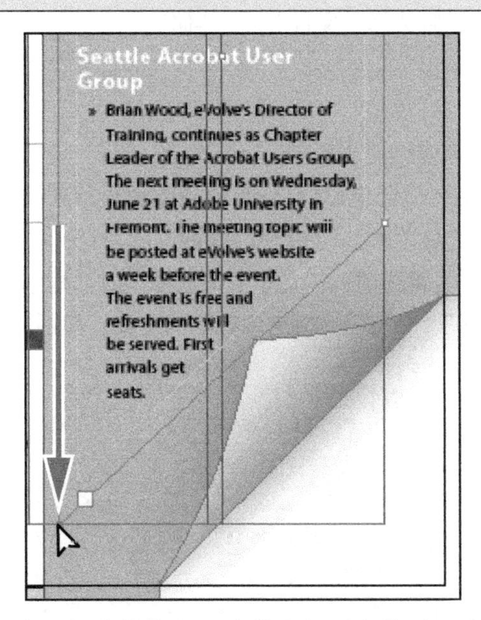

请确保仅仅拖曳了锚点——在锚点的上方或右侧进行拖动，会移动文本框架的其他角。如果不小心移动了文本框架，可选择“编辑”>“还原‘移动项目’”，然后再进行拖曳。

3 按 V 键，切换至选择工具。

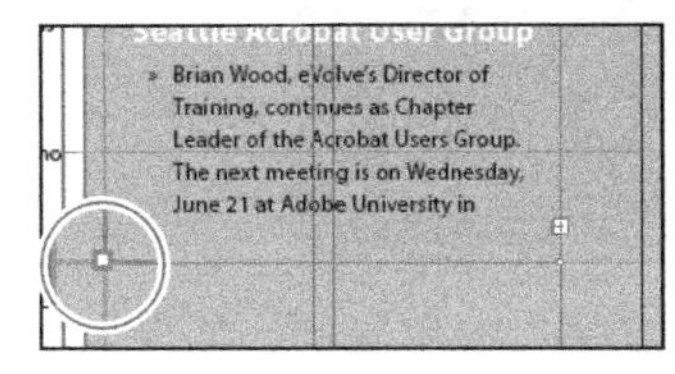

未被选择的锚点

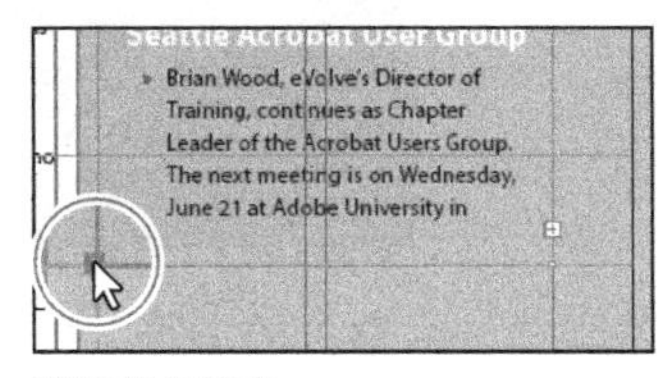

被选择的锚点

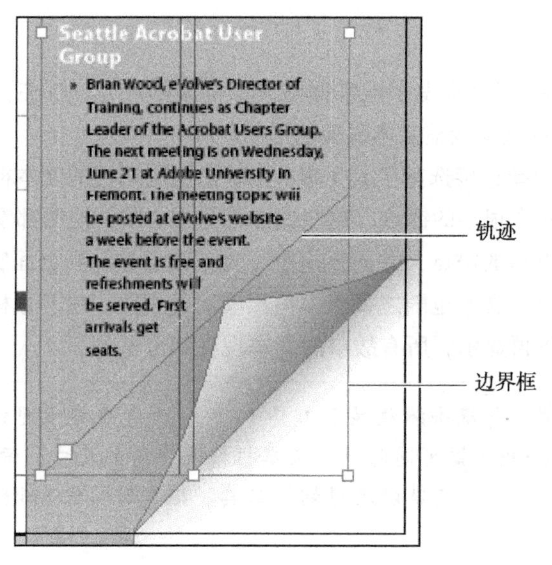

4　全部取消选择对象，然后选择“文件”>“存储”。

创建多栏

下面将现有文本框架转换为多栏文本框架。

1　选择“视图”>“使跨页适合窗口”，然后使用缩放显示工具（🔍）显示封底（页面 4）的右下部分。使用选择工具（▶），选择以“John Q.”打头的文本框架。

2　选择“对象”>“文本框架选项”。“文本框架选择”对话框中，在“栏数”中输入“3”，在“栏间距”中输入“11p0”（11 点）。指定两栏间的距离，然后单击“确定”按钮。

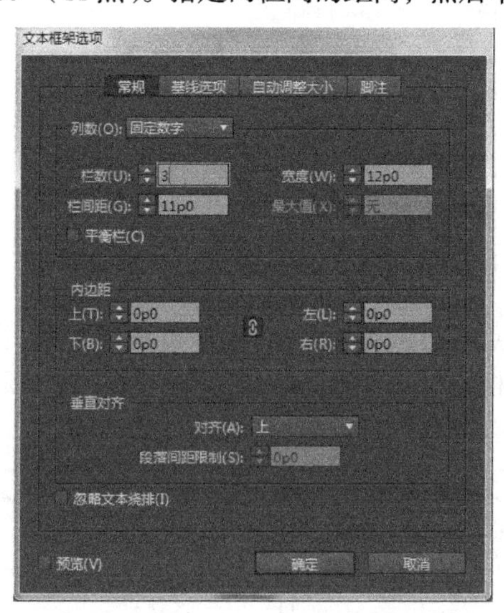

3　选择“文字”>“显示隐含的字符”，（在“文字”菜单底部，如果显示的是“不显示隐藏字符”，而不是“显示隐含的字符”，说明隐藏字符已经处于显示状态）可看到分隔符。

4 选择文字工具（T），将插入光标置于“Sylvia B”之前，然后选择“文字”>“插入分隔符”>“分栏符”。这将使“Sylvia”成为第 2 栏的开头。在“Jeff G.”之前也插入分栏符。

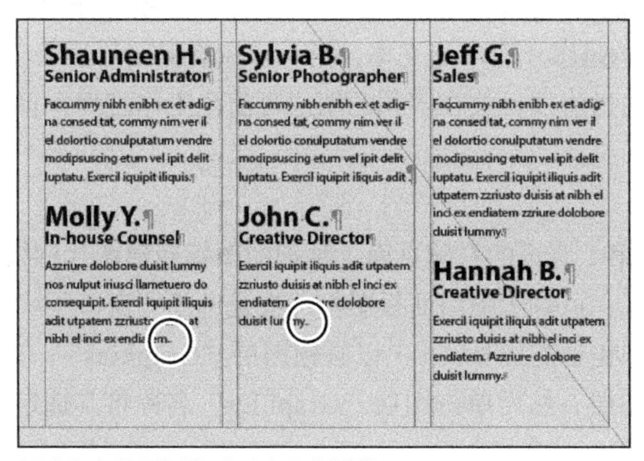

图中红色的圆圈指明了这些分栏符

5 选择“文字”>“显示隐藏的字符”。

调整文本内边距并设置垂直对齐方式

通过使文本很好地适合框架的大小，可完成封面上的红色标题栏。通过调整框架和文本之间的内边距，可提高文本的可读性。

1 选择“视图”>“使跨页适合窗口”，然后使用缩放显示工具（🔍），修改封面（页面 1）顶部包含文本“arrive smart. leave smarter”的红色文本框架。使用选择工具（▶）选定红色文本框架。

2 选择“对象”>“文本框架选项”。如有需要，可将“文本框架选项”对话框拖曳到旁边，以便设置时能看到标题栏。

3 在“文本框架选项”对话框中，确保已勾选“预览”选项。然后在“内边距”部分，单击“将所有设置设为相同”按钮（🔗），以便可以独立地修改左右内边距。将“左”值修改为“3p0”，然后修改“右”值为“3p9”。

4 在“文本框架选项”对话框的“垂直对齐”部分，从“对齐”下拉列表中选择“居中”，单击“确定”按钮。

5 选择文字工具（T），单击“www.evolveseattle.com”左侧，建立一个插入点。选择“文字”>“插入特殊字符”>“其他”>“右对齐制表符”，移动 URL 文本与之前指定的文本右对齐。

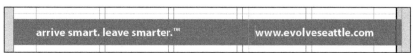

6 选择“编辑”>“全部取消选择”，然后选择“文件”>“存储”。

创建和修改图形框架

下面学习将公司图标和员工照片添加到跨页。本节中，将重点介绍创建和编辑图形框架及其内容的不同方法。由于操作的是图片而不是文本，第一步应确保图片显示在图层“Graphics”上，而不是在图层“Text”上。通过将项目放在不同的图层可简化工作流程，且更易寻找、编辑设计元素。

绘制新的图形框架

开始前，先为封面（第1跨页的右侧页面）顶部的图标新建图片框架。

1 若图层面板不可见，可单击图层面板图标，或是选择“窗口”>“图层”。

2 在图层面板中，单击锁定图标（🔒）以解锁图层“Graphics”；单击图层“Text”名称左侧的空框以锁定该图层，然后单击图层“Graphics”名称将其选定，以便将新元素添加到该图层上。

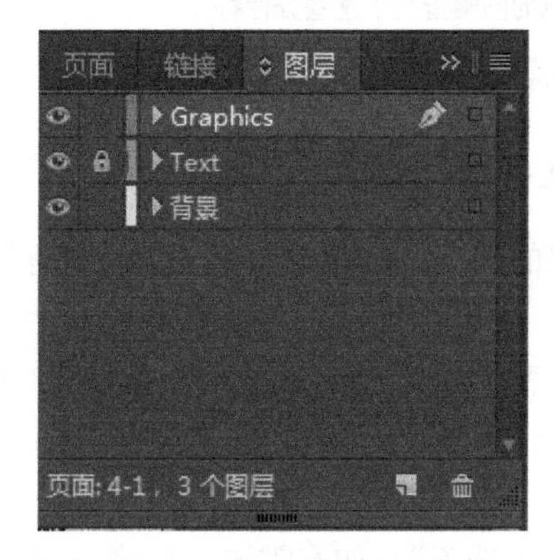

3 选择“视图”>“使页面适合窗口”，然后使用缩放显示工具（🔍）显示首页（页面1）的左上部分。

4 在工具面板中，选择矩形框架工具（☒）。将鼠标指针移至上侧和左侧参考线的交点，单击并向下拖曳直到水平参考线并穿过第1栏的右侧边缘，然后松开鼠标。

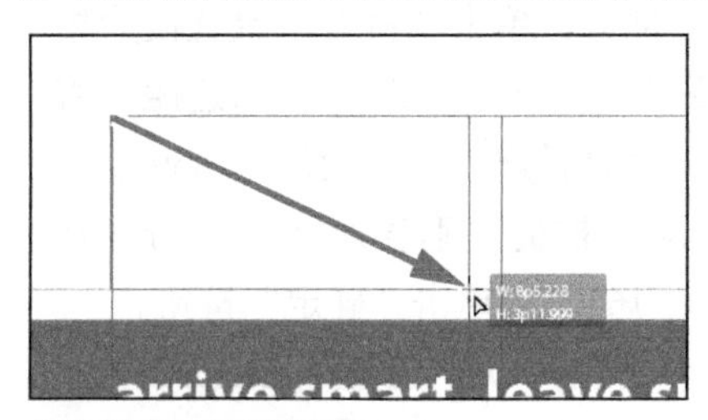

拖曳创建一个图形框架

5 切换至选择工具（▶），确保图形框架仍被选中。

在现有框架中置入图片

下面将把公司的图标置入选定的图片框架中。

1 选择“文件”>“置入”，然后双击Lesson04（位于Links文件夹）文件夹中的“logo_paths.ai”，该图片即出现在图形框架中。

注意：如果置入图片时图片框架未被选中，则鼠标指针将变为载入图形图标（）。在这种情况下，可以单击图片框内放置图像。

2 选择“对象”>“显示性能”>“高品质显示”，可确保导入的图片能以最高的分辨率显示。

调整图形框架并进行修剪

此时创建的图片框架宽度不足以显示整个图标，所以需要拉宽图片框架以显示出隐藏部分。

1 使用选择工具（），拖曳框架右侧中央的控点，直到显示出整个图标。当图片框架边缘超过图标的边缘时，在拖曳前如果停止，将看到图片被部分剪切。须确保拖曳的是白色的小控点，而不是黄色的大控点。利用黄色的控点可用以添加框角效果，在后续课程中将会介绍更多的相关知识。

提示：也可以通过选择“对象”>“适合”>“使内容适合框架”显示隐藏部分的图形。

2 选择“编辑”>“全部取消选择”，然后选择“文件”>“存储”。

不使用现有框架导入图片

该通讯稿的设计应用到两个不同版本的图标——一个用在封面，一个用在封底。使用刚导入的图标及复制、粘贴命令（“编辑”菜单中），可以轻松地将图标添加至封底。而现在，就来学习不使用现有的图片框架，而是拖曳并创建图片框置入图标图片。

1 选择“视图”>“使跨页适合窗口”，然后使用缩放显示工具（）显示封底（页面4）的右上部分。

2 选择“文件”>“置入”，然后双击打开 Lesson04 文件夹中的 Links 子文件夹中的“logo_paths.ai”。可以看到鼠标指针变为载入图形图标（ ）。

3 将载入图形图标（ ）移至最右栏的左边缘，略低于带有回信地址的旋转文本框架，然后单击并拖曳直到该分栏的右侧边缘，松开鼠标。注意拖曳时会出现一个矩形。该矩形与图标图片成比例。

提示：如果在页面的空白区域单击，而不是拖曳，该图片将按照 100% 的原始尺寸被置入。而图片的左上角将位于鼠标单击的位置。

这里不需要像先前那样对图片进行尺寸调整，因为已经显示出完整的图片。不过该图片还需要进行旋转，这将在后续的课程中介绍。

4 选择“编辑”>“全部取消选择”，然后选择“文件”>“存储”。

在框架网格中置入多个图片

该通讯稿的封底需包含 6 张图片。可将这些图片逐一置入，然后分别设置每一张图的位置。但由于这些图片将放置在框架网格中，因此也可以同时将所有图片置入。

1 选择“视图”>“使跨页适合窗口”。

2 选择“文件”>“置入”，浏览到 Lesson04 文件夹中的 Links 文件夹，单击名为“01ShauneenH.tif”的图片，然后按下 Shift 键并单击“06HannahB.tif”，选中全部 6 张图片，然后单击“打开”。

3 将载入图形图标（ ）置于页面上半部分的水平参考线和第 3 栏左边缘的交点处。

4 单击并向右下拖曳。拖曳时，按上方向键一次，按右方向键两次。按方向键时，代理图像变为矩形网格，显示该网格的布局。

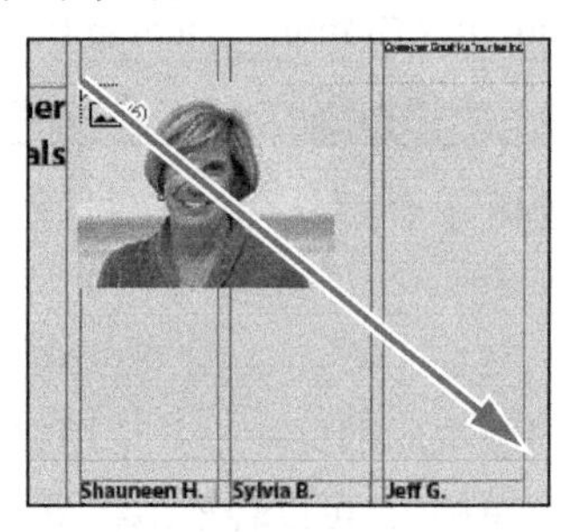

提示：利用任意一种框架创建工具（矩形、多边形、文本等），都可以通过拖曳该工具并配合方向键来创建多个等距的框架。

5 继续拖曳，直到鼠标指针置于右侧页边参考线和下一条水平参考线的交点，松开鼠标。6个图片框架组成的网格显示出了导入的6张图片。

6 选择“编辑”>“全部取消选择”，然后选择“文件”>“存储”。

在框架中调整和移动图片

已导入了6张图片，现在需要对这些图片进行调整移动，以便在图片框架中正确地显示。

图片框架及其内容对于任意导入的图片而言都是独立的元素。和文本对象不同，图片框架及其中的内容拥有各自的边界框。调整图片内容时（无缩放框）就会调整图片框架，除非在调整前先选择内容的边界框。

1 利用选择工具（![]），将鼠标指针置于“John Q”（左上图片）的内容提取器上，当光标位于显示手形图标（![]）时，单击即可选择图片框架中的内容（图片本身）。

> **注意：** 可以使用缩放工具对在本课中需执行任务的地区进行放大。

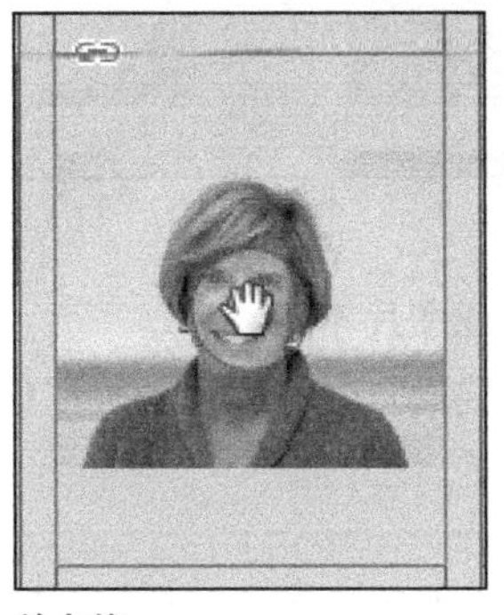

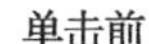

单击前

结果

2 按下Shift键，并将中下部的控点拖向图片框架的下边缘。对中上部的控点进行相同的操作，将其拖向图片框架的上边缘。按下Shift键将保持图片的显示比例，因此该图片不会扭曲。若在开始拖曳前有短暂的停止，将看到图片内容被剪切区域的幻像，该功能称作“动态预览”。

> **提示：**利用选择工具调整图片时，按住 Shift+Alt（Windows）或 Shift+Option（Mac OS）组合键可从中心向外等比例地调整图片大小。

3 顶部框中的图像太窄，无法填充框架。点击内容采集与选择工具来选择图像。按住 Shift 键时，将中心左手柄拖到图形框的左边缘，将中心右手柄拖动到图形框架的右边缘，以确保图像完全填充了图形框架。

4 现在的图像显示了框架，但裁剪不佳。为此，将指针放置在图像中的内容抓取器上，同时按住 Shift 键，向下拖动，直到照片的顶部与框架的顶部对齐。

5 重复步骤 2，使其余的照片在上面一行中填充框架与图像。

下面将应用不同方法调整其他 3 张图片。

6 选择第 2 行左侧的图片，可选定图片框架或图片本身。

7 选择“对象” > “适合” > “按比例填充框架”，这将放大图片以便填满图片框架。此时图片有一小部分被图片框架左侧边缘剪切掉了。

> **提示：**通过单击右键（Windows）或是 Control+ 单击（Mac OS），也可从上下文菜单中选择“适合”命令。

8 对最后一行剩下的两张图片重复步骤 6 和步骤 7。

9 选择“编辑”>“全部取消选择”，然后选择“文件”>“存储”。

通过选择图片框架（不是图片内容），拖曳图片框架控点时按住 Shift+Ctrl（Windows）或 Shift+ Command（Mac OS）组合键，可同时调整图片框架及其内容的尺寸。按下 Shift 键将保持边框的显示比例，因此该图片不会扭曲。如果即使扭曲图片也并不影响设计，可选择不使用 Shift 键。

> **提示：**如果对图片框架使用了“自动调整”选项，当调整占位框尺寸时，其中的图片将自动调整尺寸。选择“对象”>“适合”>“框架适合选项”，在对话框中勾选“自动调整”，即可使用该功能。

下面将调整图片之间的间距，以调整图片网格的视觉效果。

调节框架的间距

间隙工具（）可以选择调整框架的间距。本小节就来利用该工具分别调整上面一行和下面一行两张图片之间的间距。

1 选择“视图”>“使页面适合窗口”，按住 Z 键临时选择缩放显示工具（），放大右上部分的两张图片，然后松开 Z 键，返回选择工具。

2 选择间隙工具（），然后将鼠标指针移至两图片之间的垂直空隙处。该空隙从上到下呈高亮显示，一直到下面一行两图底端。

3 按住 Shift 键，将空隙向右拖曳一个栏距，使得左侧图片框的宽度增加一个栏距，右侧图片框的宽度减小一个栏距（如果在拖动时没有按住 Shift 键，则会移动下面一行两张图片之间的空隙）。

4 选择“视图”>“使页面适合窗口”，按下 Z 键临时选择缩放显示工具，放大左下部分的两

张图片，然后松开 Z 键。

5 选择间隙工具，然后将鼠标指针移至两图片之间的垂直空隙处。按下 Shift+Ctrl（Windows）或 Shift+Command（Mac OS）组合键，将间距从一个栏距拖曳至大约三个栏距的宽度（根据单击处最接近哪一个图片来选择向左拖曳还是向右拖曳；在释放键盘按键之前请务必先释放鼠标）。

6 选择“视图”>“使页面适合窗口”，然后选择“文件”>“存储”。

至此，已完成封底（页面 4）的图片网格制作。

为图片框架添加说明

利用存储在原始图片文件的元数据信息，可自动生成导入图片的元数据说明。下面将利用元数据信息自动为图片添加图片归属信息。

提示：如果您的计算机上已安装 Adobe Bridge，利用元数据面板可以轻松编辑元数据和看到与图像相关联的元数据。

InDesign 允许创建静态标题，它从图形的元数据中生成标题文本，并且必须手动更新或实时说明，这些是保留指向图形元数据链接的变量，并且可以自动更新。

1 使用选择工具（ ），按 Shift 键并单击选择 6 个图片框架。

2 单击链接面板图标，并从链接面板菜单中选择“题注”>“题注设置”。

3 在“题注设置”对话框中，确定下列设置。

提示：也可通过选择“对象”>“题注”>“题注设置”，来打开“题注设置”对话框。

- 在“此前放置文本”文本框中，输入“Photo by”（请注意在“by”后面有空格）。
- 在“元数据”中选择“作者”，并保持“此后放置文本”为空。
- 从“对齐方式”中选择“图像下方”。
- 从“段落样式”中选择“Photo Credit”。
- 在“位移”框中输入“0p2”。

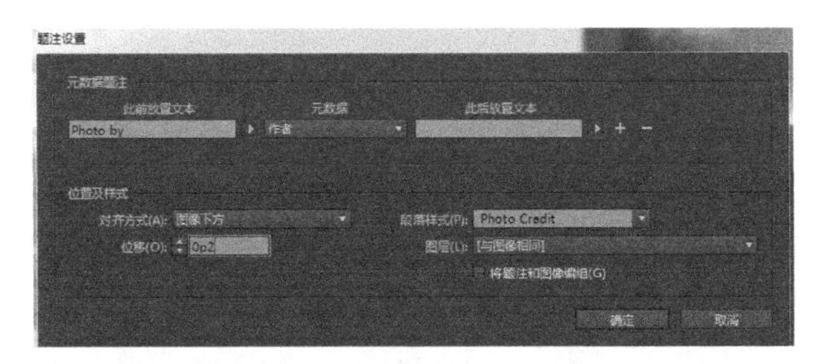

4　单击“确定”按钮保存设置并关闭“题注设置”对话框。

5　从链接面板菜单中选择“题注”>“生成静态题注”。

每个图片文件都包含“作者”元数据元素以存储图片作者的简介。当生成照片归属题注时将用到这些元数据信息。

6　选择“编辑”>“全部取消选择”，然后选择“文件”>“存储”。

置入与链接图形框架

在封面“IN THIS ISSUE”框架内置入的两张图片，还将用于新闻稿的页面 3 以配合文章内容。下面将利用“置入”和“链接”功能，复制这两张图片，并将它们置入页面 3。

与复制和粘贴命令只是简单地创建原有对象的副本不同，置入和链接功能可为原对象和副本创建父级—子级关系。当修改父级对象时，可选择是否同时应用到子级对象。

提示：除了在同一文档中置入和链接对象，也可在不同文档中进行对象的置入和链接操作。

1　选择“视图”>“使跨页适合窗口”。

2　选择“内容收集器工具”（ ）。注意此时空白的内容传送器面板将显示在窗口下方。

> **提示：**选定图片框架，将对象添加到内容传送器面板中，然后选择“编辑”>“置入和链接”。

3 将鼠标指针移至页面 1 的“Yield”图标上。注意图片周围显示出深红色的边框，说明该图片框架位于图层“Graphics”。单击图片框架内部，将该图片框架添加到内容传送器面板上。

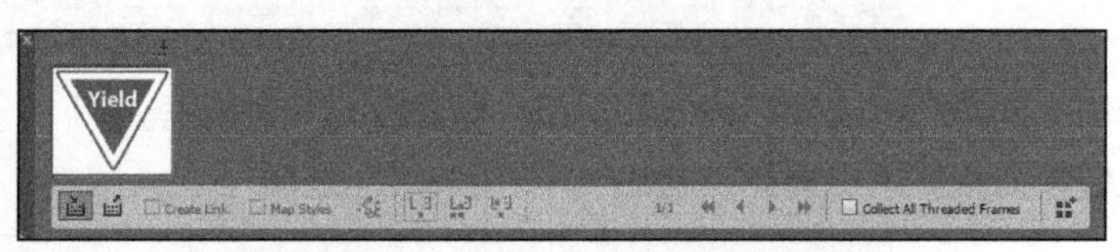

4 单击“Yield”下的圆形图片框架，将其添加至内容传送器面板中。

5 打开页面面板，双击页面 3，将其居中显示在文档窗口中。

6 选择“内容置入器工具”( )（该工具位于工具面板中的内容收集器工具旁，也可在内容传送器面板的左下角找到），鼠标指针变为显示“Yield”标识的缩略图。

> **注意：**在置入内容时创建链接，此时不仅创建了与父级图片的链接，同时也链接了该图片的外观。可从链接面板菜单中设置“链接选项”。

7 在内容传送器面板的左下角勾选“创建链接”。如果没有勾选“创建链接”，将仅仅创建原始对象的副本，而不会存在父级—子级关系。

8 单击文章右上侧的剪贴板，置入“Yield”标识图片的副本，然后再单击右下侧的剪贴板，置入圆形图片的副本。图片框架左上角的小链条说明这些图片框已链接到其父级对象。

> **提示：**当选择“内容置入器工具”时，将把所有的对象导入内容传送器面板中。按下方向键可在内容传送器面板中切换对象，按下 Esc 键可从内容传送器面板中移除对象。

9 按 Esc 键或单击内容传送器面板的关闭按钮，或者选择“视图”>“其他”>“隐藏传送装置”。

修改和更新父级—子级图片框架

现在已经置入和链接了两个图片框架，接下来将看到这些图片框的父级—子级关系的工作方式。

1 打开链接面板并进行调整，使其显示所有已置入图片的文件名称。选定的圆形图片（<ks88169.jpg>）在列表中高亮显示。紧接着便是已置入和链接的其他图片（<yield.ai>）。尖括号（<>）将文件名括起来，说明这些图片链接到了父级对象。请注意这两个图片文件的父级对象也显示在列表的上面部分。

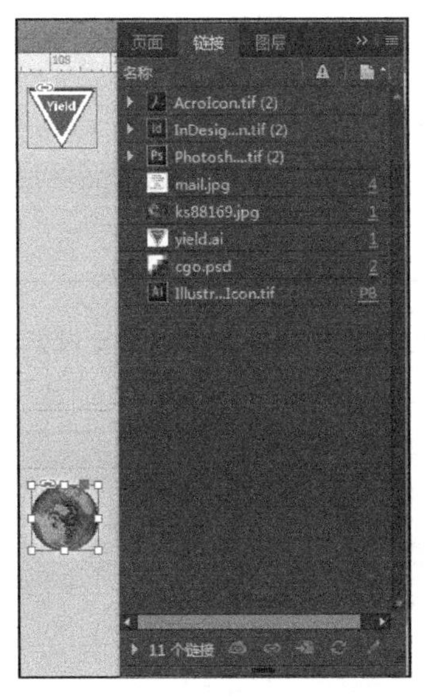

2 使用选择工具（ ），将圆形图片框架置于“CSS Master Class”文章标题的左侧。将图片框架的顶部对齐文章文本框架的顶部；将图片框架的右侧对齐文章文本框架左侧的分栏参考线。

提示：当圆形图片框架的顶部对齐文本框架的顶部时，将出现智能参考线。

3 导览至页面 1（封面），然后选择圆形图片框架。

4 使用控制面板，应用 5pt 白色对图片框架进行描边。

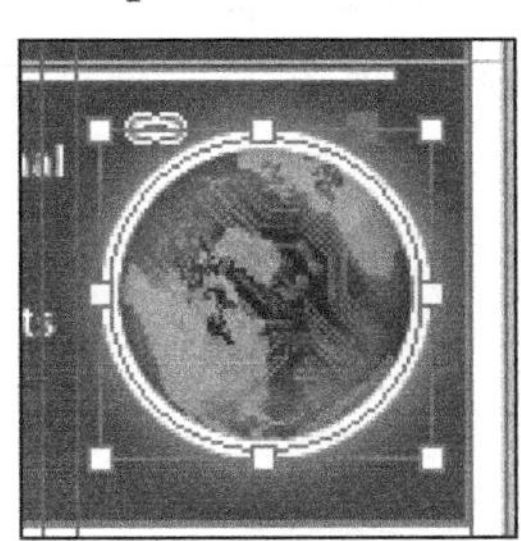

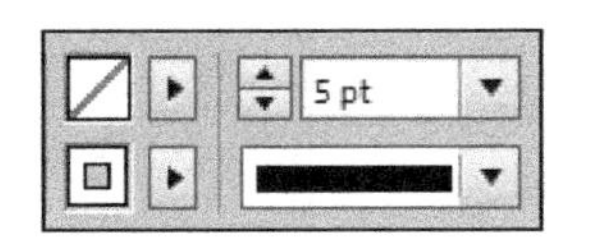

5 在链接面板上，注意，ks88169.jpg 图片的状态变为“已修改”（ ），这是由于其父级对象已被修改。

6 导览至页面 3。注意圆形图片框架也和封面上的不一样，而其“链接标记”也说明它已被修改。选择圆形图片框架，然后单击链接面板上的“更新链接”按钮（ ）。现在图片框架已匹配其父级对象了。

提示：也可在页面 3 中的圆形图片框架上单击更改后的“链接标记”，用以更新链接。

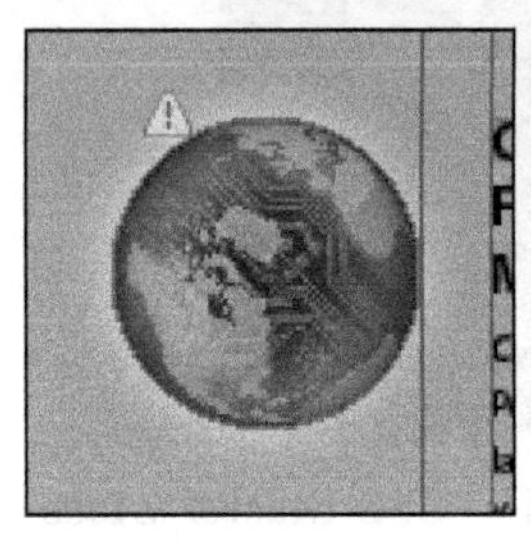

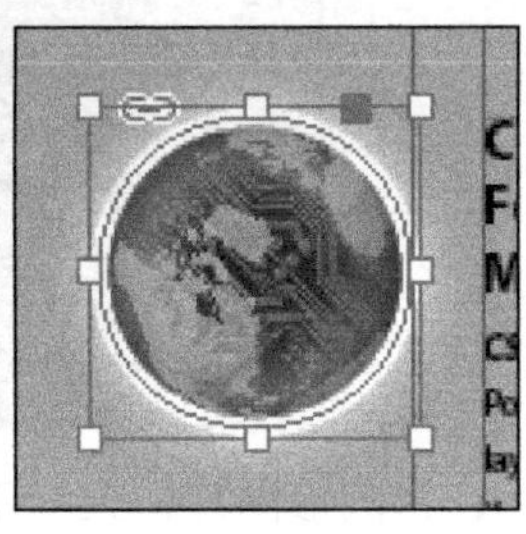

接下来，将用新的“Yield”图标替换旧的图标，然后更新其子级图片框架。

7 导览至页面 1，然后用选择工具选定“Yield”图标图片。

8 选择“文件”>“置入”，确保在“置入”对话框已勾选“替换所选项目”，然后在 Lesson04 文件夹的 Links 文件夹中双击“yield_new.ai”。在链接面板上，注意，yield_new.ai 图片的状态已变为“已修改”。这是因为在第 1 页替换了其父级图片。

9 在滚动列表中选择“yield_new.ai”，然后在链接面板中单击“更新链接”按钮（ ）。如有需要，也可浏览页面 3 查看剪贴板上更新的图片，然后再返回页面 1。

10 单击剪贴板，全部取消选择对象，选择“视图”>“使跨页适合窗口”，然后选择“文件”>“存储”。

修改占位符框架的形状

当使用选择工具调整图片框架时，图片框架会保持原有的矩形形状。本节将用直接选择工具和钢笔工具重新设置页面 3（中间跨页的右页面）上的框架形状。

1 在文档窗口底部的页面框中选择 3，然后选择“视图”>“使页面适合窗口”。

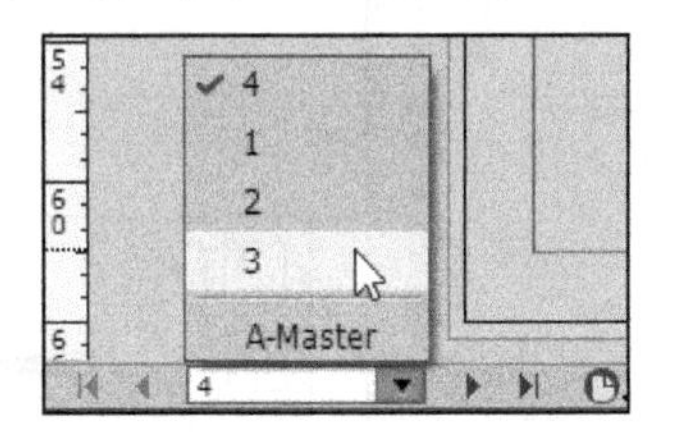

2 单击图层面板图标，或者选择“窗口”>“图层”。在图层面板中，单击图层“Text”的“锁定”图标将其解锁，然后单击图层“Text”将其选中。

下面将修改矩形框架的形状，进而修改页面背景。

3 按下 A 键，切换直接选择工具（ ）。将鼠标指针顶部移至覆盖页面的绿色框架的右边缘，当指针出现小斜线（ ）时单击鼠标。这将选择路径并显示框架上的 4 个锚点以及中心点。保持选中路径。

4 按下 P 键，切换至钢笔工具（ ）。

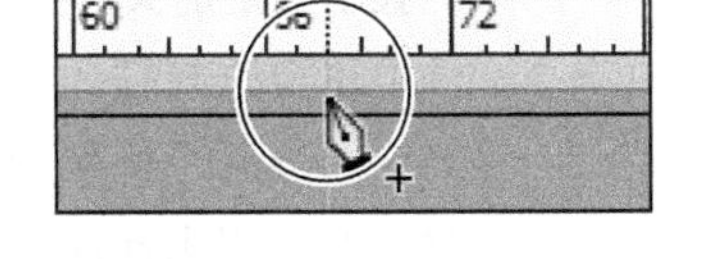

5 慢慢将鼠标指针移至框架上边缘与页面 3 第 1 栏上垂直参考线的交点处，当显示添加锚点工具后单击。此时可添加新的锚点。当鼠标指针移至现有路径上，钢笔工具将自动变为添加锚点工具。

6 将指针移至两栏文本框架下方的水平参考线与出血参考线交点处。使用钢笔工具，再次单击可添加另一个锚点，然后选择“编辑”>“全部取消选择”。

刚刚创建的两个锚点将成为下面要创建的不规则形状的角。可通过调整绿色框架右上角的锚点位置来调整框架形状。

7 切换到直接选择工具（ ）。单击并选择绿色框架右上角的锚点，向左下方拖曳（拖曳前暂停可看见修改的形状）。当锚点与封面第 1 分栏的右边缘参考线和第 1 条水平参考线的交点（垂直位置为 40p9 的参考线处）对齐时，松开鼠标。

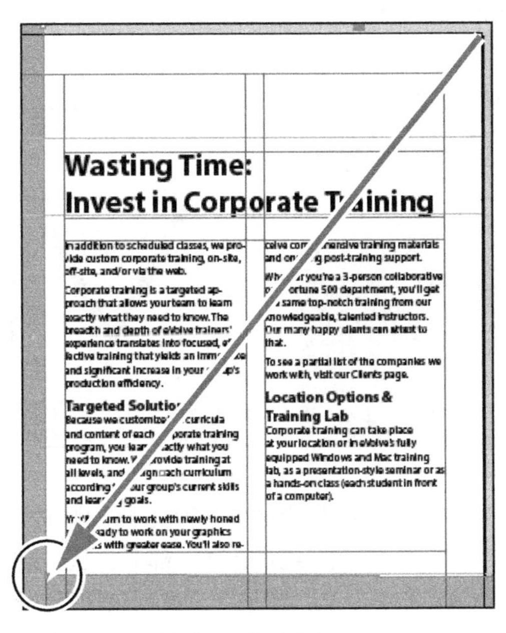

至此，图形框架的形状和尺寸已符合设计要求。

8 选择“文件”>“存储”。

文本绕排对象或图形

InDesign 可将文本沿着对象的框架或对象本身绕排。本例中当文本环绕“Yield”标志时，将看到文本围绕边框显示和围绕图片形状显示的差别。

首先移动“Yield”标志图片。当创建、移动或调整对象时，可以使用动态显示的“智能参考线”以精确放置。

1 使用选择工具（![]），选择位于页面 3 右侧剪贴板上的“Yield”标志图形框架。须确保单击时显示的是箭头形指针。如果显示的是手形指针，此时单击将选择图片，而不是图形框架。

2 注意不要选择任何控点，向左拖曳框架使得框架的中心与包含文章文本的文本框架的中心对齐。当两个框架中心对齐时，将看到一条紫色的垂直智能参考线和一条绿色的水平智能参考线。当出现这两条参考线时，松开鼠标。

确保将框架移动到页面时没有改变其尺寸。此时，图片覆盖了文本，接下来将利用文本绕排解决该问题。

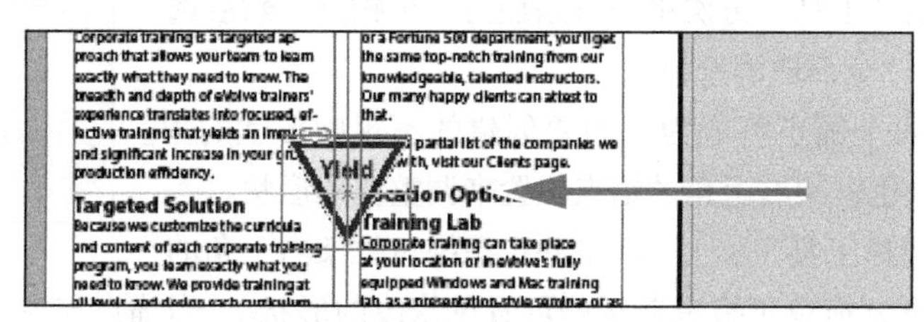

3 选择“窗口”>“文本绕排”。在文本绕排面板中，单击“沿定界框绕排”（![]）使文本沿定界框而不是“Yield”的形状绕排。如有需要，可从面板菜单中选择“显示选项”以显示文本绕排面板中的所有控件。

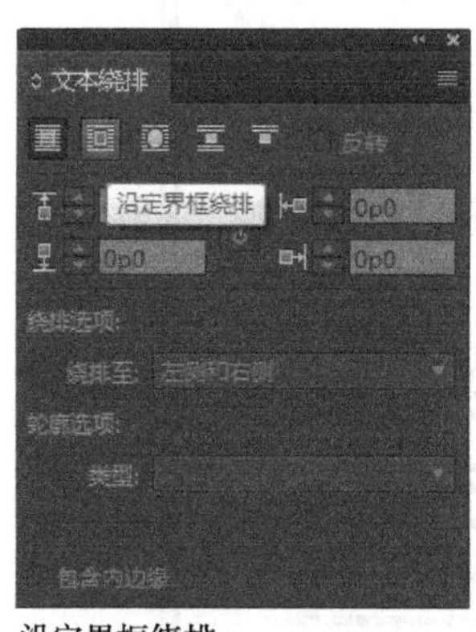

沿定界框绕排

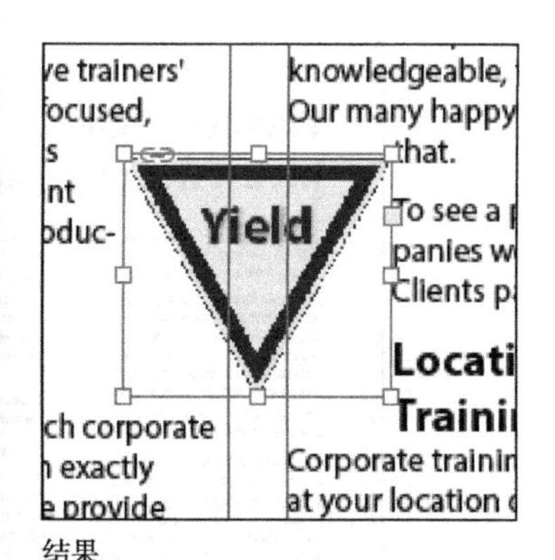

结果

这种设置留下了过多空白，因此可以尝试另一种文本绕排方式。

4 选择“沿对象形状绕排”（![]）。在“绕排选项”部分，从“绕排至”下拉列表选择“左侧和右侧”。在“轮廓选项”部分，从“类型”下拉列表选择“检测边缘”。在“上位移”框中输入“1p0”并按下 Enter 键，以增加图片和文本边缘的间距。单击页面或剪贴板空白区域，或者选择“编辑”>“全部取消选择”。

注意：文本绕排面板中的“环绕至”菜单仅在选择“沿定界框绕排”或“沿对象形状绕排”时可用。

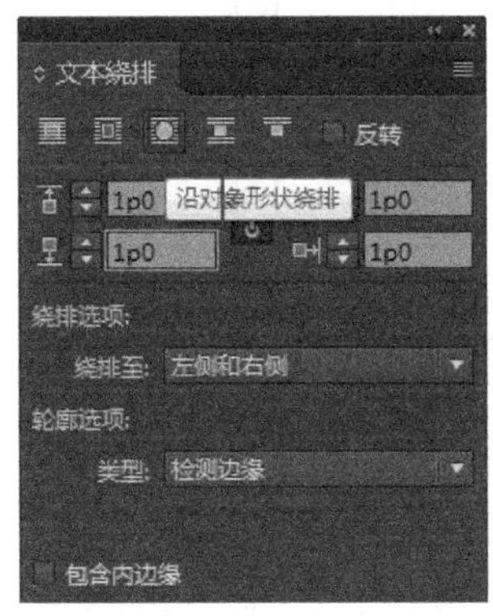

沿对象形状绕排

结果

5 关闭文本绕排面板，并选择“文件”>“存储”。

编辑框架的形状

本节中，将使用多种方法创建非矩形框架。可将某种形状的区域剪切为另一种形状，从而创建复合形状框架，并为框架添加圆角。

使用复合形状

通过在已有框架添加和剪切区域可修改其形状。即使框架包含文本或图片，其形状也可进行修改。现在将从第 3 页的绿色背景中剪切出一个形状来创建新的白色背景。

1 选择“视图”>“使页面适合窗口”，将页面 3 居中显示在窗口中。

2 使用矩形框架工具（⊠）绘制一个框架，该框架的左上角为从第 1 栏的右边缘和位于 46p6 的水平参考线的交点，右下角为页面右下角与出血参考线的交点。

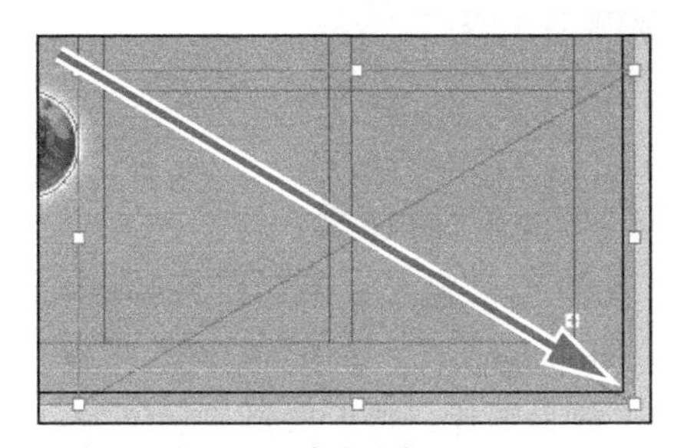

绘制矩形框至溢出参考线角

3 使用选择工具（▶），按住 Shift 键并单击页面 3 上的绿色框（就在刚创建的框架外围，它占据了页面 3 很大一部分面积），同时选择新的矩形框架和绿色框。现在已选中两个占位框。

4 选择“对象”>“路径查找器”>“减去”，可从绿色框中剪去上层形状（新的矩形）。页面底部的文本框架现在是白色背景。

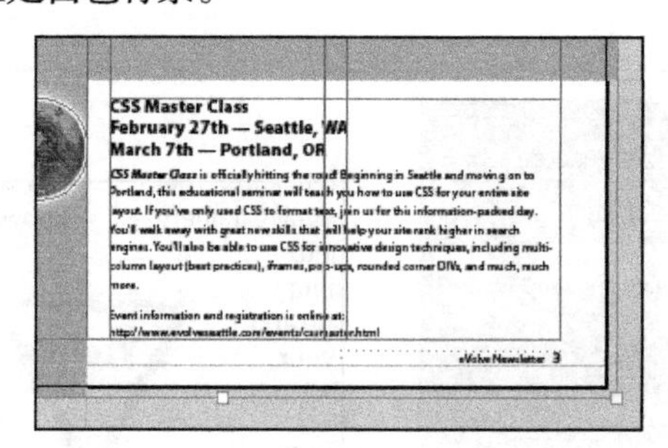

5 保持选中绿色框，并选择“对象”>“锁定”，可避免意外移动框架位置。

提示： 锁图标（）是一个在锁定框的左上角显示的图标。点击图标打开框架。如果一个锁的图标不是锁定的对象可见，选择“视图”>“其他”>“显示框架边缘”。

创建多边形并变换形状

可使用多边形工具（）或多边形框架工具（），创建任意的正多边形。即使这些框架包含文本或图片，也可以对其形状进行修改。下面将创建一个正八边形，置入图片，并进行调整等操作。

1 单击图层面板图标，或者选择“窗口”>“图层”以打开图层面板。

2 单击以选择图层“Graphics”。

3 选择工具面板中的多边形框架工具（）。该工具和矩形框架工具（）以及椭圆框架工具（）放置在一起。

4 在页面 3 中文本“Wasting Time_.”左侧的任意处单击，弹出“多边形”对话框，将“多边形宽度”和“多边形高度”修改为“9p0”，将“边数”修改为“8”，单击“确定”按钮。

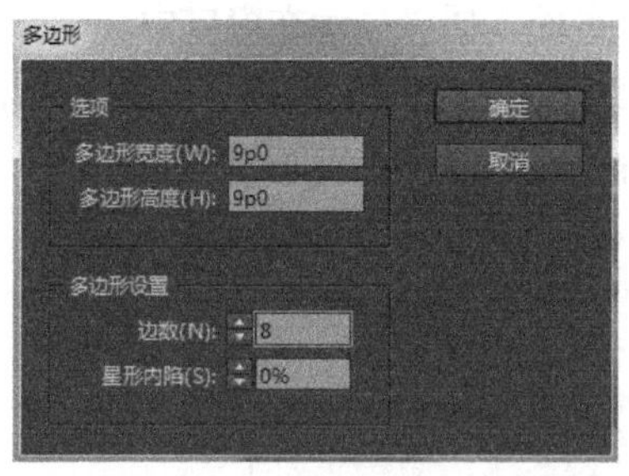

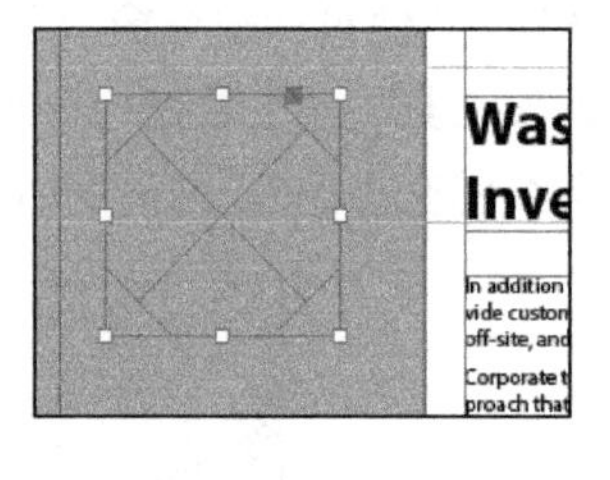

5 保持选定多边形，选择“文件”>“置入”，然后在 Lesson04 文件夹的 Links 文件夹中选择“stopsign.tif”，单击“打开”按钮。

6 使用缩放显示工具（）放大图片，然后选择“对象”>“显示性能”>“高品质显示”，尽可能清楚地显示图片。

7 使用选择工具（），单击并向下拖曳图形框架顶部的中间控点，直到框架边缘接近“STOP”标志的顶部。拖曳其他 3 个中间控点，裁剪周围的白色区域，使得只有红色“STOP”标志可见。

8 选择“视图”>“使页面适合窗口”，然后使用选择工具（ ）移动图片框架，使得其垂直中心与包含标题（显示出绿色智能参考线）的文本框架的顶部对齐，其右边缘距离绿色背景框架的右边缘大约一个栏距。拖曳时暂时停下可显示图片。

为框架添加圆角

下面将对文本框架的尖角进行圆滑处理。

1 在文档窗口底部的页面框中选择“1”，选择“视图”>“使页面适合窗口”。

2 使用选择工具（ ）的同时，按住 Z 键可暂时选择缩放显示工具（ ），放大页面 1 上的深蓝色文本框架，然后松开 Z 键，返回选择工具。

3 选定深蓝色文本框架，然后单击文本框架右上角控点下方的黄色正方形。此时该框架 4 个角上的控点变为黄色的小菱形。

提示：选定文本框架时如果没有显示出黄色的正方形，可选择“视图”>“其他”>“显示活动转角”。此外还应确保“屏幕模式”设置为“正常”。

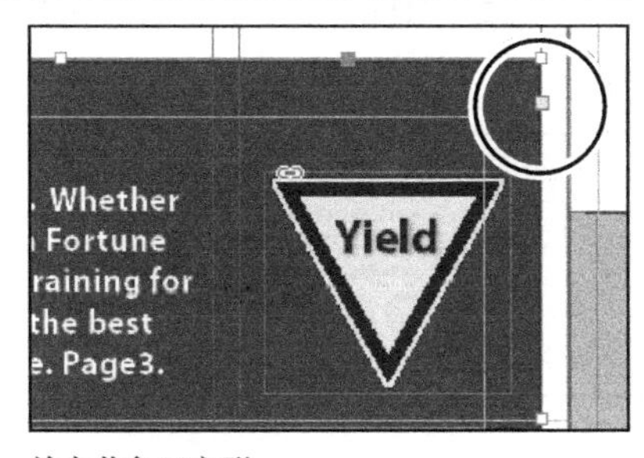

单击黄色正方形

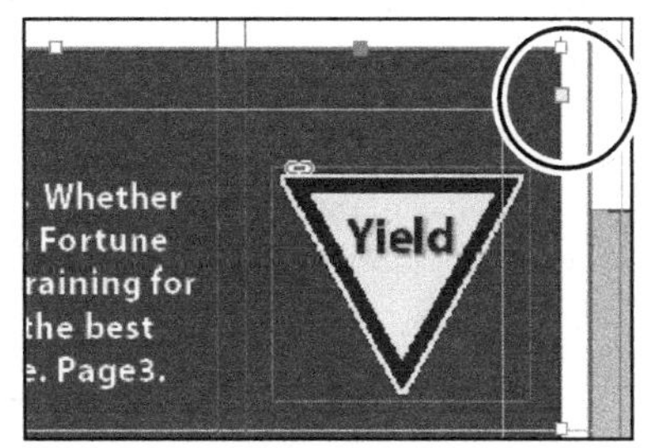

结果

4 向左拖曳文本框右上角的菱形，当半径（“R”）值为 2p0 时松开鼠标。拖曳时，其余 3 个角也会出现相应的变化（若在拖曳时按住 Shift 键，则只会影响该角的形状）。

提示：创建圆角后，Alt+ 单击（Windows）或 Option+ 单击（Mac OS）任意菱形可切换几种不同的圆角效果。

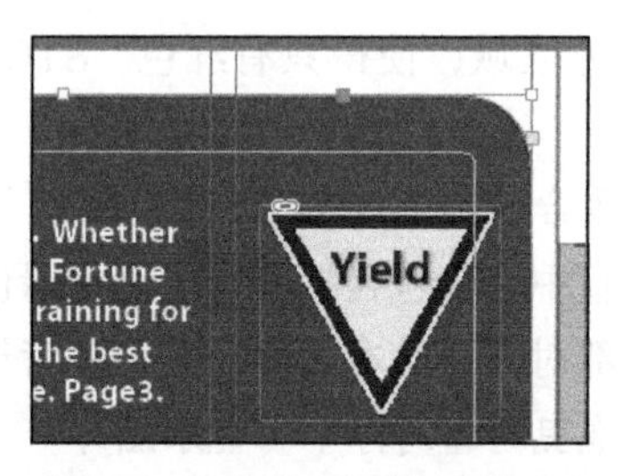

5 选择“编辑”>“全部取消选择”退出活动转角编辑模式，然后选择“文件”>“存储”。

修改与对齐对象

InDesign 中有多种工具和命令可用来修改对象的尺寸、形状以及在页面上的显示方向。所有的变换（旋转、缩放、切变和翻转）都可在变换和控制面板中找到，可用于对指定的对象进行精确的变换。另外，也可沿选定区域、页边距、页面或跨页，在水平或垂直方向上对齐和分布对象。

接下来将试试这些功能。

旋转对象

InDesign 提供了多种旋转对象的方法。在这部分的课程中，将使用控制面板对之前导入的标志图片进行旋转操作。

1 使用文档窗口底部的页面框或页面面板，显示页面 4（文档的第 1 页，也是该通讯稿的封底），然后选择“视图”>“使页面适合窗口”。

2 使用选择工具（），选择先前导入的“evolve”图标（确保选定的是图形框架，而不是图片）。

3 在控制面板的左端，确保已选定“参考点”（）定位器上的中心点，使得对象可绕其使用对象中心旋转。在“旋转角度”下拉列表中选择“180° ”，使得对象可绕其中心旋转并在“旋转角度”菜单中选择“180° ”。

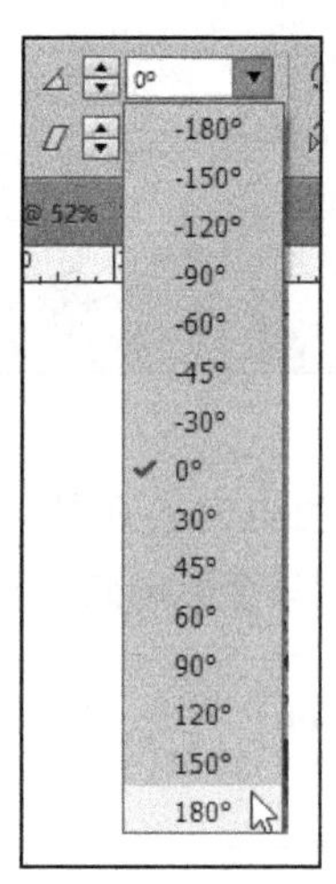

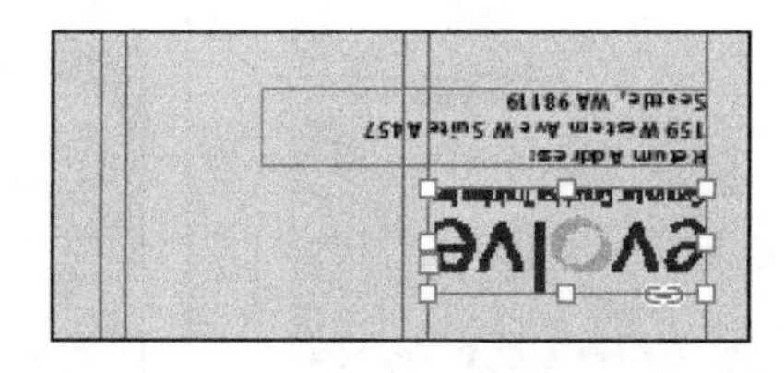

在框架中旋转图片

使用选择工具可旋转图形框架中的内容。

1 使用选择工具（ ），单击内容提取器并选择图片“Jeff G”（右上）。当箭头指针位于圆环上时，将变为手形。

提示：通过选择“对象”>“变换”>“旋转”，并在“旋转”对话框中输入角度值，也可使对象进行旋转。

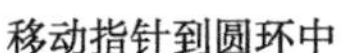

移动指针到圆环中　　单击选择图片框架中的图片

2 在图片的右上角的控点之外慢慢地移动指针，将显示出旋转指针（ ）。

3 单击并顺时针拖曳图片，直到图片中人物的头部大体垂直（大约 −25°），再松开鼠标。拖曳时旋转角度会显示在图片上。

4 在控制面板中确保已选定“参考点”（ ）定位器的中心点，使对象可绕其中心旋转。

5 旋转之后，图片不再铺满图形框架。为解决该问题，首先应确保已选择控制面板上的“约束缩放比例”图标（ ），该图标位于“X 缩放百分比”和“Y 缩放百分比”的右侧，然后在“X 缩放百分比”框中输入“55”，并按 Enter 键。

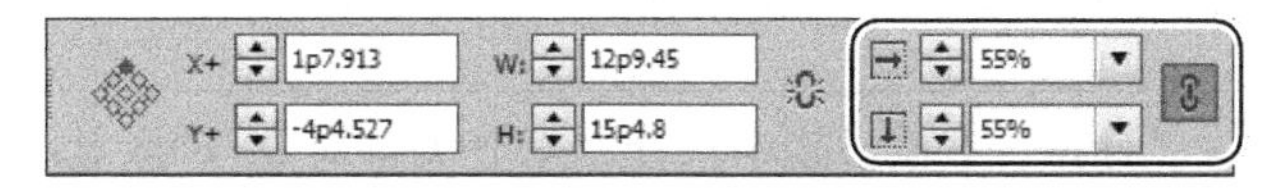

6 选择“编辑”>“全部取消选择”，然后选择“文件”>“存储”。

对齐多个对象

使用“对齐”面板，可轻松精确地对齐多个对象。接下来，将使用对齐面板将页面上的多个对象进行水平中心对齐，然后再对齐多个图片。

1 选择“视图”>“使页面适合页面”，然后在文档窗口底部的页面框中选择页面“2”。

2 使用选择工具（），Shift+ 单击页面上包含“Partial Class Calendar”的文本框架及其上面的“evolve”标志。（与之前导入的两个标志不同，该标识是 InDesign 创建的一组对象。在本课程后续内容中将用到该组对象。）

3 选择“窗口”>“对象和版面”>“对齐”，打开对齐面板。

4 在对齐面板中，从“对齐”下拉列表中选择“对齐页面”，然后单击“水平居中对齐”按钮（）。此时，这些对象已与页面中心对齐。

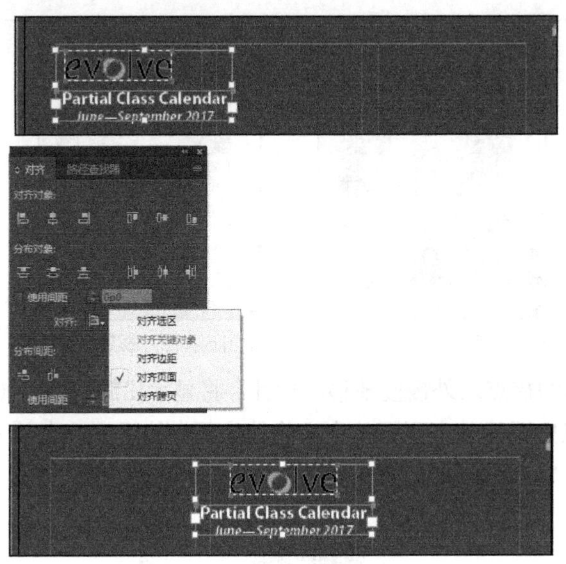

上图：选定文本框和标识（中图：对齐对象）
下图：结果

5 单击页面或剪贴板空白区域，或者选择“编辑”>“全部取消选择”。

6 使用文档窗口底部的滚动条来显示页面 2 左侧剪贴板上的更多信息，将可以看到 7 个项目图标。

7 使用选择工具（），选择日历左上角的图片框架，然后按 Shift+ 单击以同时选择 7 个图片框架。

提示：指定主对象后，其余选定对象的对齐设置都将依赖于主对象的位置。

8 在对齐面板上的“对齐”下拉类表中选择“对齐关键对象”。注意刚选定的第 1 个图片框架具有淡蓝色边框，说明该图片框架是主对象。选择“编辑”>“全部取消选择”，然后选择“文件”>“存储”。

提示：InDesign 自动分配选择的第一个图片为关键对象。要在选择所有要对齐的对象后更改关键对象，请单击将设为关键对象的对象，这时较厚的选择边界将出现在该对象周围。

9 单击“右对齐”按钮（![icon]）。

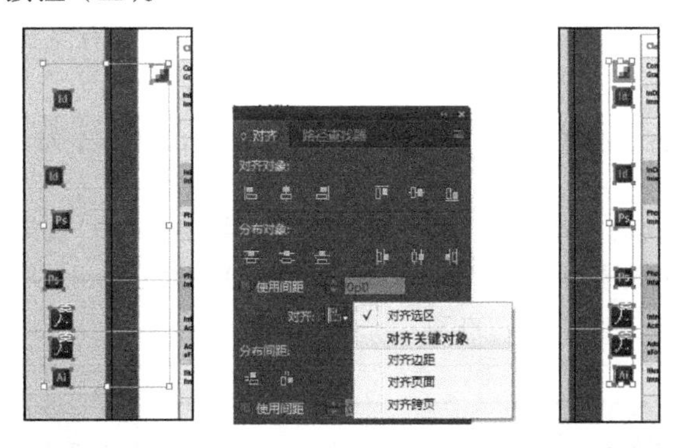

10 选择“编辑”>“全部取消选择”，然后选择“文件”>“存储”。

缩放多个对象

在 InDesign 中可以编辑多个选中的对象。

接下来将选定两个图标，并同时对它们进行缩放。

1 使用缩放显示工具（![icon]）放大页面左侧的两个“Acrobat”图标。

2 使用选择工具（![icon]），并依次按 Shift+ 单击两个图标将它们选定。

3 按下 Shift+Ctrl（Windows）或 Shift+Command（Mac OS）组合键，并拖曳左上角的控点使得这两个图标的宽度与其下方的“Adobe Illustrator”相等。当这个 3 个图标的左边缘对齐时，将出现一条智能参考线。

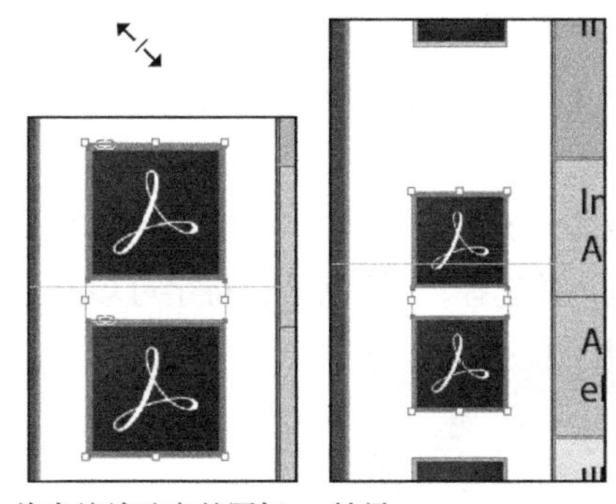

拖曳缩放选定的图标　结果

4 选择“编辑”>“全部取消选择”，然后选择“文件”>“存储”。

选择和修改多个对象

先前已将页面 2 顶部的“evolve”标志在页面中居中。现在将修改该图标中一些形状的填充颜色。这些图标已经编组，因此可作为一个整体进行选择和修改。现在要做的是在不取消编组以及改变组内其他对象的情况下，修改其中一些形状的填充颜色。

使用直接选择工具或对象菜单上的命令（“对象”>“选择”）可选择编组中的单独对象。

1　选择“视图”>“使跨页适合窗口”。

2　使用选择工具（ ），单击页面 2 顶部的“evolve”组。如有需要，也可使用缩放显示工具（ ）放大工作区域。

3　单击控制面板上的“选择内容”按钮（ ），选择组内的一个对象，而无需解散编组。

提示：要选定组内的一个对象，也可使用选择工具进行双击；或者通过选择“对象”>“选择”>“内容”；或者通过右键单击（Windows）或 Control+ 单击（Mac OS），并从上下文菜单中选择“选择”>“内容”。

使用选择工具选择编组

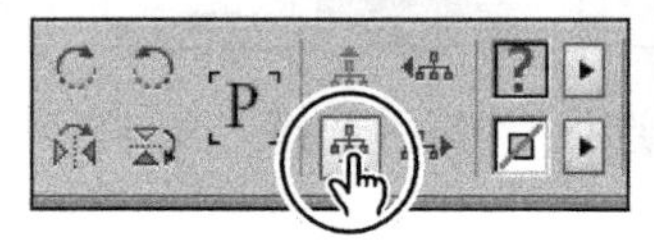
选择“选择内容”

结果

4　在控制面板上单击 6 次“选择上一对象”按钮，选定单词“evolve”第一个字母“e”。注意，单击“选择下一对象”按钮可按相反的方向选择对象。

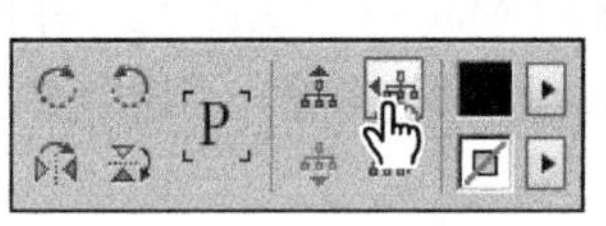
单击 6 次“选择上一对象”

结果

5　使用直接选择工具（ ），按住 Shift 键，单击并同时选中标志中的字母“v”“l”“v”和“e”。

6　单击色板面板图标，或者选择“窗口”>“颜色”>“色板”，打开色板面板。单击色板面板顶部的“填色”按钮，并选择“[纸色]”，将字母填充为白色。

将选定形状的填充颜色修改为“[纸色]”

结果

7　选择“编辑”>“全部取消选择”，然后选择“文件”>“存储”。

创建 QR 码

InDesign 的一项新功能是可快速地为图层添加 QR 码（全称为 Quick Respouse 编码）。 QR 码是一种机器可读的条形码，由设置在白色网格背景上的黑色或彩色的正方形组成。它在行业内已经得到普遍使用，并常见于消费广告中。拥有智能手机的消费者可以安装扫描应用程序读取并解码 URL 信息，将手机浏览器重定向到公司网站。用户扫描二维码后可以获取文本，在设备上添加名片，打开网站超链接写电子邮件和短信。

QR 码的生成在 InDesign 中是一个高保真图形对象，其操作行为与其他 ID 对象完全相同。作为一个矢量图形和个标准的图形编辑器工具，如 Adobe Illustrator，可以轻松地对其缩放对象和填充颜色，应用透明度效果，或者复制和粘贴对象。

接下来，将为该通讯稿的封底添加 QR 码，并进行设置以打开一个网页。

1 导览至文档的页面 4（封底），选择“视图” > “ 使页面适合窗口”，在窗口居中显示该页。

2 选择“对象” > “生成 QR 码”。

3 在类型下拉列表中选择设置，查看相关控件，然后选择“Web 超链接”。

> **提示：**单击“生成 QR 代码”对话框中的“颜色”选项卡，以便将样本颜色应用于代码。

4 在“URL（U）”栏中，输入“http://www.adobe.com”（或其他任何网页完整的 URL）。

> **提示：**要编辑一个 QR 码，右键单击（Windows）或者按 Control 键（Mac OS）用选择工具的代码，然后选择编辑 QR 码从上下文菜单中选择“对象” > “编辑 QR 代码”。

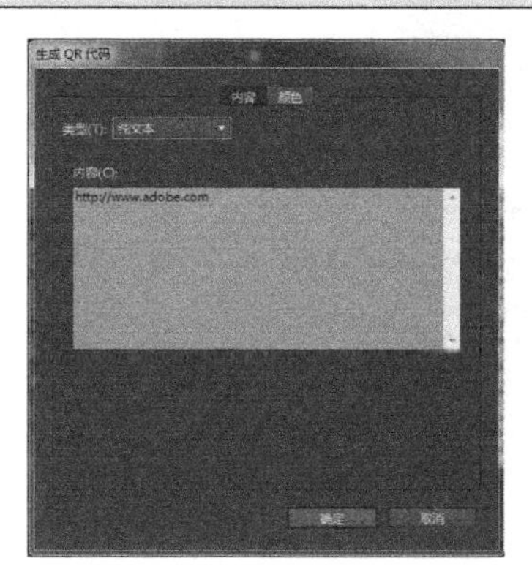

5 单击“确定”按钮关闭对话框。

6 单击页面左下角参考线的交点，向下拖曳直到框架边缘对齐第 1 栏参考线。

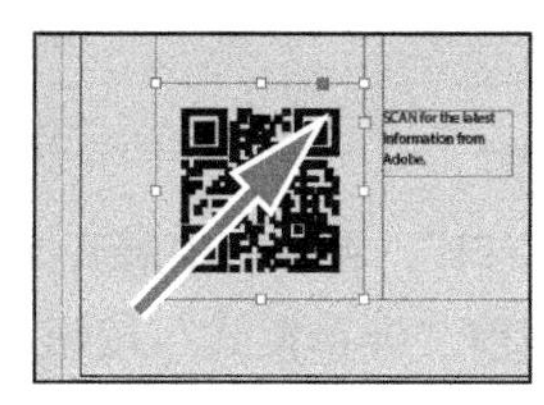

添加箭头到直线

InDesign CC（2017 版）介绍了一种新的关于直线的相关能力：箭头线规模独立能力的大小。接下来，将使用这个新功能来完成通讯稿的设计。

1 选择直线工具（），将指针放在指南第 4 页左边框上，略低于文本框的“Customer Testimonials”文本。

2 当按下 Shift 键时，从左边框参考线水平拖动到第二列右侧的垂直列。

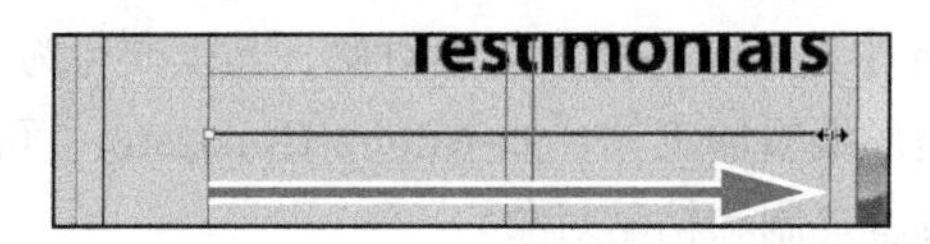

3 单击“笔画面板”图标或选择“窗口”>“描边”，打开描边面板，从“粗细”下拉列表中选择“4 点”。

4 确保“链接箭头起始处和结束处缩放”图标未被选中（），从而可以独立设置开始和结束的箭头。在箭头起始处的缩放因子处输入“75”，在箭头结束处的缩放因子处输入“150”，按 Enter 或者 Return 键。

> **提示：**利用直线工具创建带箭头的直线，还可利用钢笔工具创建带箭头的曲线。

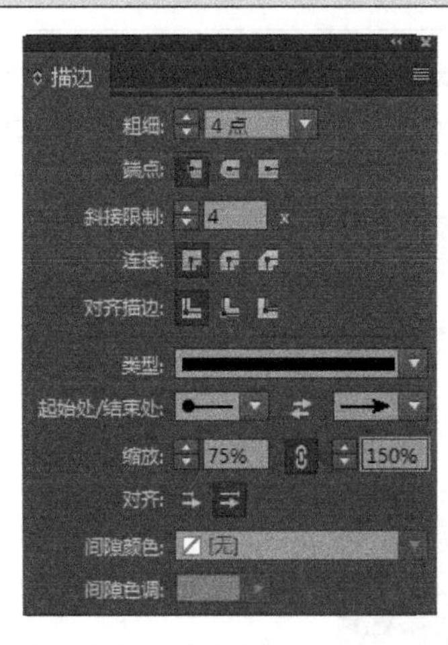

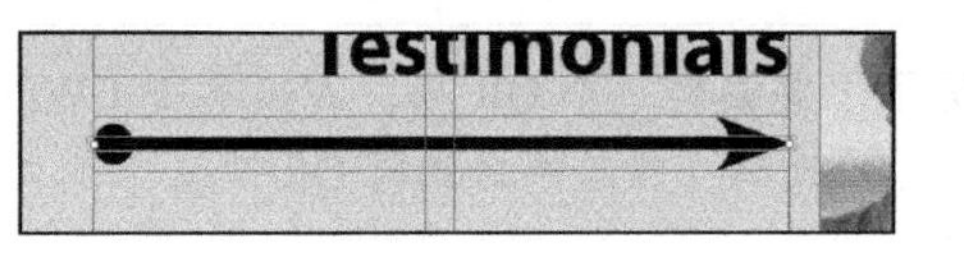

5 选择“文件”>“存储”。

完成

下面来欣赏一下您的杰作。

1 选择“编辑”>“全部取消选择”。

2 选择“视图”>“使跨面适合窗口”，在窗口中展开文档。

3 在工具面板底部，单击按住当前“屏幕模式”按钮（），并按住

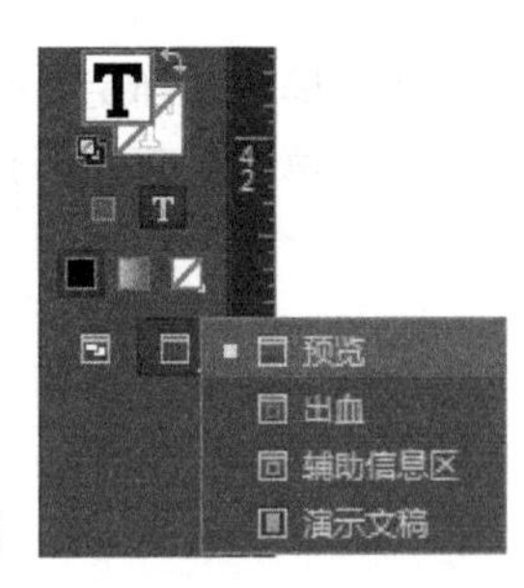

鼠标，从出现的菜单中选择“预览”。预览模式可用来查看文档最终的打印效果，它将按照最终打印的成品显示作品，不会显示非打印元素，如表格、参考线、非打印对象等。剪贴板也将按照首选项来显示预览颜色。

4 按下制表符键可同时关闭所有的面板。当需要再次显示所有面板时，可再次按下制表符键。

5 选择“文件”>“存储”。

恭喜！您已完成本课程的学习。

练习

最好的学习方式便是亲自尝试！

本节内容中，将练习如何把对象嵌入框架。按照下列步骤可学到选择和操作框架的更多相关知识。

1 使用“新建文档”对话框中的首选项新建文档。

2 使用椭圆框架工具（ ）创建一个小的圆形文本框架，大约 12p0 × 12p0（拖曳时按下 Shift 键，可保证其形状为圆形）。

3 选择文字工具，单击框架内部，将其转换为文本框架。

4 选择“填充文本框架”，用文本填充文本框架。

5 按下 Esc 键切换到选择工具，然后使用色板面板为文本框架填充颜色。

6 选择“编辑”>“全部取消选择”，然后选择多边形工具（ ），在页面上绘制一个多边形（如果想创建星状图，可在绘制之前双击多边形工具设置“边数”以及“星形内陷值”）。

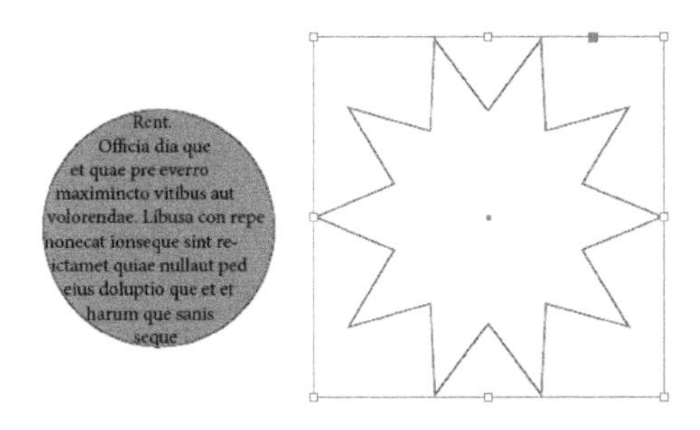

7 使用“选择工具”（ ），选定先前创建的文本框架，然后选择“编辑”>“复制”。

8 选择多边形框架，然后选择“编辑”>“贴入内部”，将其置入多边形框架中（如果选择“编辑”>“粘贴”，复制的文本框架将不会粘贴到选中的框架内）。

9 使用选择工具，将鼠标指针置于多边形框架内的内容提取器并拖曳移动该文本框架。

10 使用选择工具，将鼠标指针置于多边形内容提取器之外并拖曳移动该多边形文本框。

11 选择“编辑”>“全部取消选择”。

12 使用“选择”工具（ ），选择多边形框架，然后拖曳任意的控点来修改多边形形状。

13 完成操作后，关闭文档，不保存修改。

复习题

1 什么时候应该使用选择工具选择对象，什么时候又应该使用直接选择工具？

2 如何同时修改图片框架和图片内容的尺寸？

3 如何在图片框架中旋转图片，而又不旋转图片框架？

4 在不解除对象编组的情况下，如何在组内选择某个对象？

复习题答案

1 一般的图层任务使用选择工具，如将对象进行移动、旋转和调整尺寸等。有关编辑路径或是框架的任务使用直接选择工具，如按某路径移动锚点，或在组内选择某对象并修改其颜色。

2 使用选择工具，并按下 Ctrl（Windows）或 Command（Mac OS）键，然后拖曳控点，可同时调整图片框架和内容的尺寸。拖曳时按下 Shift 键，可使对象保持原比例不变。

3 使用选择工具，在内容提取器中单击，选定图片框架中的图片，可在图片框架中旋转图片；若按住 Shift 键的同时拖动，则旋转以 45° 递增。然后将指针慢慢地移至 4 个顶点的任意控点外，进行拖曳即可旋转图片。

4 使用选择工具（ ）选择编组，然后在控制面板中单击“选择内容”按钮（ ），即可选择编组内的某个对象。然后还可单击“选择上一对象”或“选择下一对象”按钮来选择组内的其他对象。也可使用选择工具（ ）单击编组内对象或直接双击选择工具。

第5课 串接文本

课程概述

本课中，将学习如何进行下列操作。

- 置入并串接文本到现有的文本框架。
- 自动调整文本框架尺寸。
- 链接文本框架串接文本分栏和页面。
- 自动创建链接框架。
- 串接文本时自动添加页面和链接框架。
- 为文本应用段落样式。
- 控制列中断。
- 制作跳行来指示文章的继续位置。

学习本课大约需要 45 分钟。

LOCAL >> NOV/DEC 2017 P1

I thought that the light drizzle on this crisp fall day might be a deterrent.

When I asked Alexis, director of Meridien's Urban Museum, to give me her personal tour of the city she's resided in since her teenage years, she accepted, but only if we did it by bicycle.

I'm not a fitness freak and Meridien is known for its formidable hills, so when 6 a.m. rolled around, when I noted damp streets outside my apartment window and my cell phone started buzzing, I was hoping it was Alexis calling to tell me that we were switching to Plan B.

"Sorry, Charlie. We're not going to let a little misty air ruin our fun. Anyway, the forecast says it will clear up by late morning."

So much for Plan B.

We met at the Smith Street subway station, a mid-century, mildly brutalist concrete cube designed by archi-

Bikes continued on 2

通过 Adobe InDesign 提供的方法，可以将简短的文本串接到已有文本框架，可以在串接文本时创建文本框架，也可以添加文本框架和页面，以便轻松地将任意副本从目录串接到电子书的杂志文章中来。

概述

本课的学习过程中将用到一篇杂志文章。该文章的跨页设计接近完成，几个页面都已就绪以置入文本。通过操作该文档，将尝试几种文本串接方法，并创建“跳行”提示文章的继续位置。

1 为确保 Adobe InDesign 程序的首选项和默认设置符合本课程的要求，请先按照“前言”中的步骤将 InDesign Defaults 文件移动到 4 ～ 5 页。

2 启动 Adobe InDesign。选择“窗口”>“工作区”>“高级”，然后选择“窗口”>“工作区”>“重置‘高级’”，以确保面板和菜单指令都与本课程相符。

3 选择“文件”>“打开”，然后选择 InDesignCIB 文件夹中的 Lessons 文件夹，打开“05_Start.indd”文件。

4 如果弹出警告，通知文档包含已修改的源的链接，请单击“更新链接”；如果显示“缺失字体”对话框，请单击“同步字体”。字体同步完成后单击“关闭”。

5 选择“文件”>“存储为”，将文件名修改为“05_FlowText.indd”，并保存至 Lesson05 文件夹中。

6 选择“视图”>“显示性能”>“高品质显示”。

7 打开“05_End.indd”，选择“视图”>“显示性能”>“高品质显示”，查看完成后的文档效果可以保持打开该文档，以作为操作的参考。

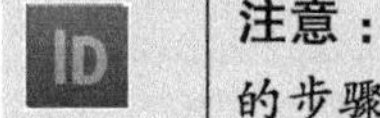

注意：这些练习的成功依赖于正确地操作键盘并能在正确的位置点击。因此，阅读所有的步骤，如果有任何差错，一定要选择“编辑”>“还原”，然后重复步骤。

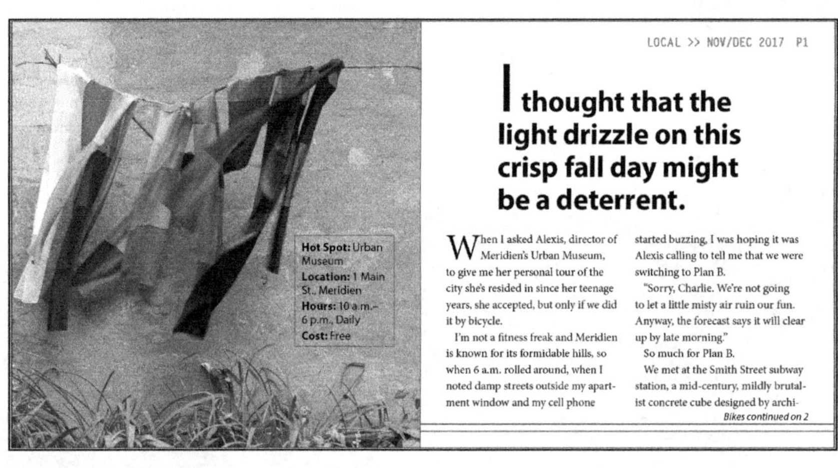

LOCAL >> NOV/DEC 2017 P1

I thought that the light drizzle on this crisp fall day might be a deterrent.

When I asked Alexis, director of Meridien's Urban Museum, to give me her personal tour of the city she's resided in since her teenage years, she accepted, but only if we did it by bicycle.

I'm not a fitness freak and Meridien is known for its formidable hills, so when 6 a.m. rolled around, when I noted damp streets outside my apartment window and my cell phone started buzzing, I was hoping it was Alexis calling to tell me that we were switching to Plan B.

"Sorry, Charlie. We're not going to let a little misty air ruin our fun. Anyway, the forecast says it will clear up by late morning."

So much for Plan B.

We met at the Smith Street subway station, a mid-century, mildly brutalist concrete cube designed by archi-

Bikes continued on 2

Hot Spot: Urban Museum
Location: 1 Main St., Meridien
Hours: 10 a.m.–6 p.m., Daily
Cost: Free

8 单击文档左上角的标签显示文档窗口，准备继续操作本课程文档。

将文本串接到现有框架

置入文本时，可将文本置入新建文本框架或是现有文本框架。如果框架为空，可单击载入文本图标以串接文本。在文章跨页的左页面中，在该文本框架中置入 Microsoft Word 文档，并应用段落样式，并自动调整文本框的高度。

提示：InDesign 提供了多种方式用以自动和手动地将文本串接到分栏和框架中，包括段落样式保持与之前相同、保持与之后相同以及段中不分页等利用分栏符及框架分隔符的操作（“文字”>“插入分隔符”）。

将文本导入现有框架

1 选择“文字”>“显示隐含的字符”，以查看屏幕上的段落返回、空格、制表符和其他隐藏字符。这将帮助用户放置和格式化文本。

2 将跨页左页面的边栏文本框架放大至舒适的视图，该框架位于围巾的右下方有一个蓝色的描边。

3 确保没有选中任何对象。

4 选择“文件”>“置入”，在“置入”对话框架的底部，确保没有勾选 3 个选项：“显示导入选项”“替换所选项目”以及“创建静态题注”（如有必要，可单击 Mac 操作系统 Option，查看选项）。

5 找到位于 Lesson05 文件夹中的“05_LocalStats.docx”文件，并双击。此时鼠标指针变为载入文本图标（ ），可预览导入文本的前面几行内容。把载入文本图标置于空文本框架之上时，图标上将出现（ ）。

6 将载入文本图标置于占位文本框架之上。

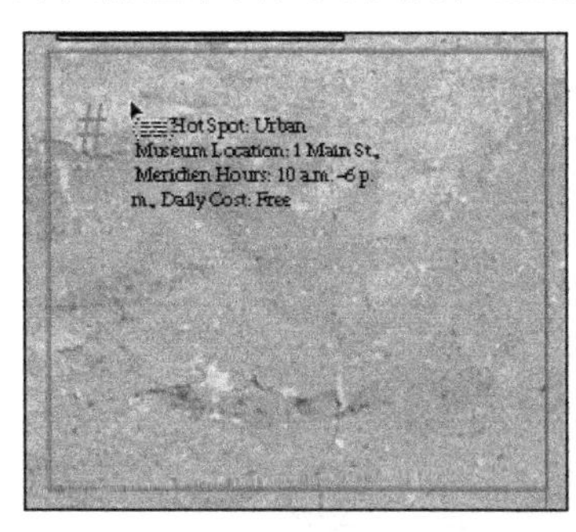

7 单击以置入文本。

8 选择“文件”>“存储”。

文本不适合文本框架，这被认为是“溢流”。超出文本由输出的红色符号（+）表示，位于文本框架的右下角。本练习稍后将解决超文本的问题。

应用段落样式

现在将应用段落样式到侧边栏文本。

1 使用文字工具（T），单击侧边栏文本框，以便格式化文本。选择“编辑”>“全选”，选择框中的所有文本。

2 选择“窗口” > “样式” > “段落样式”，打开段落样式面板。

3 单击左侧的三角形按键。

4 单击段落样式 Sidebar Text。

5 在文本中单击以取消，然后选择“文件” > “储存”。

格式化后的文本仍然是重叠的，在接下来的练习会解决这个问题。

自动调整文本框尺寸

当添加、删除和编辑文本时，最后都需要调整文本框架的尺寸。使用自动调整尺寸功能，可按照用户规定的大小自动调整文本框架的尺寸。本小节将使用“自动调整大小”功能，根据文本的长度自动调整最后一个文本框架的尺寸。

1 使用选择工具（ ），单击文本框架。

2 选择“对象” > “文本框架选项”。在“文本框架选项”对话框中，单击“自动调整大小”标签。

3 在“自动调整大小”下拉列表中，选定“仅高度”。

4 单击上方中间的图标（ ），说明希望文本框架向下延伸，就像手动地向下拖曳文本框架底部的控点一样。

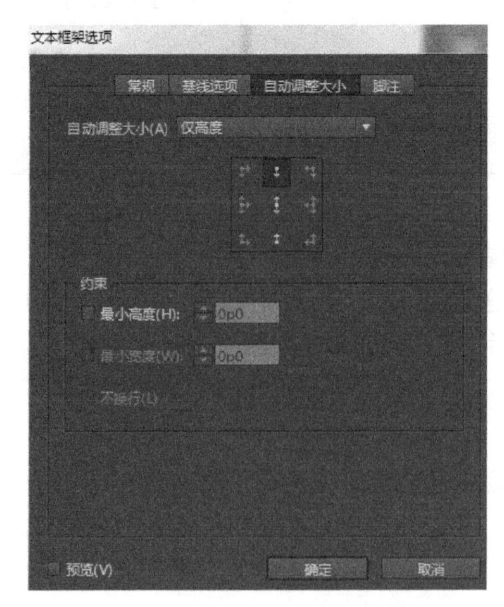

5 单击“确定”按钮。

6 单击面板取消对象，然后选择“视图”>“屏幕模式”>“预览”，查看分栏。

7 选择“查看”>“屏幕模式”>“正常”，恢复布局辅助工具，如参考线和隐藏字符。

8 选择“文件”>“存储”。

手动串接文本

将导入的文本（如来自文字处理程序的文本）置入多个串接的文本框架中，这个过程被称作“排文”。在 InDesign 中可手动串接文本，以便更好地控制；也可自动串接文本，以节约时间；另外还可在串接文本的同时添加页面。

提示：使用“文本框架选项”对话框架中的“常规”标签，可串接独立的文本框架，或者是将文本框架分割从而创建分栏。有些设计师更喜欢独立的文本框架，以获得更大的布局灵活性。

本练习中，将串接专题文章文本至右侧封面页底部的两个分栏中。首先，选择一个 Word 文档，将其导入第 1 栏现有的文本框架。然后，串接第 1 个和第 2 个文本框架。最后，在第 3 个页面中创建新的文本框架，以便放置更多的文本内容。

1 选择“视图”>“使跨页适合窗口”，并找到右侧封面底部的两个文本框架。

2 需要时可放大视图以便查看文本框架。

3 选择文字工具（T.），单击页面中左边的文本框架。

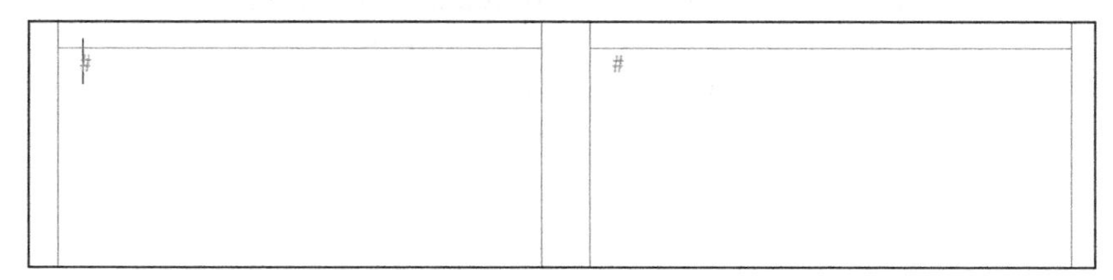

4 选择“文件” > “置入”。

5 在 lesson05 文件夹中找到并选择“05_feature_2017.docx”。

6 在“置入”对话框的底部勾选“替换所选项目”（如有必要，请单击 Mac 操作系统上的 Option 以查看此选项），单击“打开”。

此时该文本串接到已有文本框架的左分栏。注意，该文本框架的右下角含有出口。红色加号（+）说明导入的文字产生溢流，意味着并非所有的文本都显示在已有的文本框架中。接下来将把其余的文本串接到第 2 栏中的另一个文本框架中。

7 使用选择工具（ ），单击文本的出口以载入文本图标（如有需要，可先单击文本框架将其选定，然后再单击出口）。

8 将加载的光标移动到右侧的文本框中，并单击。

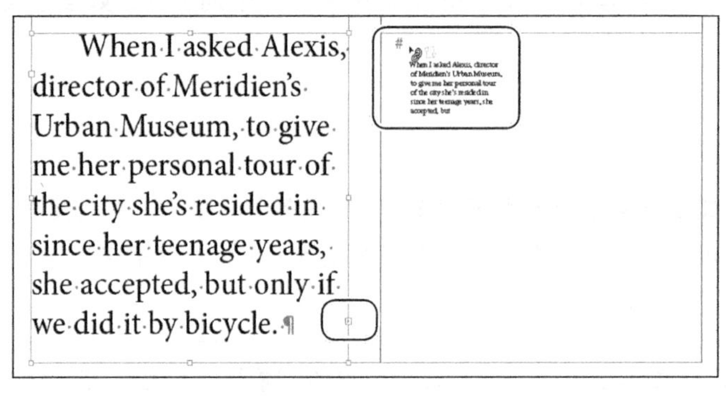

9 文本串接到第 2 栏中，右侧的文本框中的输出端包含一个红色加号（+），说明仍有溢流文本。

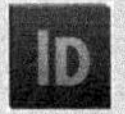

提示：如果改变主意，不希望有溢流文本，可按下 Esc 键，或是单击工具面板上的任意工具取消载入文本图标，而且这样做不会删除任何文本。

10 选择“文件” > “存储”，保留页面，以便进行下一项练习。

提示：也可以选择同时使用图形文件和文本文件“load ”文字工具。

使用多个文本文件载入文字工具

在“置入”对话框中，可使用“文字”工具载入多个文本文件，并依次放置在文档中。使用“文字”工具的步骤如下。

- 首先，选择“文件” >“置入”，打开“置入”对话框。
- 单击Ctrl+（Windows）或Command+（Mac OS），可选定多个非连续的文件；Shift+单击，可选定一系列连续文件。
- 当单击“打开”时，载入文本图标显示在括号中，将指明载入的文件数，例如（4）。
- 按键盘上的方向键来更改放置的文本文件，然后按Esc键从加载的文本图标中删除文本文件。
- 单击并一次性放置这些文本文件。

串接文本时创建文本框架

接下来将尝试两种不同的文本串接方式。首先，将使用半自动导入串接文本至分栏。半自动串接可同时创建串接文本框架。在每个分栏载入文本后，鼠标指针将自动变为载入文本图标。下面将使用载入文本图标手动创建文本框架。

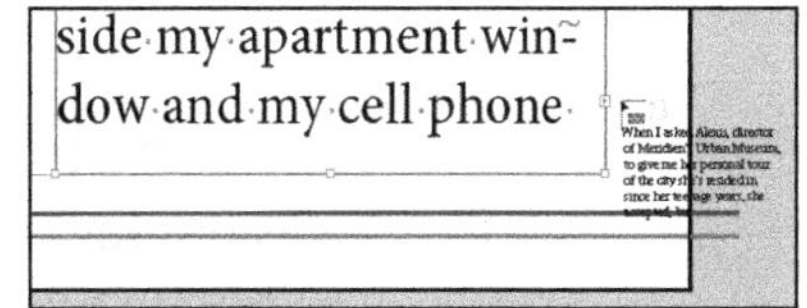

1 使用选择工具（![]），单击页面 1 第 2 栏中的文本框架的出口。该载入文本图标说明存在溢流文本。

在页面 2 中创建新的文本框架，以便放置更多的文本内容。参考线指明了可在何处放置文本框架。

2 选择“版面”>“下一跨页”，可显示页面 2 和页面 3，然后选择“视图”>“使跨页适合窗口”。当激活载入文本图标时，仍然可以浏览不同的页面，或是添加新的页面。

3 在左侧的页面上，将载入的文本图标（![]）移至左上角参考线的交点处。注意，对于适当的位置，加载文本图标黑色箭头会变白。

4 按住 Alt（Windows）或 Option（Mac OS）键并单击。

提示：当加载文本图标是在一个空的文本框中时，一个链接的图标表示你可以线框。也可以溢流文本到一个空的图形框架；图形框架将自动转换为文本框。

根据是手动串接文本、半自动串接文本还是自动串接文本，载入文本图标的外观将出现细微的变化。

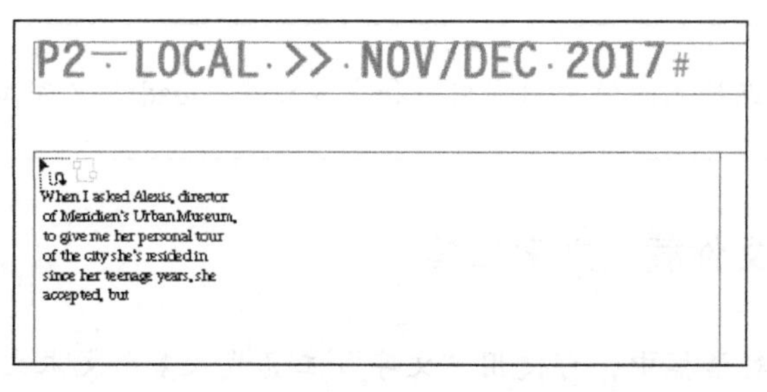

文本串接至第 1 栏。由于按住了 Alt 或 Option 键，所以指针仍然为载入文本图标，可将文本串接到另一文本框架。

5 松开 Alt 或 Option 键，并将导入文件图标（ ）置于参考线指明的第 2 栏中。

6 在右侧分栏的紫色分栏参考线中拖曳，创建新的文本框架。

提示：当你通过点击加载的文本图标创建一个文本框时，InDesign 会创建一个与你点击的列一样宽的新文本框。尽管这些框架放置在列中，但可以根据需要移动、调整和重新生成这些文本框。

适应文本框架的文本数量可能依赖于系统中可用的特定字体。在打印环境中，所有的文本使用相同。

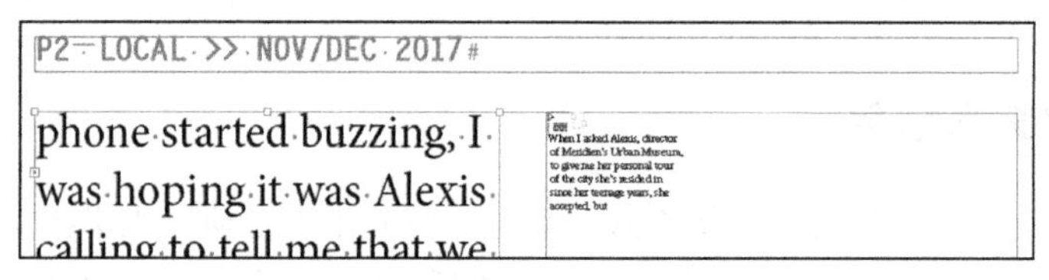

单击载入文本图标。在分栏参考线中创建文本框架，并导入文本（左）。

第 2 个文本框架右下角的红色加号（+）说明其文本存在溢流。后续课程中将对其进行调整。

7 选择“文件” > “存储”。保留该页面，以便进行下一项练习。

自动创建串接框架

为加快创建同栏宽链接文本框架，InDesign 提供了快捷键。拖曳文字工具创建文本框架时按下右方向键，InDesign 将自动把文本框架分割为多个串接的文本框架。例如，创建文本框架时，按下一次右方向键，该文本框架将被分割一次，变为宽度相同的两个文本框架；按下 5 次右方向键，该文本框架将被分割 5 次，变为宽度相同的 6 个文本框架（若按下右方向键次数过多，可按下左方向键移除多余的分栏）。

本节将在 3 页上创建两列文本框。可将使仍溢流的文档串接到拆分的文本框架。

1 选择“窗口”>“页面”，以显示页面面板。

2 选择文字工具（T），并将鼠标指针放置在右上角的第一栏中，大约位于垂直于紫色参考线和水平粉色参考线的交点。

3 向右下拖曳文字工具，创建宽度跨越两个分栏的文本框架。拖曳时，按下一次右方向键。InDesign 自动将该文本框架分割为宽度相同的两个串接文本框架。

注意： 如果不小心多次按下右方向键，产生了多于两个串接文本框架时，可选择“编辑”>“还原”，然后再尝试一次。也可在拖曳时按下左方向键，以移除文本框架。

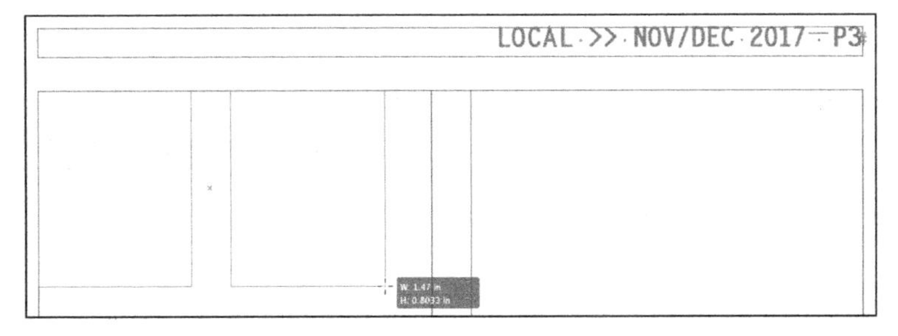

4 继续向下拖动，如果需要，请使用选择工具（ ）在分栏参考线中调整两文本框架的尺寸和位置。

5 使用选择工具，单击页面 2 第 2 栏中的文本框架。然后，单击该文本框架右下侧的出口，使用载入文本图标载入溢流文本。

6 在第 3 栏的文本框架中单击载入文本图标（ ）。

文本将串接两个链接的文本框架。

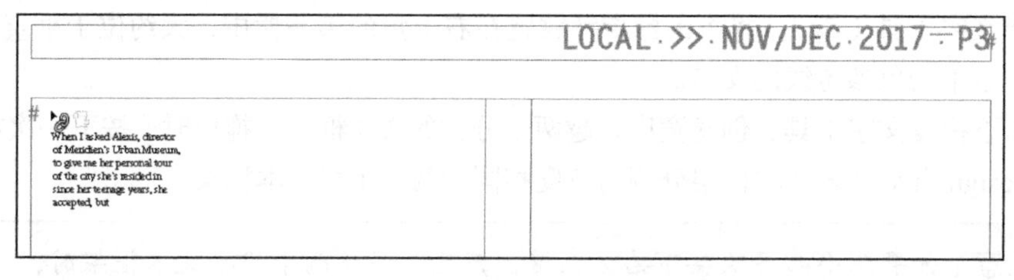

7 选择“文件”>“存储”。保留该页面，以便进行下一项练习。

自动串接文本

本节将使用自动串接载入其余文本。自动串接文本时，InDesign 将在后续页的分栏参考线中自动创建新的文本框架，直到载入所有溢流文本。对于较长的项目来说，比如书籍，这是理想的选择，但是对这个项目来说，最终会掩盖一些已经放置的图像。你可以通过删除文本来轻松解决这个问题。文本流程会自动通过线程剩余的帧变更路径。

1 使用选择工具（ ），单击页面 3 第 2 栏中的文本框架的出口。该载入文本图标表明存在溢流文本（如有需要，可先单击文本框架将其选定，然后再单击出口）。

2 选择“版面”>“下一跨页”，显示页面 4 和页面 5。

3 将载入文本图标（ ）置于页面 4 的第 1 分栏上，大约位于分栏与页面空白参考线交点（将在以后调整文本框架高度）。

4 按住 Shift 键并单击。

提示：单击载入文本图标创建文本框架时，InDesign 将在单击处创建新的文本框架，其宽度与分栏宽度相同。虽然这些文本框架位于分栏参考线之内，需要时仍可对其进行移动、调整尺寸和形状。

注意，此时新的文本框架添加至文档中的剩余页面分栏参考线内。这是由于按住 Shift 键将自动串接文本。

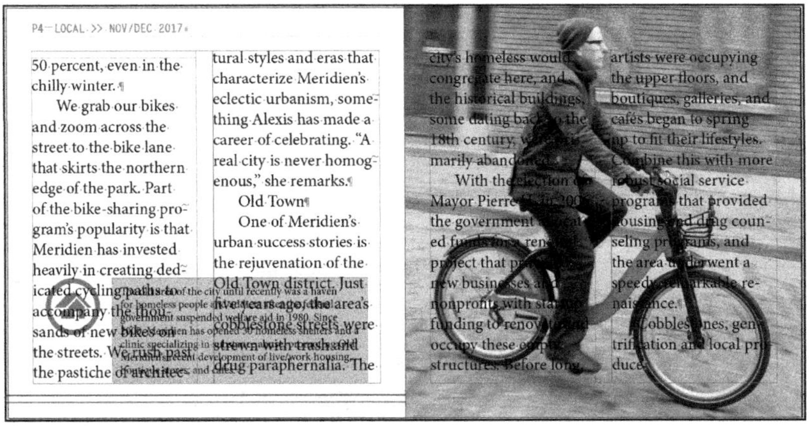

5 使用选择工具，按 Shift 键单击选择两个新的文本框添加到第 5 页（框架上的男子骑自行车的形象）。

6 选择“编辑”>“清除”，删除文本框。

7 选择“版面”>“转到页面”，然后展开到页面 6 和 7。

8 使用选择工具，按 Shift 键单点击两个新的文本框将其添加到第 7 页。

9 选择“编辑”>“清除”，删除文本框。

文字仍然是重叠的，这将会在接下来的练习中解决。

10 选择“文件”>“存储”。保留该页面，以便进行下一项练习。

串接文本时添加页面

除了在已有的页面上串接文本框架，也可在串接文本时添加新的页面。该功能称作“智能文本重排”，这是导入书籍章节等长篇幅文本的理想功能。使用文本重排，串接文本或在主页文本框架中输入文字时，都将自动添加页面并串接文本框架以包含所有文本。因编辑或设置格式使得文本长度变短时，多余的页面会自动被删除。下面练习使用智能文本重排。

1 选择“文件”>“新建”>“文档”，并确保“用途”为“打印”。

- 勾选“主文本框架”。
- 从“页面大小”下拉列表中选择字母。

2 单击“确定”按钮。

3 选择“编辑”>“首选项”>“文字”（Windows）或是“InDesign”>“首选项”>“文字”（Mac OS）用以打开文字首选项。文字首选项中，“智能文本重排”区中的选项可用来指定在使用该功能时如何操作页面。

- 在何处添加页面（是在文章结尾、章节末尾还是文档的末尾）。

- 是将“智能文本重排”仅仅应用到主文本框架，还是文档中的其他文本框架。
- 页面如何插入到封面跨页。
- 当文本变短时，是否删除空白的页面。

4 “智能文本重排”是默认勾选的，但还需进行确认，单击“确定”按钮。

5 选择“文件”>“置入”，在对话框中 lesson05 文件夹中找到并选择 05_feature_2017.docx，然后单击“打开”。

6 在新文档第一页的页边空白处，在页边距内单击载入文本图标，以将所有的文本串接至主文本框架，如有需要可添加页面。注意观察页面面板上的页面数量（3）。

7 不保存修改，关闭文档。

为文本应用段落样式

现在所有的文本框都已到位，文本正在串接，用户可以格式化文本。这提供了一个清晰的视图，说明文本如何适合以及如何使用布局，在这里，您将设置整个文章的正文段落样式，然后将格式化开头段落和正标题。

1 使用文字工具（T.），在包含你刚刚导入的主要文章的文本框内任意位置单击。

2 选择“编辑”>“全选”，选择文章中的所有文本（文本串接链接框架）。

3 选择“文字”>“段落样式”，打开段落样式面板。

4 单击段落样式“Body Paragraphs”（如有需要，可滚动段落样式面板以找到该选项）。

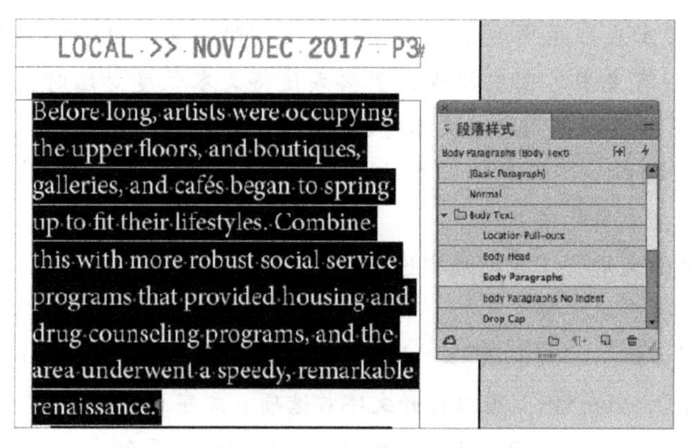

5 选择“版面”>“转到页面”，打开“转到页面”对话框，在页面字段中输入 1，然后单击“确定”。

6 在第 1 页，从文章第一段“When I asked Alexis”开始，单击文字工具。

7 在段落样式面板中单击下拉段落样式。

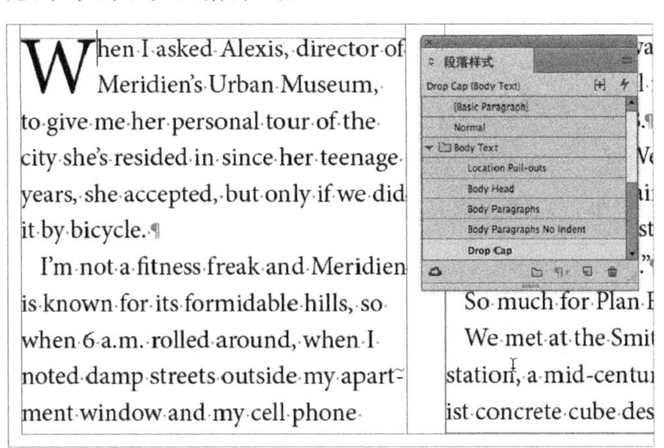

现在将文章中的 3 个小标题格式化。

8 选择“视图” > “使跨页适合窗口”，然后选择“版面” > “下一跨页”，查看页面 2 和 3。

9 使用文字工具，在 2 页左栏单击小标题“B-Cycle”。这是针对段落样式的。

10 单击段落样式面板中的 Body Head 段落样式。

11 使用文字工具，在 3 页左栏单击副标题“Old Town”。

12 单击段落样式面板中的 Body Head 段落样式。

13 选择“窗口” > “页面”，打开页面面板，双击页面 4 图标将文档窗口中的页面居中显示。

14 使用文字工具，在 4 页右栏单击小标题“Farmers Market”。单击 Body Head 段落样式应用。

15 选择“文件” > “存储”，保留该页面，以便进行下一项练习。

调整分栏

InDesign 提供了调整文本列长度的许多方法，以适应版面或保持特定的主题。一个方法是使用选择工具调整文本框的大小。另一种方法是手动用“断字符”将文本“下击”移到下一列。本节，将介绍通过调整文本框的大小来适应版面。

1 双击页面面板的第 4 页的图标，使其位于文件窗口中间。

2 使用选择工具（ ），单击包含主要文章的左面文字框。

3 拖动文本框底部的位置，框架高度约 5.3cm。

注意：如果必要的话，在 5.3cm 高度的控制面板上按回车键（Windows）或返回键（MAC）来调整框架的大小。

4 选择右侧的文本框，该文本框包含文本的第二列。拖动框架底部，以匹配左侧文本框的高度。调整这些文本框的大小，以使文章文本不被边栏框所遮挡。

P4 LOCAL >> NOV/DEC 2017

that was one of Old Town's first new businesses, to meet Scott G., Meridien's supervisor of urban renewal. He, too, arrives on a HUB bicycle, stylishly dressed for the weather in a medium-length Nehru-style jacket and knit cap, the ensemble nicely complemented by a pair of stylish spectacles and a worn leather shoulder bag.

"There are some hard-core purists who dismiss this development as negative—gentrification to ease the fears of yuppies who wouldn't come near here before," Scott remarks, "but I find their argument difficult to support in light of all the good that has come to Old Town. We didn't move the blight out and then hide it somewhere else. We helped the people who needed assistance and let them stay as long as they weren't committing any violent crimes. They receive housing and there has been phenomenal success in getting many back into the workforce and making them part of the community again. How can this be bad?"

The old area of the city until recently was a haven for homeless people and addicts after the federal government suspended welfare aid in 1980. Since 2000, Meridien has opened 30 homeless shelters and a clinic specializing in substance abuse, promoting Old Meridien's recent development of live/work housing, boutique stores, and cafes.

5 选择“版面”>“下一跨页”，来到第 6 页和第 7 页。“Farmers Market”的标题现在是在第 6 页的顶部。

提示：调整文本框架内文本，打开中断字符如连字符和破折号（“文字”>“插入特殊字符”）。

6 使用“选择工具”，单击左侧的文本框。拖动文本框的底部，使框架的高度为 2.1 英寸。

7 单击面板选择所有对象，选择“文件”>“储存”。

添加跳转行页码

当文章内容跨越几个页面时，读者不得不跳转行，此时可添加跳转行，如“(下转第 X 页)”。在 InDesign 中可创建跳转行，将自动更新文本串接后下一页面的页码。

1 双击页面面板中的页面 1，将其显示在文档窗口中央。向右滚动查看部分剪贴板。需要时可放大视图，以便查看文本。

2 用文字工具（T.）并在剪贴板上拖曳创建一个文本框，大约 1.5×30.2 英寸。

3 使用选择工具（ ），拖曳新文本框架至页面 1 第 2 栏的底部。请确保新文本框架的顶部与现有文本框架的底部重合。

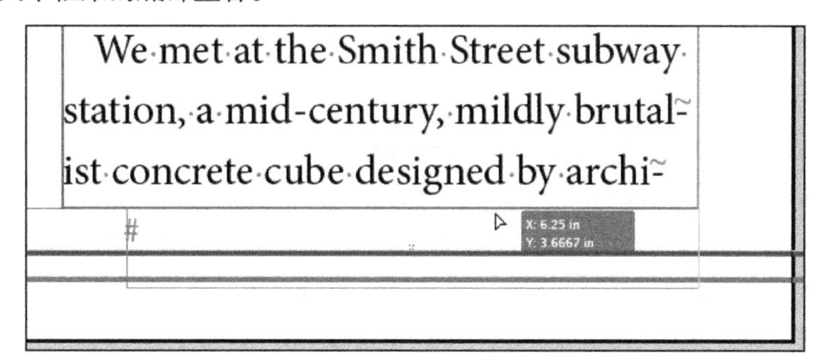

4 使用文字工具，在新文本框架中单击，放置插入点，输入："Bikes continued on"。

5 右键单击（Windows）或 Control+ 单击（Mac OS）来显示上下文菜单，然后选择"插入特殊字符">"标志符">"下转页码"。

> **注意：**为了下一页页号显示正确，包含有跳转行的文本框架必须接触或覆盖串接文本框架。

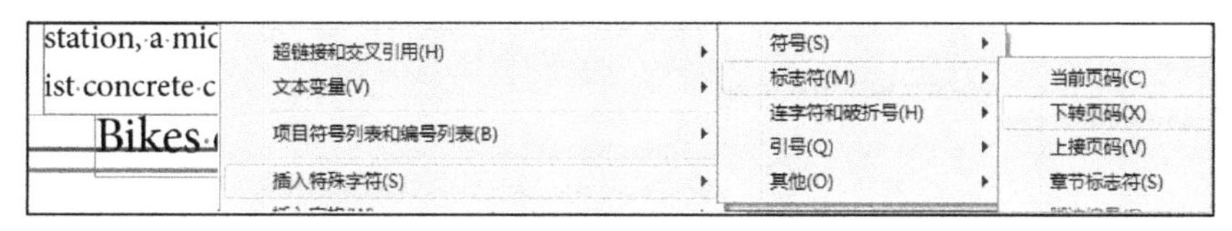

6 选择"文字">"段落样式"，以显示段落样式面板。保持插入点在跳转行中，单击"Continued From/To Line"段落样式，根据模板设置文本格式。

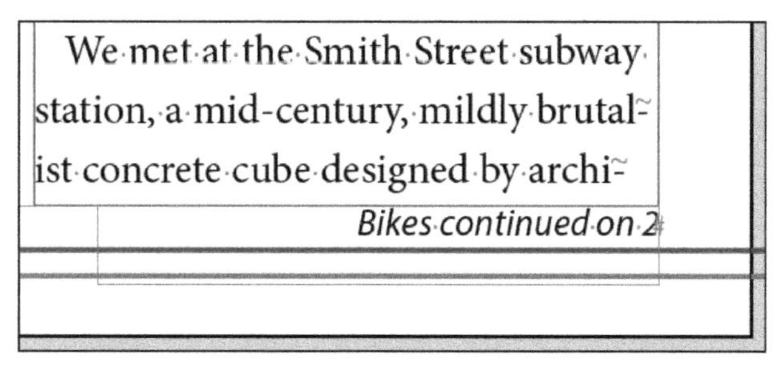

7 选择"文件">"存储"。

8 选择"视图">"使跨页适合窗口"。

9 在屏幕顶部的应用程序栏中，从屏幕模式菜单选择"预览"。

祝贺，您已经完成了本课学习。

练习

本课中，学习了如何创建跳转行来说明某文章在其他页面继续显示。用户也可以创建跳转行来表示该文章是从哪个页面转接而来的。

提示：试试几种文本串接选项，看看哪种串接方式最适合自己的工作和项目。例如，如果为目录创建模板，可能将几个小的文本框架进行串接，以便存放项目描述，然后再串接文本。

1 使用选择工具（ ），复制页面 1 中含有跳转行的文本框架（要复制对象，可将其选定，然后选择“编辑” > “复制”）。

2 在第 2 页上粘贴跳转行文本框。拖动文本框，以便在第一列中触及文本框的顶部（如有必要，拖动主文本框的顶部，这样跳转线就不会碰到页眉）。

3 使用文字工具（ ），将文本框架中的“Bikes continued on”修改为“Bikes continued from”。

4 在跳转行中选择页码为“3”。

此时，需要将“下转页码”替换为“上接页码”。

5 选择“文字”>“插入特殊字符”>“标志符”>“上接页码”，此时跳转行显示为“Bikescontinued from 2”。

复习题

1 哪些工具可以串接文本框架？

2 如何使用载入文本图标？

3 当在分栏参考线间单击载入文本图标时，将会发生什么？

4 哪个键可自动将文本框架拆分成多个串接文本框架？

5 哪种功能可自动添加页面和串接文本框架，从而包含导入文本文件的所有内容？

6 哪种功能可基于文本的长度自动调整文本框架的尺寸？

7 为确保在跳页中能有“下转页码”和“上接页码”，应做何种操作？

复习题答案

1 选择工具。

2 选择“文件”>“置入”，并选择文本文件，或是单击文本溢流的出口。

3 InDesign 将在单击处创建文本框架，该文本框架将在垂直分栏参考线内适用。

4 拖曳创建文本时，按右方向键（也可按左方向键来移除多余的分栏）。

5 智能文本重排。

6 自动尺寸调整功能，可在“文本框架选项”对话框中找到。

7 包含跳转行的文本框架必须包含文章的串接文本框架。

第6课 编辑文本

课程概述

本课中，将学习如何进行下列操作。

- 从 typekit 同步字号。
- 处理字体缺失。
- 输入和导入文本。
- 查找和修改文本和格式。
- 检查文档拼写。
- 编辑拼写词典。
- 自动纠正拼写错误。
- 使用拖曳来移动文本。
- 使用文章编辑器。

学习本课大约需要 1 小时。

LOCAL >> FEBRUARY 2017 3

City Culture

48 **2 WHEELS GOOD**
Sometimes the best way to see the city is by bicycle. Alexes K., director of Meridien's Urban Museum, takes us on a personal tour. **By Franklin M.**

60 **BIN THERE, DONE THAT**
The way we generate and dispose of refuse is not sustainable in the long run. That's why Meridien's Waste Disposal guru, Glen W., is developing new ways to get residents off their trashy ways. **By Ella G.**

68 **FARM IN THE BACKYARD**
More and more Meridien residents are forgoing the flower garden and swing set for tomato plants and chicken coops. Local contributing editor **Martin H.** talks to some of these modern-day Old McDonalds.

dept.

12 **LETTERS**

18 **LOCAL LIST**
From art restorers to restaurants, your monthly mix of better urban living.

22 **PRODUCTS**
The do-no-harm wares that Local editors have been using, abusing, and keeping around the office.

30 **3X3**
Three monthly problems for three of our favorite creative types: what to do with Meridien's empty South Square.

48 **DINING**
Where to eat, when and why.

InDesign提供了许多在文本处理软件中可找到的文本编辑功能，包括查找和替换文本、设置格式、拼写检查、自动纠正拼写以及追踪修改。

概述

本课中，将执行平面设计师普遍遇到的编辑任务，包括导入新文章，使用 InDesign 中的编辑功能查找并替换文本和格式，进行拼写检查、输入和追踪文本修改等。

1 为确保 Adobe InDesign 程序的首选项和默认设置符合本课程的要求，请先按照“前言”中的步骤将 InDesign Defaults 文件移动到 4 ～ 5 页。

2 启动 Adobe InDesign。为确保面板和菜单命令符合本课程要求，请依次选择“窗口” > “工作区” > “高级”，然后再选择“窗口” > “工作区” > “重置‘高级’”。

3 选择“文件” > “打开”，然后选择 InDesignCIB 中的课程文件夹，打开 Lesson06 文件夹中的 06_Start.indd 文件。

4 当显示“缺失字体”警告时，单击“关闭”按钮（打开文件时，如果系统中没有安装文件中使用的字体，将出现“缺失字体”警告）。

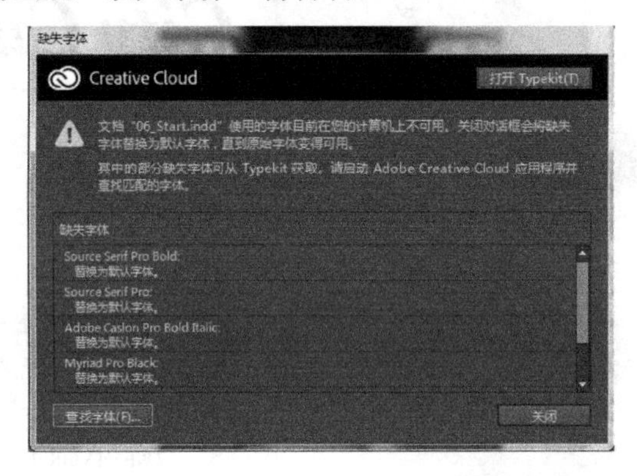

Adobe Typekit 在线服务将查找、下载，并激活不见的 Adobe Caslon Pro Bold 和 Myriad Pro Bold Condensed 字体。

> **注意：**如果在系统中激活了 Corbel Bold，将不会显示该警告。可以先复习替换丢失字体的步骤，再开始学习下一节内容。

后续的内容中，将通过使用系统中已有的字体查找替换缺失字体来解决该问题。

5 如果需要，选择“视图” > “显示性能” > “高品质显示”，以更高的分辨率显示文档。

> **注意：**一般来讲，在编辑文本时，不需要以全分辨率显示图片。但是，如果希望提高文档中图片的显示效果，可选择“视图” > “显示性能” > “高品质显示”。

6 选择“文件” > “存储为”，将文件名修改为“06_Text.indd”，并保存至 Lesson06 文件夹中。

7 在同一文件夹中打开“06_End.indd”，查看完成后的文档效果。可以保持该文档打开，以作为操作参考。

8 选择“版面” > “下一跨页”查看内页。可以把这个文件打开，充当工作的参考。

9 单击文档窗口左上角显示的选项卡来显示 06_text.indd，准备接下来的操作。

Investing for the Common Good

查找并替换缺失字体

之前打开文档时，Myriad Pro Black 字体已经列为缺失。如果该字体在用户电脑中已经安装，将不会看到警报信息，但仍然可以遵循下列步骤以备后用。下面将介绍查找使用 Myriad Pro Black 字体的文本，并将其替换为类似的字体 Myriad Pro Bold。

1 选择“视图”>“屏幕模式”>“正常”，所以可以看到版面指导例如参考线。

请注意展开跨页左侧页面的醒目引文为粉色高亮显示，说明这些文本使用的是缺失字体。

2 选择“文字”>“查找字体”，“查找字体”对话框中列出了文档中使用的字体和类型，在缺失字体的旁边将出现警告图标（⚠）。

3 在“文档中的字体”列表中选择“Myriad Pro Black”。

4 在对话框架底部的“替换为”选项中，从“字体系列”下拉列表中选择“Myriad Pro”。

5 在“字体样式”中输入“Bold”，或是从下拉列表中选择“Bold”。

提示：如果在“查找字体”对话框中勾选“全部更改时重新定义样式和命名网格”，则所有缺失字体的字符样式或段落样式都将更新以包含“替换为”字体。该操作可以快速地更新文档，但应确保这些字体变化是适当的。

6 单击“全部更改”按钮。

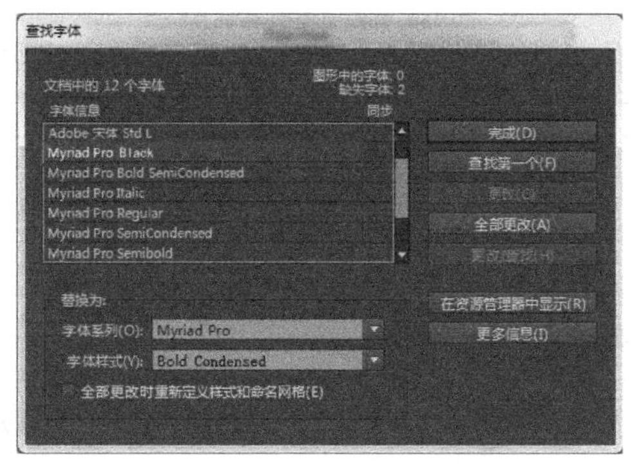

7 单击“完成”关闭对话框，并查看文档中替换的字体。

8 选择“文件”>“存储”。

添加缺失字体

对于大多数项目，需要将缺失的字体添加到系统中，而不是用不同字体替换。这是保持原来的设计和文本的适合方式。具体可以用下列方法。

- 如果有字体，激活它。
- 如果没有字体，可以选择购买。
- 如果是 Creative Cloud的会员，可以看到字体是否可以使用Adobe Typekit字体库。

一旦有了字体，就可以使用字体管理软件来激活它，还可以添加字体到InDesign字体文件夹或包含InDesign文档字体的文件夹。

要获取和使用字体的更多信息，参见“字体”与Adobe Creative Suite应用的实际印刷生产，Claudia McCue（Peachpit，2013）第6章。

输入和导入文本

可直接在 InDesign 文档中输入文本，或是从其他应用程序（如文字处理软件）中导入文本。如需输入文本，需选择文字工具并选择文本框架。导入文本时，可直接从硬盘中拖曳文件，也可从面板中拖曳文件，还可通过“loading”导入多个文本文件，或是将文件导入选定的文本框架。

输入文本

虽然平面设计师并不负责文本编辑（也可称为“副本”），但也常常需要从带有标记的副本或是 Adobe PDF 中输入编辑文字。本练习中，将使用文字工具为现有文本添加内容。

1 选择“版面”>“下一跨页”，查看页面 3 和 4。如果有必要，选择“视图”>“使跨页适合窗口”。

2 选择“视图”>“其他”>“显示框架边缘”，此时文本框架四周围绕着金色的边框架。

注意：如果不能看到框边，需将屏幕模式设置为正常（“视图”>“屏幕模式”>“正常”）。

3 使用文字工具（T），在三分栏文本框上方的空文本框中单击。

4 输入“Investing for the Common Good”。

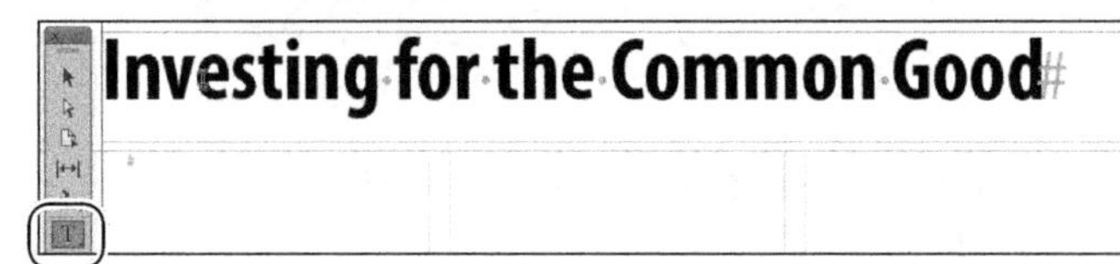

5 选择“文件”>“存储”。

导入文本

为杂志等项目使用模板时，设计师一般会将文章文本导入现有文本框架。本练习中，将导入 Microsoft Word 文件，并对其应用“正文”格式。

1 使用文字工具（T），单击左侧页面上文本框架的最左侧分栏。文本框放置在浅蓝色水平参考线下。

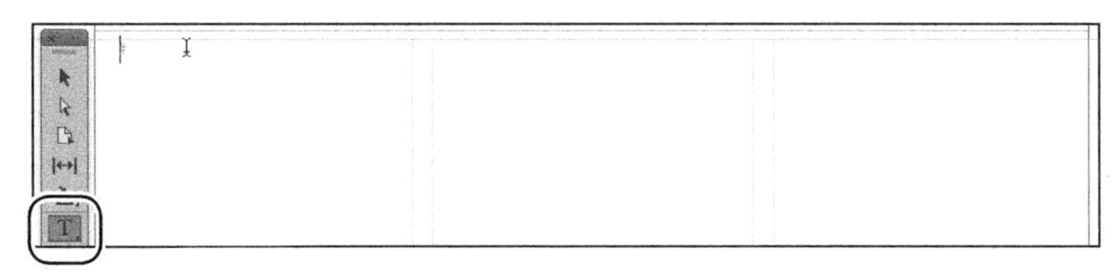

2 选择“文件”>“置入”，在“置入”对话框中，确保没有勾选“显示导入选项”。

提示：在“置入”对话框中，可用 Shift+ 单击来选择多个文本文件。选择完毕，在插入光标之后将加载这些文件。然后单击文本框架或在页面依次导入文本文件。这种方法对保存在不同位置的长文本来说十分有用。

3 浏览并选择在 lesson06 文件夹的“feature_february2017.docx”文件，位于硬盘文件夹内的 indesigncib 文件。

4 单击“打开”。如果显示“缺失字体”对话框，单击“关闭”按钮将，后续将通过段落样式应用不同的字体。

该文本将串接入分栏，并填满两个文本框架。

5 选择“编辑”>“全选”，选中所有文本。

6 单击右边的段落样式面板图标，以显示该面板。

7 单击“BodyCopy”样式组旁边的小三角，可显示这些样式。

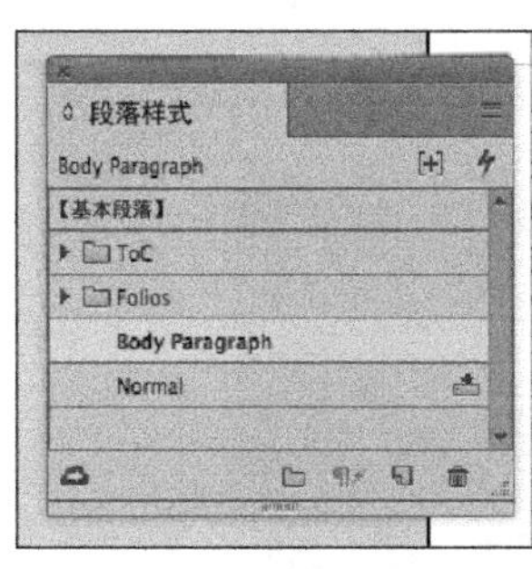

8 选择“编辑”>“全部取消选择”，取消选择文本。

现在已修改的文章格式不再适合文本框架。在跨页的页面 2 文本框架的右下角会看到出现红色的加号（+），说明出现溢流文本。下面将用“文章编辑器”来修复该问题。

9 选择“视图”>“其他”>“隐藏框架边缘”。

10 选择“文件”>“存储”。

查找和修改文本及设置格式

与大部分主流文字处理软件类似，InDesign 可以查找和替换文本并设置格式。通常，当平面设计师调整版面时，仍会造成副本被修改。当编辑进行全局修改时，“利用查找 / 更改”可确保正确而统一地修改。

查找和修改文本

本例中，校对员发现导游的名字不是“Alexis”而是“Alexes”，因此需要在文档中修改所有出现该导游名字的地方。

1 使用文字工具（T），单击该文章的开始处“When Iasked”前面（左侧页面的最左边分栏）。

2 选择“编辑”>“查找 / 更改”，然后单击“查找 / 更改”对话框架顶部的“文本”标签，显示文本查找选项。

3 单击向前搜索方向。

> **提示：**可以按 Ctrl Alt+Enter（Windows）或 Command+Option+Return（Mac OS）来切换搜索方向。

4 在“查找内容”文本框中输入“Alexis”。

5 按下制表符键切换至“更改为”文本框，输入“Alexes”。

“搜索”下拉列表可定义查找范围。由于“Alexis”可能出现在文档的任意位置，如表格或标题等，因此需要选择查找整个文档。

6 从“搜索”下拉列表中选择“文档”。

> **提示：**可在“查找 / 更改”对话框中的“搜索”下拉列表中选择查找“所有文档”“文档”“文章”“到文章末尾”或“选定内容”。

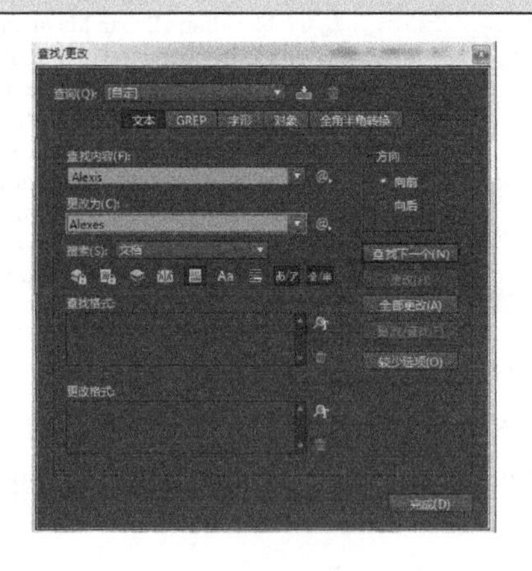

在使用“查找 / 更改”对话框时，应对设置进行测试。在应用全局修改前，找到其中一个查找字段，并进行替换（或者，用户可能偏向于查看每个修改的字段，观察每次修改给周围的文本和换行符带来的影响）。

7 单击“查找下一个”。当第 1 个“Alexis”高亮显示时，单击“更改”。

提示：当打开“查找 / 更改”对话框时，仍然可以单击文本，使用“文字工具”进行编辑。保持“查找 / 更改”对话框打开，在编辑文本后可继续查找。

8 单击“查找下一个”，然后单击“全部更改”。当出现提示共 5 处替换时，单击“确定”按钮。

9 保持“查找 / 更改”对话框打开，以便后续练习使用。

查找和修改格式

文章编辑的另一个全局编辑任务是设置文字格式（非拼写修改）。城市 HUB 自行车项目希望名称能显示为小型大写样式，而不是全部大写，因此需要将大写改为小写。

1 按下制表符键切换至“更改为”文本框，输入“hub”。

提示：对于缩略词，设计师喜欢使用小型大写样式（缩写大写），而不是全部大写样式。小型大写样式和小写字符高度一样，能更好地融入文本。

2 将鼠标指针指向“搜索”下拉列表下面的一排图标中，以便查看其工具提示，观察这些功能如何影响“查找 / 更改”。例如，单击“全字匹配”图标（），可确保不会查找或修改拼写中带有“查找内容”的其他字符。请不要修改任何设置。

3 必要时，可单击“更多选项”按钮，显示查找文本的格式选项。

4 在对话框底部的“更改格式”区域中，单击“指定要更改的属性”图标（）。

5 在“更改格式设置”对话框的左侧，选择“基本字符格式”。

6 在对话框的主区域中，从“大小写”下拉列表中选择“小型大写字母”。

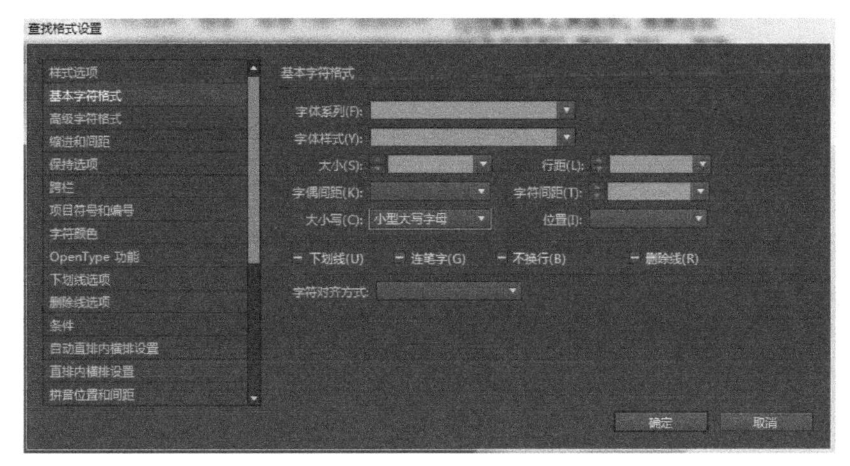

7 保持其他选项空白，单击“确定”按钮，返回“查找 / 更改”对话框。

> **提示：**如果不满意“查找 / 更改”功能的结果，也可选择“编辑”>“还原”来撤销“修改”操作，无论是“更改”“全部更改”还是“查找 / 更改”，均适用。

注意出现在“更改为”上方的提示图标(ⓘ),该图标说明 InDesign 将把文本更改为特定的格式。

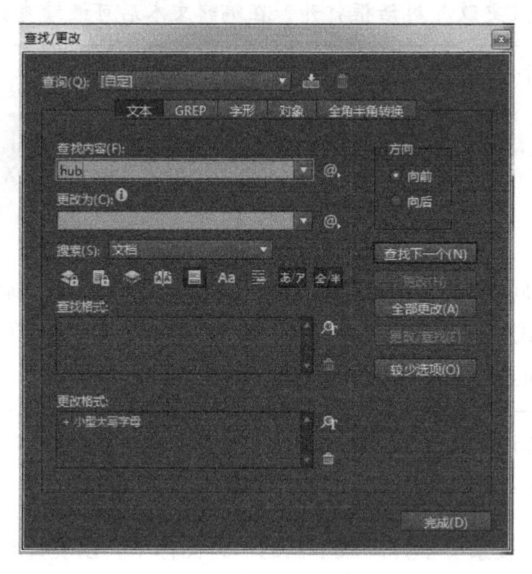

8 单击“查找下一个”测试设置，然后单击“更改”。确认将“hub”修改为“HUB”后，可单击“全部更改”。

9 当出现提示共有几处替换时，单击“确定”按钮，再单击“完成”，关闭“查找 / 更改”对话框。

10 选择“文件”>“存储”。

拼写检查

InDesign 中还提供了与文字处理软件类似的拼写检查功能。使用该功能，可对选定文本、整篇文章、文档中的所有文章或多个打开文档中的所有文章进行拼写检查。可定制那些容易出现拼写错误的单词，在文档词典中添加这些单词。另外，也可让 InDesign 标明拼写错误，由客户自行修正。

> **提示：**请与客户和编辑沟通，以确认自己是否需要负责拼写检查。许多编辑喜欢亲自进行这项工作。

在文档中检查拼写

在文档交付打印或是分发之前都应进行拼写检查。在本例中，新导入的文章可能存在问题，因此在开始设计版面之前应对其进行拼写检查。拼写检查功能既会检查适合文本框架大小的文本，也会检查溢流文本。

1 如有必要，可选择“视图” > “使跨页适合窗口”，以查看跨页的两个页面。

2 使用文字工具（T.），在已操作过的文章中首单词“When”的前面单击。

3 选择“编辑” > “拼写检查” > “拼写检查”，在“搜索”下拉列表中选择“文章”，单击“开始”，拼写检查自动启动。

4 出现的第一个单词为人名：“Alexes”，单击“全部忽略”。

> **提示：**使用“拼写检查”对话框架中的“搜索”下拉列表，可选择查找“所有文档”“文档”“文章”“到文章末尾”或“选定内容”。

5 当出现“Meridien”时，单击“全部忽略”。

6 当出现“Musuem”时，可在“建议校正为”中浏览推荐项，选择“Museum”，并单击“更改”。

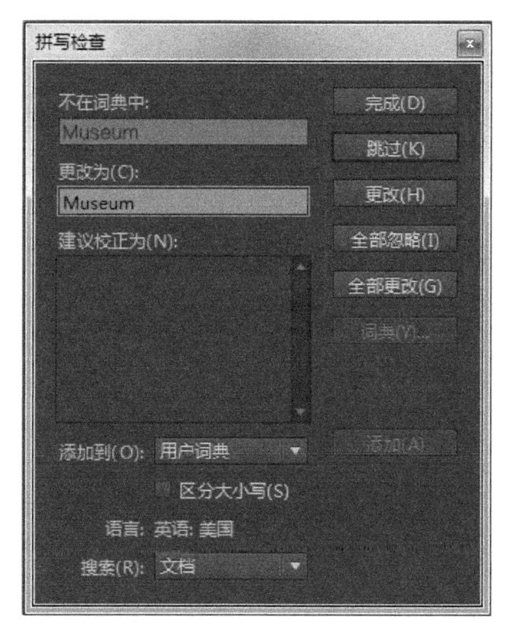

7 按照下列方法来处理拼写问题。

> **注意：**拼写检查功能除了文本框中包含的文本外还将检查溢流文本。

- Meridien：单击“全部忽略”。
- brutalist：单击“跳过”。
- transporation：在“更改为”中输入“transportation”，并单击“更改”。
- emailed，nonprofts，Nehru，pomme，Grayson，hotspots，vibe：单击“跳过”。

8 单击“完成”按钮。

9 选择“文件”>“存储”。

为特定文档词典添加单词

使用 InDesign，可为用户词典或特定文档词典添加单词。例如，不同的用户可能有不同的拼写习惯，此时最好能为特定文档词典添加单词。本例中，将把“Meridien”添加进文档词典。

1 选择“编辑”>“拼写检查”>“用户词典”，打开“用户词典”对话框。

提示：如果某个单词并不属于某种特定语言，比如人名，可选择“所有语言”，将其添加进所有语言的拼写词典中。

2 从“目标”下拉列表中，选择“06_Text.indd”。

3 在“单词”文字框架中输入“Meridien”。

4 勾选“区分大小写”，确保只将“Meridien”添加到词典，而小写的“meridien”在拼写检查时依然会被标记。

5 单击“添加”，然后再单击“完成”按钮。

6 选择“文件”>“存储”。

动态拼写检查

并非必须在文档完成后才可进行拼写检查，也可使用动态检查在文本中找到拼写错误的单词。

1 选择“编辑”>“首选项”>“拼写检查”（Windows）或“InDesign”>“首选项”>“拼写检查”（Mac OS），打开拼写检查首选项。

2 在“查找”区中，选择希望高亮显示的错误类型。

3 勾选“启用动态拼写检查”。

4 在“下划线颜色”中使用下拉列表，定制如何标识这些错误。

在拼写检查首选项的“查找”区中，可定制可能出现的拼写错误类型，包括：“拼写错误的单词”“重复的单词”“首字母未大写的单词”“首字母未大写的句子”。例如，使用词典检查很多名称时，只希望选择没有大写的单词，而不是拼写错误。

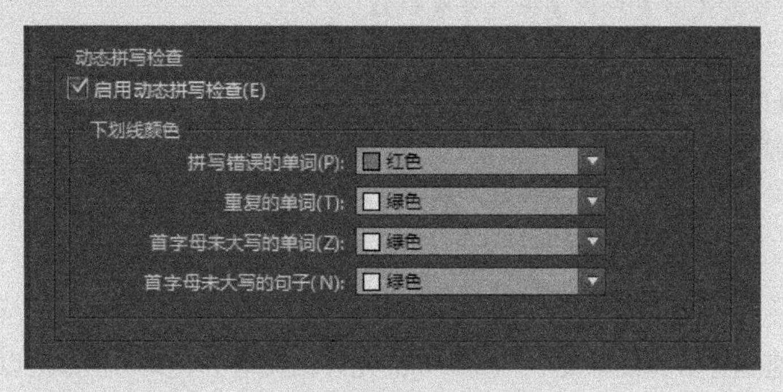

5 单击“确定”关闭首选项对话框，回到文档。

出现拼写错误的单词（根据用户词典默认选项）将用下划线标示出来。

6 右键 - 单击（Windows）或 Ctrl+ 单击（Mac OS）某个动态拼写标识出的错误单词，可显示出上下文菜单，并可选择相应的更改选项。

自动更正拼写错误

“自动更正”拼写是比“动态拼写检查”更高层次的拼写检查。使用“自动更正”功能，InDesign 可在用户输入时自动更正拼写错误的单词。该纠正功能是基于常用错误单词的内部列表进行的。根据需要可添加其他经常拼错的词，包括其他语言的列表。

1 选择“编辑”>“首选项”>“自动更正”（Windows）或“InDesign”>“首选项”>“自动更正”（Mac OS），以打开自动更正首选项。

2 勾选“启用自动更正”。

默认的常见拼写错误列表对应的语言为“中文：简体”。

3 将“语言”修改为“法语”，并注意查看该语言中的常见拼写错误。

4 如果有兴趣，还可以试试其他语言。现在将语言选为“英语：美国”。

编辑已经意识到城市名“Meridien”常常会误写为“Meredien”，为了防止出现该错误，可在自动更正列表中添加该单词的正确和错误拼写。

5 单击“添加”按钮。在“添加到自动更改列表”对话框中，在“拼写错误的单词”文本框中输入“Meredien”，在“更正”文本框中输入“Meridien”。

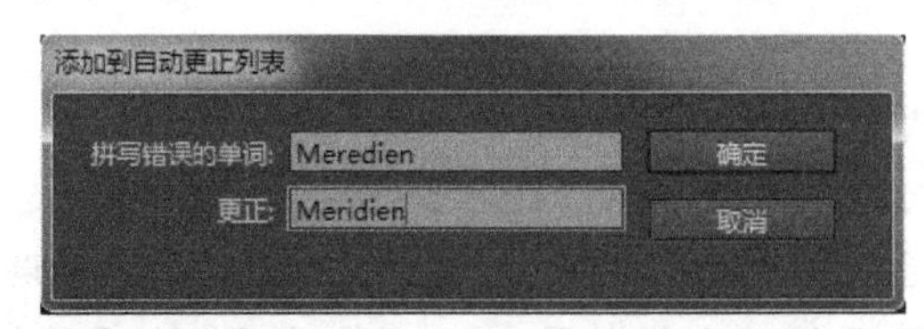

6 单击“确定”按钮完成添加，再次单击“确定”按钮关闭“首选项”对话框。

7 使用文字工具（T），在文本任意处输入“Meredien”。

提示：自动校正结束后则显示逗号或斜杠。

8 注意此时将自动把“Meredien”更正为“Meridien”，然后选择“编辑”>“还原”，以删除刚刚输入的单词。

9 选择“文件”>“存储”。

拖放编辑文本

为在文档中快速地剪切和粘贴文本，InDesign 允许在文章中、文本框架间以及文档间拖曳文本。下面将使用拖曳功能将文本从一个段落移动到另一个段落中。

提示：当拖曳文本时，InDesign 默认将自动在单词的前后添加或删除空格。若需关闭该功能，可取消勾选“文字”首选项中的“剪切和粘贴单词时自动调整间距”。

1 选择“编辑”>“首选项”>“文字”（Windows）或是“InDesign CC”>“首选项”>文字”（MacOS），打开文字首选项。

2 在“拖放文本编辑”中，勾选“在版面视图中启用”，这样就可以在版面视图中进行拖放，而不是仅仅在文章编辑器中操作，单击“确定”按钮。

3 选择“文字”>“显示隐含的字符”来查看空间。

4 在文档窗口中，滚动至第 1 跨页。如有需要，可调整视图显示比例，以方便查看右侧页面的最右分栏。

在“P22/Product Protection”旁，常用短语“using，abusing”颠倒为“abusing，using”。此时使用拖放功能可快速地进行修正。

5 使用文字工具（T），选择“using”及其后面的逗号和空格。

6 将“I”形光标置于选定的文字上，此时光标变为拖放图标（▸）。

7 将文字拖曳至单词“abusing”之前这一正确位置。

提示：如果希望复制选定的文字，而非移动，可在拖曳时按住 Alt（Windows）或 Option（Mac OS）键。

8 选择“文件”>“储存”。

使用文章编辑器

如果需要输入许多文本编辑内容、重写文章或是剪切整个文章，可以使用文章编辑器对文本进行操作。文章编辑器窗口具有下列功能。

- 可显示不具有任何格式的纯文本，省略了所有图片和其他非文本元素，便于编辑。
- 文本左侧的分栏显示有垂直的深度标尺以及应用到每个段落的段落样式名称。
- 动态拼写（若已启用）将高亮显示拼写错误的单词，效果和在文档窗口中一样。
- 如果在“文字”首选项中勾选了“在文章编辑器中启用”，可在文章编辑器中对文本进行拖放操作，操作方法与之前一样。
- 在“文章编辑器显示”首选项中，可为编辑器定制字体、字号、背景颜色等。

第2跨页上的文章不再适应这两个文本框架，可使用文章编辑器对文本进行编辑，以修复该问题。

1 选择“视图”>“使跨页适合窗口”。

2 向下滚动至第2跨页。使用文字工具（T），单击文章的最后一个段落。

3 选择“编辑”>“在文章编辑器中编辑”，将文章编辑器窗口置于跨页的最右分栏旁边。

> **注意：**如果文章编辑器窗口位于文档窗口之后，可在窗口菜单底部选择编辑器名称使之前置。

4 在编辑器中向下滚动至文章的尾部。注意这时出现了线，说明产生溢流文本。

5 在最后一段中，在“With that, Alexes pushes back her chair and smiles”之后单击，输入句号。

6 按下退格或删除键。注意现在的版面不再有溢流文本。

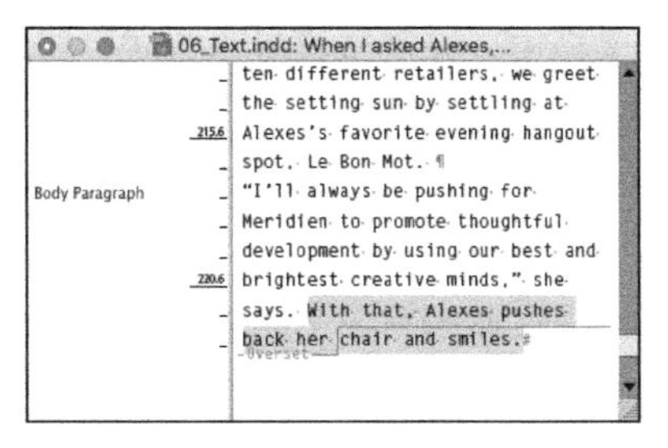

7 关闭文章编辑器窗口。

8 选择“文字”>“不显示隐藏字符”来隐藏字符。

9 选择“文件”>“存储”。

修订

对于有些项目而言，需要查看文档在设计和编审过程中做出了哪些修改。除此之外，编审人员还可能提出修改的建议，其他的用户可选择接受或驳回。在文字处理项目中，使用文章编辑器可对文本的添加、删除或移动等操作进行修订。

本文档中，将对目录提出修改建议，然后接受该建议，从而停止修订。

1 向上滚动至文档的第 1 跨页，使用文字工具（T），选择第 1 行目录：“P48/2 Wheels Good”。

2 选择“编辑” > “在文章编辑器中编辑”，将文章编辑器窗口置于目录旁边。

3 选择“文字” > “修订” > “在当前文章中进行修订”。

4 在文章编辑器窗口中，选择第 1 句：“Sometimes the best way to see the city is by bicycle.”

5 剪切粘贴或拖放该句至第 2 句：“Alexes K., director of Meridien’s Urban Museum, takes uson a personal tour.”之后。注意观察在文章中编辑器中是如何标记这些修改的。

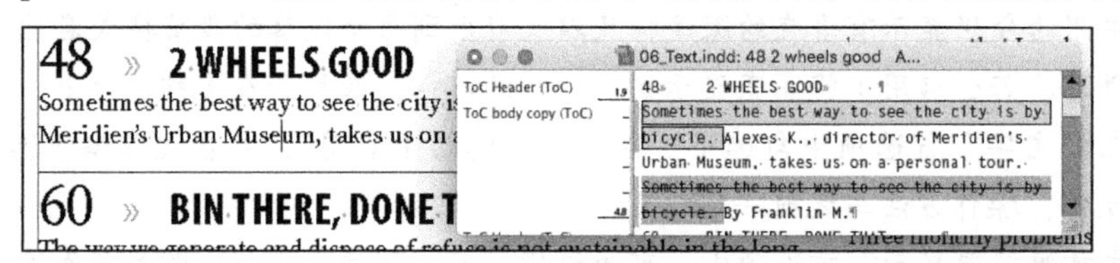

6 保持打开文章编辑器，选择“文字” > “修订”，并查看接受和驳回修改的选项。当查看了所有的可能性后，可选择“接受全部修改” > “在当前文章”。

7 当弹出对话框时，单击“确定”按钮。

8 单击“文章编辑器”窗口的关闭按钮。选择“编辑” > “拼写检查” > “动态拼写检查”。

9 选择“文件” > “存储”。

恭喜！您已完成本课程的学习！

练习

至此，读者已经尝试了 InDesign 文本编辑的基本工具，下面在本文档中进行更多编辑和格式设置。

1 使用文字工具（T），在文章上创建新的文本框架。使用控制面板输入标题并设置格式。

2 如果有其他的文本文件，也可将其拖曳至文档中，并观察其导入方式。如果不希望刚导入的文本留在文档中，可选择“编辑” > “还原”。

3 使用“查找 / 更改”对话框，查找文章中的所有破折号，并将其替换为两边都有空格的破折号。

4 使用“文章编辑器”和“修订”编辑文章。观察如何标识不同的修改，并试着接受和驳回修改建议。

5 尝试修改拼写检查、自动更正、修订以及文章编辑器显示的首选项。

复习题

1 使用哪些工具可以编辑文本？

2 编辑文本的大多数命令在哪里？

3 查找和替换的功能叫做什么？

4 当检查拼写时，InDesign 将标识出词典里没有的单词，但并不意味着该单词拼写错误。如何才能修复该问题？

5 如果总是习惯性地输错某一单词，该怎么办？

复习题答案

1 使用文字工具。

2 在“编辑”菜单和“文字”菜单中。

3 “查找 / 更改”（“编辑”菜单中）。

4 可将这些单词添加到相应语言文档或 InDesign 的默认拼写词典，选择“编辑” > “拼写检查” > “用户词典”。

5 将该单词添加进“自动更正”选项中。

第7课　排版艺术

课程概述

本课中，将学习如何进行下列操作。

- 定制并使用基线网格。
- 调整文本的垂直和水平间距。
- 修改字体和文本样式。
- 插入“OpenType”字体中的特殊字符。
- 创建可跨越多个分栏的标题。
- 平衡分布分栏中的文本。
- 将标点悬挂在页边外。
- 添加和设置下沉效果。
- 调整换行。
- 指定带前导符和创建悬挂式缩进的制表符。
- 添加段落线。

学习本课大约需要1小时。

DINING

Restaurant**Profile**

Assignments Restaurant

Sure, you can get Caesar salad prepared tableside for two at any of the higher-end restaurants in town—for $25 plus another $40 (just for starters) for a single slab of steak. Or, you can visit Assignments Restaurant, run by students of the International Culinary School at The Art Institute of Colorado, where tableside preparations include Caesar salad for $4.50 and steak Diane for $19. No, this isn't Elway's, but the chefs in training create a charming experience for patrons from start to finish.

Since 1992, the School of Culinary Arts has trained more than 4,300 chefs—all of whom were required to work in the restaurant. Those chefs are now working in the industry all over the country, says Chef Instructor Stephen Kleinman, CEC, AAC. "Whether I go to a restaurant in Manhattan or San Francisco, people know me," Kleinman says, describing encounters with former students. Although he claims to be a "hippie from the '60s," Kleinman apprenticed in Europe, attended a culinary academy in San Francisco and had the opportunity to cook at the prestigious James Beard House three times. He admits that his experience lends him credibility, but it's his warm, easygoing, approachable style that leads to his success as a teacher.

"Some of the best restaurants in the world serve tableside; chefs are more grounded this way," claims Kleinman, who would never be mistaken for a snob. "By having the students come to the front of the house—serving as waitpeople and preparing dishes tableside—we break a lot of barriers."

IF YOU GO

Name .... Assignments Restaurant
Address .... 675 S. Broadway, Denver
Reservations ... call 303-778-6625 or visit www.opentable.com
Hours .... Wednesday–Friday, 11:30 a.m.–1:30 p.m. and 6–8 p.m.

THE RESTAURANT

Assignments Restaurant, tucked back by the Quest Diagnostics lab off South Broadway near Alameda Avenue, seats 71 at its handful of booths and tables. The blissful quiet, a welcome change from the typical hot spot, is interrupted only by solicitous servers dressed in chef attire. Despite decor that is on the edge of institutional with its cream-colored walls, faux cherry furniture and kitschy cafe artwork, this is a spot that welcomes intimate conversation with friends and family.

A perusal of the menu, while munching fresh bread and savoring a glass of wine, tempts you with its carefully planned variety. "The menu is all designed to teach cooking methods," says Kleinman. "It covers 80 to 85 percent of what students have been learning in class—saute, grill, braise, make vinaigrettes, cook vegetables, bake and make desserts." In a twist on "You have to know the rules to break them," Kleinman insists that students need to first learn the basics before they can go on to create their own dishes.

For our "test dinner," an amuse bouche, a crab-stuffed mushroom cap, arrives followed by an appetizer of chorizo-stuffed prawns wrapped in applewood-smoked bacon. The tableside Caesar preparation is a wonderful ritual that tastes as good as it looks. Entrees, all under $20, include grilled trout, sweet and sour spareribs, spinach lasagna, seared duck breast, flatiron steak, steak Diane prepared tableside and pesto-crusted lamb chops. We opted for a succulent trout and tender spareribs, and notice that a $10 macaroni and cheese entree makes Assignments kid-friendly for special occasions.

"Maybe the next celebrity chef to hit town will whip up a tableside bananas Foster for you."

THE GOALS

The purpose of this unique restaurant is to give students practical experience so they can hit the ground running. "The goal is to make the students comfortable, thinking on their feet, getting ready for reality," says Kleinman. He wants students to be able to read tickets, perform, and recover and learn getting valuable front-of-the-house and business experience in addition to cooking.

Five to seven students work in the Assignments kitchen at one time. Students at the School of Culinary Arts work toward an associate of applied science degree in culinary arts or a bachelor of arts degree in culinary management.

With degree in hand, the school places 99 percent of its students. While many students are placed at country clubs and resorts that prefer formal training, chefs from all over town—Panzano, Jax Fish House, Julia's, St. Mark's—have trained at Assignments as well. Or try O's Restaurant, whose recent media darling chef Ian Kleinman is not just a former student but Stephen Kleinman's son. Make a reservation and maybe the next celebrity chef to hit town will whip up a tableside bananas Foster for you.

Julia Pépin is a writer, editor and hockey mom who wishes that her assignments involved lighting bananas on fire. For now, she celebrates any evening that doesn't involve a hockey game and a sports bar.

TRY IT @ HOME

CAESAR SALAD

2 cloves garlic
Taste kosher salt
2 anchovy fillets, chopped
1 coddled egg
½ lemon
½ Tbsp Dijon mustard
¼ cup red wine vinegar
¾ cup virgin olive oil
¼ tsp Worcestershire
Romaine lettuce heart, washed and dried
¼ cup croutons
¼ cup Parmesan cheese
Taste cracked black pepper

Grind together the garlic and salt. Add the chopped anchovies. Stir in the egg and lemon. Add the vinegar, olive oil and Worcestershire sauce, and whip briefly. Pour over lettuce and toss with croutons, Parmesan and black pepper.

CHORIZO-STUFFED PRAWNS

3 prawns, butterflied
3 Tbsp chorizo sausage
3 slices bacon, blanched
1 bunch parsley, fried
2 oz morita mayonnaise (recipe follows)
½ oz olive oil

Heat oven to 350°. Stuff the butterflied prawns with chorizo. Wrap a piece of the blanched bacon around each prawn and place in the oven. Cook until the chorizo is done. Place the fried parsley on a plate and place the prawns on top. Drizzle with the morita mayonnaise.

MORITA MAYONNAISE

1 pint mayonnaise
1 tsp morita powder
1 Tbsp lemon juice
Salt and pepper to taste

Mix ingredients and serve.

2 DINE & DASH SUMMER 2017

SUMMER 2017 DINE & DASH 3

InDesign 提供了多种方法用于微调排版，包括突显段落的首字下沉，文本框架边缘悬挂标点，精确控制行间距和字符间距，以及自动平衡分布分栏中的文本。

概述

本课中，将练习微调一篇将在某高端生活杂志上发表的餐厅评论的文章。为满足该杂志对版面美观的要求，需精确地设置文字的间距和格式：使用基线网格来对齐不同分栏中文本和菜单的各个部分以及其他装饰性的技巧，如首字下沉和引文等。

1 为确保 Adobe InDesign 程序的首选项和默认设置符合本课程的要求，请先按照“前言”中的步骤将 InDesign Defaults 文件移动到 4 ～ 5 页。

2 启动 Adobe InDesign。为确保面板和菜单命令符合本课程要求，请依次选择“窗口” > “工作区” > “高级”，然后再选择“窗口” > “工作区” > “重置‘高级’”。

3 选择“文件” > “打开”，在 InDesignCIB 课程文件夹的 Lesson07 文件夹中打开 07_Start.indd 文件。如果显示“缺失字体”对话框，请单击同步字体。字体同步完成后单击“关闭”。

4 选择“文件” > “存储为”，将文件名修改为“07_Type.indd”，并保存至 Lesson07 文件夹中。

5 在同一文件夹中打开“07_End.indd”，可查看完成后的文档效果。也可以保持该文档打开，作为操作的参考。若已就绪，可单击文档左上角的标签显示操作文档。

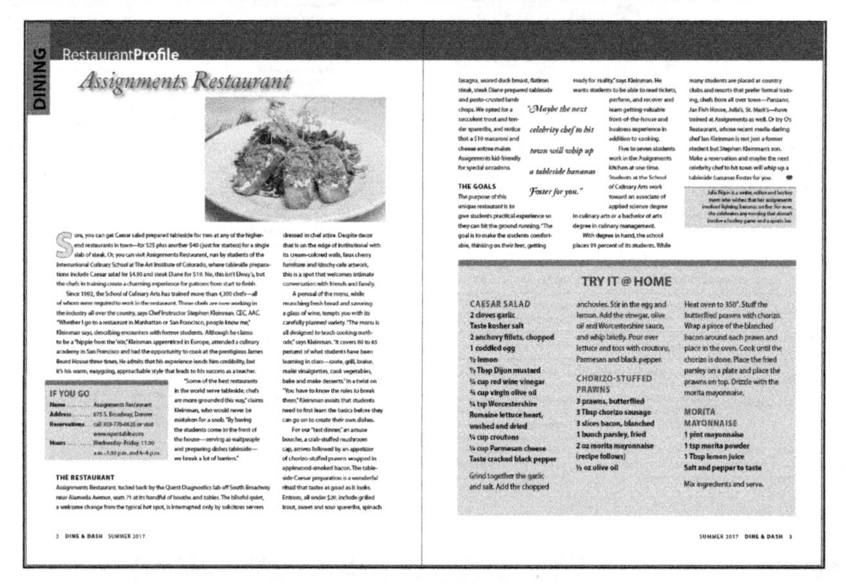

本课中，将集中处理文本。可以使用控制面板中的“字符样式控件”和“段落样式控件”，也可以使用字符面板和段落面板。由于面板可随意拖放，因此使用单独的字符面板和段落面板将更容易操作。

6 分别选择“文字” > “字符”和“文字” > “段落”，打开这两个主要的文本编辑面板。在编辑过程中请保持面板打开。

> **注意：** 可以拖曳段落面板标签至字符面板，来创建一个面板组。

7 选择“文字” > “显示隐藏的字符”，这样可以看到空间、段落返回、制表符等。

调整垂直间距

InDesign 为定制和调整框架中文本的垂直间距提供了多种选项。用户可以进行如下操作。

- 使用基线网格设置所有文本行的间距。
- 使用字符面板上的下拉列表设置每行的间距。
- 使用段落面板中的“段前间距”和“段后间距”设置每个段落的间距。
- 使用“文本框架选项”对话框中的垂直对齐和平衡对齐选项，对齐文本框架内的文本。
- 在“换行和分页选项”对话框中，可使用“段中不分页”和“与下段同页”等选项，控制文本从一栏串接到另一栏的方式。（从段落面板菜单选择“保持选项”。）

在本节中，将学习使用基线网格对齐文本。

使用基线网格对齐文本

确定文档正文的字体大小和行间距后，就应为整个文档设置使用基线网格。基线网格表示出文档正文的行间距，可用于对齐相邻分栏和页面之间的文本基线。

注意：要查看默认基线网格的效果，可选择所有文本（“编辑”>“全选”），然后单击段落面板右下角的“对齐至基线网格”按钮。注意观察基线间距如何变化，然后再选择“编辑”>“还原”。

使用基线网格前，需要核对文档的上边距、正文的行距。这些元素会与网格协同工作，确保设计的外观一致。

1 选择“版面”>“边距和分栏”，查看上边距的值，该值设定为“6p0”（6 派卡 0 点），单击“取消”按钮。

2 在工具面板中选择文字工具（T），查看行距。单击，将光标置于文章的第 1 段，起始为“Sure”。在字符面板（行距图标）中将行距设为“14pt”（14 点）。

3 选择“编辑”>“首选项”>“网格”（Windows）或“InDesign”>“首选项”>“网格”（Mac OS），可设置基线网格选项。

4 在“基线网格”中的“开始”文本框中输入“6p”，以便与上边距“6p0”匹配。
   该选项设置了第 1 条网格线在文档中的位置。如果使用默认的设置值“3p0”，第 1 条网格线将出现在页面上边距之上。

5 在“间隔”文本框中输入“14pt”以匹配行距。

6 在“视图阈值”下拉列表中选择“100%”。

提示：定制视图阈值后可在设置的视图比例中（基于屏幕尺寸、视野和项目）看到基线网格。

视图阈值指定了缩放比例最小为多少时才能在屏幕上看到基线网格。当设置为 100% 时，则仅当缩放比例不小于 100% 时才能在文档窗口看到基线网格线。

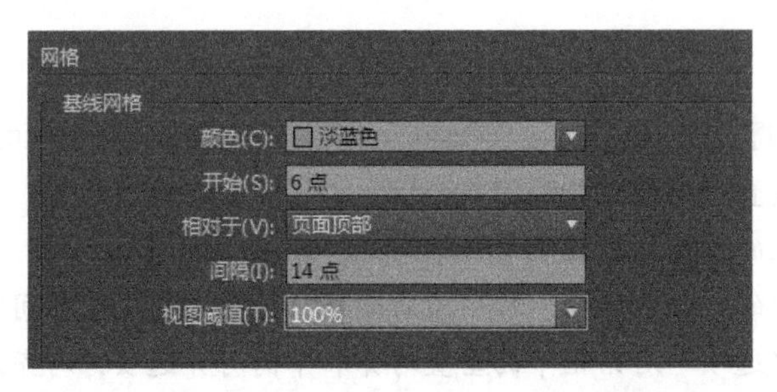

7 单击“确定”按钮。

8 选择“文件”>“存储”。

查看基线网格

接下来，把刚设置的基线网格在屏幕上显示出来。

1 选择“视图”>“实际尺寸”，然后再选择“视图”>“网格和参考线”>“显示基线网格”，可在文档中查看基线网格。

Sure, you can get Caesar salad prepared tableside for two at any of the higher-end restaurants in town—for $25 plus another $40 (just for starters) for a single slab of steak. Or, you can visit Assignments Restaurant, run by students of the International Culinary School at The Art Institute of Colorado, where tableside preparations include Caesar salad for $4.50 and steak Diane for $19. No, this isn't Elway's, but the chefs in training create a charming experience for patrons from start to finish.

Since 1992, the School of Culinary Arts has trained more than 4,300 chefs—all of whom were required to work in the restaurant. Those chefs are now working in

welcomes intimate conversation with friends and family.

A perusal of the menu, while munching fresh bread and savoring a glass of wine, tempts you with its carefully planned variety. "The menu is all designed to teach cooking methods," says Kleinman. "It covers 80 to 85 per-

利用基线网格还可以对齐一个段落、选定段落或文章中的所有段落（一篇文章是指一系列串接框架中的所有文本）。使用段落面板，按照下列步骤可对齐主文章和基线网格。

2 使用文字工具（T），单击跨页第 1 段的任意位置，放置插入点，然后单击“编辑”>“全选”，以选择正文中所有的文本。

3 如果段落面板不可见，可选择“文字”>“段落”将其打开。

如有必要，选择段落面板菜单中“显示所有的选项”。

4 在“段落”面板中，单击“对齐至基线网格”按钮（▤）。此时文本将移动，将字符的基线对齐网格线。

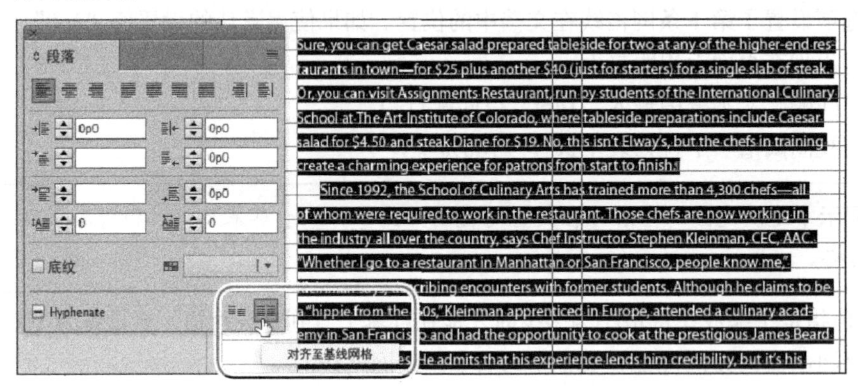

提示：同其他大多数段落样式一样，基线网格控件也位于控制面板中。

5 单击剪贴板，取消选择文本，选择“文件”> “存储”。

修改段落间距

将段落对齐网格后，再指定段前间距和段后间距时，将忽略段前间距和段后间距的值，它们将被自动调整为网格间隔的下一个整数倍。例如，某段落对齐网格间距为 14pt 的基线网格，如果对其应用大于 0 小于 14pt 的段前间距，该段落将自动从下一条基线开始。如果应用了段后间距，下一个段落将自动跳到下一条基线处。这就把段落间距设置为 14pt。

提示：设置段落属性时，并不需要使用文字工具选择整个段落，选择需要设置格式的段落中的一部分即可。如果只是设置某个段落的样式，也只需单击该段落的任意位置即可。

接下来将通过增大子标题前的段前间距，使子标题更加醒目。然后，更新子标题的段落样式，可自动地将间距应用到所有子标题中。

1 选择“视图”>“使跨页适合窗口”，查看完整页的扩展。

2 使用文字工具（T），单击左侧页面的子标题“THE RESTAURANT”。

3 在段落面板的“段前间距”（）文本框中输入“6pt”，然后按下 Enter 键。

这些点将自动转换 picas，子标题中的文本也将自动移至下一条网格线。

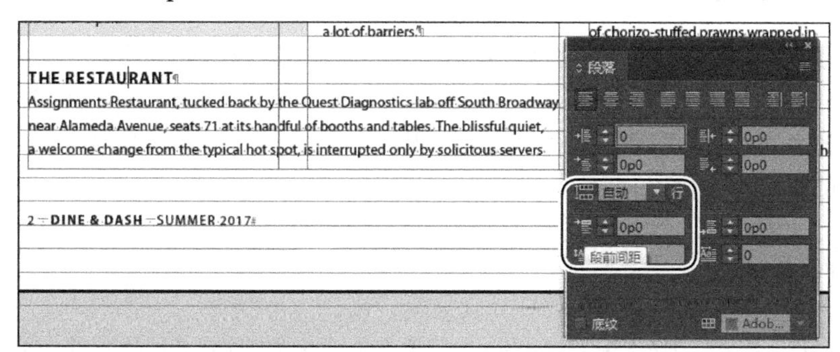

4 单击停靠面板右侧的段落样式。

5 将输入光标停留于“THE RESTAURANT”子标题，注意在面板中“Subhead”样式名称后出现了加号（+）。

该加号说明选定文本的格式已经在原有段落样式的基础上进行了修改。

6 从段落样式面板菜单中，选择“重新定义样式”。“Subhead”样式将包含选定段落的样式，具体来说就是新的段前间距值以及对齐基线网格设置。

提示：如果是出版物的二次设计，常常需要用到已设置样式的文本。利用重新定义样式可轻松地保存新的样式，然后再更新样板。

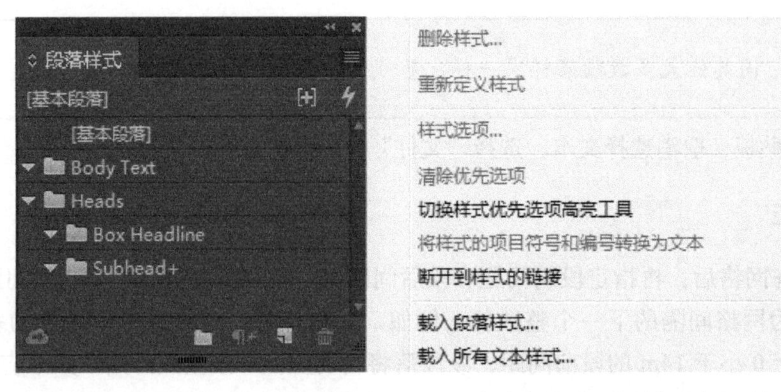

注意此时样式名称后的加号（+）消失了，而且在右侧页面的子标题“THE GOALS”的段前间距也增大了。

7 选择“视图”>“网格和参考线”>“隐藏基线网格”。

提示：从应用程序栏上的“视图选项”下拉列表中选择“基线网格”，可查看隐藏基线网格。

8 选择“编辑”>“全部取消选择”。

9 选择“文件”>“存储”。

使用字体、文字样式和字形

修改文本的字体和文本样式可为文档带来不凡的视觉差异。InDesign 会自动安装一些字体，包括字形和 Myriad Pro 的几种形式。Creative Cloud 的会员可以通过 Adobe Typekit 网站访问更多的字体。一旦安装字体，就可以将其应用到文本并更改其大小，选择一个风格（如粗体或斜体），等等。此外，您可以访问所有字形（字符的每一种形式）的字体。

OpenType字体

OpenType字体，如Adobe Caslon Pro，可能包含很多以前没看见过的字形。OpenType字体可包含比其他字体更多的字符和字形替代字。如果想了解OpenType字体的更多信息，可访问http://www.adobe.com/products/type.html。

添加 Adobe Typekit 字体

本练习将使用 Adobe Caslon Pro Bold Italic 字体，该字体可以免费从 Adobe Typekit 网站上下载。如果该字体已安装在系统上，请按照步骤查看如何添加其他字体。

1 选择“文字”>“从 Typekit 添加字体”，打开 https://typekit.com。

提示：每个风格的字体，如粗体或斜体，实际上都是安装在系统中的不同字体文件。

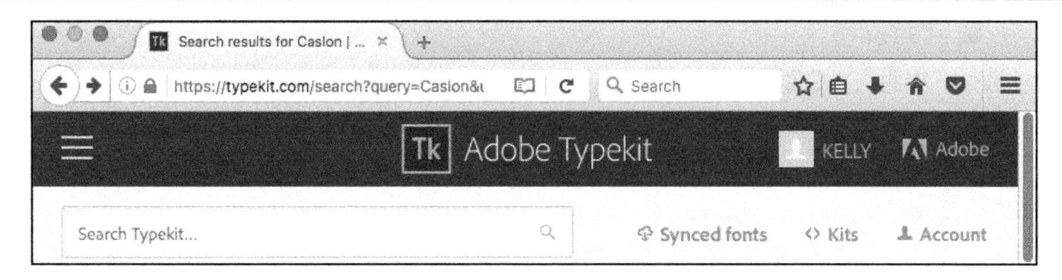

2 在屏幕顶部搜索框中输入“type Caslon”，然后按 Enter 键。

3 搜索结果显示时，单击 Adobe Caslon。

4 向下滚动找到 Adobe Caslon Pro Bold Italic，如有需要，单击“SYNC（同步）”。

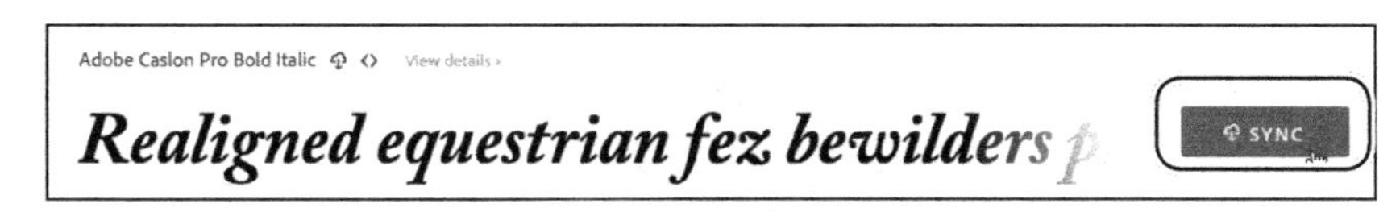

5 切换回 InDesign。

应用字体、样式、大小和行距

现在，将修改右对页中引文文本的字体、文本样式、字号以及行距。使用“字符”面板和“字形”面板可完成上述修改操作。抽取引用是从主文本复制的一个有趣的引用，它以引人注目的方式进行格式设置，以吸引读者阅读文章。

1 首先放大右对页中的引文。

2 如果字符面板不可见，可选择“文字”>“字符”将其打开。

3 使用文字工具（T），单击引用文本框架内部。连续单击 4 次，选定整个段落。

4 在字符面板中，设置如下选项。

提示：为了快速选择字体，可以输入前几个字母的字体名称字段。

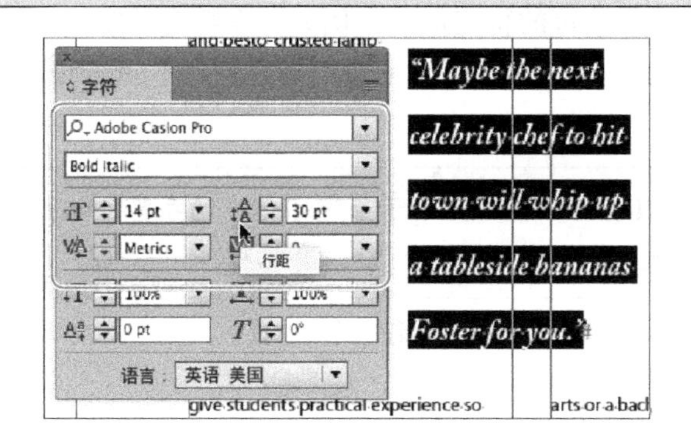

- 字体："Adobe Caslon Pro"（字母排序为"C"）。
- 样式："Bold Italic"。
- 字体大小："14 pt"。
- 行距："30 pt"。

5 选择"编辑" > "全部取消选择"。

6 选择"文件" > "存储"。

查找字体

要快速访问经常使用的字体，请单击字体名称左边的星形符号（★）。然后，在菜单顶部单击"应用最常用过滤器"按钮。

另一种快速查找字体的方法是在字体框中键入字体名称。将搜索整个字体名称，您可以单击字体名称左侧的搜索图标，仅按第一个字搜索。在这种情况下您需要键入"Adobe（A）"以获得相同的结果。

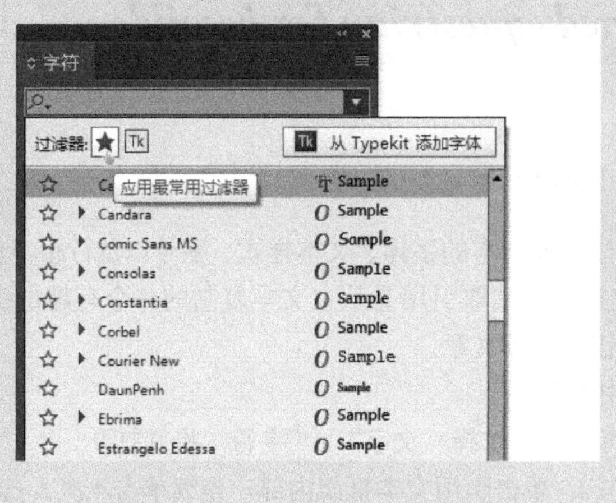

使用替代字替换字符

Adobe Caslon Pro 是一种 Open Type 字体（这种字体为标准字符提供给了多个替代字，用户可根据需要进行选择）。字形是字符的特定形式。例如，在特定的字体中，大写字母 A 有多种形式，如"花饰字"和"小型大写字母"。使用字形面板可选择这些不同的形式，并能找到某种字体的所有字形。

提示：字形面板具有许多控件可用于筛选字体中的字符，如标点符号或装饰符。有些字体可能有上百种可选项，而有些字体可能只有几种。

1 使用文字工具（T），单击引文中的第 1 个"M"。

2 选择"文字" > "字形"。

3 在字形面板中，从“显示”下拉列表中选择“所选字体的替代字”，可看到所有可选的字形。Adobe CaslonPro 的版本不同，选项也会不同。

4 双击类似手写体的“M”，替换原有的字符。

> **注意：**在 OpenType 菜单中，括号中的字体选项不可用。

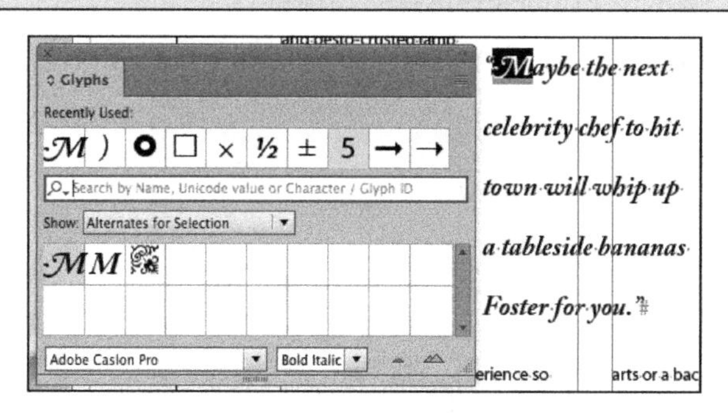

替代可用字形的另一种方法是应用“OpenType”样式。可用于所选字符组合，InDesign 中会显示一个小菜单，让用户从 OpenType 字形选项中选择。

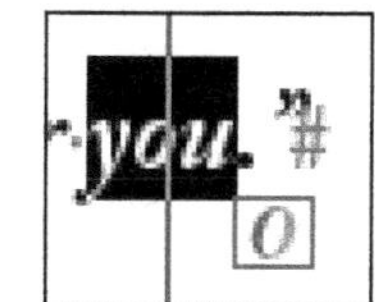

5 选择引文最后一个字“you”可以看到 OpenType 标记。如果单击它，会发现这表明 OpenType 特性不适用。

6 在引文的最后一行，选择字母“Foster”中的“F”。一个蓝色的亮点出现在选定的字符上，并且一个上下文菜单会显示 OpenType 字形称为花饰字的标志符号。单击菜单中的“F”来替换现有的“F”。

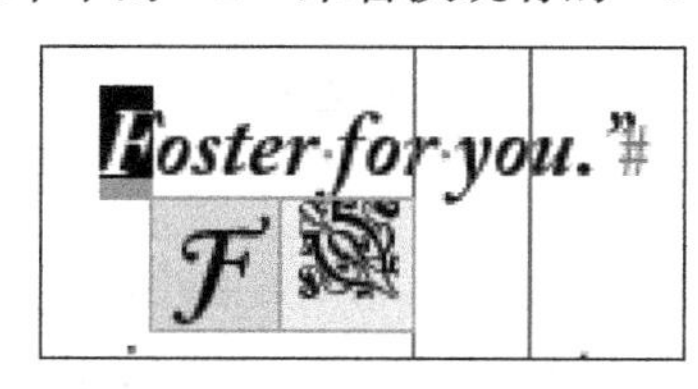

7 选择“编辑”>“全部取消选择”。

8 选择“文件”>“存储”。

添加特殊字符

下面为文章的结尾添加装饰字体字符和右对齐制表符（也称作“文章结束字符”）。该字符可让读者知道该文章至此结束。

1 滚动鼠标或缩放以便查看文章的最后一段，结尾为“bananas Foster for you.”。

> **提示：**还可以在“文字”菜单（“插入特殊字符”>“符号”）和上下文菜单中访问一些更常用的字形，如版权符号和注册商标符号。在插入点右键单击（Windows）或 Control+ 单击（Mac OS），可访问上下文菜单。

2 使用文字工具（T.），在最后一段的末尾句号后放置插入符。

3 如果没有打开字形面板，可选择“文字”>“字形”。

此时可利用字形面板查看并插入“OpenType”属性，如装饰符、花饰字、分数字符和连笔字等。

4 在面板底部的文本框中，输入“Adobe Caslon Pro”的前几个字母，即可自动识别并选择该字体。

5 在字形面板的“显示”下拉列表中选择“装饰符”。

6 从列表中选择所需的装饰符，并双击插入，此时该字符出现在插入点处。

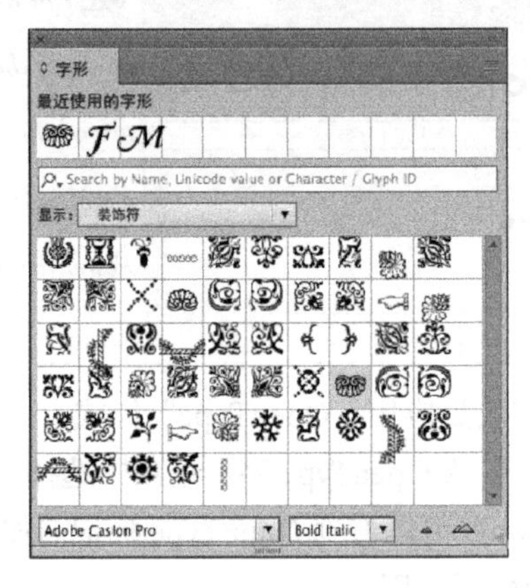

7 使用文字工具，在最后的句号和装饰符之间放置光标。

8 右键单击（Windows）或 Control+ 单击（Mac OS）以显示上下文菜单，并选择“插入特殊字符”>“其他”>“右对齐制表符”。

> **提示：**按下 Shift+ 键制表符可快速插入右对齐制表符。

Make a reservation and maybe the next celebrity chef to hit town will whip up a tableside bananas Foster for you.

9 选择“文件”>“存储”。

插入分数字符

本文章的菜单中并没有用到真正的分数字符，如 1/2 是由数字 1、斜线和数字 2 组成的。大部分字体都包含了常用的分数字符（如½、¼和¾）。这种分数字符将比仅仅使用数值和斜线显得更专业。

> **提示：**编辑菜单等需要各种分数的文档时，大部分字体内置的分数可能无法满足全部的数值需求。此时需要使用分子和分母格式选项，该选项可在某些“OpenType”字体中找到，也可以购买特定的分数字体。

1 将对页底部的菜谱滚动至右。

2 使用文字工具（T），选中第 1 个“1/2”（菜谱 Caesar Salad 中“1/2 lemon”）。

3 如果没有打开字形面板，可选择“文字”>“字形”。

4 从“显示”下拉列表中选择“数值”。

5 调整面板尺寸以便查看更多的字符。需要时也可滚动鼠标找到“½”。

6 双击“½”即可将其替换选定的“1/2”。

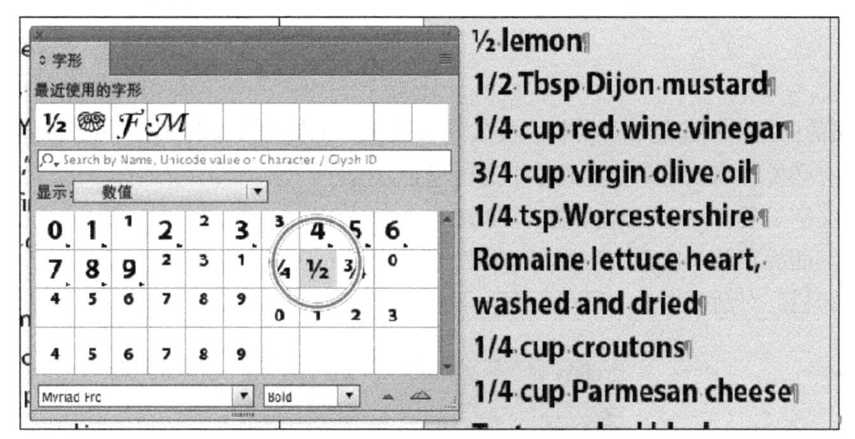

注意，此时½已经存储在了字形面板顶部的“最近使用的字形”中。下面修改文章中其他的分数：“1/4”和“3/4”。

7 在 Casesar Salad 菜谱中，找到并选定“1/4”（“1/4 cup red wine vinegar”）。

8 在字形面板中，找到并双击“¼”。

9 重复步骤 6 和 7，找到并选择“3/4”（“3/4 cup virgin oliveoil”），然后在“字形”面板中用“¾”进行替换。

10 如有需要，可按照上面的步骤继续替换菜谱中剩下的“1/2”和“1/4”：选择它们，并在字形面板中的“最近使用的字形”部分双击相应的字形。

11 关闭字形面板，并选择“编辑 > 全部取消选择”。

12 选择“文件” > “存储”。

微调分栏

除了可调整文本框架中分栏的数量、宽度以及间距之外，还可以创建跨越几个分栏的标题（也称作跨头），并自动平衡显示分组中的文本。

创建跨头

边栏框架的标题需要跨越 3 个分栏。要实现该效果，可使用段落样式而非在文本框架导入标题。

1 如果有必要，缩放出来，看到整个边栏包含方法。

2 使用文字工具（ ），单击标题“TRY IT @ HOME”。

3 从段落面板菜单中选择“跨栏”（ ）。

4 在“跨栏”对话框中的“段落版面”下拉列表中选择“跨栏”。

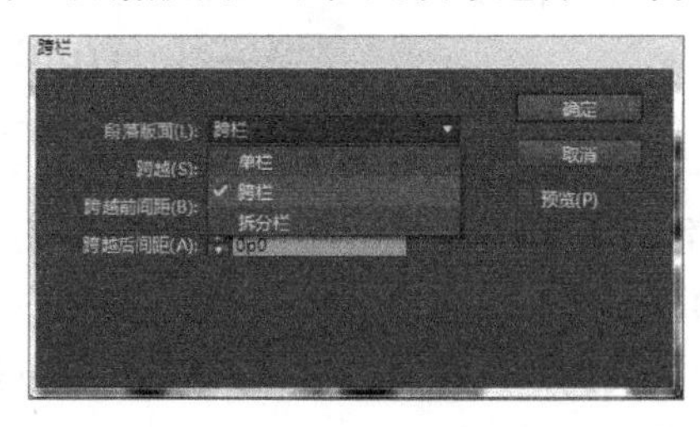

5 要查看如何微调分栏的跨头，按 Alt+ 单击（Windows）或者 Option+ 单击（Mac OS）控制面板上的跨栏按钮（ ）。

提示：从段落面板菜单或控制面板菜单中选择“跨栏”。

6 勾选“预览”，然后从“跨越”下拉列表中选择不同的选项来观察标题效果。然后单击“取消”。

7 保持插入光标位于子标题“TRY IT @ HOME”中，从段落样式面板菜单中选择“重新定义样式”。该样式将更新，并影响“跨越”设置。

8 选择“文件” > “存储”。

平衡分栏

添加标题后，在每个分栏中使用平衡文本以完成边栏的微调。可通过插入分栏符手动完成该操作（“文字”>“插入分隔符”>“分栏符”）。但在重排文本时，分隔符常常会导致文本流入错误的分栏，因此应使用自动平衡分栏。

1 选择“视图”>“使页面适合窗口”，将页面 2 居中显示在窗口中。

2 使用选择工具（ ），单击选择包含菜谱的文本框架。

3 选择“对象”>“文本框架选项”，在“常规”标签的“列数区”，勾选“平衡栏”。单击“确定”。

当使用平衡分栏时，应注意配合使用段落的“与下段同页”和“段中不分页”设置。

4 选择“文件”>“存储”。

TRY IT @ HOME
CAESAR SALAD
2 cloves garlic
Taste kosher salt
2 anchovy fillets, chopped
1 coddled egg
½ lemon
½ Tbsp Dijon mustard
¼ cup red wine vinegar
¾ cup virgin olive oil
¼ tsp Worcestershire
Romaine lettuce heart, washed and dried
¼ cup croutons
¼ cup Parmesan cheese
Taste cracked black pepper
Grind together the garlic and salt. Add the chopped anchovies. Stir in the egg and lemon. Add the vinegar, olive oil and Worcestershire sauce, and whip briefly. Pour over lettuce and toss with croutons, Parmesan and black pepper.
CHORIZO-STUFFED PRAWNS
3 prawns, butterflied
3 Tbsp chorizo sausage
3 slices bacon, blanched
1 bunch parsley, fried
2 oz morita mayonnaise (recipe follows)
½ oz olive oil
Heat oven to 350°. Stuff the butterflied prawns with chorizo. Wrap a piece of the blanched bacon around each prawn and place in the oven. Cook until the chorizo is done. Place the fried parsley on a plate and place the prawns on top. Drizzle with the morita mayonnaise.
MORITA MAYONNAISE
1 pint mayonnaise
1 tsp morita powder
1 Tbsp lemon juice
Salt and pepper to taste
Mix ingredients and serve.

“平衡分栏是针对边栏的文本框架设置的，而段落则按照“与下段同页”和“段中不分页”段落样式进行串接

修改段落对齐

通过修改水平对齐方式，可轻松控制段落在文本框架中的显示方式。可让文本与文本框架的一个或两个边缘对齐，可设置内边距以及让文本左右边缘都对齐。本练习中，将让作者简介（也称作“bio”）与右边距对齐。

1 如有需要，可滚动鼠标放大视图，以便查看文章最后一段之后的作者介绍。

2 使用文字工具（ ），在介绍文本中单击，放置插入点。

由于介绍文本尺寸太小，使得文本行与基线网格的间距显得很宽。为解决该问题，可让段

落不与基线网格对齐。

3 插入点仍然在 bio 段落中，在段落面板中，单击“不对齐基线网格”按钮（≡）。

4 在段落面板中，单击“右对齐”按钮（≡）。

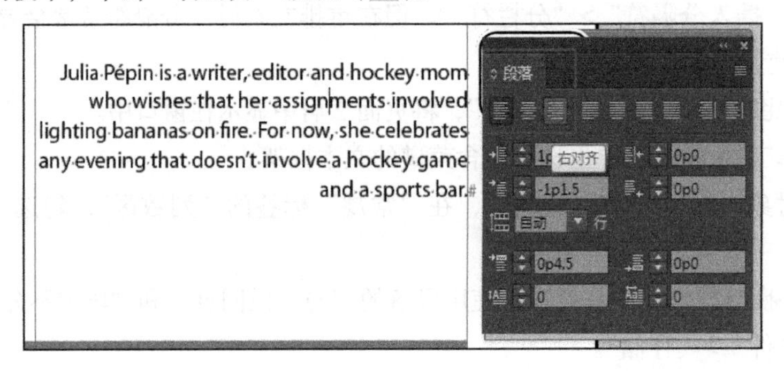

5 选择“编辑”>“全部取消选择”。

6 选择“文件”>“存储”。

悬挂标点

某悬挂标点在一行的开始或结尾时，会出现页边距不均匀的情况。为修复该视觉差异，设计师常常将标点悬挂在文本框架外面一点，这种方式称为视觉边距对齐方式，使字符能够稍微超出文本框架。

提示：当选择“悬挂标点”时，将应用到整个文章，这意味着是一个文本框架或几个排文框架中的所有文本。

本练习中，将学习对醒目引文应用视觉边距对齐。

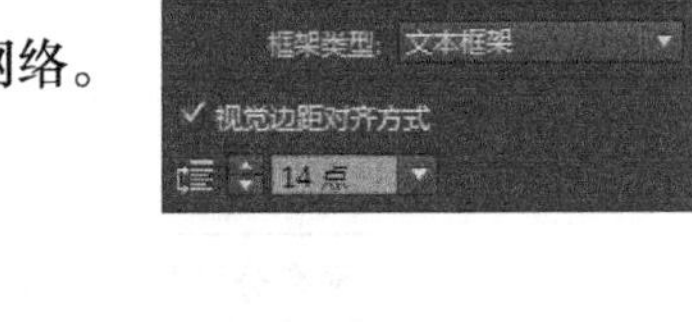

1 如有需要，通过滚动和缩放视图查看右对页上的引文。

2 要专注于文本，选择视图 > 网格和参考线指南 > 隐藏框架网络。

3 使用选择工具（），单击选择包含该引文的文本框架。

4 选择“文字”>“文章”，打开文章面板。

5 勾选“视觉边距对齐方式”。

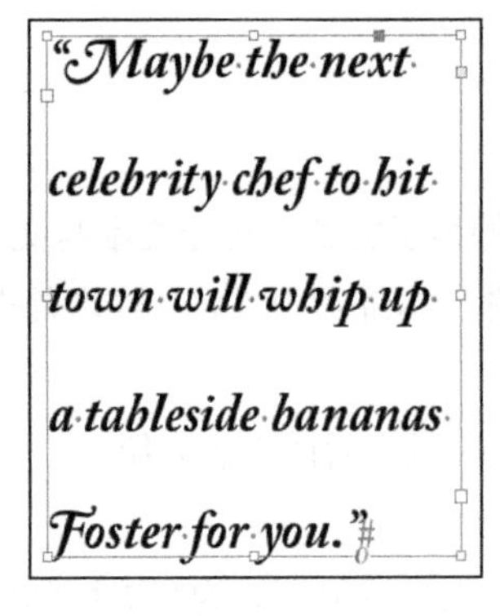

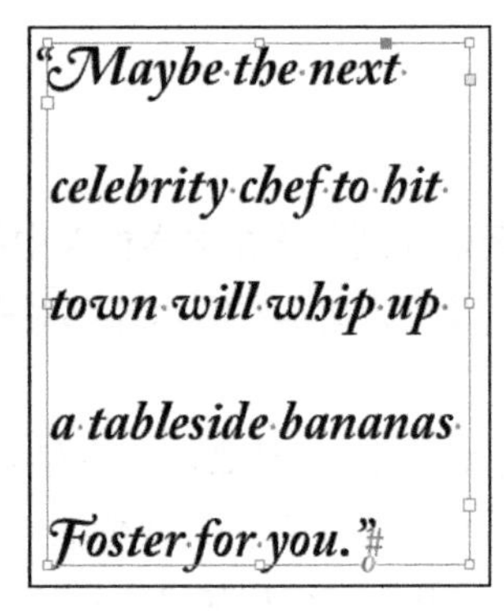

注意到，现在左引号的左边缘悬挂在文本框架外面，但此时文本在视觉上是对齐的

6 选择“编辑”>“全部取消选择”，然后选择“文件”>“存储”。

创建首字下沉

使用 InDesign 中特殊的字体功能，可为文档添加创意十足的效果。例如，可使段落的一个字符或单词下沉，应用渐变和颜色填充文本，使用连笔字和旧体数字以及创建上标和下标字符。现在，将为文章的第一段创建首字下沉。

> **提示**：首字下沉可保存为段落样式，从而可以快速一致地进行应用。

1 滚动鼠标以便看到左对页上的第一段。使用文字工具（T），在该段落中单击。

2 在段落面板中的“首字下沉行数”（）中输入“3”，使该字符下沉 3 行。

3 在“首字下沉一个或多个字符”（）中输入“1”。

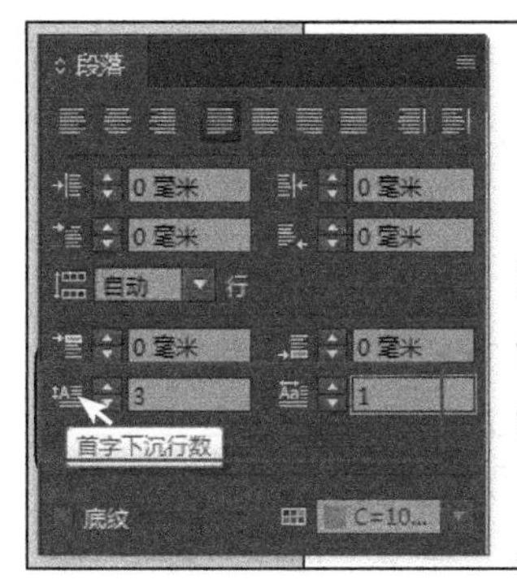

4 使用文字工具，选择下沉的字符。

现在可应用任意的字符格式。

5 选择“文字”>“字符样式”以显示字符样式面板。

6 单击“Drop Cap”样式，将其应用至选定的文本。

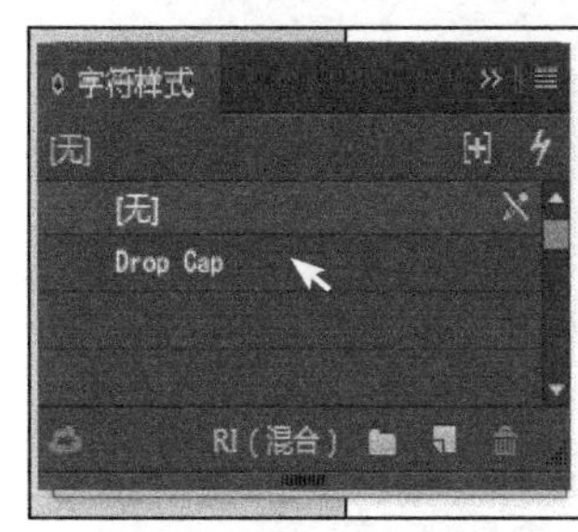

7 单击取消选择该文本，并观察下沉效果。选择“文件”>“存储”。

为文本应用描边

下面将为刚刚创建的下沉字符添加描边。

1 保持选择“文字”工具（T），然后选择下沉字符。

2 选择“窗口”>“描边”，在描边面板的“粗细”文本框中输入“1pt”，然后按 Enter 键。

此时在选定字符周围出现描边效果。接下来将修改描边的颜色。

3 选择“窗口”>“颜色”>“色板”，在色板面板中，做到以下几点。

- 选择“描边”按钮（）。
- 单击色板名称“C=20 M=70 Y=100 K=7”。
- 在“色调”框中键入 100，并按 Enter 或 Return 键。

4 按 Shift+Ctrl+A（Windows）或 Shift+Command+A（Mac OS）组合键，取消选择文本，以便查看描边效果。

5 选择“文件”>“存储”。

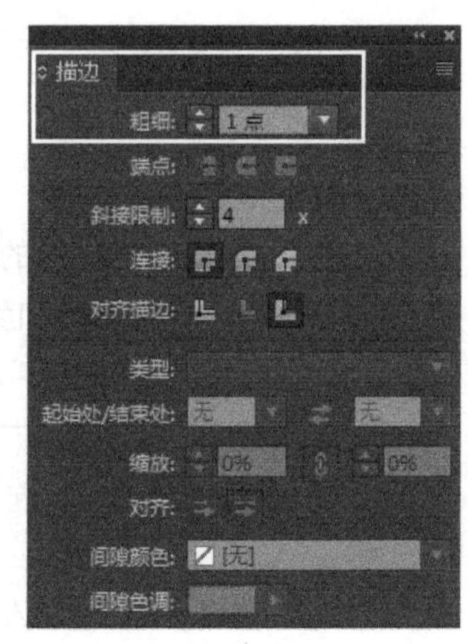

调节首字下沉对齐

可调整下沉字符的对齐方式，还可缩放带下行部分的下沉字符（如“y”）。本节中，将调节下沉字符以使其更好地对齐左侧页边。

> **提示：**选择“左对齐”可更好地实现无衬线下沉的印刷效果。

1 使用文字工具（T），在带有下沉字符的第一段中单击。

2 选择“文字”>“段落”。在段落面板中，从面板菜单中选择“首字下沉和嵌套样式”。

3 在“首字下沉和嵌套样式”对话框中，勾选右侧的“预览”选项，以便查看修改效果。

4 勾选“左对齐”可移动下沉字符，使其与文本的左侧边缘对齐。

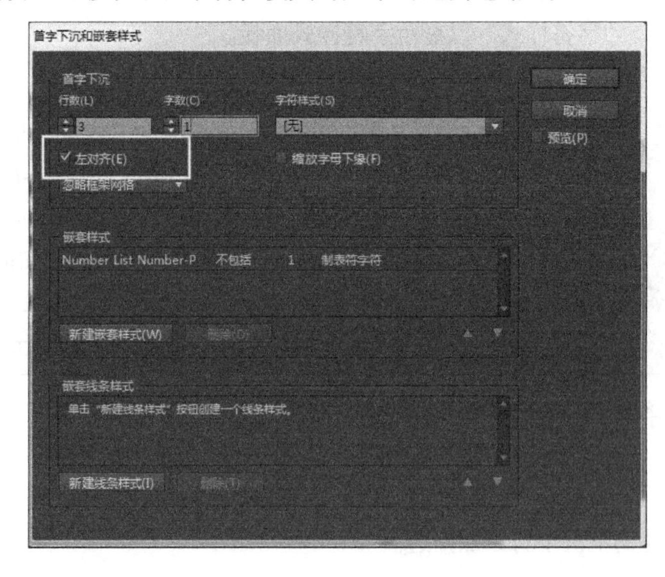

5 单击“确定”。

6 选择“文件”>“存储”。

调整字偶间距和字符间距

可使用字偶间距调整与字符间距调整修改字符间距和字间距。还可使用 Adobe 单行书写器和段落书写器控制段落中整个文本的间距。

调整字偶间距和字符间距

通过调整字偶间距，可增加或缩小两个特定字符间的间距。字符间距调整则是将一系列字母之间的间距设置为相同的值。在某个文本中可同时应用这两种调整方法。

下面将手动微调下沉字符“S”和该单词余下部分“ure”间的字偶间距。然后再调整绿色框架中的标题“If You Go”的字符间距。

1 可使用工具面板中的缩放显示工具（），拖曳出一个环绕下沉字母的矩形框，以便清楚地查看调整后的效果。

2 使用文字工具（），在“S”和“u”之间单击。

3 按下 Alt+ 左方向键（Windows）或 Option+ 左方向键（Mac OS），可减小间距，将“u”向左移动。继续按下该组合键，直到调整至满意的间距。

提示：当微调文本时，使用 Alt（Windows）或 Option（Mac OS）键，加右方向键可增加间距，而加左方向键则可缩小间距。要修改使用该组合键微调的距离，可更改“首选项”的“单位和增量”中的“键盘增量”。

本例中显示“字偶间距调整”（）为“−10”。也可在字符面板中查看新的微调值。

下面为整个标题“If You Go”设置字符间距，以增大所有字符间的距离。为调整字符间距，需首先选择希望调整的文本。

4 选择“编辑”>“全部取消选择”，向下滚动以便查看“Sure”下方紫色框架中的标题“If You Go”。

5 使用文字工具，在标题“If You Go”上连续单击 3 次以选定整个标题。

6 在字符面板中，从“字符间距”（）下拉列表中选择“50”。

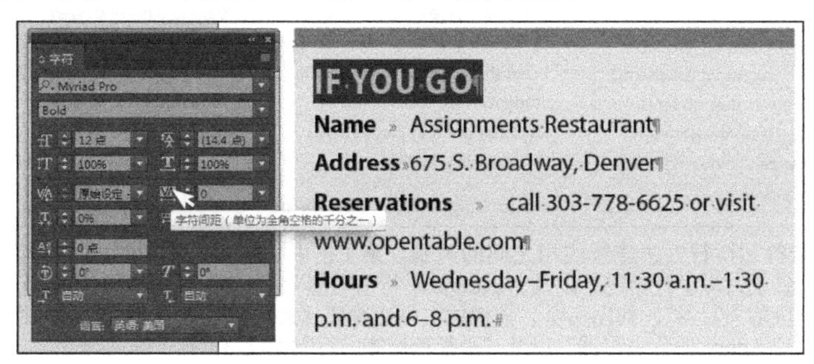

注意：如果无法正常选择文本，可先用选择工具选定蓝色文本框架。

7 单击剪贴板，取消选择文本。

8 选择“视图”>“使跨页适合窗口”，查看最新修改效果。

9 选择“文件”>“存储”。

调整换行符

当文本未对齐时，每行末的换行符将影响文章的可读性。例如，当段落左对齐时，右侧边缘将参差不齐。这种参差不齐的状况由字体、字号、行距、分栏宽度等因素导致，如果过多将影响阅读效果。另外3种影响文章可读性的段落样式如下。

提示：“调整”设置与段落书写器和连字设置一同控制段落缩进显示。如需为选定段落调整这些设置，可从段落面板菜单中选择“对齐”。

- “段落书写器”：可自动决定换行符。
- “连字”：例如是否用连字符连接大写字符。
- “平衡未对齐的行”。

平面设计师常常会结合使用多个设置，对某段样本进行调整。然后，再将这些设置保存为段落样式，以便应用到其他文本上。本课程文档中用到的主段落样式指定为Adobe段落书写器和微调的连字设置，因此将仅比较“书写器”和“平衡未对齐的行”这两种方式。

Adobe Single-Line Paragraph Composer	Adobe Paragraph Composer	Adobe Paragraph Composer with Balance Ragged Lines
A perusal of the menu, while munching fresh bread and savoring a glass of wine, tempts you with its carefully planned variety. "The menu is all designed to teach cooking methods," says Kleinman. "It covers 80 to 85 percent of what students have been learning in class—saute, grill, braise, make vinaigrettes, cook vegetables, bake and make desserts." In a twist on "You have to know the rules to break them," Kleinman insists that students need to first learn the basics before they can go on to create their own dishes.	A perusal of the menu, while munching fresh bread and savor-ing a glass of wine, tempts you with its carefully planned variety. "The menu is all designed to teach cooking methods," says Kleinman. "It covers 80 to 85 percent of what students have been learning in class—saute, grill, braise, make vinaigrettes, cook vegetables, bake and make desserts." In a twist on "You have to know the rules to break them," Kleinman insists that students need to first learn the basics before they can go on to create their own dishes.	A perusal of the menu, while munching fresh bread and savor-ing a glass of wine, tempts you with its carefully planned variety. "The menu is all designed to teach cooking methods," says Kleinman. "It covers 80 to 85 percent of what students have been learning in class—saute, grill, braise, make vinaigrettes, cook vegetables, bake and make desserts." In a twist on "You have to know the rules to break them," Kleinman insists that students need to first learn the basics before they can go on to create their own dishes.

注意换行符和换行方法连续应用之间的差别。第1栏中显示了具有定制的“连字”设置（例如：禁止大写字符相连）以及“Adobe单行书写器”；中间栏显示相同的段落，应用了“Adobe段落书写器”，如图所示，该栏的右侧边缘要比第1栏整齐得多；右侧分栏显示的是应用了“Adobe段落书写器”以及“平衡未对齐的行”的段落

应用 Adobe 段落书写器和单行书写器

段落的疏密程度（有时也称作段落色彩）是由使用的排版方式决定的。InDesign 会综合考虑到选定文本的字间距、字符间距、字形尺寸和连字选项等，从而评估并选择最佳的换行方式。InDesign 提供了两种排版选项：InDesign 段落书写器，针对的是段落中的所有行；Adobe 单行书写器，仅针对每一行。

使用段落书写器时，InDesign 对每行进行排版时将考虑对段落中其他行的影响，因此为整个段落来设置最佳的排版方式。当修改某行的文本时，段落前面和后面的行可能都会改变位置，使得整个段落中文字的间距是均匀的。而使用单行书写器时（这是其他排版和字处理软件使用的标准排版设置），InDesign 仅仅会调整经过编辑的文本后面的文本行。

本课程中文本的默认设置为 Adobe 段落书写器。为更好地观察两种书写器的区别，可对该文本再应用单行书写器重排正文。

提示：作为最后的选择，还可手动地插入强制换行符（Shift+Enter 键）来调整换行，或是在行末使用自由换行符。这两个换行符都可以在“文字”>“插入分隔符”子菜单中找到。由于换行符常常标志着文本重排，因此最好在文本或格式最后使用。

1 使用文字工具（T.），在正文中单击。

2 选择“编辑”>“全选”。

3 在段落面板中，从面板菜单中选择“Adobe 单行书写器”。如有需要，可放大视图尺寸以便观察区别。

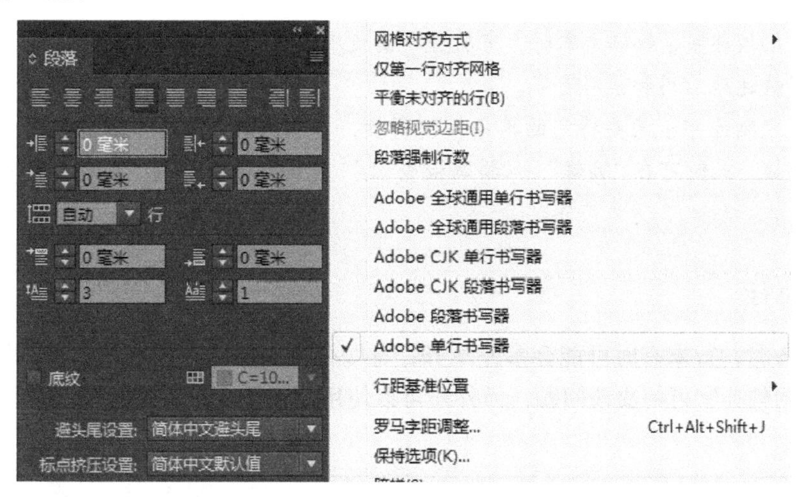

单行书写器将单独处理每一行，因此可能导致段落中有些行间距较密，而有些行间距较宽。由于段落书写着眼于整个段落，因此段落中的疏密程度更一致。

4 单击页面的空白区域，取消选择文本，并查看间距和换行方面的差别。

5 选择“编辑”>“还原”，将文章恢复到使用 Adobe 段落合成器。

6 选择“编辑”>“全部取消选择”。

连字设置

该设置将决定是否以及如何用连字符连接行末的单词。从段落面板菜单中选择“连字”，在“连字设置”对话框中为选定的段落定制连字设置。也可以在“段落样式选项”对话框中调整连字设置。一般来说，连字符设置是编辑工作，而非设计工作。例如，出版样式指南可能会指定大写的单词不用连字。

- 连字设置：自定义选定段落断字，在段落面板菜单中选择“连字”，打开“连字设置”对话框；也可以在“段落样式选项”对话框中调整断字设置。

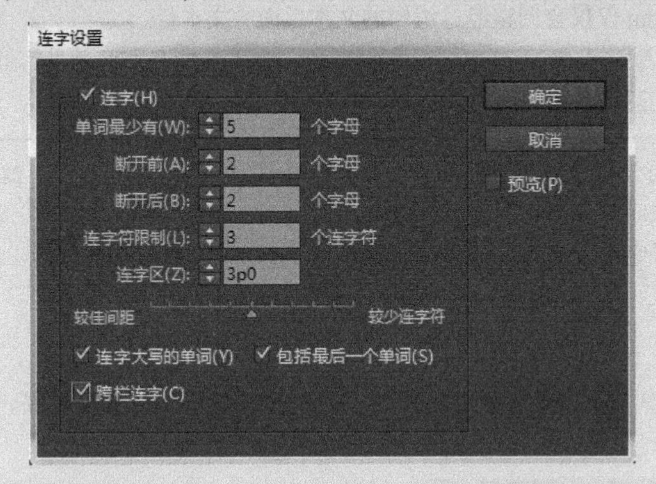

- 切换连字：编辑文本时，可从控制面板中使用“连字”选择框架，快速地启用和禁用连字。
- 定制连字：某些特定的单词，如商标，需要用到连字或是用特定点进行连接。此时可在“编辑”>“拼写检查”>“用户词典”中指定所需的连字。

平衡未对齐的行

段落未对齐时，行末有时可能会参差不齐，有些行特别长，有些行特别短。使用 Adobe 段落书写器以及调整连字可解决该问题，另外还可以使用“平衡未对齐的行”。下面将学习应用该功能。

提示：“平衡未对齐的行”这一功能还可应用于平衡多行的标题。

1 使用文字工具（T），在介绍文本中单击“放置插入点”。

2 在段落面板中，从面板菜单中选择“平衡未对齐的行”。

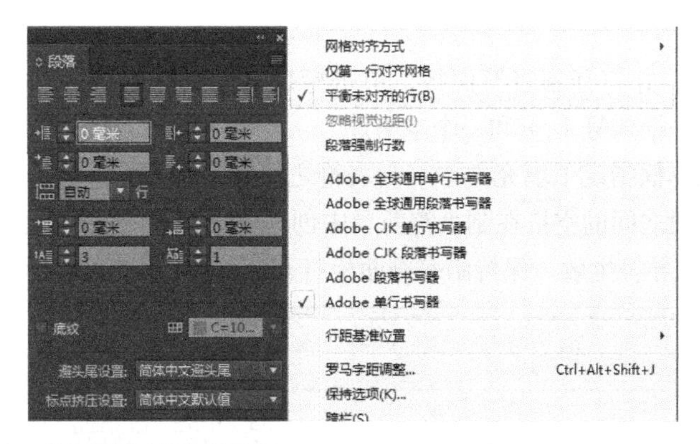

3 选择“编辑”>“全部取消选择”。

4 选择“文件”>“存储”。

设置制表符

使用制表符可将文本放置于分栏或文本框架的特定水平位置。在制表符面板中，可组织文本并创建制表符前导符、缩进和悬挂缩进。

将文本与制表符对齐并添加制表符前导符

现在将为左对页的“If You Go”框架设置制表符信息。制表符标记已经输入到了文本中，此时需要设置该标记具体的位置。

1 如有需要可滚动鼠标放大视图，以便查看“If You Go”文本框架。

提示：使用制表符时，可选择“文字”>“显示隐含的字符”，查看制表符。在文字处理文件中创建者经常为对齐文本输入多个制表符，甚至输入空格而不是制表符。只有查看隐藏字符才方便处理该问题。

2 为查看文本中的制表符标记，请确保已选择“文字”>“显示隐含的字符”，以及在工具面板中选择“正常”模式（）。

3 使用文字工具（T），单击“If You Go”框，并选择从第二行（从“Name”）到最后一行（“and 6-8 pm”）。

4 选择“文字”>“制表符”，打开制表符面板。

当文本框架内有输入光标并且上方有足够的空间时，制表符面板将与文本框架的顶部靠齐，使“制表符”面板的标尺与文本对齐。不管制表符面板位于什么位置，都可通过输入特定的值来精确地设置制表符。

5 在“制表符”面板中，单击“左对齐制表符”（），将指定文本对齐制表符的左侧。

6 在“X”文本框输入“5p5”，按 Enter 键。

此时在选定文本中制表符标识后的信息将与新制表符对齐，制表符位于制表符面板标尺的上方。

7 保持选定文本，并打开制表符面板，单击标尺上的新制表符，并将其选定。在“前导符”文本框中输入一个句号（.）和一个空格。

“前导符”文本框指定了填充文本与制表符之间空白区域的字符。制表符前导符常用于目录中。使用两段之间的空格在制表符前导中创建更加开放的点序列。

8 按 Enter 键使前导符生效。保持制表符面板打开，以便后面的练习使用。

9 选择“编辑”>“全部取消选择”。

10 选择“文件”>“存储”。

使用制表符

创建和定制制表符的控件与字处理器中的控件十分类似。用户可以精确地指定制表符的位置，在栏中重复制表符，为制表符创建前导符，指定文本与制表符的对齐方式，轻松地对创建的制表符进行修改。由于制表符是一种段落样式，因此可插入光标所在的段落或是任意选定的段落。所有的控件都位于制表符面板中，可选择“文字”>“制表符”打开制表符面板。下面是制表符控件的工作说明。

- 输入制表符：按下制表符键，可在文本中输入制表符。
- 指定制表符对齐方式：单击制表符面板左上角的一个制表符按钮，可指定文本与制表符的对齐方式，包括“左对齐制表符”“居中对齐制表符”“右对齐制表符”及“对齐小数位（或其他指定字符）制表符”。
- 指定制表符位置：单击某个制表符按钮，并在“X”文本框中输入值，按 Enter 键，可在指定位置放置制表符；也可单击某个制表符按钮，然后单击标尺上方的空白处。

- 重复制表符：在标尺中选择制表符，要创建多个等距的制表符，可选择标尺上的一个制表符位置，然后从制表符面板菜单中选择“重复制表符”，将根据选定制表符与前一制表符（或左缩进）的距离跨栏创建多个制表符。
- 指定文本中对齐的字符：单击“对齐到小数位（或其他指定字符）”按钮，然后在“对齐位置”框中输入或粘贴字符，可指定文本对齐的字符（如果文本没有包含该字符，文本将左对齐制表符）。
- 创建制表符前导符：在“前导符”框中最多可输入 8 个重复字符，可填充文本与制表符之间的空白区域，例如在目录中为文本和页码之间添加句点。
- 移动制表符：选择标尺上的制表符，并在“X”文本框中输入新值，可对制表符进行移动。在 Windows 中按下 Enter 键，或者在 Mac OS 中按 Return 键，也可以拖曳标尺上的制表符至新的位置。
- 删除制表符：将制表符拖离标尺，或者在标尺上选择制表符，从“制表符”面板中选择“删除制表符”，可删除制表符。
- 重置默认制表符：从制表符面板菜单中选择“清除全部”可恢复默认的制表符。默认的制表符位置根据“首选项”对话框中“单位和增量”中的设置而不同。例如，如果水平标尺的单位设置为英寸（1 英寸 =2.54 厘米），默认每隔 0.5 英寸放置一个制表符。
- 修改制表符对齐方式：在标尺上选定制表符，并单击不同的制表符按钮，可修改制表符的对齐方式；也可在单击标尺中的制表符时按下 Alt（Windows）或 Option（Mac OS）以切换不同的对齐方式。

创建悬挂缩进

悬挂缩进中，在制表符标识之前的文本将悬挂在左侧，例如常常看到的项目符号列表和编号列表。下面将使用制表符面板为“If You Go”文本框架中的信息创建悬挂缩进，也可在段落面板中使用“左缩进”和“首行左缩进”选项。

1 使用文字工具（T.），单击“If You Go”框，并选择从第二行（从“Name”）到最后一行（“and 6-8 pm”）。

2 请确保制表符面板仍然位于文本框架顶部。

ID **注意**：如果移动了制表符面板，可单击右侧的“将面板放在文本框架上方”按钮（ ）。

3 在制表符面板中，向右拖曳标尺左侧的缩进标识底部，直到“X”值为“5p5”。

拖曳该标识底部可同时移动“左缩进”和“首行左缩进”标识。注意观察所有文本如何向右移动，且段落面板中的“左缩进”值变为“5p5”。

保持选定文本。下面将分类标题恢复到原有的位置，并创建悬挂缩进。

4 在段落面板上的“首行左缩进”（  ）框中，输入“-5p5”。取消选择文本，并查看悬挂缩进。

提示：还可以通过拖动顶部缩进标记选项卡来选择首段落调整首行缩进。

5 按 Enter 或 Return 键。

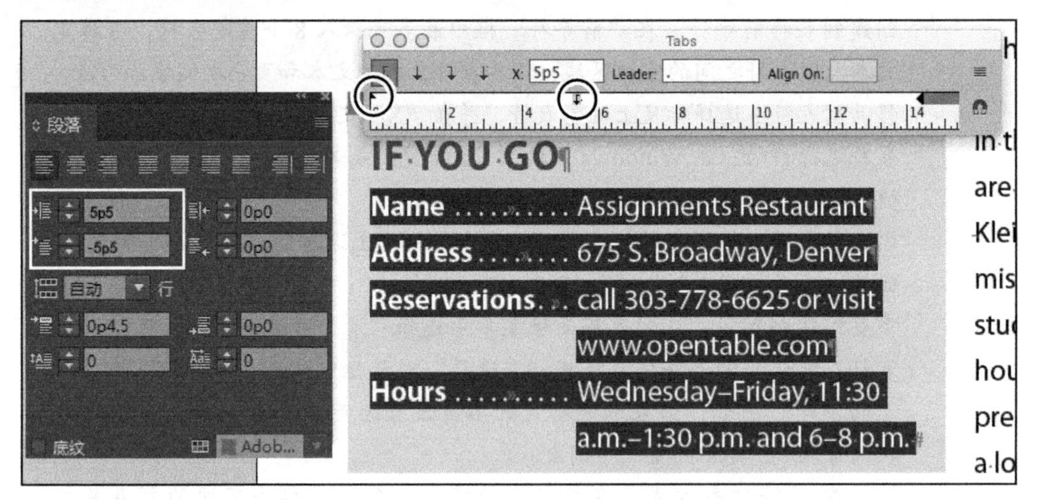

6 取消选定文本，并查看悬挂缩进。然后关闭制表符面板。

7 选择“文件”>“存储”。

使用悬挂缩进

使用控制面板、段落面板以及制表符标尺上的控件，可调整段落的缩进方式，包括“左缩进”“右缩进”“首行左缩进”“最后一行右缩进”等。另外，还可用下列方法创建悬挂缩进。

- 拖曳制表符标尺上的缩进标识时按下 Shift 键，即可单独拖曳缩进标识。
- 在此处插入缩进，以便将字符中的段落后面的所有文本立即悬挂在该符号的右边。要做到这一点，按 Control+\（Windows）或 Command+\（Mac OS）可使文本任意处插入“在此处缩进对齐”符号。所有文本将立即悬挂在该符号的右侧。或者选择“文字”>“插入特殊字符”>“其他”>“在此缩进对齐”。
- 选择“文字”>“插入特殊字符”>“其他”>“在此处缩进对齐”，可插入悬挂缩进符。

在段落前面添加段落线

可在段落前面或后面添加段落线。使用段落线而不是绘制一条直线是因为可对段落线应用段落样式。例如，某段落样式可能会为突出引文使用段前线和段后线。也可在子标题之上使用段前线，段落线可等于列或文本宽度。

- 当设置宽度为“栏”时，段落线将和文本分栏拥有相同的宽度——减去任何段落缩进设置。可在“段落线”对话框的“左缩进”和“右缩进”框中输入负值，来扩展段前线。
- 当设置为宽度“文本”时，段落线将和文本拥有相同的长度。段前线是多行段落的第一行；而段后线是段落的最后一行。

接下来将为文章末尾的作者介绍添加段前线。

1 滚动以便查看右对页面的第 3 栏，该栏含有作者介绍。

2 使用文字工具（T.），在介绍文本中单击。

3 从段落面板菜单中选择“段落线”。

4 在“段落线”对话框的顶部，从下拉列表中选择“段前线”，并勾选“启用段落线”以激活段落线。

5 勾选“预览”，移动对话框以便能查看该段落。

6 在“段落线”对话框中，设置下列选项。

- 从“粗细”下拉列表中选择“1pt”。
- 从“颜色”下拉列表中，选择“棕色”（C=20，M=70，Y=100，K=7）。
- 从“宽度”下拉列表中，选择“列宽”。

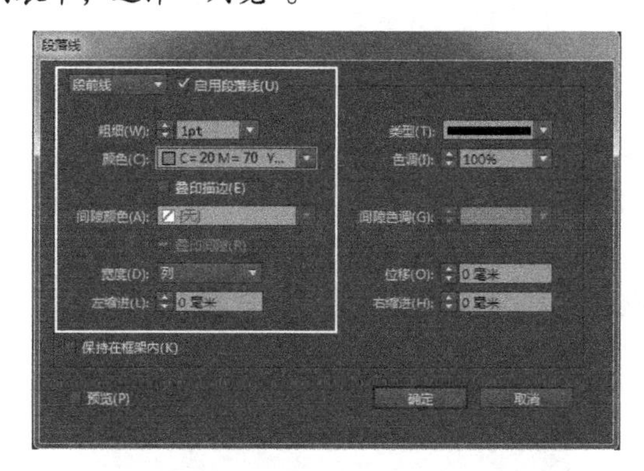

7 单击“确定”应用修改。此时在作者介绍上方出现了段落线。

8 选择“文件”>“存储”。

使用段落底纹

要使文章内的文字更加醒目，可以将底纹应用于段落。InDesign 提供了很多选项来对底纹进行微调，包括底纹的颜色和段落的设置。为了在一段的上方或下方有足够的空间进行底纹设置，提供了段首和段后设置。要快速和一致地应用底纹，您可以在段落样式中设置段落底纹。

将阴影应用于段落

首先，将应用底纹的段落在文章的结尾。稍后，将保存此效果作为段落样式的一部分。

1 使用文字工具（T.），在杂志文章结尾放置作者简介的插入点。段落应用于格式化。

2 选择“文字” > “段落”，以显示段落面板。

提示：段落底纹控件可控制面板。

3 在段落面板的左下角勾选“底纹”。

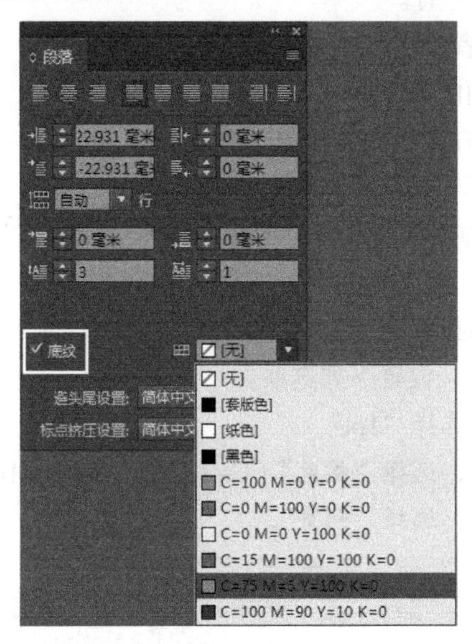

4 改变阴影的颜色，请单击“底纹”框右侧的“底纹颜色”菜单。

5 微调底纹，从段落面板中选择段落底纹。

6 选择“预览”选项。移动对话框，以便看到段落。

7 “色调”设置为 50%。

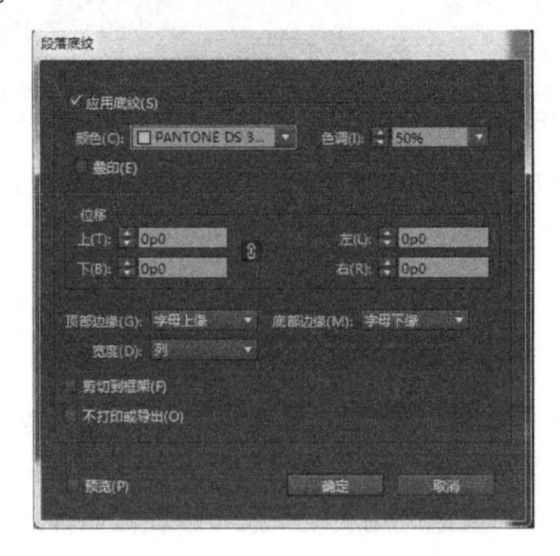

8 从“宽度”下拉列表中选择“文本”以查看底纹如何调整到最长的文本行。然后，再次选择“列”。

9 单击“确定”应用更改。

该段落现在已被着色，与页面使用的其他颜色相匹配。

调整段落线，更新段落样式

设计的最后一步是调整段落上方的段落线，使其与段落底纹相匹配。然后，将更新段落样式，包括段落底纹和段落线。

1 如有必要，使用文字工具（T）在杂志文章结尾放置作者简介的插入点。

2 从段落面板中选择段落线。

3 在“段落线”对话框中，调整以下设置。

- 勾选“预览”以查看更改。
- 在“位移”框中输入“0p11”。
- 在“左缩进”和“右缩进”框中输入“-0p6”。

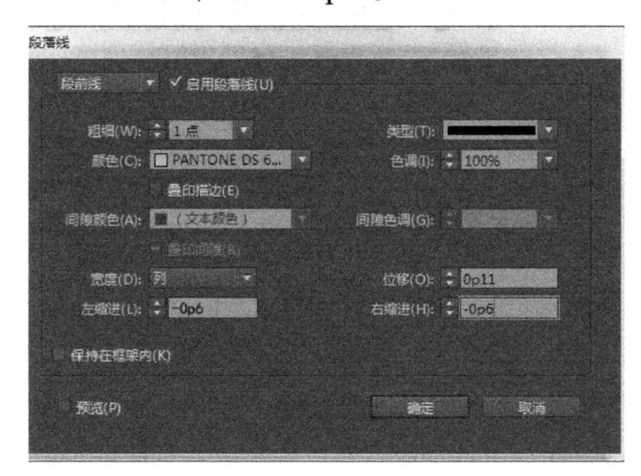

4 单击“确定”。

Julia Pépin is a writer, editor and hockey mom who wishes that her assignments involved lighting bananas on fire. For now, she celebrates any evening that doesn't involve a hockey game and a sports bar.

5 选择“文字”>“段落样式”，以显示段落样式面板。

6 如果有必要，单击正文样式组旁边的三角形以查看里面的风格。作者选择了个人简介风格。

7 从段落样式面板菜单选择“重新定义样式”。作者采用了风格化的段落底纹和段落线格式。

8 查看结果，在应用程序栏顶部的屏幕模式菜单选择演示（□）。

9 当看完文件后，按 Esc 键。

恭喜，您已完成本课的学习！为完全完成本课程项目，还需要花点时间和编辑或校对员一起修复过紧或过松的行、不适当的换行和窗口等。

练习

现在已学完 InDesign 格式文本的基本操作，是时候好好用用这些技术了。试试完成下面的操作任务，可有效提高排版技巧。

1 请在多个段落中放置插入点，并试着启用和禁用段落面板上的连字功能。选择一个带连字符的单词，并从字符面板菜单中选择“不换行”，可取消该单词的连字符。

2 尝试其他连字设置。首先，选定文章中的所有文本。然后，从段落面板菜单中选择“连字”。在“连字设置”对话框中，勾选“预览”，并试试各种设置效果。例如，若勾选了“连字大写的单词”，但编辑可能希望禁用该选项以防止厨师的姓名使用连接符。

3 尝试其他对齐设置。首先，选择所有文本，然后从段落面板中选择“双末行齐左”（ ）。从段落面板菜单中选择“调整字距”。在“调整字距”对话框中勾选“预览”，并试试各种设置效果。例如，观察应用 Adobe 单行书写器和 Adobe 段落书写器来对齐文本的区别。

4 选择“文字”>“插入特殊字符”，并查看所有可用的选项，如“符号”>“项目符号字符”和“连字符和破折号”>“全角破折号”。使用这些字符而非连字符可加强排版的专业程度。选择“文字”>“插入空格”，注意其中包含一个“不间断空格”。使用该空格可将两个单词连在一起，并使其不能分开到两行显示（如“Mac OS”）。

复习题

1 如何查看基线网格？

2 何时使用右缩进制表符？

3 如何将标点悬挂在文本框架边缘？

4 如何平衡分布分栏？

5 调整字偶间距和字间距之间的区别是什么？

6 Adobe 段落书写器和 Adobe 单行书写器之间的区别是什么？

复习题答案

1 选择“视图”>“网格和参考线”>“显示基线网格”，可查看基线网格。而且当前文档视图必须等于或高于基线网格选项的视图阈值设置。默认情况下为 75%。

2 右缩进制表符可自动将文本对齐段落右侧的页边，对于导入文字结束符十分有用。

3 可选择文本框架，并选择“文字”>“文章”，选择“视觉边距对齐方式”，然后应用到文章的所有文本。

4 使用选择工具选定文本，然后单击控制面板上的“平衡分栏”按钮，或是从“文本框架选项”对话框中勾选“平衡分栏”（“对象”>“文本框架选项”）。

5 字偶间距用于调节特定两个字符之间的间距，而字间距调节的则是选定字符的所有间距。

6 在决定合适的换行符时，段落书写器对多行同时进行计算评估，而单行书写器仅着眼于某一行。

第8课 处理颜色

课程概述

本课中，将学习如何进行下列操作。

- 设置颜色管理。
- 决定输出需求。
- 创建色板。
- 创建颜色主题并将其添加到 CC 库。
- 将颜色应用于对象、描边和文本。
- 创建和应用颜色。
- 创建和应用渐变色板。
- 使用颜色组。

学习本课大约需要 1 小时。

用户可以创建、保存和应用印刷色和专色。创建和保存的颜色可包含底色、混合油墨以及混合渐变。使用印前检查可确保颜色被正确地输出。

概述

本课中，将为一个艺术展览海报添加颜色、底色和渐变。该海报的颜色格式为 CMYK，并且专色也随 CMYK 图片一同导入。但在开始之前，先要做两件事以确保文档在屏幕上的视觉效果和打印一致：首先查看颜色管理设置，然后使用印前检查查看导入图片的颜色模式。

1 为确保 Adobe InDesign 程序的首选项和默认设置符合本课程的要求，请先按照“前言”中的步骤将 InDesign Defaults 文件移动到 4 ～ 5 页。

2 启动 Adobe InDesign。为确保面板和菜单命令符合本课程要求，请依次选择“窗口”>“工作区 >“高级”，然后再选择“窗口”>“工作区”>“重置‘高级’”。

3 选择“文件”>“打开”，然后在 InDesignCIB 中的课程文件夹，打开 Lesson08 文件夹中的 08_Start.indd 文件。

4 选择“文件”>“存储为”，将文件名修改为“08_Color.indd”，并保存至 Lesson08 文件夹中。

5 在同一文件夹中打开“08_End.indd”，可查看完成后的文档效果。可以保持打开该文档，以作为操作的参考。若已经准备就绪，可单击文档左上角的标签以显示操作文档。

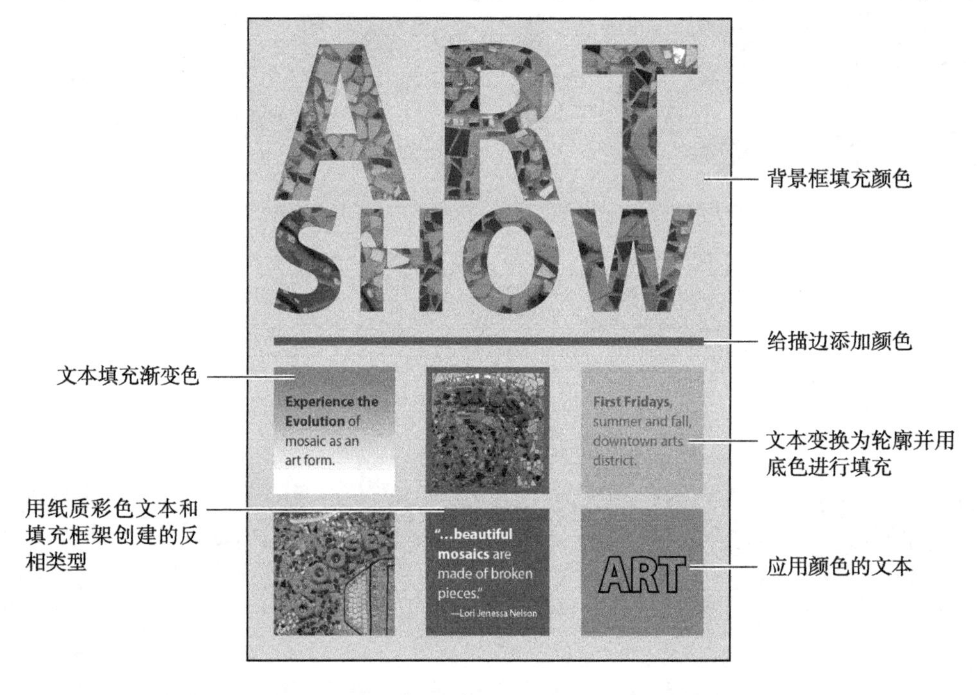

管理颜色

颜色管理可用于在不同输出设备上一致地生成颜色，如显示器、平板电脑、彩色打印机和胶印机等。InDesign 提供简单易用的颜色管理功能。用户不需要成为颜色管理专家，就可完成一致的颜色设置。为确保精确的颜色设置，从编辑到最终打印，使用“创意套件”的颜色管理，可跨应用程序和平台一致地查看颜色。

色彩管理的必要性

没有哪种屏幕、打印机、复印机或印刷机可显示人眼可见的所有颜色。各种设备都有特定的功能，在生成彩色图像时都会做出不同的折中显示。特定输出设备的显色能力被统称为色域或色彩空间。InDesign 和其他图像应用程序，如 Adobe Photoshop CC 和 Adobe Illustrator CC，都是用颜色数值来描述图片每个像素的颜色。颜色数值基于不同的颜色模式，例如 RGB 分别代表红色（R）、绿色（G）以及蓝色（B），而 CMYK 分别代表青色（C）、洋红色（M）、黄色（Y）和黑色（K）。

使用颜色管理可轻松将源文件中的像素颜色值转换为特定输出设备（如显示器、笔记本、平板、彩色打印机或高分辨率的胶印机等）的颜色值。在 InDesign 帮助文件中可找到有关颜色管理的更多信息，在线网址为 www.adobe.com（搜索颜色管理）。

使用全分辨率显示图片

在颜色管理流程中，即使使用默认的颜色设置，也应在显示器性能范围内用最好的显示质量显示图片。使用低分辨率显示图片时，虽然图片显示速度快，但颜色将无法精确呈现。

提示：用户可在“首选项”中指定“显示性能”的预设值，还可使用“对象”>“显示性能”更改单独对象的显示。

可试试“视图”>“显示性能”菜单中的选项，查看文档在不同分辨率下的显示效果。

- 快速显示（不显示图片，适合于对文本进行快速编辑）。
- 典型显示（默认）。
- 高品质显示（高分辨率显示光栅和矢量图形）。

这里需选择“视图”>“显示性能”>“高品质显示”。

在 InDesign 中指定颜色设置

在 InDesign 中一致性的颜色，用户可以指定一个颜色设置文件（CSF）与预置的色彩管理进行配置。默认设置是北美国通用 2，这是初学者的最佳选择。

根据 Adobe 的说法，对于大多数颜色的管理工作，最好使用预先设置，它已经由 Adobe System 测试过。只有对颜色管理有了解，并且对所做的改变非常有信心时，改变特定的选项才被推荐。

在本小节中，展示了一些 Adobe InDesign 中的预设的颜色设置，可以用来帮助用户在项目中实现一致的颜色。但是，用户不会改变任何颜色设置。

1 选择“编辑”>“颜色设置”。

注意：颜色设置应用于设计应用，而不是个人文件。

2 单击“颜色设置”对话框中的各种选项，查看可用的内容。

3 将鼠标指针指向“工作空间”，可以在对话框底部的“说明”框中看到此功能的说明。

4 将鼠标指针指向其他各种功能，看看功能的描述。

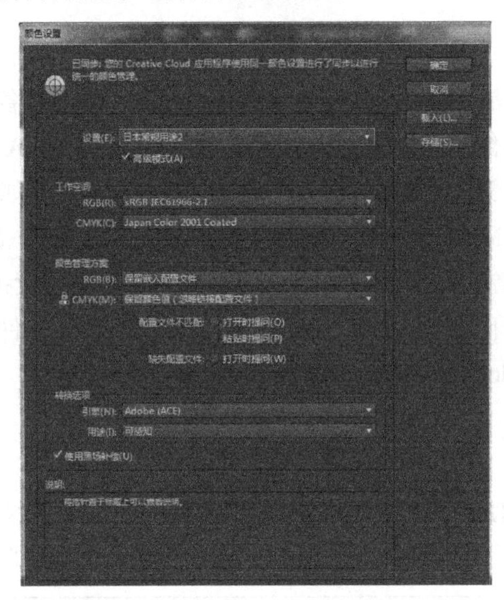

5 单击“取消”，关闭“颜色设置”对话框，不进行更改。

为颜色管理创建视图环境

操作环境将影响显示器和打印输出时的颜色显示。为达到最好的显示效果，可按照下列步骤控制颜色和光线。

- 在提供稳定亮度级和色温的环境中查看文档。例如，自然光的颜色特性时刻都在变化，这将改变屏幕上的颜色显示效果，因此最好是在无窗的房间中进行工作。
- 安装 D50（5000K）照明灯，可消除荧光灯带来的蓝绿色。也可使用 D50 灯箱来查看打印的文档。
- 在使用中性颜色的墙壁和天花板的房间中查看文档。房间的颜色可能会影响显示器色彩和打印色彩的视觉效果。最佳的房间色调为中性灰。
- 衣服的颜色也会反射到显示器的屏幕上，可能会影响颜色的视觉效果。
- 移除显示器桌面彩色背景。文档周围存在过多明亮的图标将防碍精确的颜色感知。
- 在真实世界环境下查看文档校稿，尽量与读者阅读环境相同。例如，可以在典型的家用电灯下观察家用物品的样子，或是在办公室用的荧光灯下查看常用家具的样子。
- 在所在国家关于合同校对的法定光线条件下进行最终的颜色判断。

——InDesign帮助

在屏幕上校对颜色

在屏幕上校对颜色称作软校对，InDesign 试图按照特定的输出进行显示。模拟输出的显示效果取决于很多方面，包括房间的光照条件以及是否校准显示器等。要进行软校对，可进行下列操作。

1 在 InDesign 中，选择“窗口” > “排列” > “新建窗口”，为“08_Color.indd”打开第二个窗口。

2 如果需要，单击“08_Color.indd:2”窗口激活它。

3 选择“视图” > “校样颜色”。此时可看到按照“视图” > “校样设置”中设置的校对颜色。当前的设置是文件 CMYK-U.S. Web Coated SWOP V2，这反映了对打印文档的典型输出方法。

提示：SWOP 代表卷筒纸胶印出版物的规格。

4 选择“视图” > “校样设置” > “自定”，可定制软校对。

5 在“自定校样条件”对话框中，在“要模拟的设备”列表中可以选择不同的桌面打印机和输出设备。

6 向下滚动列表选择“Dot Gain20%”，然后单击“确定”。

注意，InDesign 文档的标题栏会显示模拟的设备，如（Dot Gain 20%）或（Document CMYK）。

7 查看不同的软校对选项。

8 然后，关闭“08_Color.indd:2”窗口。如有需要，可调整“08_Color.indd”窗口的尺寸和位置。

显示器校准

使用配置软件可校准显示器并实现显示器特性化。校准可使显示器恢复预设标准，例如，调节显示器使用图形艺术标准的白点色温（5000K）进行颜色显示。显示器特性化可简单地创建配置文件，描述显示器当前如何显示颜色。

显示器校准涉及调整下列视频设置：亮度和对比度（整体的显示亮度）、伽马（中间色调值的亮度）、荧光粉（CRT 显示器发光的物质）以及白点（显示器可显示亮度和强度最高的颜色）。

校准显示器时，应将其调节至已知规格。校准显示后，将保存一个颜色配置文件。该配置文件说明了显示器的颜色配置——显示器能显示哪些颜色，不能显示哪些颜色，图片中的颜色数值如何转换才能正确显示。

详情参见InDesign帮助中的“校准和配置你的显示器”。

——InDesign帮助

定义打印需求

无论文档是用于打印交付还是数字格式，在开始制作之前，都应清楚文档的输出需求。例如，对于打印文档，应与印前服务提供商商量文档的设计和色彩使用。由于印前服务提供商了解设备性能，他们的建议可能会有效地提高效率，降低成本，提高质量，避免潜在的打印或色彩问题。本课程用到的广告是为使用 CMYK 颜色模式的商用打印机设计的。

提示：服务提供商和商用打印机可能会提供带有用于输出的各种必备规格的印前检查配置。用户可以导入这些配置，并用来检测文档是否符合要求。

为确定文档是否满足打印需求，可使用印前检查配置进行检查，该配置包含了文档尺寸、字体、颜色、图片、出血等一系列规则。然后，印前检查面板会提示用户文章中任何不遵循该规则的配置。下面将导入由打印商提供的出版杂志的印前检查配置。

加载一个印前检查配置

首先，载入由打印机提供印前检查配置。

1 选择“窗口”>“输出”>“印前检查”。

2 从“印前检查”的面板菜单（≡）中选择“定义配置”文件。

3 在“印前检查配置文件”对话框中，单击左侧印前检查配置列表下方的“印前检查配置文件菜单”按钮（≡），选择“载入配置文件”。

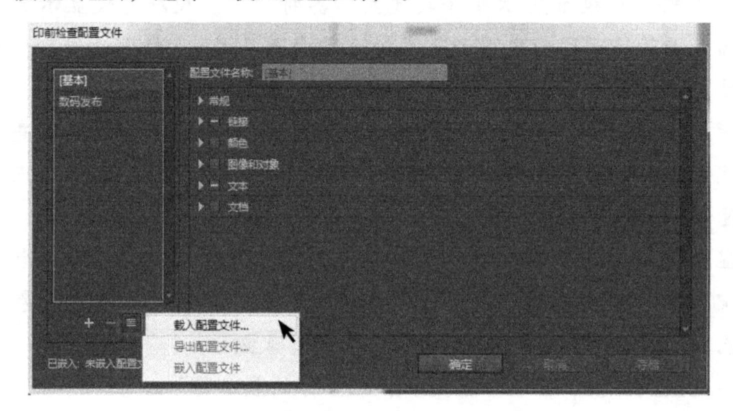

4 选择 InDesignCIB \Lessons\Lesson08 内的 Flyer Profle.idpp fle 文件，单击“打开”。

5 选择印前检查配置，通过查看这个广告输出指定的设置，单击箭头旁边的其他选择“印前检查”后，请仔细查看广告输出特定的配置。

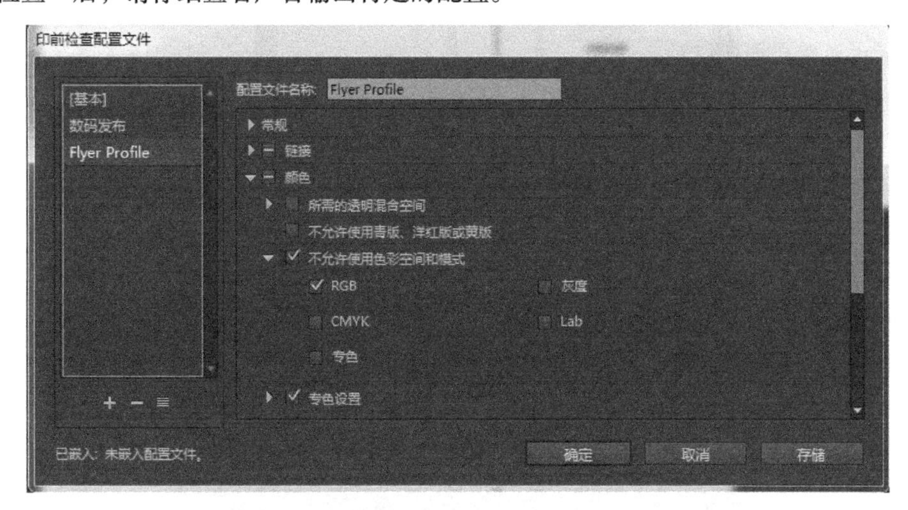

检查那些 InDesign 标记为错误的选项。例如，在“颜色”>“不允许使用色彩空间和模式”中如果勾选了 RGB 选项，任何 RGB 的图片都会引起报错。

6 单击“确定”按钮，关闭“印前检查配置文件”对话框。

选择一个印前检查配置

接下来，将选择标志 Flyer Profile 并审查错误。

1 在印前检查配置文件菜单，选择 Flyer Profile。
注意，配置文件检测出当前颜色存在的一个问题文件。

2 若要查看错误，请单击旁边的三角形 COLOR（1）。

3 单击不允许使用颜色空间（1）旁边的三角形。

4 双击行选择触发错误。

5 如果有必要，单击下面不允许使用的信息旁边的三角形，查看问题的细节。在接下来的练习保持这个面板打开。这个文件是 CMYK 印刷，在 RGB 色彩模式中是不允许的。

为色板面板添加颜色

接下来，将通过配置应用于线的颜色模式转换解决预检错误。

1 选择“窗口”>“颜色”>“色板”，显示色板面板。

2 单击色板面板左上角的描边按钮。注意应用于线条的颜色（如果有必要的话，再次在印前检查面板双击线，在色板面板单击描边框（ ））。

3 在色板面板颜色列表，双击色块打开“色板选项”对话框。

4 在“颜色模式”下拉列表中选择 CMYK，然后单击“确定”。

提示：当最终输出文件（“文件”>“打包”），InDesign 可以调整颜色的问题，将以同样的方式改变颜色模式。

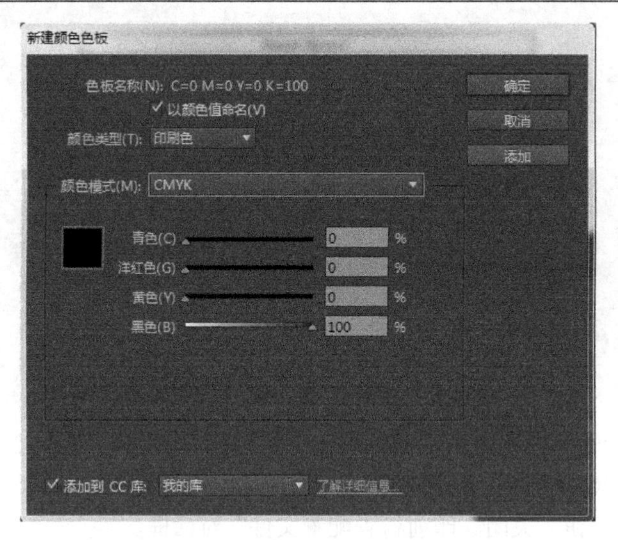

5 请注意，这时错误不再显示在印前检查面板。

6 关闭印前检查面板，并选择“文件”>“储存”。

创建颜色

为了设计具有最大的灵活性，InDesign 提供了多种方法来创建颜色。一旦创建了颜色和色卡，就可以将它们应用到对象、描边和布局文本中。对于颜色的一致性使用，使得用户可以在文档和用户之间共享颜色。

注意：可以移动面板和缩放级别更改为设置最适合的。有关详细信息，请参见第 1 课“使用面板”和“修改文档的缩放比例”。

- 使用颜色面板创建颜色。
- 在色板面板创建命名重复和一致的用法。
- 选择一种颜色从图像使用吸管工具。
- 从图像使用颜色主题工具或在对象生成的颜色主题中选择。
- 从 Adobe 颜色主题面板创建和选择主题。
- 使用 CC 库功能与 PS 图像处理软件和插画分享的色彩，与工作组的其他成员，分享其他文件。

在不同的颜色模式可以定义颜色，包括 RGB、CMYK 和“专色”模式如 PANTONE。现场和过程的区别（CMYK）颜色在这个练习中详细讨论之后完成。

本广告示例将使用商用打印机按照 CMYK 颜色模式进行打印，需要 4 个独立的印版，分别对应青、品红、黄、黑 4 种颜色。但是 CMYK 颜色模式的颜色范围有限，此时就需要用到专色。专色用于创建 CMYK 色域外的其他颜色或将一直使用的专用颜色，如某些公司图标中的颜色。

在这个练习中，首先使用色板面板创建一个 PANTONE 颜色。然后使用吸管工具、颜色面板和色板面板创建一个传单的背景色 CMYK 色卡。最后，使用“颜色主题”工具从文档中的马赛克图像中创建一组互补色。选定的主题颜色将添加到色板面板和 CC 库。

> **提示：**许多企业为客户的项目工作时指定 PANTONE 色彩。

创建一个 PANTONE 专色

在这个传单中，右下角的艺术标志设置为 PANTONE 专色。现在，将从颜色库中添加专色。在真实的场景中，需要通知打印机为计划使用 PANTONE 专色。

1 使用选择工具（ ），单击周边页面以确保没有选择的页面。
2 如果有必要，选择“窗口”>“颜色”>“色板”，显示色板面板。
3 从色板面板菜单（ ）中选择“新建颜色色板”。
4 在“新建颜色色板”对话框中，从“颜色类型”下拉列表中选择“专色”。
5 从“颜色模式”下拉列表中选择“PANTONE +Solid Coated”。
6 在“PANTONE C”框中，输入 165，可自动滚动 PANTONE 色板列表至需要的“PANTONE 165 C”。
7 取消勾选左下角的“添加到 CC 库”。

> **提示：**CC 库允许分享，如颜色、文档等。第 10 课将会介绍 CC 库的知识。

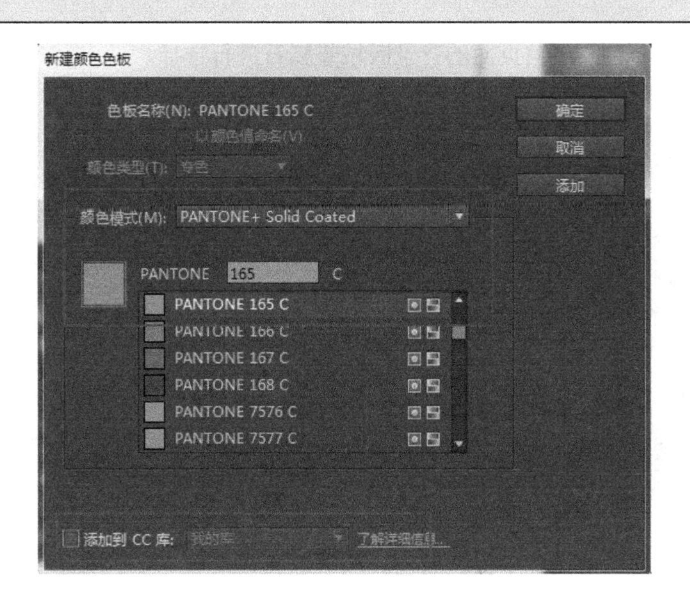

8 单击“确定”按钮，即可将该专色添加进色板中。

> **提示：**若打印需选择“PANTONE”颜色，应从打印“PANTONE”颜色向导中选择。

色板上颜色名称旁边的图标（ ）说明该颜色为专色。新的颜色添加到色板面板并存储在了文件中。

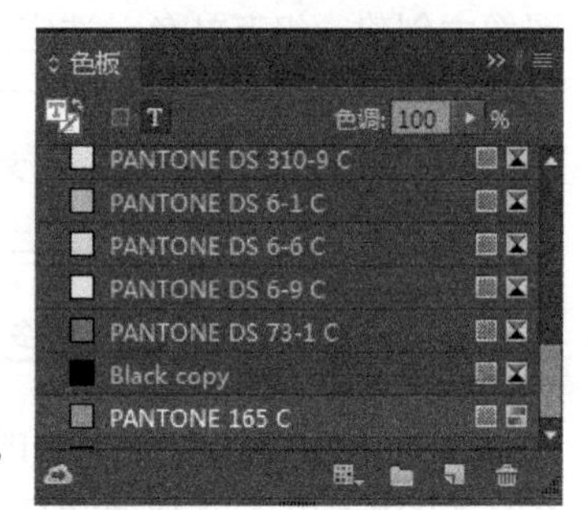

9 选择“文件”>“存储”。

可将新添加的专色应用到本课后面的“ART”文本。

创建印刷色

创建一个CMYK颜色样本，需要认识颜色混合和颜色值。或者，可以尝试在颜色面板中定义颜色并添加颜色作为颜色样本。也可以使用滴管工具从图像的颜色来“吸取”。在这个练习中，将使用吸管工具，以尽快开始创造一个CMYK颜色样本，然后通过简单的输入颜色值创建另一个色彩。

> **提示：**利用色板面板上颜色的名字很容易编辑和更新文档中的对象的颜色。虽然也可以使用颜色面板向对象应用颜色，但是没有快速的方法来更新这些颜色，这些颜色被认为是未命名的颜色。相反，如果要在多个对象上更改未命名的颜色，则需要单独更改每个对象。

1 选择“窗口”>“颜色”>“颜色”，以显示颜色面板。

2 在颜色面板上，单击左上角的填充框（ ）。

3 单击向工具面板底部的颜色主题工具并按住鼠标按钮，在弹出菜单中选择吸管工具（ ）。

4 单击吸管工具，在左下角页面的背景区域垫脚石进行选择。

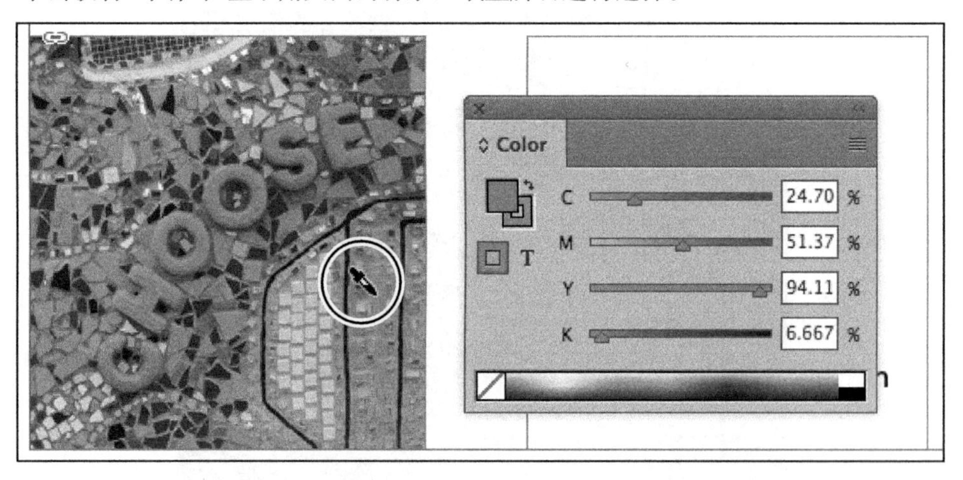

5 从颜色面板中显示的图像中提取颜色。从颜色面板菜单（ ）中选择“添加到色板”。

提示：当 PANTONE 色彩定义颜色时，最匹配图像中的颜色，它能更好地使用吸管工具、颜色面板。

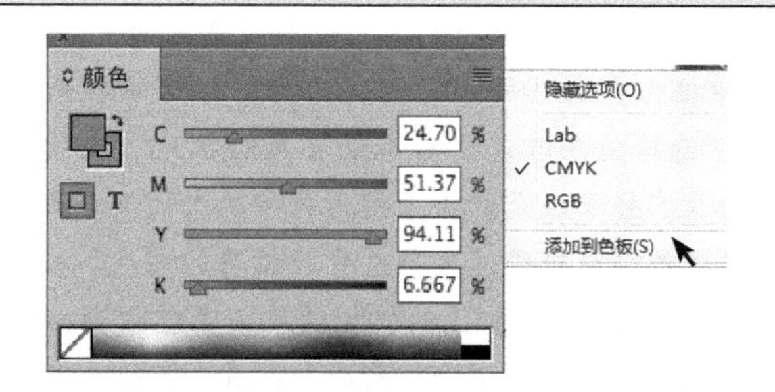

可以看到，一个色块被自动选择添加到色板面板列表的底部。

6 在色板面板中，双击要调整其设置的新样本。

7 在“颜色模式”下拉列表中选择“CMYK”，并在下面的字段中键入值以调整颜色。

- 青色：22。
- 洋红色：49。
- 黄色：88。
- 黑色：5。

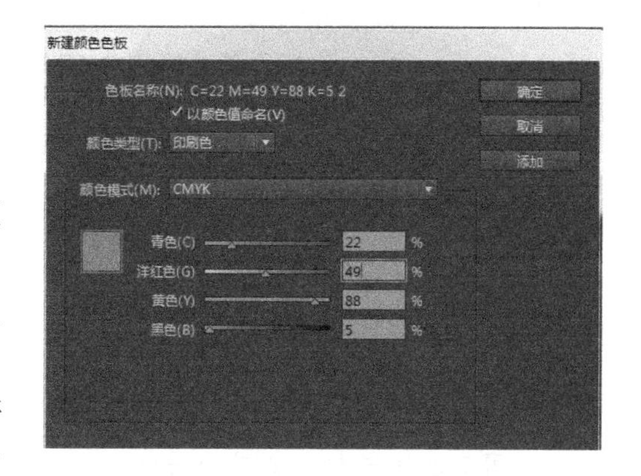

8 输入完成后，单击“新建颜色色板”对话框中的“确定”按钮。

9 在色板面板的底部单击新建色板（）中选定样本的副本。

10 双击添加到色板面板底部的新样本。打开“新建颜色色板”对话框，从中可以编辑新建颜色。

11 如果有必要，检查名称与颜色值。确保颜色类型设置为“印刷色”，颜色模式设置为“CMYK”，并在字段中输入如下值。

- 青色：28。
- 洋红色：91。
- 黄色：95。
- 黑色：29。

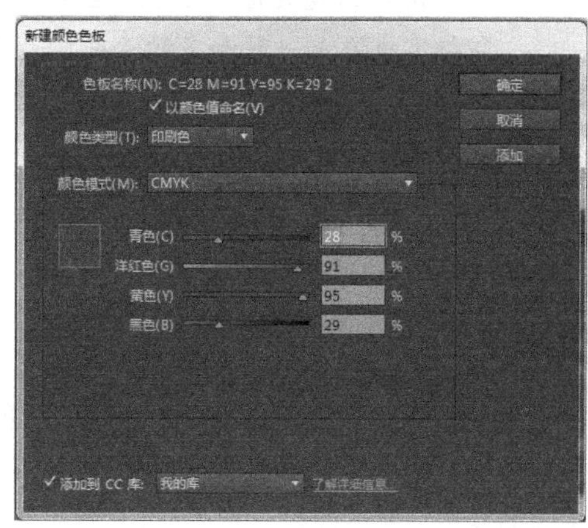

12 单击“确定”以更新颜色，然后选择“文件”>“储存”。

现在已经创建了一个点的色块和两个（CMYK）色板。接下来，将从图像创建颜色主题，可以添加个人色彩和整个主题色调色板面板。

关于专色和印刷色

专色是一种预先混合好的特殊颜色，用以替代或是补充CMYK印刷油墨。每种专色都需要在打印机上有自己的印刷板，因此当指定的颜色较少或是对颜色准确性要求较高时，可选择使用专色。专色油墨可精确地重现印刷色色域之外的颜色。但专色打印出的真实样子还是取决于商用打印机上的混合油墨，以及打印用的纸张，而非取决于设定的颜色值或通过颜色管理指定的颜色。指定的专色值仅仅用于描述该颜色在显示器和复合打印机上的模拟效果（受制于输出设备的色域）。

印刷色使用4种标准印刷色油墨混合进行打印：青、品红、黄、黑（CMYK）。当某项目需要的颜色较多，而且都用专色的话会非常昂贵而且不可行（比如打印彩色照片），此时应使用印刷色。

- 为实现高质量的打印效果，可使用印刷色谱（印刷商可能会提供）中的CMYK值进行设置。
- 印刷色颜色值最终都为CMYK形式，因此如果使用RGB（或Lab）模式指定印刷色值，在打印时这些值都会转换为CMYK。转换出来的效果会根据颜色管理设置和文档配置产生差异。
- 不要根据显示器上的效果来指定印刷色，除非设置了合适的颜色管理系统，并且了解显示器显示颜色的各种限制。
- 由于CMYK的色域比一般的显示器要小，因此应避免在文档中使用数字设备专有的印刷色。

有时候，在同一项目中可同时使用印刷色和专色。比如，在同一页面中，使用专色油墨打印公司的图标，使用印刷色打印年度报告中的照片。用户也可使用专色印刷版，在印刷色项目区域上应用上光色。在这两种案例中，打印共需要5种颜色油墨——4种印刷色油墨和1种专色油墨。

用户创建的每个专色都会在打印机上添加额外的专色印刷版。通常，商用打印机可能添加一种和多种专色，可使用两种颜色混合（黑色和一种专色），或是4种颜色（CMYK）。使用专色将会增加打印成本。若要在项目中使用专色，最好能事先咨询打印提供商。

——InDesign帮助

创建颜色主题

创建图像，以补充在文档中使用的颜色，可以使用InDesign颜色主题的工具。利用该工具可分析图像或对象，选择有代表性的颜色，并创建或生成5个不同的主题。可以选择添加一个色彩主题的样本到样本面板，并通过CC库共享颜色主题。使用颜色主题工具有以下方式。

- 单击带有颜色主题工具的图像或对象，从小区域创建颜色主题。
- 拖动颜色主题工具到页面上的可选图片或对象，从中创建颜色主题。
- Alt 单击（Windows）或 Option+ 单击（Mac OS）颜色主题工具，可以清除现有的颜色主题，并创建一个新的。

查看颜色主题

首先，您将从“CHOOSE”一词的马赛克图像中查看可能的颜色主题，然后选择要使用的颜色主题。

1 在工具面板中，单击吸管工具（ ）。按住鼠标键查看弹出菜单，然后选择“颜色主题工具”（ ）。

提示：按 I 键可选择颜色主题的工具。如果有必要，按 I 键可在吸管工具和颜色主题工具间切换。注意，在编辑文本时不能使用键盘快捷方式。

2 在页面左下角找到包含“CHOOSE”的马赛克图像。

3 在图像的任意位置单击。

注意，颜色主题面板将显示从图像中提取的颜色主题。

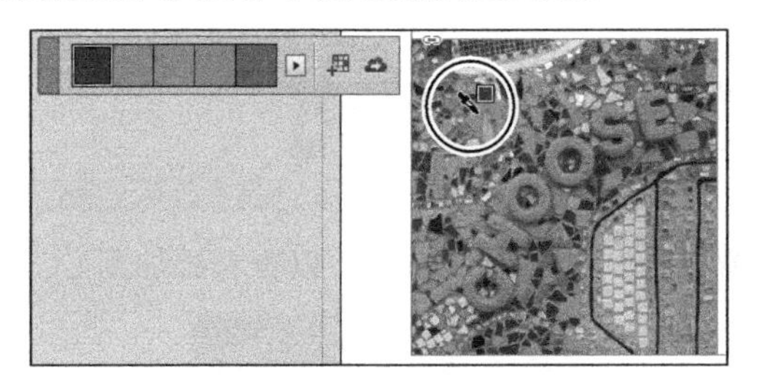

4 在颜色主题面板上，单击当前主题菜单。

选择“暗”主题。

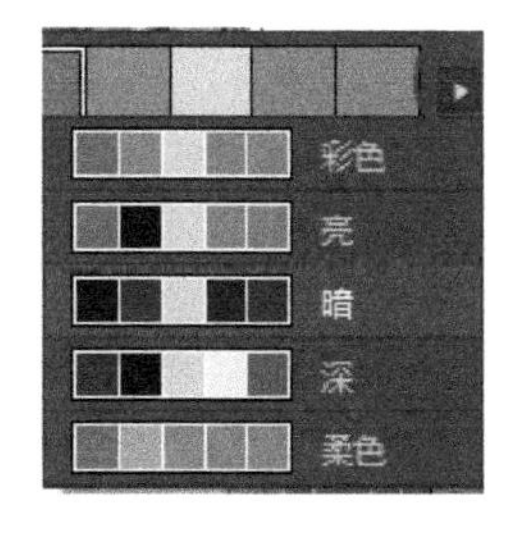

添加主题到色板面板

暗颜色主题将更适合本例中的海报。首先，将它添加到色板面板，然后查看它在 Adobe 的颜色主题面板，这将有助于管理主题。然后，即可在工作组中与进行营销活动的其他人分享这个颜色主题。

提示：要在整个主题的色板面板中添加一个颜色主题单一的颜色，选择主题颜色面板样本，然后按住 Alt 键（Windows）或 Option 键（Mac OS）添加到色板按钮。

1 在颜色面板选择“暗”主题，然后单击将此主题添加到色板按钮（ ）。

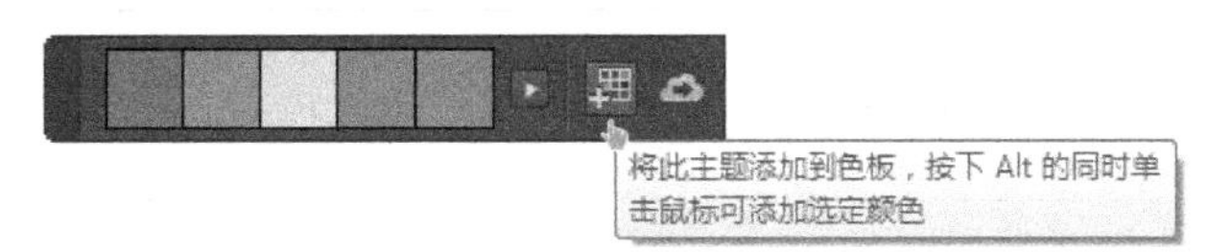

2 如果有必要，选择“窗口”>“颜色”>“色板”，打开色板面板。

3 向下滚动，以查看暗主题添加到色板面板的颜色组（被组织在一个文件夹）。

> **注意**：暗主题颜色的 CMYK 颜色值可能略有不同。但这不会影响本课的学习。

4 选择“文件”>“存储”。

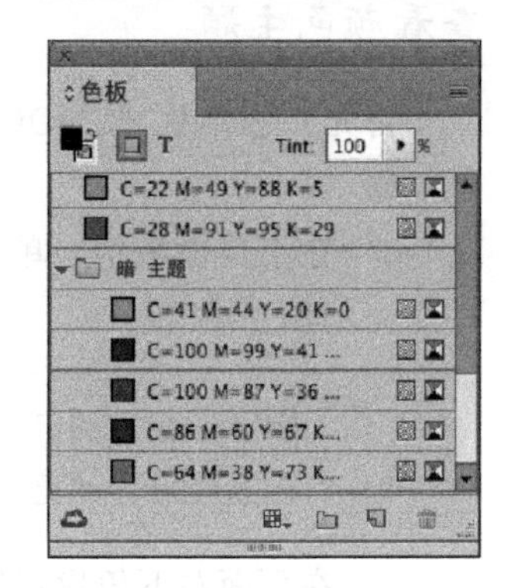

为 CC 库添加一个颜色主题

利用 InDesign Creative Cloud 库的功能可以很容易地共享资产，如色板、主题与工作组。如果多个设计师正在进行杂志或营销活动，这将确保创意团队中的每个人都可以轻松访问相同的内容。本例中，将添加暗颜色主题到创意云库。关于 CC 库的更多信息，参见第 10 课。

1 在颜色主题面板，暗主题仍然显示时，单击将此此主题添加到我当前的 CC 库按钮（ ）。

> **注意**：要使用 Creative Cloud 创意库功能，须确保 Adobe Creative Cloud 应用程序在您的系统上运行。

2 如果需要，选择“窗口”>“CC Libraries”，以查看添加到 CC 库面板中的暗主题。

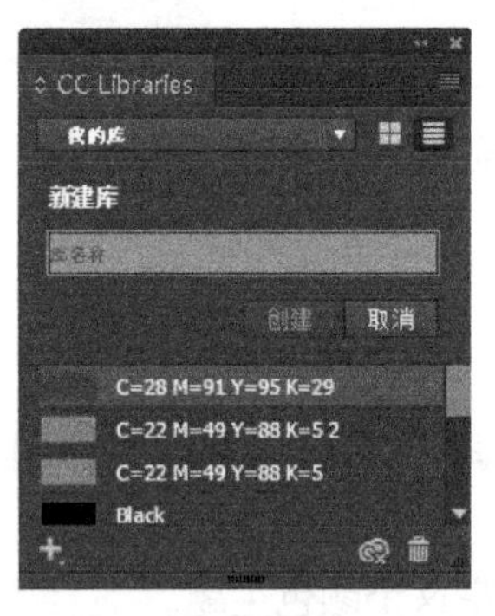

3 单击 CC 库面板菜单查看合作选项：共享链接。

4 暗主题被添加到 Adobe 颜色主题面板。如要查看，可选择“窗口”>“颜色”>“Adobe Color Themes”。

5 在 Adobe 颜色主题面板中，单击“My Themes”，然后从“库”下拉列表中选择“我的库”。

> **注意**：如必要，可从“My Themes”选择不同的面板库。

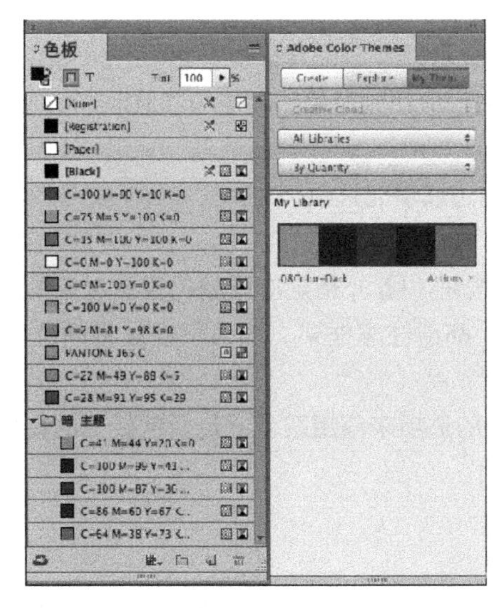

6　选择“窗口”>“颜色”>“Adobe Color Themes”关闭面板。

7　选择“文件”>“存储”。

在下一个练习中，将使用色板面板为对象应用颜色。

色彩管理的主题

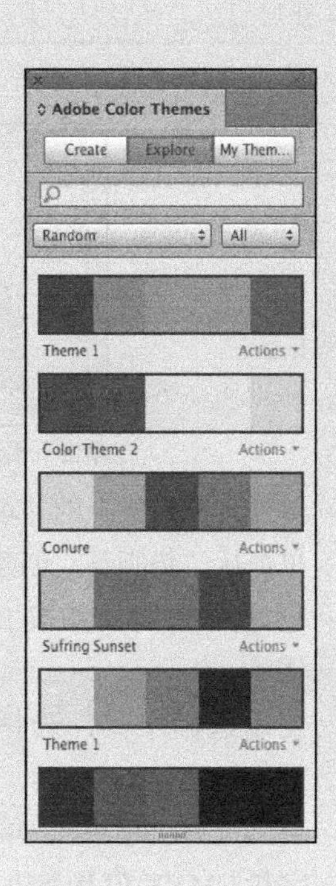

InDesign用户可以创建和管理色彩主题的许多选项。这些工具可以帮助用户在应用程序和项目中同步颜色并与其他用户协作。

- 利用 Adobe Color CC 应用程序可以从 iPad、iPhone、Android 系统设备创建颜色主题。
- 利用 Adobe Color CC 网站 https://color.adobe.com 允许创建自己的颜色主题，探索其他用户的主题，并审查主题。
- 利用 Adobe 的颜色主题面板（“窗口”>“颜色”>“Adobe Color Themes”）可以在 InDesign 和其他 Creative Cloud 应用程序创建和探索主题，如 Photoshop CC 和 Illustrator CC。
- CC Libraries 面板（“窗口”>“CC Libraries”）允许用户与工作组共享颜色主题，并通过复制、移动或删除它们来管理颜色主题。

关于这些功能的更多信息，请参考InDesign帮助。

应用颜色

一旦创建色板，就可以将它们应用到对象、文本和其他地方。应用颜色一般有如下 3 个步骤。

1 选定文本或对象。

2 根据修改要求，选定描边或填充选项。

3 选择颜色。

使用“描边 / 填色”切换按钮（），指定应用颜色值在对象的边缘（描边）或是对象的内部（填色）。无论何时应用颜色，都请注意框架，因为很容易将颜色应用到错误的部位。此时中间菱形的边框架已变为绿色。

InDesign 提供了很多其他的选项来应用颜色，包括色板上的物体。随着工作越来越熟练，会发现哪种方法最适合自己的工作。

为对象应用填充颜色

在本例中，将在页面上使用色板面板对不同的对象应用填充颜色，拖动一个色板，并使用吸管工具。

1 如果有必要，选择“窗口”>“颜色”>“色板”来显示色板面板。需保留这个面板，直到本课结束。

> **提示：** 单击小箭头（）在互换的描边和填色中选定对象的颜色。

2 使用选择工具（），单击页面边缘的任何地方。

单击页面边缘，选择上面显示的大文本框

3 单击色板面板上的“填色”（）。

4 单击从“垫脚石”创建的颜色：C=22 M=49 Y=88 K=5。

5 色调选择 30，并按 Enter 键（Windows）或 Return 键（Mac OS）。

6 使用选择工具，选择左侧的文本框，包含“Experience the Evolution”。

7 仍然选择“填色”，单击在黑 _ 主题组的薰衣草色。色块的名字和 CMYK 值是类似的：C=41 M=44 Y=20 K=0。

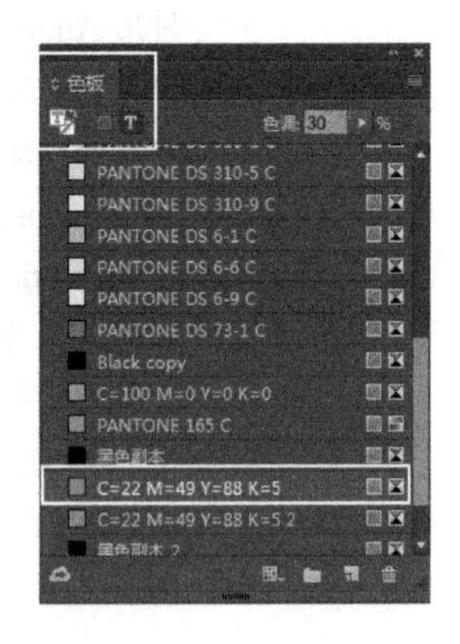

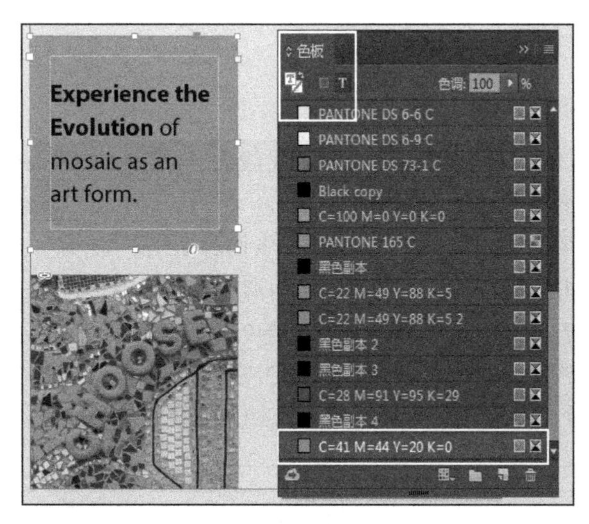

8 单击纸板，以确保没有在页面上选择。

9 在色板面板中，单击红色色块：C=28 M=91 Y=95 K=29。

10 将色板拖到页面底部包含“beautiful mosaics”字样的文本框中。

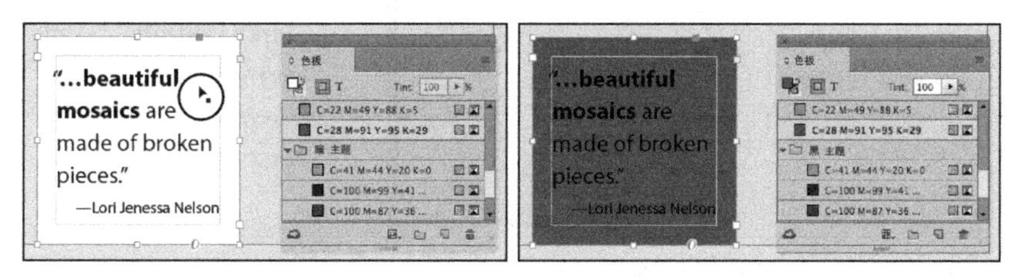

11 单击面板，没有对象被选中。

12 在键盘上按 I 键两次选择吸管工具（![]）。单击包含“Experience the Evolution”文字的文本框的背景颜色。

注意，此时“吸管”已填充了颜色（![]），说明已成功从对象中获取属性。

13 单击右下角包含“ART”的框。

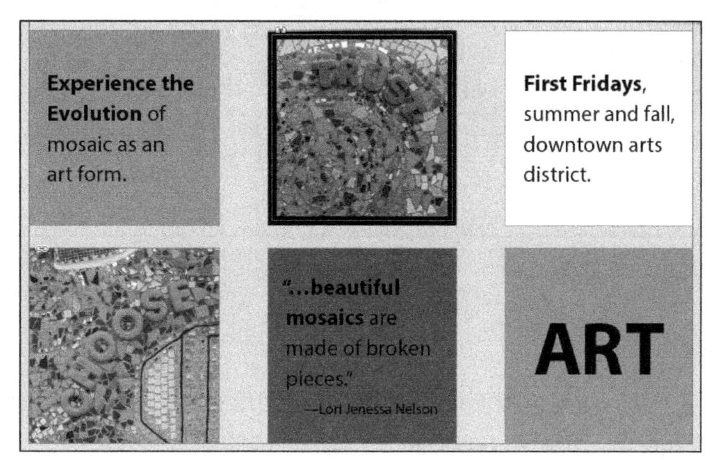

14 选择“文件” > “存储”。

创建描边

利用描边面板（“窗口” > “描边”）可以勾勒出线条、框架和文字。本例中，将使用控件面板上的选项将颜色应用到现有的线条和图形框描边中。

1 使用选择工具（![]），单击“ART SHOW”下面的横线。

2 在控制面板上单击“描边”按钮右侧的三角形，打开菜单。

3 向下滚动列表，选择紫红色：C=28 M=91 Y=95 K=29。

提示：如果选中颜色错误的对象或对象的错误部分，可以选择“编辑” > “还原”再试。

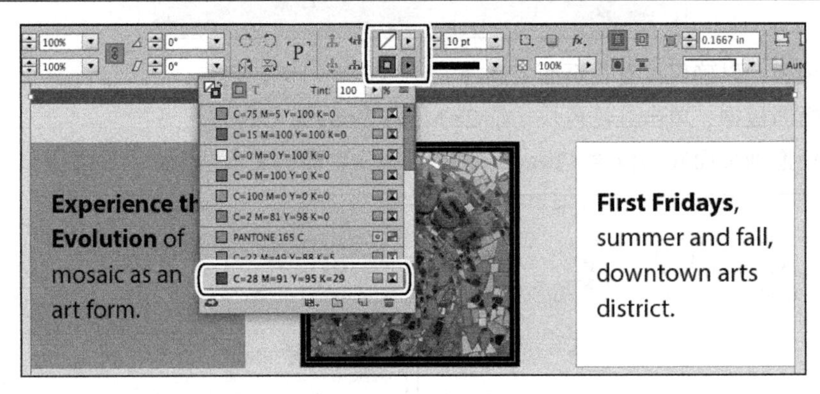

4 使用选择工具，单击图形框包含的“Trust”。

5 再次打开控制面板上的“描边”菜单，打开“暗 _ 主题”组。

6 在“暗 _ 主题”组选择绿色。色块的名字和 CMYK 值将类似于：C=64 Y=38 M=73 K=19。

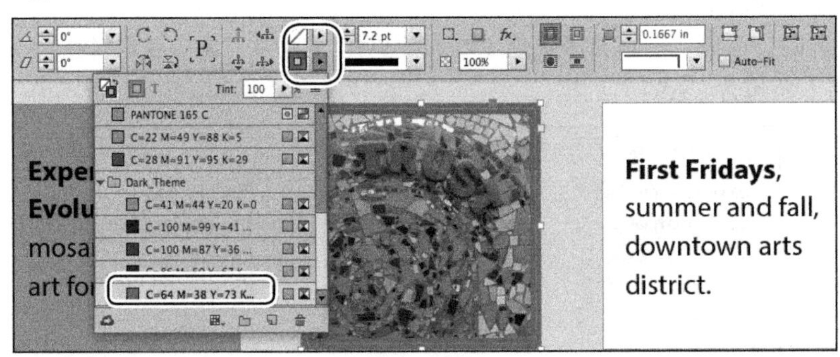

7 选择“文件” > “存储”。

为文本应用颜色

选择文本和文字工具，使用色板面板和控制面板应用填充颜色。若是在黑暗的背景上的颜色较轻文字，则创建反相文字，将使用 InDesign 的“纸色”颜色。

提示：“纸色”是一个特殊的模拟纸张上印刷的颜色。

1 使用文字工具（T），在文本框中单击“Experience the Evolution”并拖动选择所有文本。在色板面板，注意到填充框已经改变（），代指文本已被选定。

2 选择填充框，在“暗_主题”组单击深蓝色的色板。色块的名字和 CMYK 值将类似于：C=99 M=86 Y=37 K=30。

3 使用文字工具，右键单击包含“First Fridays”字样的框架，请按 Ctrl + A（Windows）或 Command + A（Mac OS）键来选择段落中的所有文本。

4 在色板面板仍然选用“填色”，单击的紫红色：C=28 M=91 Y=95 K=29。单击纸板取消文本，显示如下。

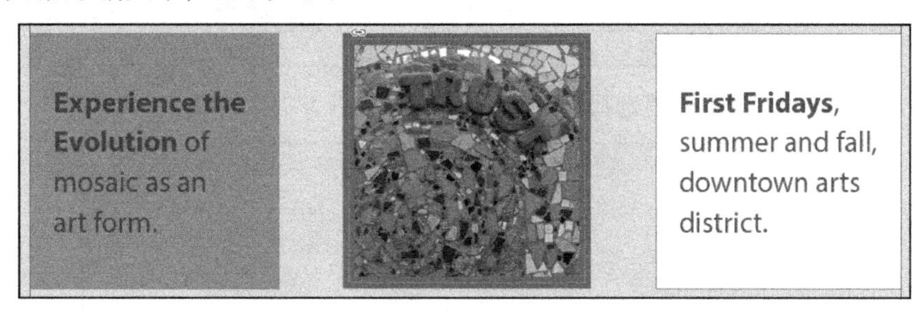

5 使用文字工具，在页面底部的文本框中单击包含“beautiful mosaics”的文字，然后选择“编辑”>“全选”，来选择所有文本。

6 仍然选择“填色”，单击色板面板的“纸色”颜色。然后单击纸板取消文本，查看结果。

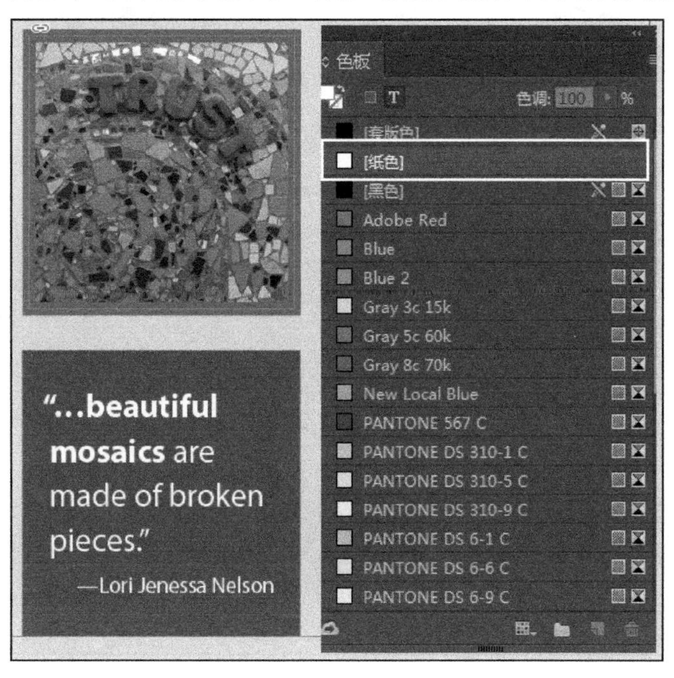

7 使用文字工具，单击右下角包含“ART”的文本框。双击单词以选中它。

8 仍然选择“填色”，单击 PANTONE 165 C 色板。

9 选择“ART”一词，再选择“窗口”>“描边”。

10 在“粗细”中键入“2 点”，按 Enter 或 Return 键。

11 在色板面板选择描边（），单击黑色。

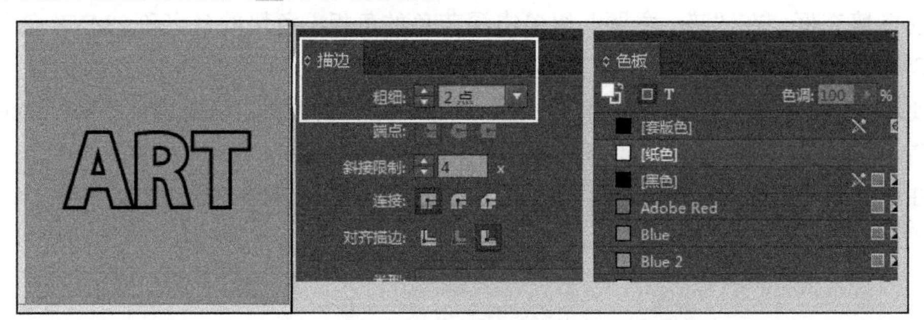

12 选择“编辑”>“全部取消选择”，然后选择“文件”>“存储”。

色调色板工作

色调色板是一个筛选（较浅）版本的颜色，可以迅速地运用。色调色板可在色板面板和其他颜色菜单中查找。用户可以通过对色调面板菜单载入色板命令来共享色调色板。本例中，将创建一个浅绿色色块，并将其应用到其余的白色文本框。

创建色调色板

从现有的颜色色板创建一个色调色板。

1 选择“视图”>“使页面适合窗口”，将该页面居中显示在窗口中。

提示：由于 InDesign 保持了色调和原有颜色之间的关系，因此色调十分有用。例如，如果将棕色修改为其他颜色，相应的色调也会修改为更浅的显示效果。

2 使用选择工具（ ），单击周边页面以确保没有选择的纸板。

3 在色板面板选择“暗 _ 主题”组绿色色块。色块的名字和 CMYK 值将类似于：C=66 M=38 Y=73 K=21。

4 选择色板面板菜单（ ）中的“新建色调色板”选项。

5 在“新建色调色板”对话框中，底部的“色调”选项是唯一可以修改的选项。在“颜色”框中键入 35，然后单击“确定”。

新建的色调色板将显示在列表的底部。在色板面板顶部会显示有关所选色板的信息，目前选定的填充颜色和色调框显示颜色为 35% 的原始颜色。

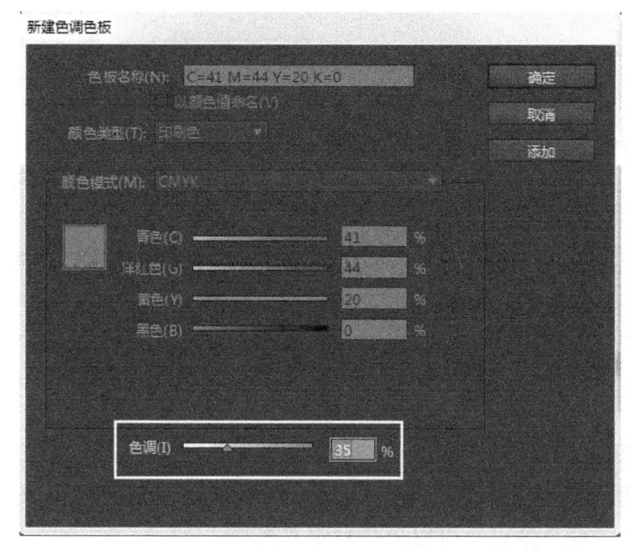

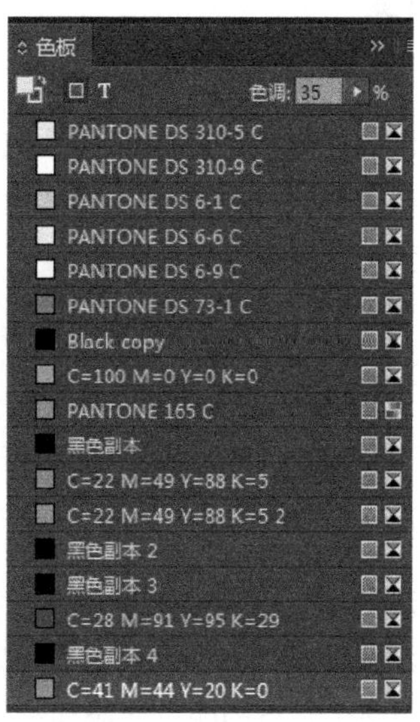

应用色调色板

可应用色调色板将其作为填充颜色。

1 使用选择工具（ ），单击包含单词“First Fridays”的文本框。

2 在色板面板中单击“填充”（ ）。

3 单击刚才创建的色板面板，其色调色板名称将类似于：C=64 M=38 Y=73 K=20 35%。注意颜色是如何变化的。

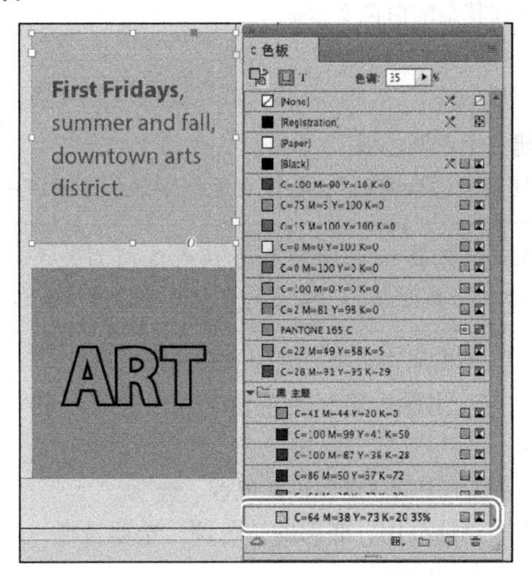

4 选择“文件”>“存储”。

使用渐变

渐变是两种或多种颜色之间，同一颜色不同色调之间的逐渐混合。用户可创建出线性或径向渐变效果。本例将使用色板创建线性渐变，并将其应用到若干对象上，然后使用渐变工具调节渐变效果。

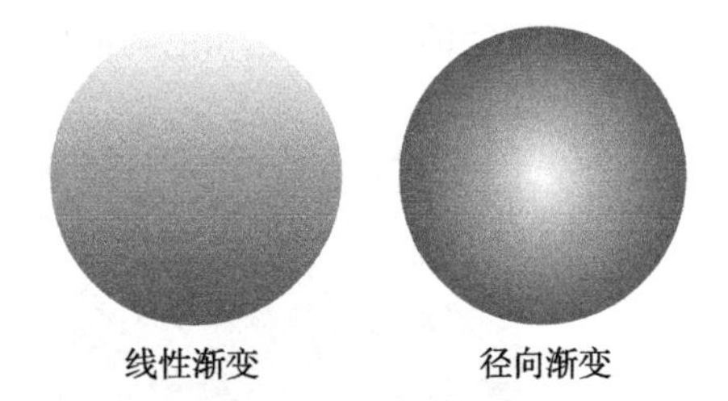

线性渐变　　径向渐变

提示：不管是用于平板、电脑、喷墨式打印机还是胶印机，都应测试特定输出设备的颜色渐变。

创建渐变色板

在新的渐变色板对话框中，渐变由渐变斜坡中的一系列颜色站点来定义。站点是每个颜色之间的过渡强度的点，它由一个正方形下面的渐变坡道标识。每一个设计渐变至少有两个颜色站点。通过编辑每个站点的颜色并添加额外的颜色站点，可以创建自定义渐变。

1 选择“编辑”>“全部取消选择”，确保没有选择任何对象。

2 选择色板面板菜单（ ）中的“新建渐变色板”选项。

3 色板名称：淡紫色 / 白色，将类型设置为线性。

4 单击左停止标记（![]），从“站点颜色”下拉列表中选择“色板”，然后向下滚动列表，选择淡紫色颜色样本。它的名字将类似于：C=41 M=44 Y=20 K=0。

> **提示**：创建渐变色板，使用淡色颜色，首先要创建色板面板色彩样本。

请注意，左侧渐变坡道现在是淡紫色。

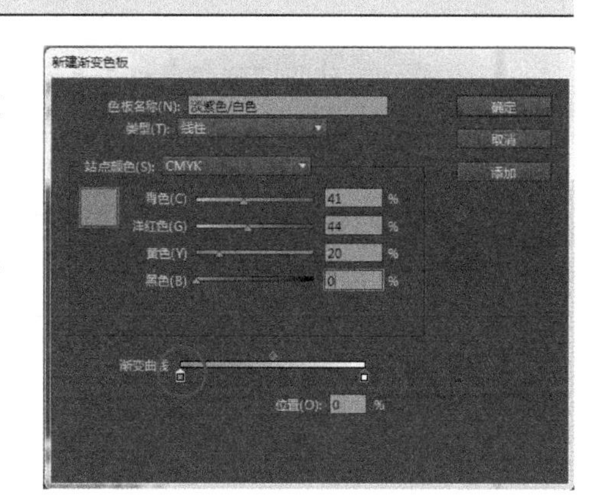

5 单击右停止标记（![]），并确保“站点颜色”设置为“纸色”。

渐变斜面显示淡紫色和白色之间的颜色混合。

6 单击“确定”，新的渐变色板出现在色板面板上方。

7 选择“文件”>“存储”。

应用渐变色板

现在将使用“渐变色”替换文本框中的“填色”。

1 使用选择工具（![]），单击“Experience the Evolution”文本框。

2 在色板面板中单击“填色”（![]）。

3 在色板面板单击新建的渐变色板：淡紫色/白色。

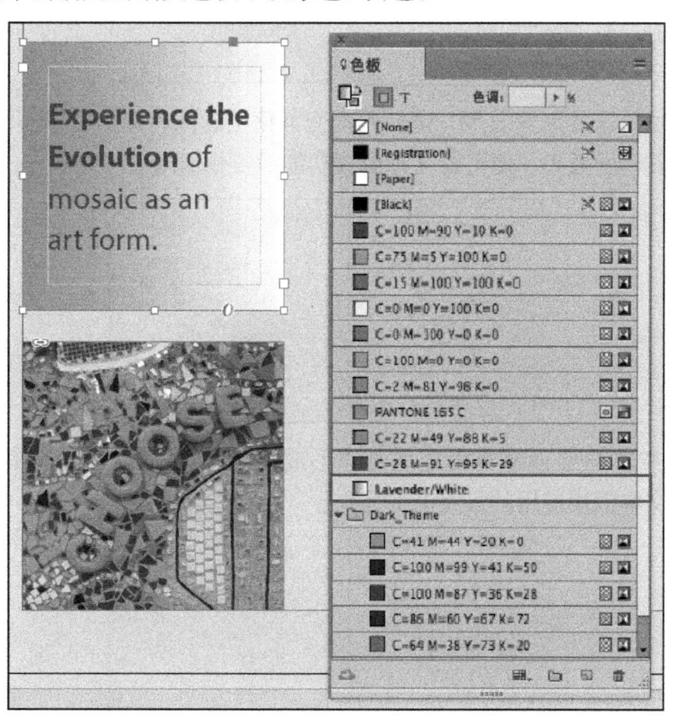

4 选择“文件”>“存储”。

调整渐变混合方向

为对象填充了渐变颜色效果后，通过使用渐变色板工具可修改渐变效果，使其沿着一条绘制的假想线进行渐变。使用该工具可修改颜色渐变的方向，修改起始和终止的站点。下面修改颜色渐变的方向。

提示：使用“渐变色板工具”时，填充对象的范围越大，颜色渐变就越慢。

1 请确保选择“Experience the Evolution”，然后从工具面板中选择渐变色板工具（■）。

2 若要创建渐变效果，请将鼠标指针移到选定文本框的左边缘之外，然后单击并拖动到右侧，如图所示。

提示：按住 Shift 键的同时用渐变工具拖动，可约束渐变角度为水平、垂直或 45°。

当释放鼠标按钮时，会发现淡紫色 / 白色之间的过渡比之前拖动渐变面板工具的渐变要平滑。

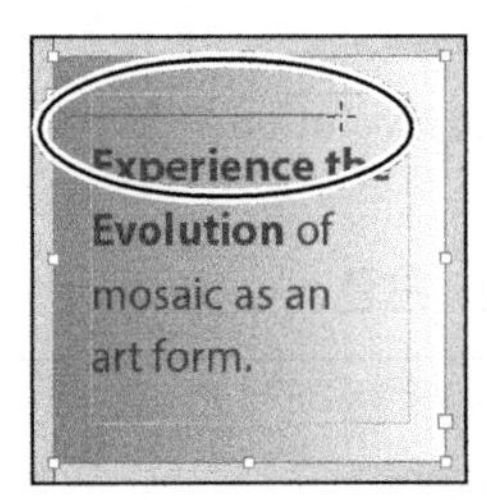

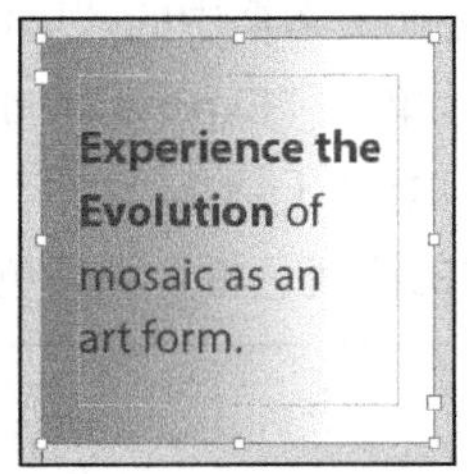

3 若要创建更加快速的渐变效果，请使用渐变羽化工具拖动文本框中心的细线。继续尝试渐变色板工具其他的效果，便可深入理解该功能的工作原理。

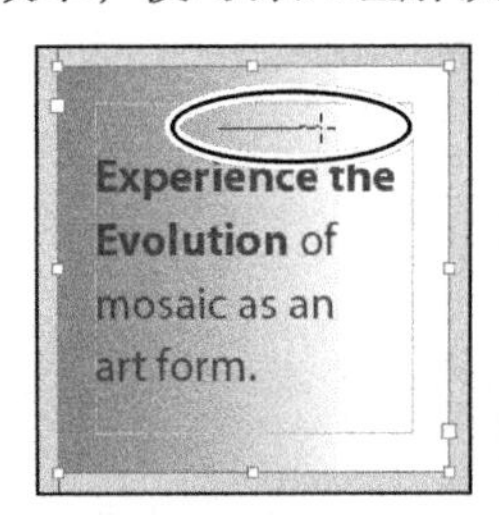

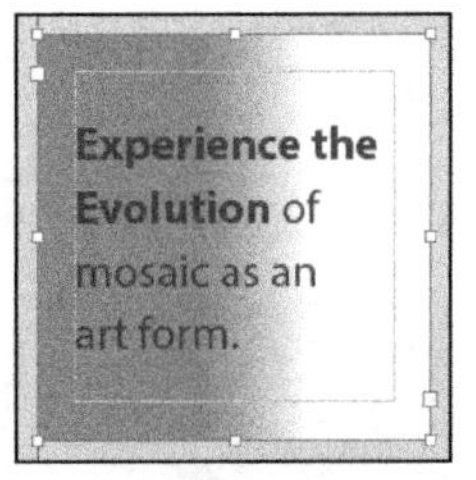

4 完成后，从文本框架顶部拖曳至底部，形成自上而下的渐变。这是对“Experience the Evolution”文本框架应用的最终渐变操作。

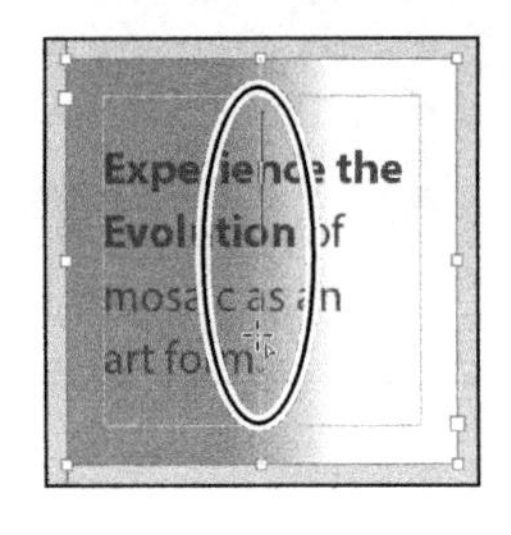

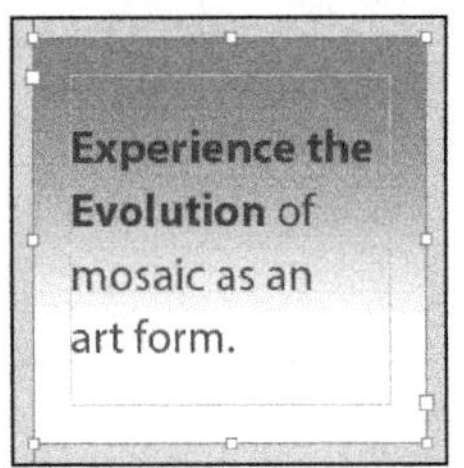

5 单击纸板，以确保没有对象被选中，然后选择“文件” > “存储”。

使用颜色组

如果文档包含许多用于特定用途的颜色色板，可在色板面板中将其分类。在开始分类前，创建的任何颜色主题都会自动分组。清理这个文件来删除未使用的色板。

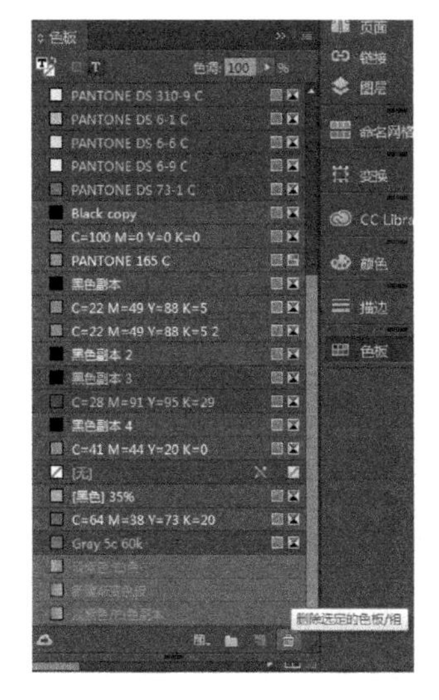

删除未使用色板

首先，将删除本文档中不使用的颜色色板。

1 如果有必要，选择“窗口” > “颜色” > “色板”，以打开色板面板。

2 从色板面板菜单（ ）中选择“选择所有未使用的样式”。

3 在面板底部单击“删除选定的色板 / 组”（ ）。

4 选择“文件” > “存储”。

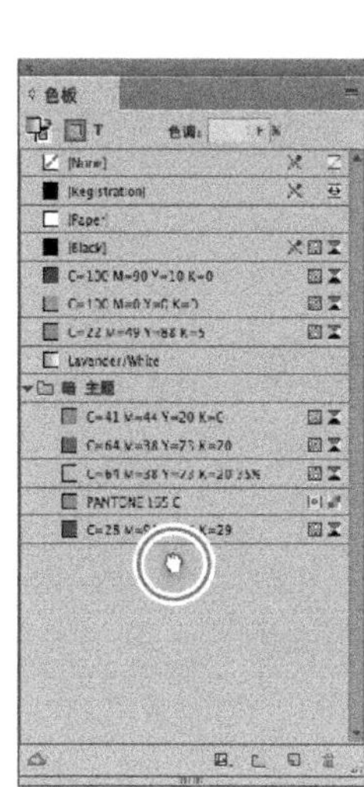

向颜色组添加颜色

为“黑 _ 主题”颜色组添加其他颜色，而不是创建一个新的颜色组，然后重命名该组。

1 在色板面板中，单击 PANTONE 165 C 的样本，并把它拖到“黑 _ 主题”组。

> **提示：**创建一个新的颜色，需从色板面板菜单中选择新颜色，并将其拖动到色板。

2 在“黑 _ 主题”组拖曳其余三色板（包括渐变色板）。

3 双击“黑 _ 主题”组。

4 在“编辑颜色组”对话框中，键入“Art Show Campaign”。

5 单击“确定”按钮。

6 选择“文件” > “存储”。

预览的最后文件

作为最后一步，将在其完成状态预览文档。

1 选择“视图” > “屏幕模式” > “预览”。

2 选择“视图” > “使页面适合窗口”。

3 按 Tab 键隐藏所有的面板和检查结果。

祝贺你！完成了这一章的学习。

练习

请按照以下步骤巩固学习有关导入颜色和使用渐变色板的更多方法。

1 选择“文件”>“新建”>“文档”，然后在“新建文档”对话框中单击“确定”按钮。

2 如有需要，可选择“窗口”>“颜色”>“色板”，打开色板面板。

3 然后选择色板面板菜单（≡）中的“新建颜色色板”选项。

4 在“新建颜色色板”对话框的“颜色模式”下拉列表中，选择“其他库”，并浏览至 Lesson08 文件夹。

5 然后双击文件“08_End.indd”。注意，之前创建的颜色已经显示到“新建颜色色板”对话框中。

6 选择“淡紫色 / 白色”，并单击“添加”。

7 然后选择想要的其他色板，再单击“添加”即可将其添加进新的文档中。

8 完成添加后，单击“完成”按钮。

9 使用框架工具，创建几个矩形框架和椭圆框架，然后再尝试使用渐变色板工具。
拖曳鼠标时请注意，由于拖曳的距离不同会产生不同的渐变效果。

10 双击色板面板的“纸张”，改变颜色值。
文档将反映出纸张颜色变化引起的页面变化，从而达到更真实的预览效果。

复习题

1 使用色板创建颜色相比颜色面板而言有何优势？

2 应用色板的 3 个步骤是什么？

3 使用“专色”和“印刷色”各有什么利弊？

4 创建渐变并应用至某个对象后，如何修改渐变混合的方向？

复习题答案

1 使用色板为文本和对象应用颜色时，如果修改颜色，不需要分别更新每个对象的颜色，只需在色板中修改这种颜色的定义值即可，修改后新的颜色将自动应用于所有对象中。

2 应用色板一般有下列 3 个步骤：①选定文本或对象；②根据修改要求，选定描边或填色选项；③选择颜色。用户可在色板或控制面板中应用色板。使用工具面板可快速使用最近应用的色板。

3 使用专色，可确保颜色的精确性；但是每种专色都需要自己的印刷版，因此会提高成本。当某项目需要的颜色很多（比如打印彩色照片）时，如果都用专色会非常昂贵而且不可行，因此应使用印刷色。

4 可使用渐变色板工具，调整渐变混合方向，沿所需方向拖曳一条虚构直线就可重新设定渐变方向。

第9课　使用样式

课程概述

本课中，将学习如何进行下列操作

- 创建和应用段落样式。
- 创建和应用字符样式。
- 在段落样式中嵌套字符样式。
- 创建和应用对象样式。
- 创建和应用单元格样式。
- 创建和应用表样式。
- 全局更新段落样式、字符样式、对象样式、单元格样式和表格样式。
- 从其他 InDesign 文档中载入和应用样式。
- 创建样式组。

学习本课大约需要 1 小时。

Premium Loose Leaf Teas, Teapots & Gift Collections

EXPEDITION TEA COMPANY™ carries an extensive array of teas from all the major tea growing regions and tea estates. Choose from our selection of teas, gift collections, teapots, or learn how to make your tea drinking experience more enjoyable from our STI Certified Tea Specialist, T. Elizabeth Atteberry.

Loose Leaf Teas

We carry a wide selection of premium loose leaf teas including black, green, oolong, white, rooibos and chai. Many of these are from Ethical Tea Partnership monitored estates, ensuring that the tea is produced in socially responsible ways.

2

• An unbelievable
unbelievable taste. A
ring that results in a
ey taste.
i *Lanka* • English
Good body with
Enticing with milk.
:: *Bishnauth region,*
ied liquor with nutty,
ry with milk.
te :: *Nuwara Eliya, Sri*
grown Ceylon with
s an excellent finish.
f the Year.
Hope :: *Darjeeling,*
with the distinctive
nts of black currant
taste.

OOLONG TEA

Formosa Oolong :: *Taiwan* • This superb long-fired oolong tea has a bakey, but sweet fruity character with a rich amber color.

Orange Blossom Oolong :: *Taiwan, Sri Lanka, India* • Orange and citrus blend with toasty oolong for a "jammy" flavor.

Ti Kuan Yin Oolong :: *China* • A light "airy" character with lightly noted orchid-like hints and a sweet fragrant finish.

Phoenix Iron Goddess Oolong :: *China* • An light "airy" character with delicate orchid-like notes. A top grade oolong.

Quangzhou Milk Oolong :: *China* • A unique character —like sweet milk with light orchid notes from premium oolong peeking out from camellia depths.

GREEN TEA

Dragonwell (Lung Ching) :: *China* • Distinguished by its beautiful shape, emerald color, and sweet floral character. Full-bodied with a slight heady bouquet.

Genmaicha (Popcorn Tea) :: *Japan* • Green tea blended with fire-toasted rice with a natural sweetness. During the firing the rice may "pop" not unlike popcorn.

Sencha Kyoto Cherry Rose :: *China* • Fresh, smooth sencha tea with depth and body. The cherry flavoring and subtle rose hints give the tea an exotic character.

Superior Gunpowder :: *Taiwan* • Strong dark-green tea with a memorable fragrance and long lasting finish with surprising body and captivating green tea taste.

4 *Contains tea from Ethical Tea Partnership monitored estates.*

使用 Adobe InDesign 可创建各种样式，这些样式为一组格式属性，可一步应用到文本、对象和表格上。同时，修改样式也将自动应用到所有关联的文本和对象。使用样式可快速统一地设置文档的布局格式。

概述

在本课中，将为“Expedition Tea Company”的产品目录页创建和应用样式。样式是一组格式属性，使用样式可快速统一地设置格式，甚至可应用于跨文档设置（比如“正文”段落样式指定了字体、字号、前导值以及对齐等）。目录页面上含有文本、表格和对象，下面将为其设置格式，然后以此为基础保存为样式。之后如要添加更多的目录内容，便可使用保存的样式一步设置新内容的格式。

1 为确保 AdobeInDesign 程序的首选项和默认设置符合本课程的要求，请先按照“前言”中的步骤将 InDesign Defaults 文件移动到 4 ～ 5 页。

2 启动 Adobe InDesign。为确保面板和菜单命令符合本课程要求，请依次选择“窗口” > “工作区” > “高级”，然后再选择“窗口” > “工作区” > “重置‘高级’”。

开始工作前，需打开已有的 InDesign 文档。

3 选择“文件” > “打开”，选择打开 InDesignCIB\Lessons\Lesson09 中的“Lesson09”。如果显示缺少字体对话框，请单击同步字体。同步完成后，单击“关闭”。

4 选择“文件” > “存储为”，将文件名修改为“09_Styles.indd”，并保存至 Lesson09 文件夹中。滚动浏览所有页面。

5 若要以更高的分辨率显示文档，请选择“视图” > “显示性能” > “高质量显示”。

6 在同一文件夹中打开“09_End.indd”，可查看完成后的文档效果。也可以保持打开该文档，以作为操作的参考。若已经准备就绪，可单击文档左上角的标签显示操作文档。

Tea Gift Collections

Our gorgeous tea collections are packaged in golden tins within an Expedition Tea Company keepsake wooden box with a leather handle and brass fittings. Give it as a gift to your favorite tea lover or to yourself!

Teapots and Tea Accessories

Expedition Tea Company carries a unique collection of modern and traditional teapots, chosen to satisfy many tastes including glass, ceramic, cast-iron, stainless, and silver. Our tea timers, tea bags, tea strainers, scoops and other tea things will make your tea time perfect. The four main categories of tea include: white, green, oolong, black—classified by the way the leaves are processed. Within these four categories, there are myriad variations with fancy names, shapes, flavors, and aromas.

Tea	Finished Leaf	Color	Brewing Details
White	Soft, grayish white	Pale yellow or pinkish	165° for 5-7 min.
Green	Dull to brilliant green	Green or yellowish	180° for 2-4 min.
Oolong	Blackish or greenish	Green to brownish	212° for 5-7 min.
Black	Lustrous black	Rich red or brownish	212° for 3-5 min.

Expedition Tea Company

样式简介

InDesign为几乎所有的文本和格式都提供了自动样式。所有类型样式（包括段落、字符、对象、表格和单元样式）的创建、应用、修改和共享操作都一致，有关样式有以下几点需知。

提示：所有样式面板菜单都提供了从其他 InDesign 文档载入样式选项。当从其他文档复制和粘贴时，这些元素的样式也会一并复制过来。也可以用工作组通过 InDesign CC 库分享段落样式和字符样式。

基本样式

新建文档的默认格式设置都是基于基本样式的。例如，新建的文本框架的样式是由“基本文本框架”样式决定的。因此如果需要为所有新建的文本设置 1pt 的边框架，需要编辑修改“基本文本框架”。请在没有打开任何文档的情况下，修改基本样式，以保证为所有新建文档创建新的默认设置。任何时候，发现在不断重复相同操作时，都应停下来考虑是否应该修改相应的基本样式，或是创建新的样式。

应用样式

应用样式步骤十分简单，只需选定所需对象，单击相关样式面板上的样式名称即可。比如需要对某个表格格式进行设置时，可先选择该表格（“表”>“选择”>“表”），然后单击表格样式面板上的某个样式名称。如果使用的是全键盘，还可以通过设置键盘快捷键来应用样式。

使用样式手动重写格式

在实践中，常常需要某个对象、表格或文本满足特定的样式。这时，可通过手动重写某些格式来满足需求。此时选定的对象如果不匹配所需的样式，样式名称旁会出现加号。

提示：键盘快捷键尤其适用于文本格式。将样式名称与快捷键功能关联起来，可帮助快速地记住相应的快捷键。例如创建了段落样式名称为“1 Headline”，并将快捷键设置为“Shift+1”，可轻松地将其快捷键记住。

将鼠标指针置于样式面板上的样式名称上，会出现工具提示说明应用的重写信息，可查看与原有样式有何区别。每个样式面板的底部都有“清除重写”控件，显示为加号图标。将鼠标指针移至该控件上，可了解如何清除重写。（应用段落样式时如果清除重写失败，可查看是否应用了字符样式。）

修改和重定义样式

使用样式的主要好处在于能够快速对文档进行全局修改。双击样式面板上的样式名称可显示选项对话框，可对该样式进行修改。从样式面板菜单中选择“重新定义样式”还可手动修改文本、表格或对象的样式。

创建和应用段落样式

使用段落样式可快速地对文档进行全局性的设置，极大地节省时间并保证创建统一的设计。段落样式可配合所有文本格式元素进行使用，包括字符属性（如字体、字号、字符样式和颜色）以及段落属性（如缩进、对齐、制表符和连字等）。与字符样式的区别在于，段落样式可以一次性地应用到整个段落，而不仅仅是选定字符。

提示：处理长文档时，如书籍或目录等，使用样式相对于手动设置来说可节省大量的时间。常用方法是在文档开始选择所有文档，并应用“正文”段落格式。然后浏览文本，利用快捷键分别设置标题段落样式和字符样式。

创建段落样式

本练习中，将创建应用段落样式并应用于选定的段落。首先，在文档中本地设置文本格式（而非基于样式），然后再利用已有的格式将其编进新的段落样式。

1 选择“版面”>“下一跨页”，在文档窗口中显示“09_Styles.indd”页面 2。调整视图尺寸，以便查看文本。

2 使用文字工具（T），拖曳选择文档第一栏简介段落后的子标题“Loose Leaf Teas”。

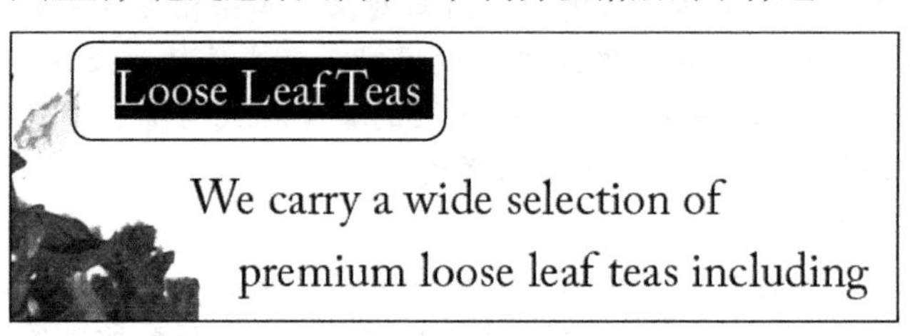

3 如有需要，可单击控制面板上的“字符格式控制”按钮（字），并做如下设置。

- 字体样式：“Semibold”。
- 字体大小：“18 点”。

保持其他设置为默认值。

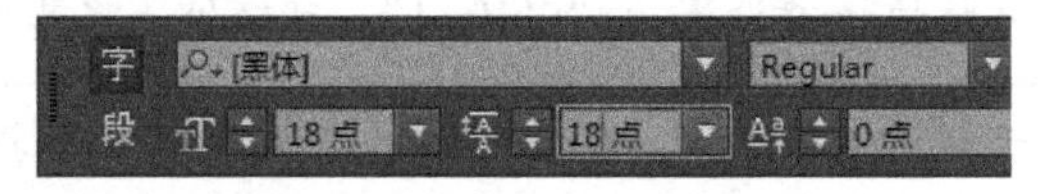

提示：创建段落样式最简便的方式就是使用本地格式设置一段样本段落，然后基于该样本段落创建新的样式。可快速有效地将新样式应用到文档的其他部分。

4 在控制面板中单击“段落格式控制”（段），将“段前间距”（）增加为“0p3”。

下面将使用这些格式创建段落样式，以便应用到其他子标题。

5 请确保文本插入点仍然位于刚设置的文本中。如果没有显示段落样式面板，可选择“文字”>“段落样式”打开段落样式面板。

ID **提示：**段落样式面板已经提供样式，包括默认的“基本段落”。

6 从段落样式菜单中选择“新建段落样式”，创建新的段落样式。此时打开了“新建段落样式”对话框，“样式设置”框中显示了刚应用于子标题的样式。

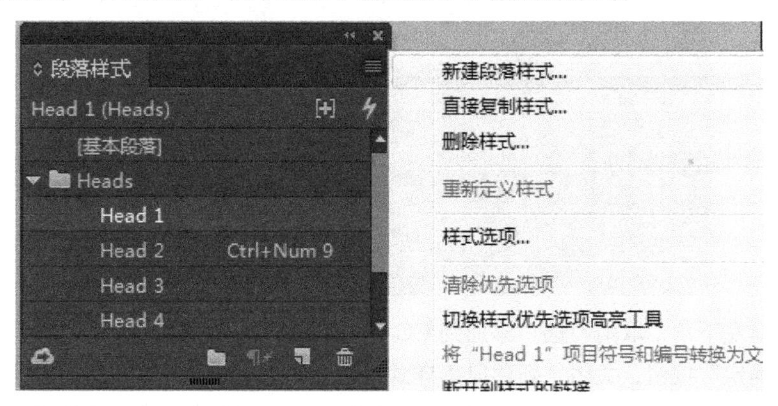

在“新建段落样式”对话框中，请注意新的样式是基于“Intro Body”样式的。由于创建样式时子标题应用了 Intro Body，因此新的样式将自动基于 Intro Body。在“新建段落样式”对话框中通过“基于”下拉列表，可将已有的样式设置为修改新样式的起始状态。

提示：如果修改了基于的样式（例如修改字体），该修改将会自动更新到所有基于该样式的其他样式。而基于其他样式的独特样式将保持不变。基于其他样式有利于创建一系列相关的样式，如正文样式、项目列表样式等。如果正文样式的字体发生变化，所有相关样式的字体也都会发生变化。

7 在对话框顶部的“样式名称”框中，将二级标题的样式名称设置为“Head 2”。

8 在“基于”下拉列表中选择“无段落样式”。

为在 InDesign 中加速文本设置，可为段落样式指定为“下一样式”。每次按下 Enter 键后，InDesign 都将自动应用“下一样式”。比如，标题样式可能自动继承正文段落样式。

9 从“下一样式”下拉列表中选择“Intro Body（Body Text）”，因为该样式用于设置 Head 2 后面的文本样式。

还可在 InDesign 中创建键盘快捷键以方便地应用样式。

10 单击“快捷键”文本框，按住 Shift（Windows）或 Command（Mac OS）键，然后按下数字键上的“9”（InDesign 要求为样式快捷键包含一个修正键）。请注意在 Windows 中，必须先打开键盘上的 Num Lock 键才能创建和应用样式快捷键。

注意：如果键盘上没有小数字键盘，可跳过下面这一步骤。

11 勾选“将样式应用于选区”，可将新样式应用到刚才设置的文本上。

提示：如果不勾选“将样式应用于选区”，新的样式也会出现在“段落样式”面板中，但是不会自动应用到选定的文本。

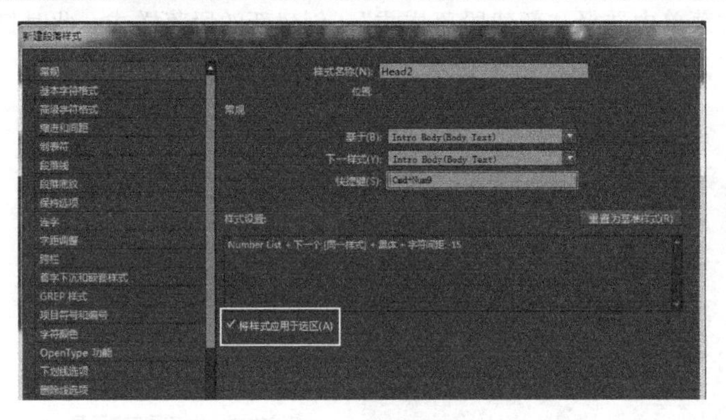

12 在对话框左下角，取消勾选“添加到 CC 库”。

13 单击“确定”按钮，关闭“新建段落样式”对话框。

此时新建的“Head 2”高亮显示在段落样式面板上，说明该样式已应用于选定的段落。

14 单击段落样式面板“Head 2”样式旁的箭头，可打开该样式。然后将“Head 2”样式拖曳至“Head 1”和“Head 3”中。

15 选择“编辑”>“全部取消选择”，然后选择“文件”>“存储”。

应用段落样式

下面为文档中的其他段落应用新建的段落样式。

1 如有需要，可向右滚动查看跨页的右页面。

2 使用文字工具（T.），在“Tea Gift Collections”中单击。

3 在段落样式面板中单击“Head 2”样式，将样式应用到段落。此时文本属性将根据应用的段落样式发生相应的变化。

注意：用户可使用先前定义的快捷键（Shift+9 或 Command+9）应用“Head 2”样式。在 Windows 中，请确保键盘上的“NamLock”已打开。

4 重复步骤 2 和步骤 3，在第 3 页在将“Head 2”样式应用至“Teapots and Tea Accessories”。

5 选择“编辑”>“全部取消选择”，然后选择“文件”>“存储”。

创建和应用字符样式

先前的练习中，段落样式使用户只需单击鼠标或按快捷键就能设置字符和段落格式。同样，使用字符样式可一次性为文本应用多种属性（如字体、字号和颜色等）。但不同于段落样式，字符样式仅仅可应用于段落中特定范围内的文本（如一个单词或一个词组）。

提示：字符样式可用于设置开头的字符，如项目符号、编号列表中的汉字和下沉字符；还可用于突出正文中的文本，比如，股票的名称常常使用粗体和小型大写字母。

创建字符样式

下面将创建和应用字符样式至选定文本。以此说明使用字符样式如何提高效率，保证统一性。

1 在页面 2 中滚动鼠标，以便查看第 1 个段落。

2 如果没有显示字符样式面板，可选择“文字”>“字符样式”，打开字符样式面板。该面板列表中只包含默认样式“无”。

提示：字符样式仅包含与段落样式不同的属性（如全部大写字母等）。使用含有该字符样式的段落样式，或含有该属性的字符样式，或是直接使用“全部大写字母”按钮都可将该效果应用到选定文本中。这就意味着需要有黑体文本的样式。

与前面使用段落样式相似，这里也将基于已有的文本格式创建字符样式。这种方法使用户在创建样式之前就能看到样式真实效果。本练习中，将设置公司名称“Expedition Tea Company”格式，并将这些格式设置为字符样式，以便能在文档中高效地重复使用。

3 使用文字工具（T.），选择页面 2 上的文字“Expedition Tea Company”。

4 单击控制面板上的“字符格式控制”按钮（字）。

5 从字符样式菜单中选择“Semibold”，然后单击“小型大写字母”按钮（Tт）。

设置文本格式后，需要创建新的字符样式。

6 单击字符样式面板底部的“创建新样式”。

7 然后双击新建的“字符样式 1”，打开“字符样式选项”对话框。

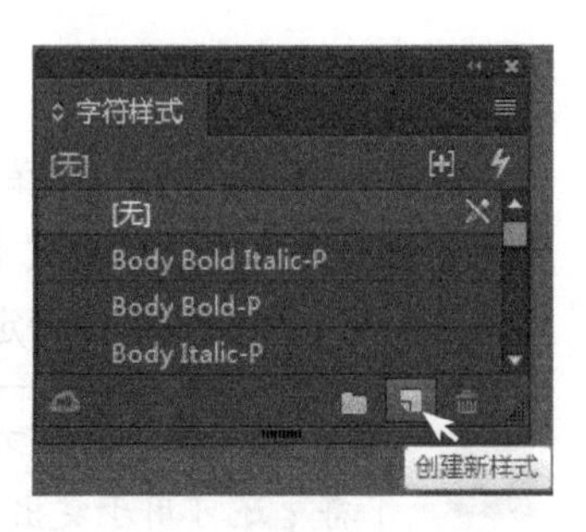

8 在对话框顶部的“样式名称”文本框中，将“样式名称”设置为“Company Name”。

与创建段落样式一样，下面为其创建快捷键以方便应用该样式。

9 单击“快捷键”文本框，按住 Shift（Windows）或 Command（Mac OS）键，然后按下数字键上的“8”。在 Windows 中，请确保已打开键盘上的“Num Lock”。

> **注意**：如果键盘上没有数字键，可跳过下一步骤。

10 单击左侧列表中的“基本字符格式”可查看字符样式的内容。

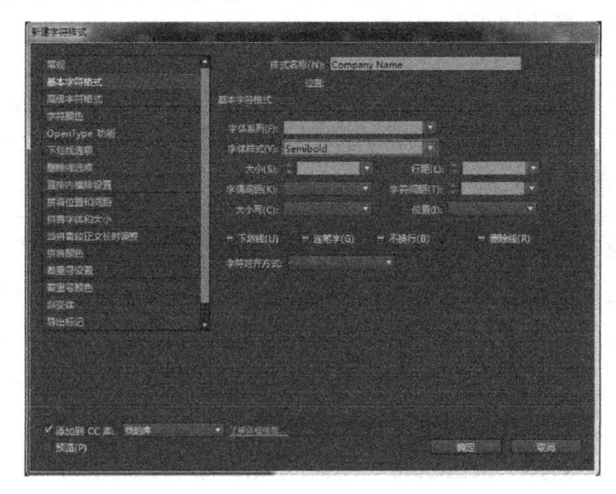

11 单击“确定”，关闭“新建字符样式”对话框。此时新建的“Company Name”样式显示在字符样式面板中。

12 选择“编辑”>“全部取消选择”，然后选择“文件”>“存储”。

应用字符样式

现在已经可以使用字符样式来设置文档中的文本格式。类似于段落样式，使用字符样式可避免手工将多个文本设置逐个应用到文本。

1 可向右滚动查看第 1 跨页的右对页。

为保证公司名称格式统一，将应用“Company Name”字符样式。

2 使用文字工具（T.），选择正文第 1 段中的“Expedition Tea Company”。

3 在字符样式面板中，单击“Company Name”应用至该文本上。应用了字符样式后，可观察文本的变化。

注意：还可使用先前定义的快捷键（Shift+8 或 Command+8）应用“CompanyName”样式。

4　使用字符样式面板或键盘快捷键均可将字符样式应用到第二段中的文字“Expedition Tea Company”。

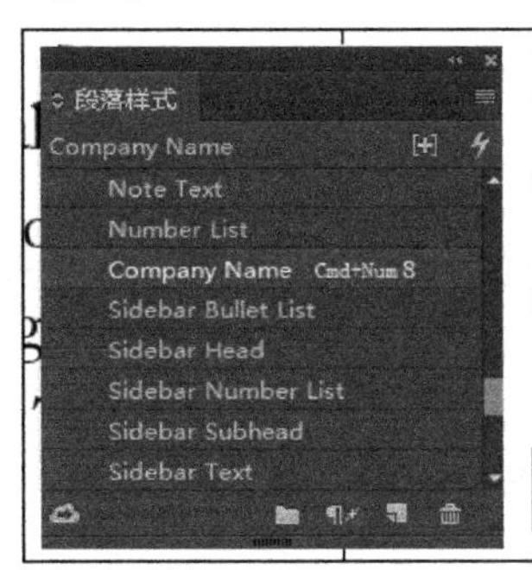

保持打开字符样式面板，方便进行下一项练习。

5　选择“编辑”>“全部取消选择”，然后选择“文件”>“存储”。

快速应用样式

有一个快速应用样式的方式，即按 Ctrl + Enter（Windows）或 Command + Return（Mac OS）键，打开的“快速应用”对话框中，开始键入该样式的名称，直到它被识别为止。然后使用方向键在列表中选择它，按Enter（Windows）或 Return（Mac OS）键。

也可以选择“编辑”>“快速应用”来显示对话框。

在段落样式中嵌套字符样式

为更加方便高效地使用样式，InDesign 允许用户将字符样式嵌入段落样式。嵌入样式可为段落特定位置的字符应用不同的字符格式（如首字符、第二个字符或第一行等）。这使得嵌入样式适合用于接排标题（每行或段落的开头部分可设置为与剩余文本不同的格式）。事实上，任何时候用户都可以在段落中定义格式模板，如在第一个句号之前使用斜体字，用户可将该格式嵌入段落样式。

提示：在段落中根据特定的模式可使用嵌套样式功能，自动地应用不同的格式。例如，在目录中可自动将文本设置为粗体、修改制表符前导符（页码前面的句点）的字偶间距以及修改页码的字体和颜色等。

创建嵌入字符样式

为嵌入样式，需要先创建一个字符样式和一个嵌套该字符样式的段落样式。本练习中，将创建两个字符样式，并将它们嵌入已有的段落样式“Tea Body”。

1 在页面面板中双击页面 4，然后选择“视图”>“使页面适合窗口”。如果正文太小不适合浏览，可放大标题“Black Tea”下方以“Earl Grey”开头的第 1 段。

2 复习文本和标点符号：

- 本练习中，将创建两个嵌入样式，用于将茶叶名称同其产地区分开来。
- 一组冒号（::）分开了茶叶名称和产地。
- 在地区后显示有项目符号（•）。
- 这些字符对于创建嵌入样式十分重要。

3 使用文字工具（T），选择第 1 栏中的“Earl Grey”。

4 如有需要，可单击控制面板上的“字符格式控制”图标（字）。从“字体样式”下拉列表中选择“Bold”。保持其他设置的默认值不变。

提示：格式化文本通过指定的控制，段落和字符面板被称为本地格式。本地格式化文本已准备好作为新字符样式的基础。

5 从字符样式面板菜单中选择“新建字符样式”，打开“新建字符样式”对话框，可以看到已应用的格式。

6 在对话框顶部的“样式名称”文本框中，将样式名称设置为“Tea Name”。

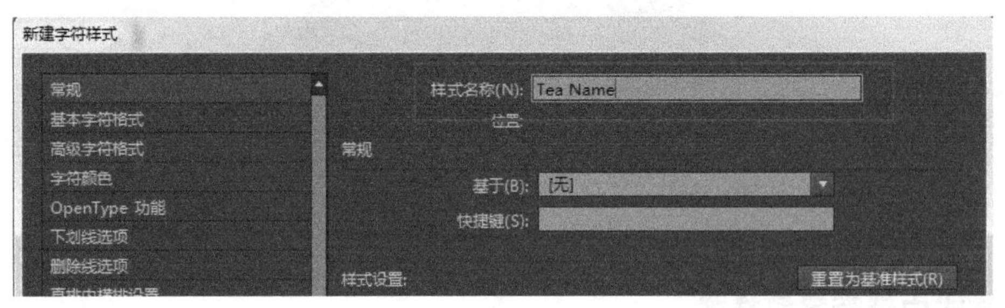

将颜色修改为卡其色，使得茶叶名称更加醒目。

7 在面板左侧，单击列表中的“字符颜色”。

8 在对话框右侧出现的“字符颜色”设置中，选择卡其色板（C=43 M=49 Y=100 K=22）。

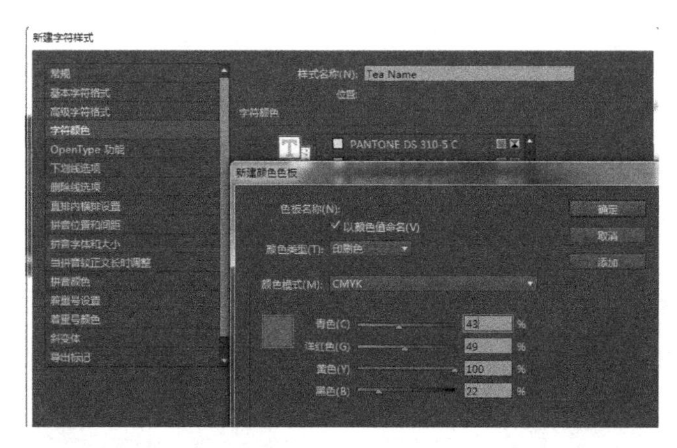

9 在左下角，取消勾选“添加到 CC 库”。

10 单击“确定”按钮，关闭“新建字符样式”对话框。此时新建的“Tea Name”样式显示在字符样式面板中。

下面创建第二个字符样式。

11 选择刚设置格式的文本“Earl Grey”右侧的“Sri Lanka”。使用字符面板（文字菜单）或控制面板将字体样式修改为斜体。

12 重复步骤 5～步骤 6，创建名为“Country Name”的新样式。单击“确定”按钮，关闭“新建字符样式”对话框。此时新建的“Country Name”样式显示在“字符样式”面板中。

13 选择“编辑”>“全部取消选择”，然后选择“文件”>“存储”。

至此，已成功创建了两个新的字符样式。使用已有的“Tea Body”段落样式，即可创建和应用用户的嵌入样式了。

创建嵌套样式

使用已有段落样式创建嵌套样式，基本上是为 InDesign 指定第二套格式规则。本练习中，将把两种刚创建的字符样式嵌入“Tea Body”段落样式中。

> **提示：**除了嵌入样式，InDesign 还提供了嵌入行样式，使用户可以为段落中单独的行指定格式，比如首字下沉后的小型大写字母，都是常用的段落起始格式。文本重排中，InDesign 将仅调整指定行的格式。创建行样式的控件位于“段落样式选项”对话框的“首字下沉和嵌套样式”面板中。

1 如需要，首先将页面 4 置中显示在文档窗口中。

2 如果段落面板不可见，可选择“文字”>“段落”，打开面板。

3 在段落样式面板上，双击“Tea Body”样式，打开“段落样式选项”对话框。

4 从对话框左侧的分类目录中选择“首字下沉和嵌套样式”。

5 在“嵌套样式”中，单击“新建嵌套样式”按钮，创建新的嵌套样式。

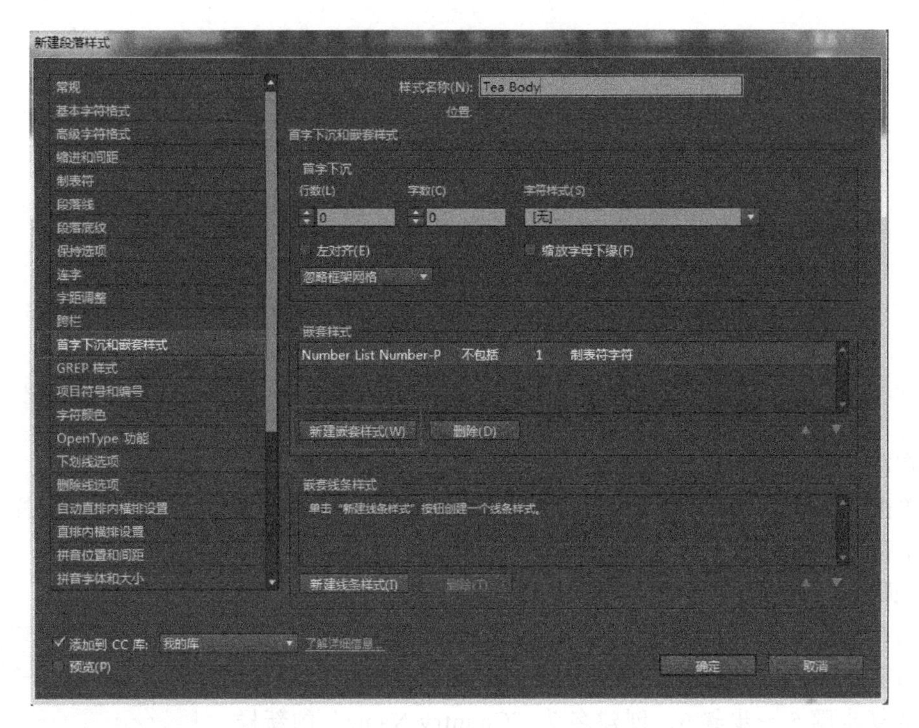

此时出现了样式“无”。

6 单击样式“无”并在显示的下拉列表中选择“Tea Name”，这是嵌入序列中第一个样式。

7 单击“包括”，显示另一个下拉列表。该列表中仅包含了两个选项 :“包括”和“不包括”。需要将“Tea Name”字符样式应用至“Earl Grey”后的第一个冒号（:），因此选择“不包括”。

8 单击“不包括”旁的数字“1”，激活文本框架，可输入数值。该数值定义了样式中应用元素的数量。虽然文本里有两个冒号，但只需指定第一个，因此保持该数值为“1”。

9 单击“字符”，显示另一个下拉列表。单击文本框右侧的下拉按钮，查看该样式可应用的元素，包括句子、字符和空格等。选择“字符”，然后在框架中输入冒号（:）。

10 在左下角，勾选“预览”，并移动“段落样式选项”对话框，以便查看文本的分栏。

11 冒号前（不包括冒号）每种 Tea Name 都应显示为粗体和卡其色，单击“确定”按钮。

12 选择“编辑”>“全部取消选择”，然后选择“文件”>“存储”。

添加第二个嵌套样式

现在将添加另一个嵌套样式，但首先需要从页面中复制项目符号。使用先前创建的嵌入样式，可设置除了项目编号以外的格式，但是用户不可能总是输入项目符号，因此需要进行粘贴。

1 在“Black Tea”下的第 1 分栏中，找到“Sri Lanka”后的项目符号。将其选定，并选择“编辑”>“复制”。

注意：在 Mac OS 中，可复制粘贴符号，或按 Option+8 键。

2 在“段落样式”面板，双击“Tea Body”样式。在“段落样式选项”对话框中的“首字下沉和嵌套样式”部分，单击“新建嵌套样式”按钮创建新的嵌套样式。

3 重复步骤 6～9，以设置具有以下格式的新嵌套样式。

- 第一选项：选择“Country Name”。
- 第二选项：选择“不包括”。
- 第三选项：保持默认为“1”。
- 第四选项：选择“单词”，并粘贴复制的项目符号（“编辑”>“粘贴”）。

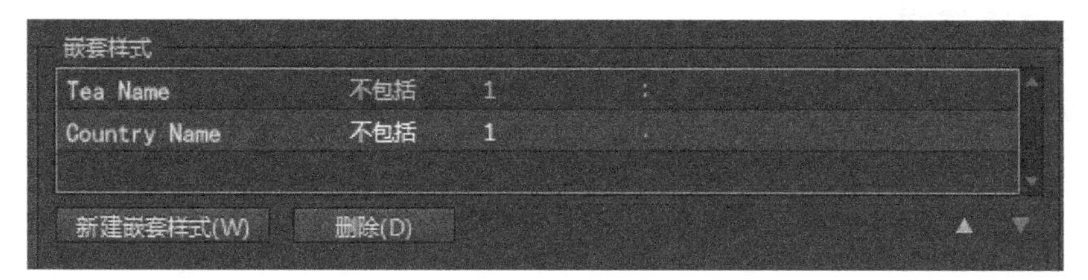

4 如有需要，可勾选左下角的“预览”。将“段落样式选项”对话框移到一边，将看到每个产地名称均为斜体。请注意茶叶名称和产地名称之间的冒号此时也是斜体显示，这不是设计所希望的。

为解决该问题，需要新建另外一个嵌套样式，并对冒号应用样式“无”。

5 单击“新建嵌套样式”按钮，创建另一个嵌套样式。

6 重复步骤 6～9，可使用下列格式设置嵌套样式。

- 第一选项：选择“无”。
- 第二选项：选择“不包括”。
- 第三选项：输入“2”。
- 第四选项：输入冒号“：”。

至此已经创建第 3 个嵌套样式，但需要将其放置到嵌套样式“Tea Name”和“Country Name”之间。

7 选择样式“无”，单击上移箭头按钮一次，并将该样式移动到其他两种样式中间。

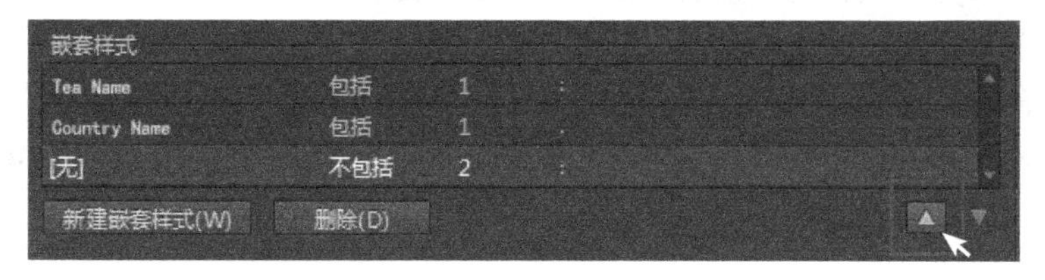

8 单击“确定”按钮，应用修改。现在嵌套样式已创建完成，它将字符样式“TeaName”和“Country Name”应用于所有使用“Tea Name”的段落。

提示：使用嵌套样式可完成许多重复的格式设置操作。当编辑长文档时，可考虑建立格式模板，通过嵌套样式自动设置文本格式。

BLACK TEA
Earl Grey :: *Sri Lanka* • An unbelievable aroma that portends an unbelievable taste. A correct balance of flavoring that results in a refreshing true Earl Grey taste.

English Breakfast :: *Sri Lanka* • English

Ti Kuan Yin Oolong :: *China* • A light “airy” character with lightly noted orchid-like hints and a sweet fragrant finish.

Phoenix Iron Goddess Oolong :: *China* • A light “airy” character with delicate orchid-like notes. A top grade oolong.

9 选择“编辑”>“全部取消选择”，然后选择“文件”>“存储”。

创建和应用对象样式

利用对象样式可对图片和框架应用格式，并对这些格式进行全局性更新。将格式属性（包括填充、描边、透明度、文本绕排等选项）与对象样式相结合，有助于进行更加高效和统一的格式设置。

创建对象样式

本例中，将创建一种对象样式并将其应用于页面 2 上包含“etp”符号的黑色圆形（“etp”表示的是 Ethical Tea Partnership)，然后基于该黑色圆形框架的格式创建新的对象样式。首先修改圆形的颜色，并添加投影，然后再定义新的样式。

1 双击页面面板中页面 4，将其在文档窗口置中显示。

2 选择工具面板上的“缩放显示工具”( )，放大视图以便查看“English Breakfast”附近的“etp”符号。

为设置这个符号的格式，将使用卡其色填充并应用投影效果。为简便起见，所有“etp”符号的文本和圆形框架均放置在不同的图层，文本位于图层“etp Type”，圆形位于图层“etp Cirde”。

图层
etp Type
etp Circle
Layer 1
页面: 4-5，3个图层

3 选择“窗口”>“图层”，查看图层面板。

4 单击“Etp Type”名称左侧的空框架，显示锁定图标( )。锁定该图层可避免在编辑对象时不小心修改文本。

5 使用选择工具( )，单击“English Breakfast”旁的黑色“etp”符号。

6 选择“窗口”>“颜色”>“色板”。在色板面板中，单击“填色”按钮( )，然后单击卡其色色板（C=43 M=49 Y=100 K=22）。

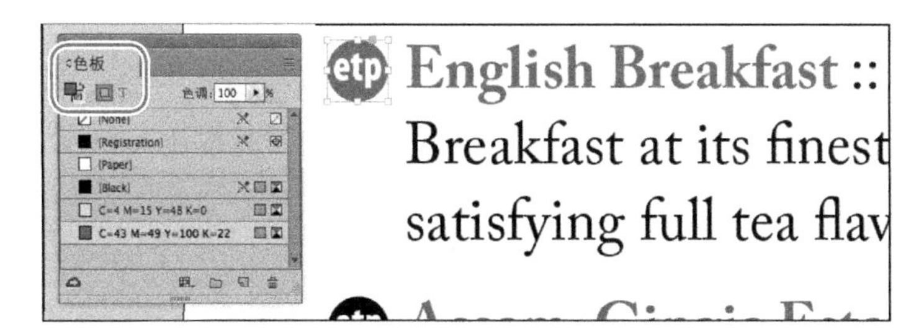

7 保持选定“etp”符号，选择“对象”>“效果”>“投影”。在“位置”部分，减少“X”位移和“Y”位移的值至“p2”。

8 选择“预览”，查看修改效果。

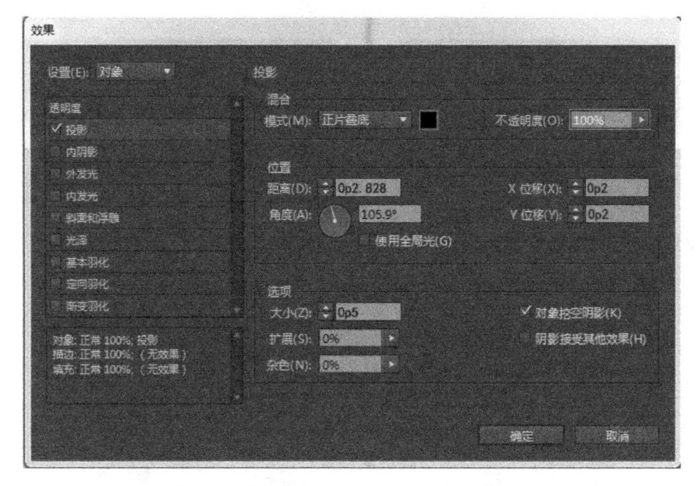

9 单击“确定”，选择“编辑”>“全部取消选择”。

10 选择“文件”>“存储”。

创建对象样式

至此，已为该对象设置了合适的格式，已经可以基于这些设置创建对象样式。

> **提示：**与段落和字符样式类似，用户可基于某个对象样式创建新的对象样式。修改基本样式之后，更改将自动应用到所有基于该样式的其他对象样式中（而这些样式特有的属性将保持不变）。“基于”选项位于“新建对象样式”对话框的常规面板中。

1 使用选择工具（ ），单击“ETP”符号。

2 选择“窗口”>“样式”>“对象样式”，显示对象样式面板。

3 在对象样式面板中，单击右下角“创建新样式”的同时按住 Alt（Windows）或 Option（Mac OS）键。

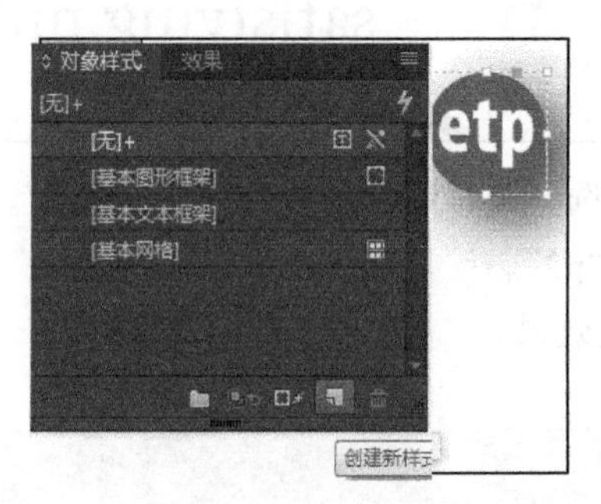

按住 Alt 或 Option 键“选项”单击“创建新建样式”按钮时，“新建对象样式”对话框将自动打开，用户可微调对象样式设置。该对话框左侧的复选框架说明了使用样式将应用哪些属性。

4 在对话框顶部的“样式名称”框中，将样式名称设置为“ETP Symbol”。

5 勾选“将样式应用于选区”，单击“确定”按钮。

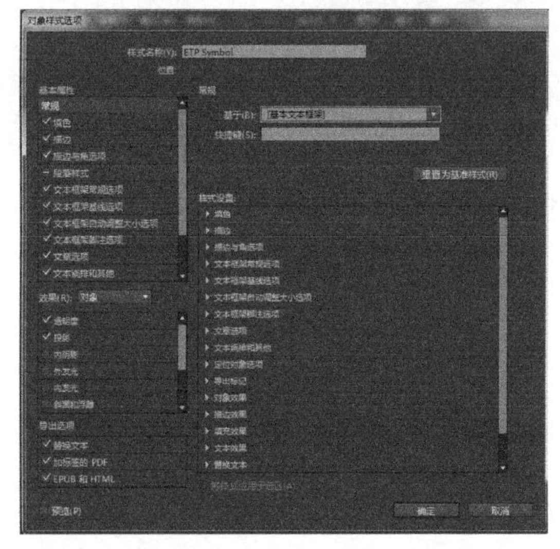

此时，新建的“ETP Symbol”样式显示在对象样式面板中。

接下来将修改投影的颜色并更新对象样式。由于样式可很容易地基于新样式进行更新，用户无需在创建和应用样式前决定最终设计。

提示：修改样式后，应用该样式的文本、表格或对象都会自动更新。如果希望某个文本、表格或对象不随之更新，可取消其与样式的关联。每种样式面板（段落样式、表格样式等）的面板菜单中都有取消样式关联的命令。

6 保持选定该符号，选择“对象”>“效果”>“投影”，打开“效果”对话框。

7 在“混合”区中，单击颜色色板并选择淡黄色（C=4 M=15 Y=48 K=0），然后单击“确定”按钮。

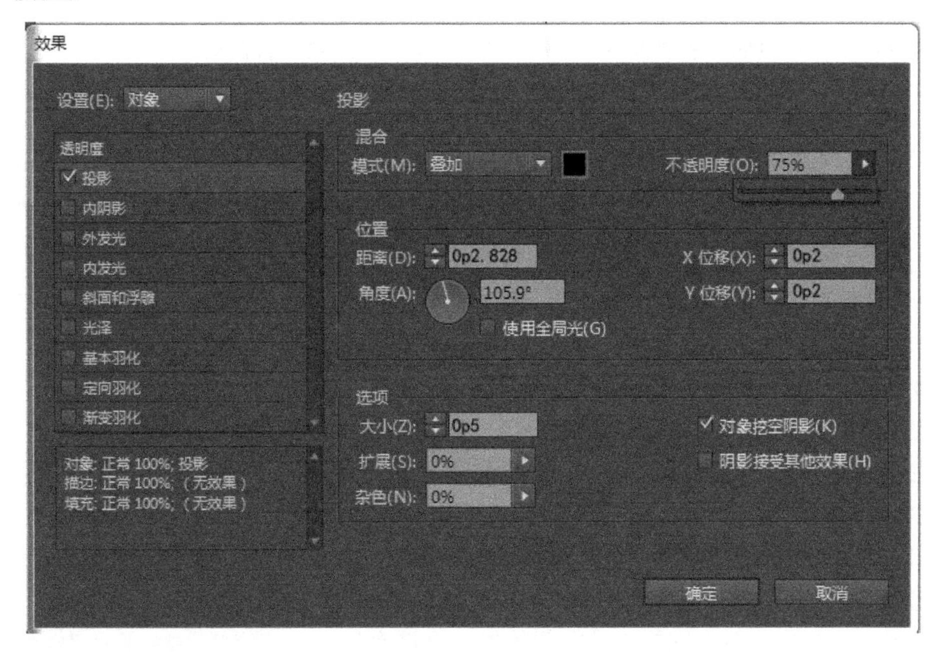

8 单击“确定”，关闭“效果”对话框。

注意加号在对象样式面板的ETP的符号风格。这表示重写对象样式的格式。若要解决此问题，可以更新样式以匹配新格式。

9 从对象样式面板菜单中，选择“重新定义样式”来更新样式。

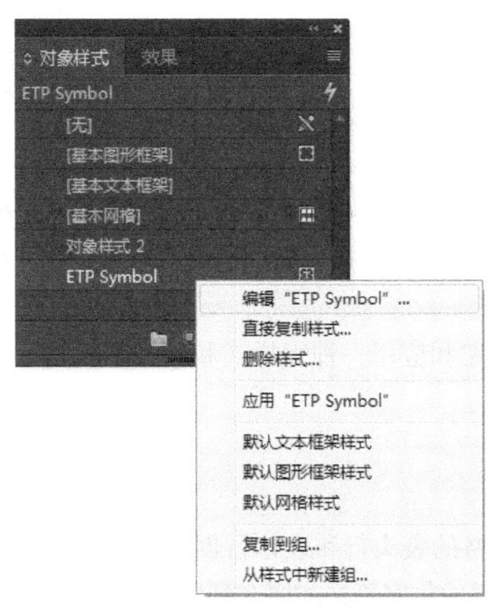

10 选择“编辑”>“全部取消选择”，然后选择“文件”>“存储”。

应用对象样式

现在将为跨页 2 上的其他圆圈应用新的对象样式。应用对象样式将自动修改相应圆圈格式，而无需手动为每个圆圈应用颜色和投影效果。

1 在窗口中显示页面 4 和页面 5，选择“视图”>“使跨页适合窗口”。

提示：当对文本、对象和表格设置有大概的想法时，就可以开始创建和应用样式。然后可通过使用“重新定义样式”选项更新样式定义，自动更新应用该样式的对象格式，以达到预期的设置效果。所有 InDesign 样式面板（如段落样式、表格样式）的面板菜单都提供了“重新定义样式”选项。

为方便快速地选择“etp”对象，可隐藏包含文本的图层。

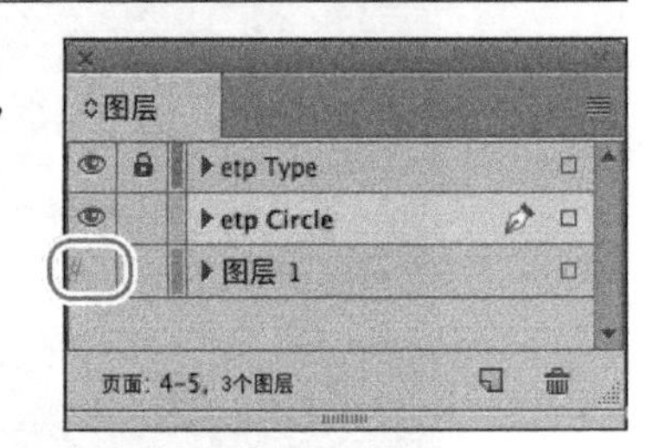

2 选择“窗口”>“图层”。在图层面板中，单击“图层 1”最左侧的“切换可视性”框，隐藏该图层。

3 使用选择工具（ ），选择“编辑”>“全选”。

4 在选择所有“etp”圆圈后，单击对象样式面板上的“ETP Symbol”样式。

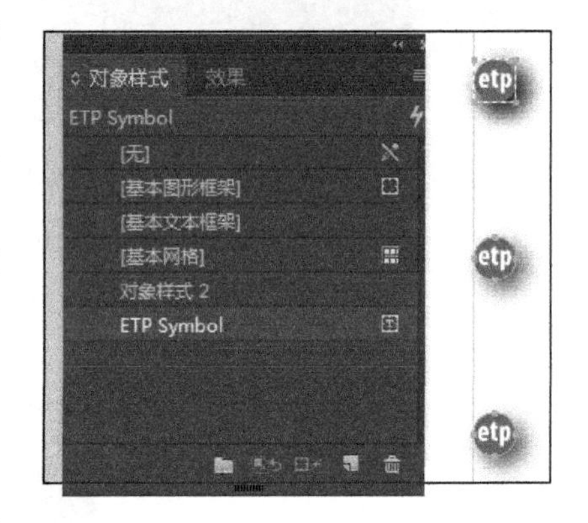

5 如果格式与新样式不匹配，请从对象样式面板菜单中选择“清除”。

6 在图层面板中，单击图层 1 最左侧的框，可再次显示该图层。

7 选择“编辑”>“全部取消选择”，然后选择“文件”>“存储”。

创建、应用表样式和单元格样式

就像使用段落样式和字符样式设置文本的格式一样，通过使用表和单元格样式可轻松、一致地设置表的格式。使用表样式可控制表格的视觉属性，包括表格边框架、表前间距和表后间距、行描边和列描边以及交替填色模式。使用单元格样式可控制表格单元格内边距、垂直对齐、单元格的描边和填色以及对角线等。在第 11 课“创建表格”中，将介绍更多创建表格相关的知识。

本练习中，将在文档中创建和应用一种表样式和两种单元格样式，以帮助区分不同茶叶的不同描述。

创建单元格样式

首先，将为页面 3 底部表格的表头行和表体行创建单元格样式。然后，将这两种样式嵌套到表样式中，该过程类似之前学习的将字符样式嵌套到段落样式中。现在开始创建两个单元格样式。

1 在页面面板中双击页面 3，然后选择“视图”>“使页面适合窗口”。

2 使用缩放显示工具（🔍），放大页面底部的表格，以便查看。

3 使用文字工具（T），单击并拖曳选择表头行上的前两个单元格，这两个单元格内容为“Tea”和“Finished Leaf”。

Tea	Finished Leaf	Color	Brewing Details
White	Soft, grayish white	Pale yellow or pinkish	165° for 5-7 min
Green	Dull to brilliant green	Green or yellowish	180° for 2-4 min
Oolong	Blackish or greenish	Green to brownish	212° for 5-7 min
Black	Lustrous black	Rich red or brownish	212° for 3-5 min

4 选择“表”>“单元格选项”>“描边和填色”，在“单元格填色”中，选择淡黄色板（C =4 M=15 Y=48 K=0），单击“确定”按钮。

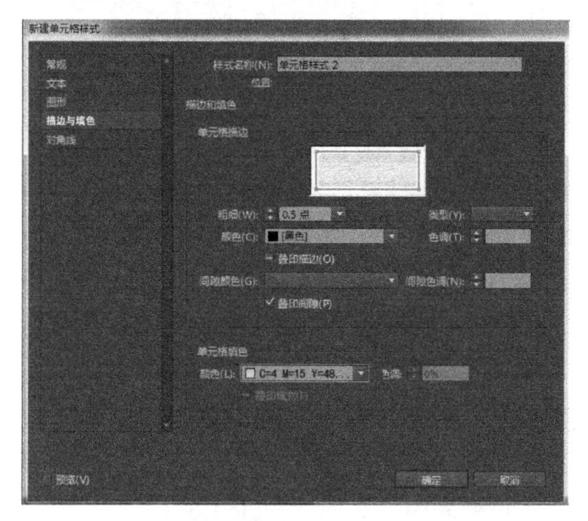

5 保持选择单元格，选择“窗口”>“样式”>“单元格样式”，打开单元格样式面板。

6 从单元格样式面板菜单，选择“新建单元格样式”。

> **提示**：从（字符、对象、表等）样式面板菜单中选择“新建样式”，或者单击面板底部的“创建新样式”按钮，都可以创建新样式。

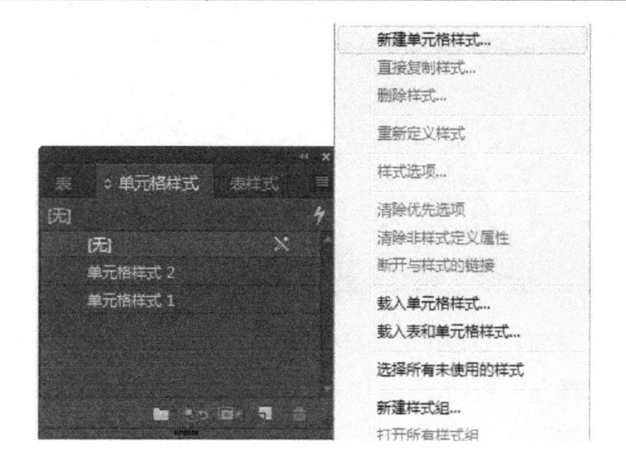

选定单元格应用的单元格样式显示在“样式设置”框中，对话框左侧还有其他单元格格式选项。但是在本练习中，仅需设置希望的段落样式并将其应用到表头行的文本中。

7 在“新建单元格样式”对话框顶部的“样式名称”框中，输入“Table Head”。

8 然后再从“段落样式”下拉列表中，选择“Head 4”。此时已准备好创建段落样式，单击“确定”按钮。

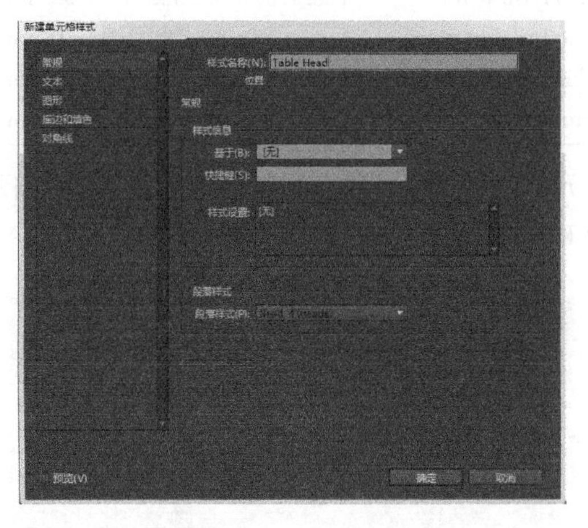

接下来为表体行创建新的单元格样式。

9 使用文字工具（T），选择表格第二行的前两个单元格。该单元格包含内容为“White”和“Soft，grayish white”。

10 从单元格样式面板菜单中选择“新建单元格样式”。

11 在样式名称框中输入“Table Body Rows”。

12 然后从“段落样式”下拉列表中，选择“Table Body”。

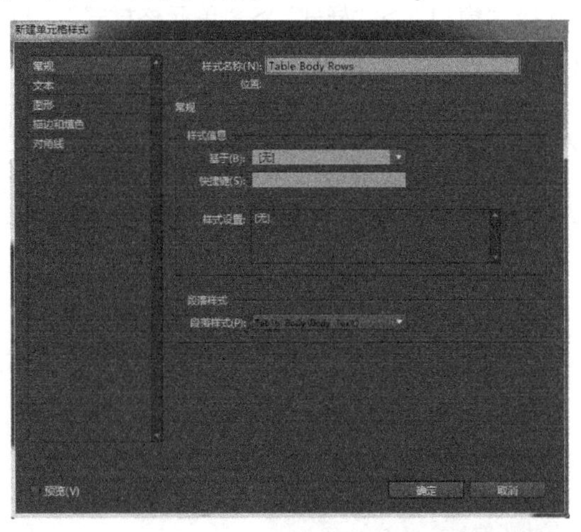

13 单击“确定”按钮。此时，在单元格样式面板上出现了新建的两种单元格样式，选择“编辑”>“全部取消选择”。

14 选择“文件”>“存储”。

创建表格样式

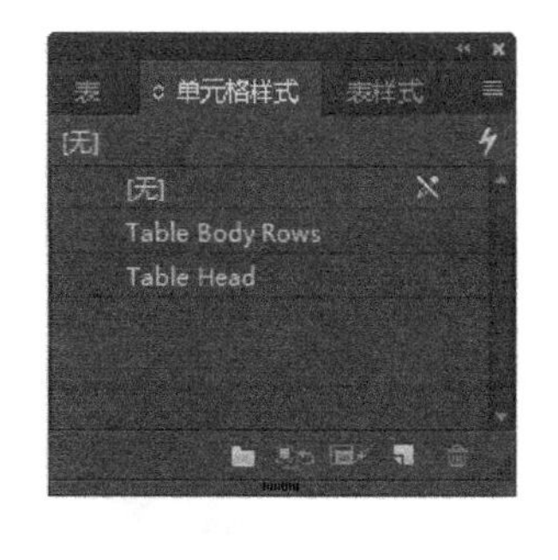

下面将创建一种表格样式，该样式并不仅用于表格的整体外观，还将前面创建的两种单元格样式分别应用了表头行和表体行。

1 在能够看到表格的情况下，选择文字工具（T），在表格中单击。

2 选择“窗口”>“样式”>“表样式”，打开表样式面板。从表样式面板菜单中选择“新建表样式”。

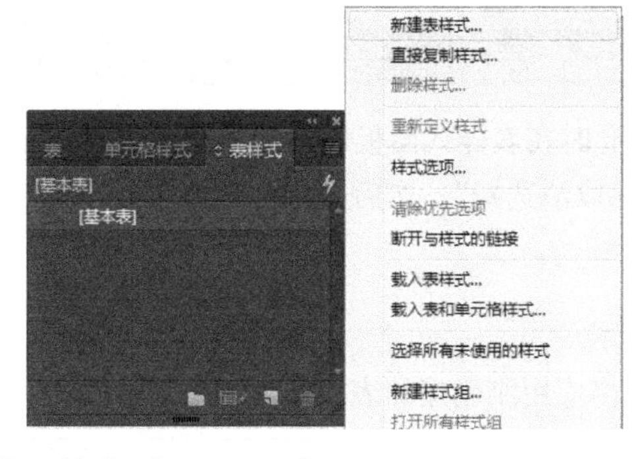

3 在“样式名称”框中，输入“Tea Table”。

4 在“单元格样式”区中，选择下列选项。

- 在“表头行”下拉列表中选择“Table Head”。
- 在“表体行”下拉列表中选择“Table Body Rows”。

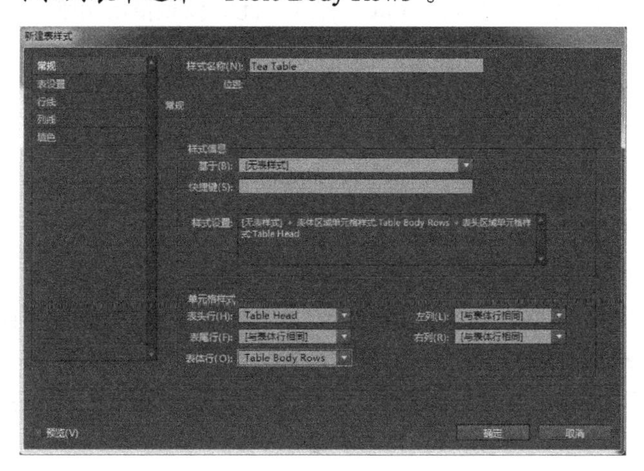

接下来设置表格样式，使表体行交替改变颜色。

5 在“新建表样式”对话框的左侧，选择“填色”。

6 从“交替模式”下拉列表中选择“每隔一行”，“交替”部分的选项将变得可用。

7 然后设置下列交替选项。

- 在“颜色”中选择淡黄色（C=4 M=15 Y=48 K=0）。

- 在“色调”框中输入“30%”。

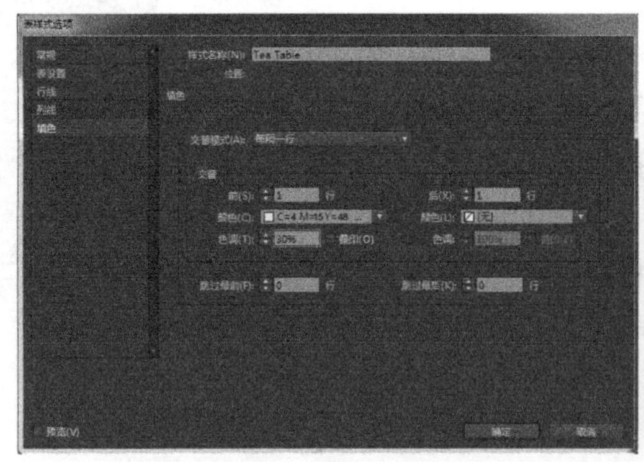

8 单击“确定”按钮。此时在表样式面板中出现了名为“Tea Table”的表格样式。

9 选择“编辑”>“全部取消选择”，然后选择“文件”>“存储”。

应用表格样式

下面将为文档中的两个表格应用刚创建的表样式。

提示：如果是使用已有文本创建的表（使用“表”>“将文本转换为表”），当转换文本后可应用表样式。

1 在保持屏幕上可看到表格的情况下，选择文字工具（T），在表格中单击。

2 在“表样式”面板上单击“Tea Table”样式。此时该表格已用刚创建的表格和单元格样式重新设置格式。

TEA	FINISHED LEAF
White	Soft, grayish white
Green	Dull to brilliant green
Oolong	Blackish or greenish
Black	Lustrous black

3 在页面面板中双击页面6，然后选择“视图”>“使页面适合窗口”，在表格“Tea TastingOverview”中单击。

4 在表样式面板上单击“Tea Table”样式。此时该表格已用刚创建的表格和单元格样式重新设置格式。

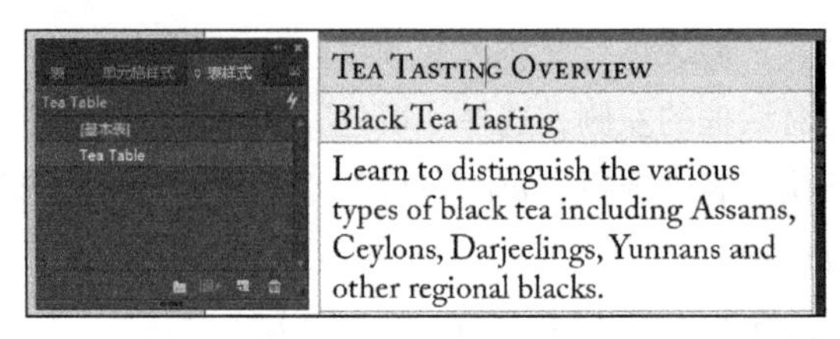

5 选择“编辑”>“全部取消选择”，然后选择“文件”>“存储”。

全局更新样式

在 InDesign 中有两种方式可更新段落样式、字符样式、对象样式、表样式和单元格样式。第一种是打开样式，直接修改格式选项。由于样式和应用该样式的对象具有关联，对样式进行修改将自动更新这些关联对象的格式设置。

另一种更新方式是使用局部格式来修改文本，然后基于该格式重新定义样式。在本练习中，将修改样式“Head 3”使其包含段后线。

1 在页面面板中双击页面 4，并选择“视图”>“使页面适合窗口”。

2 使用文字工具（T.），拖曳选定的第 1 列上的子标题“Black Tea”。

3 如有需要，可单击控制面板上的“字符格式控制”按钮（字），在字体大小框中输入“13”，并按下 Enter（Windows）或 Return（Mac OS）键。

4 选择“文字”>“段落”，显示段落面板。

5 在段落面板菜单中选择“段落线”，在“段落线”对话框中，从对话框顶部下拉列表中选择“段后线”，并勾选“启用段落线”。请确保勾选“预览”，然后将对话框移到一边以便查看“Black Tea”。

6 使用下列格式设置段落线。

- 粗细：1 点。
- 颜色：C=4 M=15 Y=48 K=0（淡黄色）。
- 位移：p2。

保持其他设置为默认。

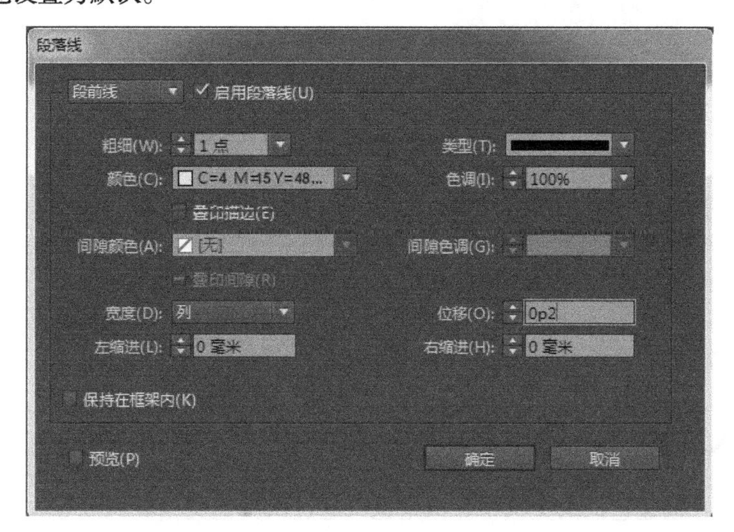

7 单击“确定”，此时在“Black Tea”下方出现了一条黄色细线。

8 如果窗口中没有显示，可选择“文字”>“段落样式”，打开该面板。

在段落样式面板中，请注意出现在“Head 3”样式名称旁的加号（“+”）。这说明选定的文本已应用了局部的格式，并重写了其应用的样式。

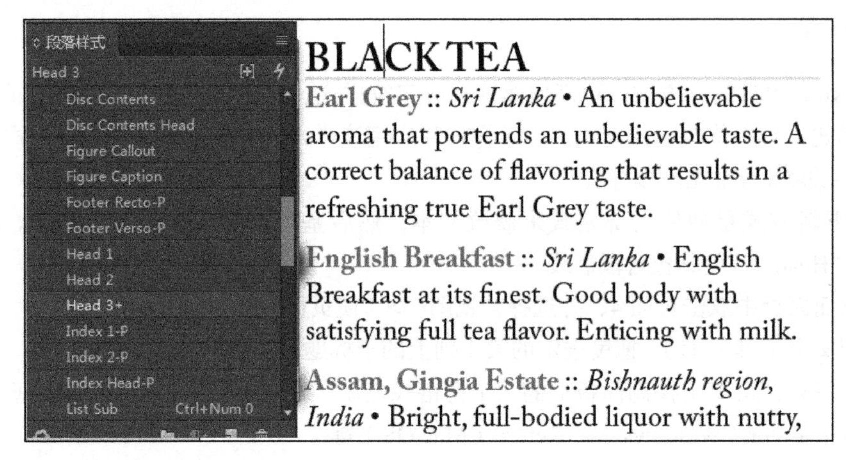

下面将重新定义段落样式，这样局部的修改将被写进段落样式，并自动应用到所有应用了“Head 3”样式的对象中。

9 从段落样式面板菜单中选择“重新定义样式”。此时“Head 3”样式名旁的加号（+）将消失。文档中所有的标题此时都应随着“Head 3”的修改进行了全局的更新。

> **提示：**可按照步骤 8 来基于局部格式重新定义任意类型的样式。

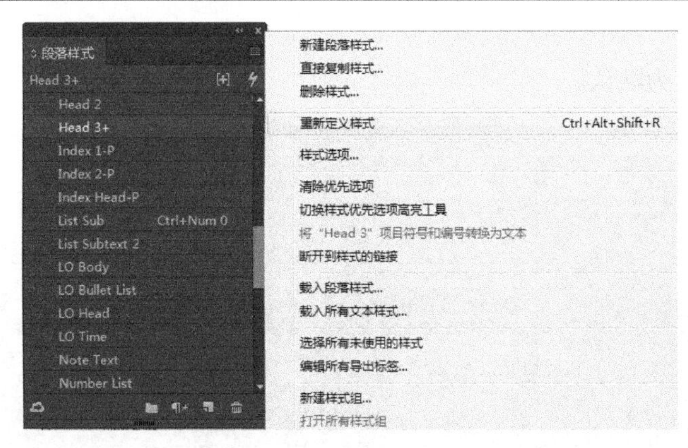

10 选择“编辑”>“全部取消选择”，然后选择“文件”>“存储”。

从其他文档载入样式

样式只会出现在创建它们的文档中。但是也可通过从其他文档载入或导入文档来实现文档间样式共享。本练习中，将从已完成的“09_End.indd”文档中导入段落样式，并应用到页面 2 的第一段正文。

提示：除了从另一个文件加载样式，还可以通过 CC 库的多个文件之间分享样式。为此，请在段落样式面板中选择样式，并在面板底部单击将选定样式添加到“我的当前 CC 库”按钮。要在另一个文档中使用此样式，请将其应用于 CC 库。然后自动添加到文档的段落样式面板。

1 在页面面板中双击页面 2，并选择“视图” > “使页面适合窗口”。
2 如果窗口中没有显示段落样式面板，可选择“文字” > “段落样式”，打开面板。
3 从段落样式面板菜单中选择“载入所有文本样式”。
4 在“打开文件”对话框中，双击 Lesson09 文件夹下的“09_End.indd”，此时将出现“载入样式”对话框。
5 由于文档已经有了一部分样式，不需要导入所有的样式，可单击“全部取消选中”按钮。
6 然后选择段落样式“Drop Cap Body”，可向下滚动至“Drop Cap”并确保选中。

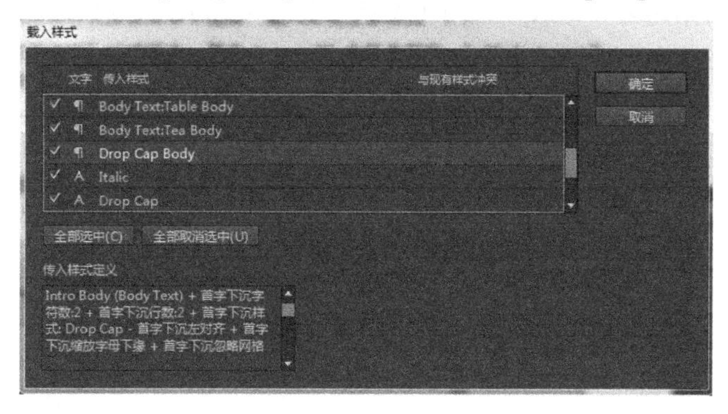

7 单击“确定”按钮载入这两个样式。
8 使用文字工具（T），在第 2 段中放置插入点，该段开头为“We carry”。
9 从段落样式面板中选择新的“Drop Cap Body”样式。
此时，“We”变为卡其色斜体字并下沉显示。

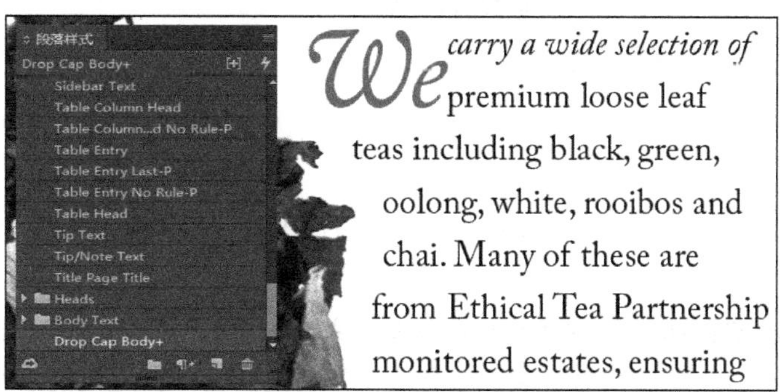

10 双击“Drop Cap Body”打开“段落样式选项”对话框。
11 从对话框左侧的类别中，选择“首字下沉和嵌套样式”。注意带有斜体字符样式的嵌套线条样式。一旦了解嵌套的线条样式是如何设置的，请单击“取消”。

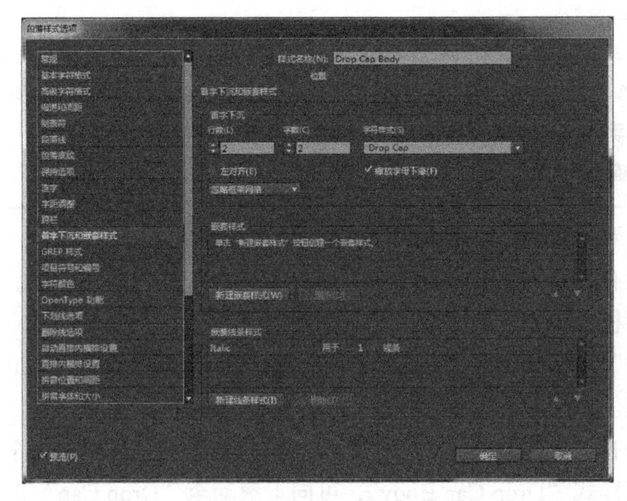

12 在段落第一行结尾处“word”前单击文字工具。按 Shift 键返回插入换行符，查看嵌套的行样式如何影响第一行。

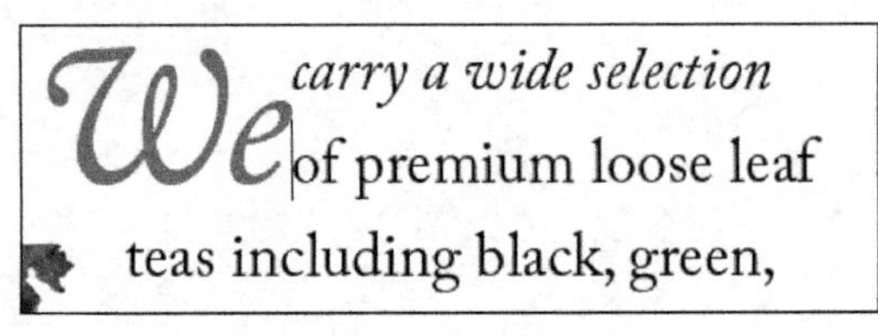

13 选择“编辑” > “全部取消选择”，然后选择“文件” > “存储”。

结束语

最后，预览完成的文档。

1 单击工具面板底部的“预览”。

2 选择“视图” > “使页面适合窗口”。

3 按下 Tab 键隐藏所有面板，以便查看作品。

恭喜！已经完成了本次课程的学习。

练习

当创建长文档或模板作为其他文本的样板时，应最大程度地利用所有样式功能。如需进一步微调样式，可尝试下列方式。

- 将新的“Drop Cap Body”样式拖曳进段落样式面板中的“Body Text”组。
- 修改样式的格式，包括对象、表、字符和段落样式。例如，更改段落样式中的字体，或者更改表样式的背景色。
- 创建仅更改格式属性的其他字符样式，如创建仅适用于不同颜色的字符样式。
- 为已有的样式添加键盘快捷键。

复习题

1 如何使用对象样式提高工作效率?

2 创建嵌套样式时应先创建什么?

3 哪两种方式可全局更新已应用到文档中的样式?

4 如何从其他 InDesign 文档中载入样式?

复习题答案

1 对象样式可保存一组格式属性，可快速应用到图片和框架中，这将大幅提高工作效率。如需更新格式，无需分别修改每个框架的样式，仅修改该对象样式，便可自动将修改更新至所有应用了该样式的框架。

2 创建嵌套样式的两个前提条件分别为：首先创建一个字符样式，然后创建一个段落样式，这样才能将字符样式嵌入段落样式中。

3 InDesign 中有两种方式可更新样式。第一种是打开样式，直接修改格式选项。另一种是使用局部格式修改某实例，然后再基于该实例重新定义样式。

4 载入样式十分简单。从对象样式、字符样式、段落样式、表格样式或单元样式面板菜单中选择合适的“载入样式”选项，然后找到需要载入的文档即可。此时文档中的样式将载入相应的样式面板，可在当前文档中快速地使用。

第10课　导入和修改图形

课程概述

本课中，将学习如何进行下列操作。

- 区分矢量图和位图。
- 导入 Adobe Photoshop 和 Adobe Illustrator 图形。
- 使用链接面板管理导入的图形文件。
- 调整图形的显示质量。
- 通过创建路径和 alpha 通道，调整图形显示。
- 创建串接文本的内嵌图片框架。
- 创建和使用对象库。
- 使用 Adobe Bridge 导入图形。

学习本课大约需要 75 分钟。

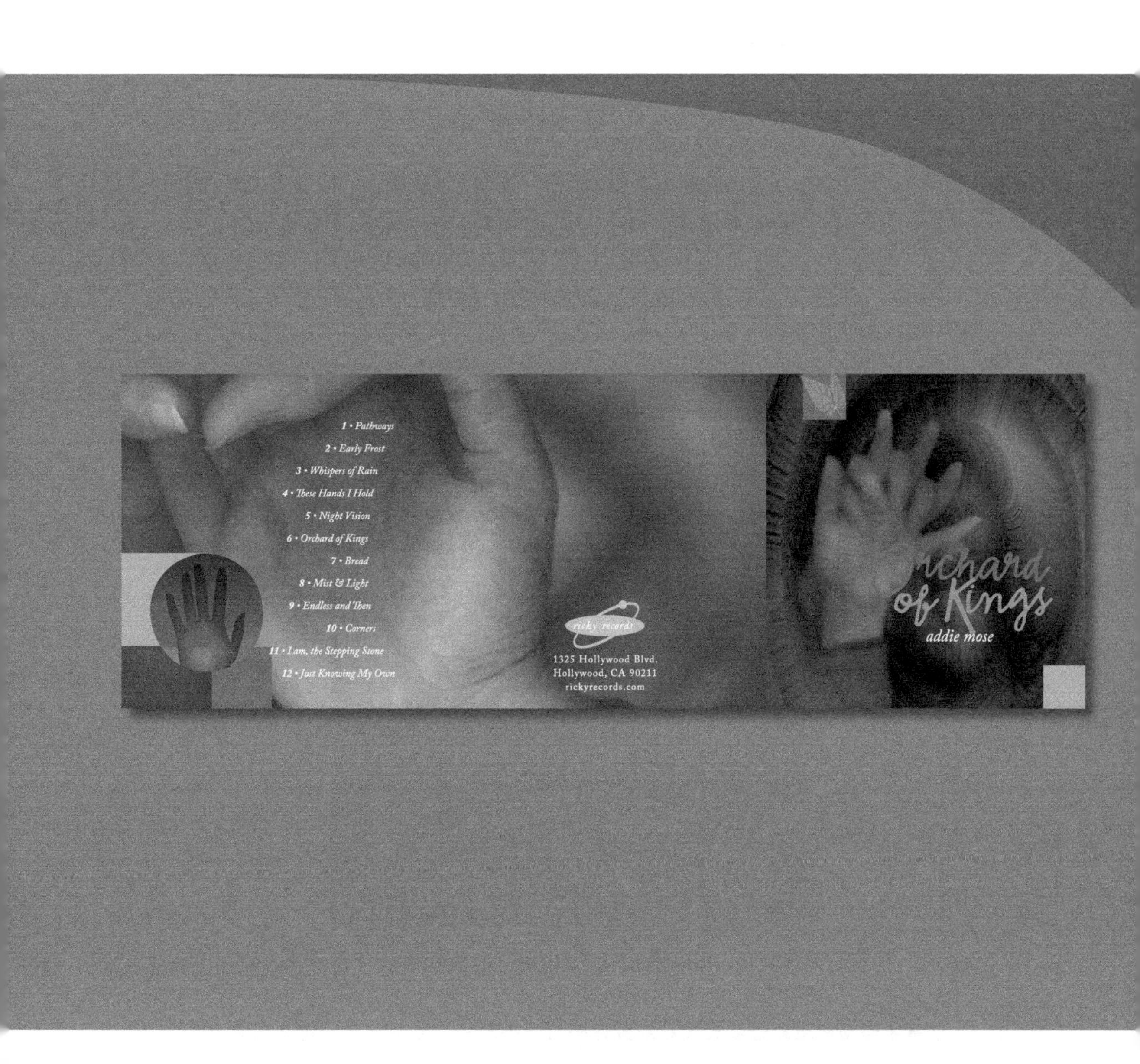

从 Adobe Photoshop、Adobe Illustrator 或其他图形应用程序导入图片和原图可轻松提高文档显示效果。如果导入的图形发生了修改，InDesign 将提醒用户已有最新版本的图形可用。用户可以随时更新或替换导入的图形。

概述

本课中，将从 Adobe Photoshop、Adobe Illustrator 和 Adobe Acrobat 中导入并管理图片，制作一张 CD 封套。经过打印和裁切后，封套将被折叠，以适合 CD 盒的大小。

本课中还涉及一些使用 Adobe Photoshop 的步骤，如果用户的计算机已经安装了 Photoshop 应用程序即可操作。

1 为确保 Adobe InDesign 程序的首选项和默认设置符合本课的要求，请先按照“前言”中的步骤将 InDesign Defaults 文件移动到 4 ～ 5 页。

2 启动 Adobe InDesign。为确保面板和菜单命令符合本课程要求，请依次选择“窗口” > “工作区” > “高级”，然后再选择“窗口” > “工作区” > “重置‘高级’”。

3 选择“文件” > “打开”，然后选择已下载到硬盘上的 InDesignCIB 中的课程文件夹，打开 Lesson10 文件夹中的 10_a_Start.indd 文件。此时将出现一条消息，说明文档包含指向已修改的源文件的链接。

4 单击“不更新链接”，将在后面修改这些链接（如果对话框显示缺失字体，单击同步字体，同步成功后单击“关闭”）。

5 如有需要，可关闭链接面板，以便查看文档。每次打开包含丢失了或修改了链接的 InDesign 文档时，都会出现链接面板。

6 在同一文件夹中打开“10_b_End.indd”，查看完成后的文档效果。如果愿意，可保持打开文档供操作时参考。如果已准备好，可选择“10_Start.indd”打开需要编辑的文档。

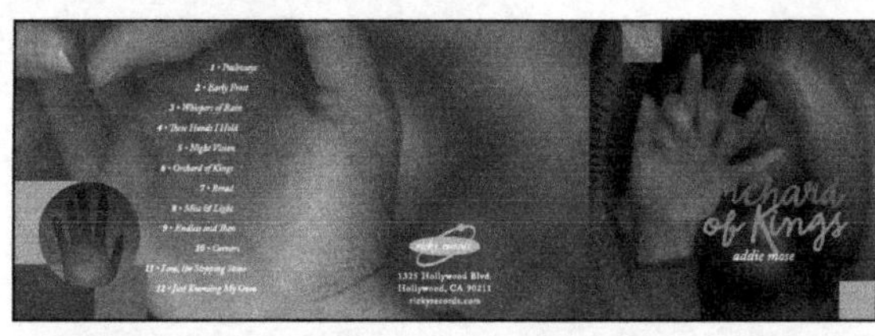

7 选择“文件” > “存储为”，将文件名修改为“10_cdbook.indd”，并保存至 Lesson10 文件夹中。

注意：移动面板或者放大文档到最适合的一个水平。更多信息，请参见第 1 课。

从其他应用程序添加图片

InDesign 支持各种常用的图片文件格式。因此在 InDesign 中可使用大部分应用程序制作的图片文件，特别是其他的 Adobe 专业图形应用程序（如 Photoshop、Illustrator 和 Acrobat）。

默认情况下，导入的图片都是链接的，这表明 InDesign 只是在文档中显示图片文件预览，而不是将图片整个复制到文档中。

链接图形文件有 3 个主要优点。首先，它减少了 InDesign 文件的大小，因为它们不需要包含嵌入的图像数据。其次，可以节省硬盘空间，特别是在许多 InDesign 文档中重复使用同一图片时。第三，可使用专门的图形程序编辑链接的图片，并能在 InDesign 链接面板中轻松地更新链接图片。更新链接文件时保持原有的路径设置，因此无需重做。

所有链接图片和文本文件都列在链接面板中，该面板还为管理链接提供了各种按钮和命令。当需要打印 InDesign 文档或导出 PDF 文件时，InDesign 将根据链接，使用外部存储的原图片生成高质量的显示效果。

对比矢量图和位图

Adobe InDesign 和 Adobe Illustrator 都可用于创建矢量图，这种图形是基于数学表达式的形状组成的。矢量图由平滑的线条组成，在缩放时不会改变任何清晰度。这类图形特别适用于插图、文字或图形（如徽标）等需要根据不同场景进行缩放的图形。

位图由一组像素网格组成，一般都是由数码相机和扫描仪产生的，常常使用图像编辑程序进行处理，比如 Adobe Photoshop。使用位图时，编辑的往往是像素，而不是对象或图形。由于位图可表现细微的阴影和颜色的渐变，适用于连续色调的图像，如绘图应用程序制作的照片或插画等。但位图的缺点在于放大时将变得模糊，并出现锯齿。另外位图文件一般也比矢量图文件更占空间。

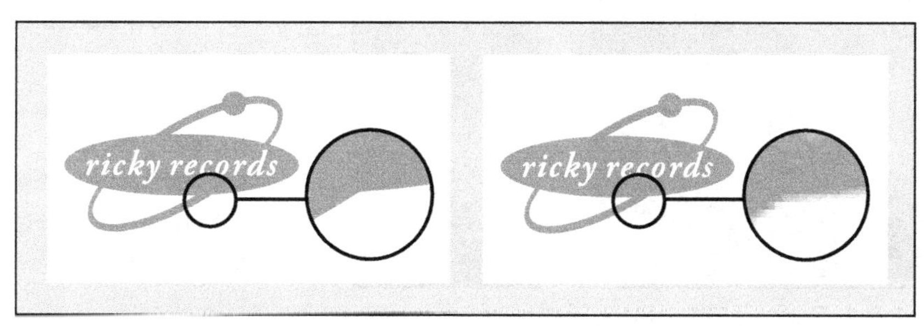

左侧为矢量图，右侧为位图

通常，使用矢量图绘制工具绘制的图形，在任意尺寸下都有很好的视觉效果，例如公司图标，可用于名片上，也可用于大型的广告海报上。用户可使用 InDesign 绘图工具创建矢量插图，也可选择使用更强大的矢量图绘制工具 Illustrator。而对于位图，可使用 Photoshop 进行创建和编辑，以绘制出柔和线条或是逼真的效果，并对它们应用许多特效。

管理导入文件的链接

打开本课的文件时，会看到关于链接文件的警告消息框。现在，将使用链接面板来解决该问题。该面板上提供了文档中所有链接文本或图片文件的完整状态信息。

通过使用链接面板，还能以不同的方式管理导入的图片或文本文件，如更新或替换文本或图片。本课中学习到的管理链接文件的所有技巧都同样适用于图片和文本文件。

> **注意：**InDesign 默认不创建链接导入文本文件和电子表格文件。可以在“首选项”对话框的“文件处理”部分中更改此行为，当选择文本和电子表格文件时，可以选择“创建链接”。

识别导入的图片

通过使用两种链接面板相关的方法可以识别已经导入文档的图片。在后续的课程中，还将使用链接面板编辑和更新导入的图片。

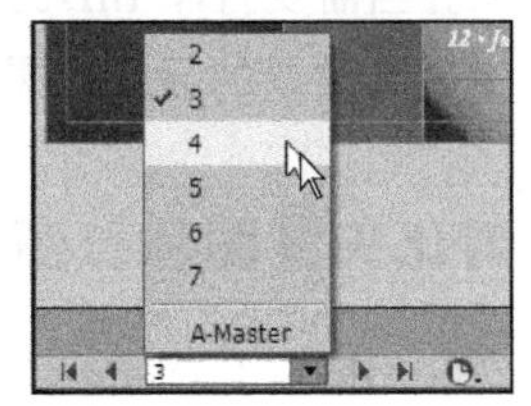

1 从文档窗口左下角的“页面编号”框中选择页面 4，在窗口中居中显示该页面。

2 如果没有打开链接面板，可选择“窗口”>“链接”。

3 使用选择工具（![选择工具]），选择页面 4 上的“Orchard of King”图标。选择图标后，请注意链接面板上图片的文件名“10_i.ai”也显示为已选定。

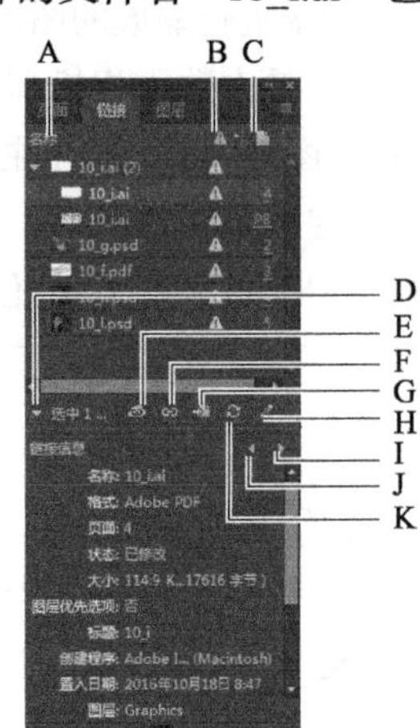

A　B C

D
E
F
G
H
I
J
K

A. 文件名栏

B. 状态栏

C. 页面栏

D.“显示 / 隐藏链接信息”按钮

E.“从 CC 库重新链接”按钮

F.“重新链接”按钮

G.“转到链接”按钮

H.“编辑原稿”按钮

I. 在列表中选择下一个链接

J. 在列表中选择上一个链接

K.“更新链接”按钮

接下来将使用链接面板找到文档中图片。

4 在链接面板上，选择“10_g.psd”，然后单击“转到链接”按钮（![转到链接按钮]）。此时选定该图片，并居中显示在窗口中。当知道文件名时，就可以这样快速地选择图片。

> **提示：**你可以单击页面数在链接面板文件到文档窗口中心的链接。

特别是在编辑长文档并导入了大量图片的情况下，利用该方法可有效地快速找到链接图片。

查看有关链接文件信息

使用链接面板可轻松地编辑链接的图片和文本文件，同时可显示链接文件相关的信息。

> **提示：**拖曳面板标签，可将“链接”面板移出面板分组。将面板移出面板分组后，还可以拖曳面板边框调整面板尺寸。

1 请确保在面板中已选定图片名称“10_g.psd”。如果无法看到所有的链接文件名，可拖曳链接面板底部的水平分隔条以放大面板的上半部，显示出所有的链接。面板下半部的“链接信息”区中显示了选定链接的相关信息。

2 单击“在列表中选择下一链接”按钮（▶），查看“链接”面板列表中下一个文件“10_f.pdf”的相关信息。按照该方法可快速地查看所有的链接。现在每个链接在状态栏都显示一个警告图标（⚠）。该图标表明存在链接问题，将在后面进行修复。浏览查看了所有的链接信息后，单击“链接信息”上方的“显示/隐藏链接信息”按钮（▾），可隐藏链接信息部分。

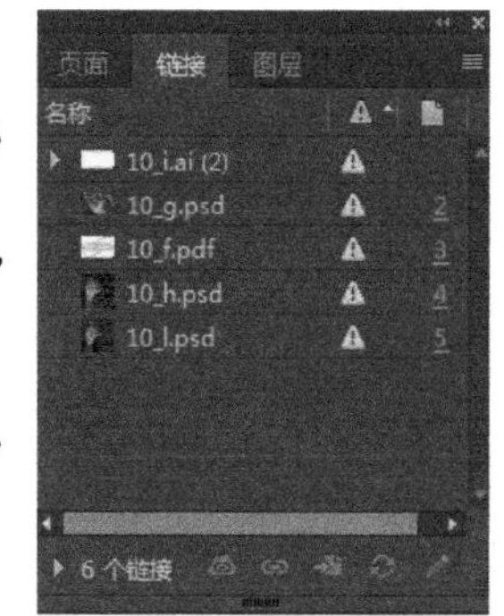

默认情况下，文件在“链接”面板上按照页面编号进行排序。用户也可选择按照其他方式进行排序。

3 单击“链接”面板上的名称栏标题。此时面板上按照链接的字母顺序进行排序。每次单击该栏标题都将在按字母顺序升序和降序之间切换。

在资源管理器（Windows）或 Finder（Mac OS）中显示文件

虽然链接面板给出了特定导入图片文件的属性和位置信息，但并不能用来修改文件或文件名。使用“在资源管理器中显示”（Windows）或“在 Finder 中查看”（Mac OS）选项，可直接访问导入图片的源文件。

> **提示：**也可从链接面板菜单中选择“在 Bridge 中显示”，来定位导入的图片文件，并重命名。

1 选择链接“10_g.psd”，从链接面板菜单中选择“在资源管理器中显示”（Windows）或“在 Finder 中显示”（Mac OS），打开链接文件所在的文件夹，并选择该文件。使用该功能可方便地找到文件在硬盘中的存储位置，必要时还可修改文件名称。

2 关闭该窗口，回到 InDesign 中。

更新修改的图片

即使已在 InDesign 文档中导入了文本或图片文件，也可使用其他程序进行修改。链接面板上指明了哪些文件已做了修改，用户可选择是否使用最新版本更新 InDesign 文档。

在链接面板中，文件“10_i.ai”有提示图标（⚠），说明其源文件已进行了修改。正是该文件和其他一些文件导致打开文档时出现提示信息。现在将更新该文件链接，让 InDesign 文档使用该文件的最新版本。

1 如有需要，可在链接面板上单击文件“10_i.ai”左侧的提示三角（），来显示导入文件的两个实例。选择页面4上“10_i.ai”的实例，并单击“转到链接”按钮（），在编辑视图中查看图片。更新链接不必执行本步骤，但这可以快速地再次确认要更新的文件是否为目标文件。

2 单击“更新链接”按钮（）。观察文档中图像的外观的变化，表示其较新的版本，修改后的警报图标不再显示在链接面板中，链接徽章附近的左上角的图形帧的变化，从修改（）到确定（）。

提示：也可以在链接面板双击链接的徽章或单击图形框的左上角显示更新的链接。

3 从链接面板菜单中选择“更新所有链接”，可更新其余所有修改过的图片文件。

提示：可从链接面板菜单中选择“面板选项”，来定制面板分栏和信息。添加分栏后，还能调整它们的尺寸和位置。

现在将使用修改过的图片替换第1跨页（页面2～页面4）上的手形图片。下面将使用“重新链接”按钮将链接修改到其他图片上。

4 选择“视图”>“使跨页适合窗口”，转至页面2～页面4（第1跨页）。

5 使用选择工具（），选择页面4上的“10_h.psd”图片，这是一张手形的照片（如果单击内容提取器的内部，将选择图片本身而不是图片框架，本示例中，选择两者皆可）。可根据链接面板上显示为选择状态的文件名来判断是否选择了正确的图像。

6 单击链接面板上的“重新链接”按钮（）。

7 浏览并找到Lesson10文件下的“10_j.psd”，单击“打开”。这样，新的图片版本（具有不同的背景）将替换原有的图片，链接面板上也做了相应的更新。

8 单击剪贴板中的空白区域，取消选择跨页上的所有对象。

9 选择“文件”>“存储”。

在“链接”面板上查看链接状态

链接的图片可以在链接面板上以不同的方式出现，包括如下几种。

- 文档中使用的最新的图片只会显示文件名和所在的页面。
- 修改的文件会显示带有感叹号的黄色小三角（ ）。该提示图标表明硬盘上的文件版本比文档中使用的版本新。例如，当用户从 Photoshop 导入图片后，其他人员对原图片进行了修改保存，此时将出现该提示图标。修改后的图标略有不同的版本出现时，一个图形被修改，一个或多个实例进行更新。若要更新修改后的图形，请在链接面板中选择它，然后从面板菜单中选择“更新链接”或者单击“更新链接”按钮（ ）。
- 丢失的文件将显示带有问号的红色六边形（ ）。表明该文件已不在最初导入的路径位置。这种情况出现在导入文档后，某人又将该源文件移动到了其他文件夹或服务器上，结果无法得知丢失的图片是否为最新的版本。如果在出现该图片时打印或是导出文档，相应的图形可能不会以全分辨率打印或导出。
- 一个图形已经嵌入在 InDesign 文档（通过在“链接”面板中选择文件名，并从“链接”面板菜单中选择“嵌入链接”），将显示嵌入的图标（ ）。在 ID 文档中嵌入的图形（通过在“链接”面板中选择文件名，并从面板菜单中选择“嵌入链接”），将显示嵌入的图标、嵌入链接的内容将替换该链接的管理操作。如果选定的链接当前处于“编辑”的状态，则不会启用此选项。

显示性能和GPU

InDesign CC 2017支持使用包括图形处理（CPU）的显卡的计算机提供视频，包括一个图形处理单元（GPU）的计算机支持。如果计算机有兼容显卡，InDesign会自动使用GPU和设置高质量显示文件的默认显示性能。如果计算机没有兼容的显卡，默认的显示性能设置是典型的。本书假定读者使用的计算机没有GPU。如果计算机有兼容的GPU，您可以忽略步骤，切换到高质量的显示即可。更多在InDesign CC中对GPU的支持的信息，参见https://helpx.adobe.com/indesign/using/gpu_performance.html。如果有兼容的显卡，可以在“首选项”的“显示性能”对话框改变GPU设置。选择“编辑”>“首选项”>“显示性能”（Windows）或“InDesign CC”>“预置”>“显示性能”（Mac OS），可以打开对话框。

调整显示质量

现在已修复了所有的链接，可以开始添加更多的图片。但在此之前，先调整之前导入的 Illustrator 文件“10_i.ai”的视图显示质量。

当在 InDesign 文档中导入图片时，软件将根据“首选项”对话框中的“显示性能”自动创建较低分辨率的图片。此时图片以低分辨率显示在文档中，因此会出现锯齿形的边缘。降低图片的显示分辨率可提高页面的加载速度，但不会影响最后的输出效果。用户也可控制 InDesign 显示导入图片时的详细程度。

1 在链接面板上，选择之前更新的“10_i.ai”文件（页面 4 上）。单击“转到链接”按钮（ ），可在放大的视图中查看图片。

2 右键单击（Windows）或 Control- 单击（Mac OS）“Orchardof Kings”图片，然后从快捷菜单中选择“显示性能”>“高品质显示”，此时选择的图片将以全分辨率显示。

使用“典型显示”

使用“高品质显示”

3 选择“视图”>“显示性能”>“高品质显示”。该选项将修改整个文档的默认显示性能，此时所有的图片都按照最好的质量显示在文档中。

在一些老式计算机上，或者文档中导入过多的图片时，这种设置可能会使屏幕重绘速度变慢。大部分情况下，建议将显示性能设置为“典型显示”，然后根据需要再单独修改某些图片的显示性能。

使用剪切路径

使用 InDesign 可删除图片上不需要的背景。按照下面的方式进行练习，将积累一定的相关经验。除了删除背景外，还可在 Photoshop 中创建路径或 alpha 通道，然后将其用于指定 InDesign 版面中图像的轮廓。

导入的图片具有实心矩形的背景，因此无法看到它后面的区域。这时可以使用“剪切路径”隐藏不需要的部分绘制矢量轮廓用作蒙版。InDesign 可在不同类型图片创建剪切路径。

- 如果已在 Photoshop 中绘制了路径并保存在图片上，InDesign 可以基于该路径创建剪切路径。
- 如果已在 Photoshop 中绘制 alpha 通道并保存在了图片上，InDesign 可以基于该通道创建剪切路径。alpha 通道带有透明和不透明的区域，通常用于照片或视频合成。
- 如果图片具有很淡或白色的背景，InDesign 可自动识别对象与背景之间的界线，创建剪切路径。

本例中将导入的 3 个梨子图像没有剪切路径和 alpha 通道，但它的背景为白色，使用 InDesign 可将其删除。

使用 InDesign 删除白色背景

接下来，将删除图片中 3 个梨子周围的白色背景。使用“剪切路径”命令（“对象”>“剪切路径”）的“检测边缘”选项，删除图片周围的白色背景。“检测边缘”选项可按照图片中图像的形状创建路径来隐藏该区域。

1 双击页面面板上的页面 7，浏览该页面。

2 确保在图层面板上选定了“Photos”图层，以便在该图层上显示图片。选择“文件”>“置入”，然后双击 Lesson10 中的“10_c.psd”。

3 将载入图形图标（）放置于矩形的左侧，位于第 7 页顶部边缘的左侧（请确保没有将鼠标指针置于矩形内），单击导入有 3 个梨子和白色背景的图片。如有需要，还可调整图片框架以匹配图片。

提示：如果在现有框架下不小心单击了错误的位置，选择“编辑”>“取消”，在其他地方再试。

4 选择“对象”>“剪切路径”>“选项”。如需要可移动“剪切路径”对话框，以便查看梨子图片。

5 然后从“类型”下拉列表中选择“检测边缘”。如果未选择“预览”，现在可将其勾选。此时白色的背景几乎已经完全被删除了。

6 拖曳“阈值”滑块，直到该阈值隐藏了尽量多的背景同时又不影响对象本身的显示。本示例使用的阈值为“20”。

提示：如果无法找到既删除背景而又不影响对象本身的阈值设置，可指定特定的值，使得对象周边尽可能显示较少的白色背景。通过下列步骤微调剪切路径，可逐渐消除白色背景。

“阈值”选项可从白色开始隐藏图片的淡色区域。当向右拖曳至更高的值时，将增加隐藏的颜色暗度。不要试图找到完全匹配该梨子图片的设置。稍后将继续学习如何改进剪切路径。

7 慢慢向左拖曳“容差”滑块，直到容差值大约为 1。

“容差”选项决定了自动生成的剪切路径共有多少个点。向右拖曳该滑块，将使用较少的点，剪切路径将与图片关系更松散。在路径使用较少的点可能会加速文档显示，但也会降低精确度。

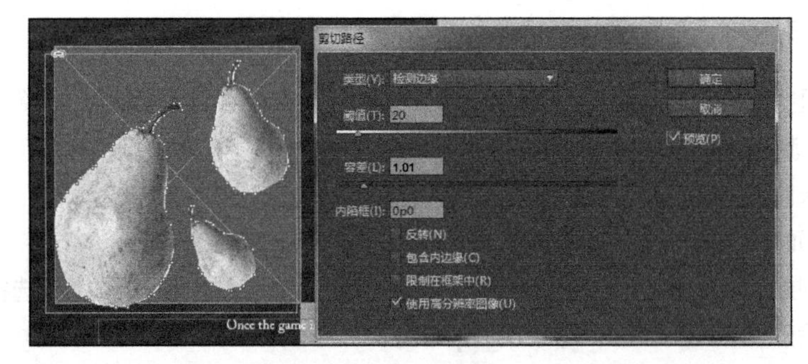

8 在“内陷框”中输入值可关闭剩余的背景区域。这里使用的值为0p1。该选项将均匀地收缩当前的剪切路径的形状，并且不影响图像的亮度。单击“确定”按钮，关闭“剪切路径”对话框。

> **注意：**还可使用“检测边缘”删除纯黑色背景。只需勾选“反转”和“包含内边缘”选项，并指定一个高阈值（255）。

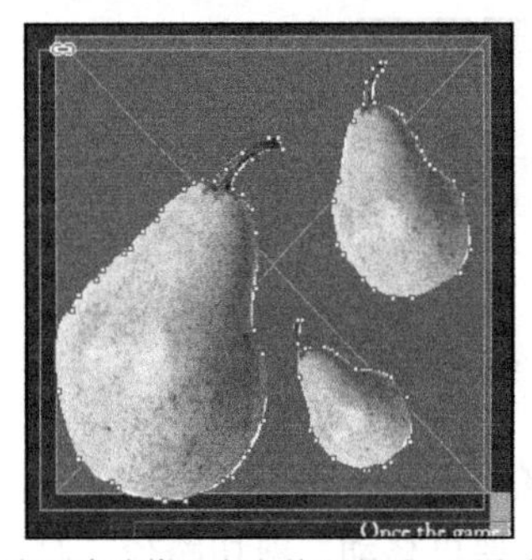
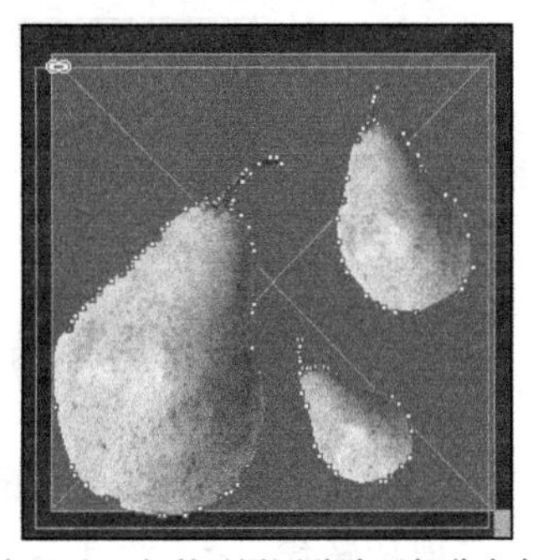

应用内陷值 1 点之前和之后。可注意到应用后，在梨子周围移除了部分白色空间

9 也可选择手动微调剪切路径。使用直接选择工具（ ）选择梨子图片，然后此时拖曳每个锚点，并使用绘图工具编辑图片周围的剪切路径。如果图片边缘复杂，可放大文档以便更好地调整锚点。

10 选择“文件”>“存储”。

使用 alpha 通道

当图片含有背景，且不是纯白色或纯黑色时，“检测边缘”可能无法有效地删除背景。对于这些图片，若根据背景的亮度值隐藏背景，可能会隐藏对象本身中使用相同亮度值的部分。此时，可使用 Photoshop 中更高级的背景删除工具，使用路径或 alpha 通道标定透明区域，然后使用 InDesign 根据这些区域创建剪切路径。

> **注意：**如果导入的 Photoshop（.psd）文件由图像和透明背景组成，InDesign 将根据透明背景进行剪切，而不依赖于剪切路径和 alpha 通道。这对于置入有羽化边缘的图片特别有用。

使用 alpha 通道导入 Photoshop 文件

之前是使用“置入”命令来导入图片。现在将使用另一种方式：将 Photoshop 图片直接拖曳至 InDesign 页面上。这样 InDesign 可直接使用 Photoshop 路径和 alpha 通道，而无需将 Photoshop 文档保存为另一种文件格式。

1 在图层面板上，确保已选定了“Photos”图层，以便在图层上能显示图片。

2 然后选择“视图”>“使页面适合窗口”，转至页面 2。

3 在“资源管理器”（Windows）或“Finder”（Mac OS）中，打开包含“10_d.psd”的文件夹 Lesson10。

调整“资源管理器”（Windows）或“Finder”（Mac OS）窗口和 InDesign 窗口大小，从而同时查看 Lesson10 文件中的文件列表以及 InDesign 文档窗口。请确保可查看页面 2 左下部分的 1/4。

4 将“10_d.psd”文件拖曳至页面 2 左侧的剪贴板，然后松开鼠标。单击剪贴板回到 InDesign 窗口，然后再次单击插入原尺寸的图片。

> **注意：**拖曳文件时，一定将其拖曳到页面 2 左边的剪贴板上再松开鼠标。如果在现有框架中松开鼠标，将放在该框架内，请选择“编辑”>“还原”，再重新操作。

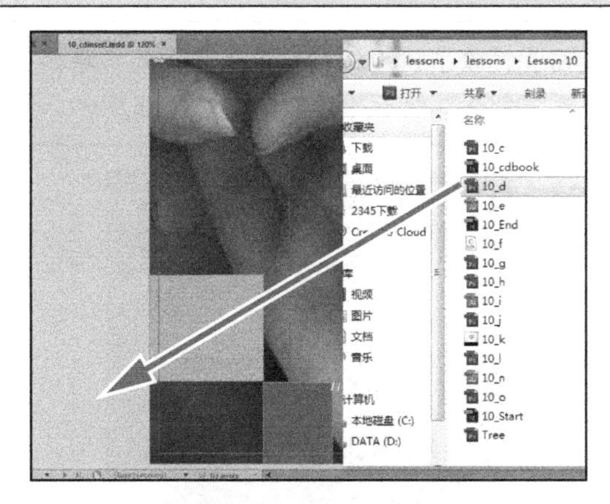

5 使用选择工具（ ），将图片调整至页面的左下角。

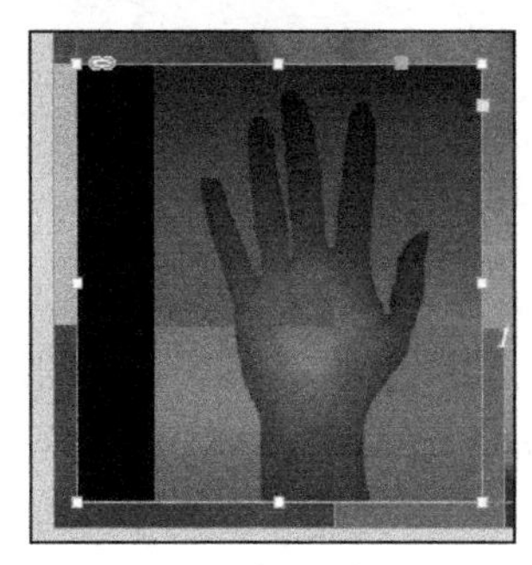

6 如有需要，可最大化 InDesign 窗口，以便操作。现在已经完成了导入文件。

检查 Photoshop 路径和 alpha 通道

刚拖曳导入的 Photoshop 图像中，手形图案和背景有许多相同的亮度值。因此，无法简单地使用“剪切路径”对话框中的“检测边缘”选项隔离背景。

> **注意：**Adobe Photoshop CC 处理软件图像编辑应用程序可用的创意云用户必须单独安装。你可以安装 PS 图象处理软件使用任务栏中的创意云桌面应用程序（Windows）或菜单栏（Mac OS）。
> 您可以在程序栏（Windows）或菜单栏（Mac OS）中使用 Greative Cloud 应用程序可安装 PS。

这时要使用 Photoshop 图片上的 alpha 通道。首先，将使用“链接”面板直接在 Photoshop 中打开图片，可看到已存在的路径和 alpha 通道。

本例中至少需要 Photoshop 4.0 或更高版本，如果计算机具有足够的内存，同时打开 InDesign 和 Photoshop 窗口将会使工作变得更容易。如果用户的计算机无法满足上述的条件，也可通过阅读下列步骤理解什么是 Photoshop 的 alpha 通道，然后继续后续课程中的工作。

1 首先使用选择工具（![选择工具]），选择之前导入的“10_d.psd”文件。

2 如果没有打开链接面板，可选择“窗口”>“链接”。此时在链接面板上将显示图片的名称。

> **提示：**编辑选定的图片，除了使用链接面板上的“编辑原稿”按钮，还可从链接面板菜单中选择“编辑工具”命令，然后选择需要的应用程序。

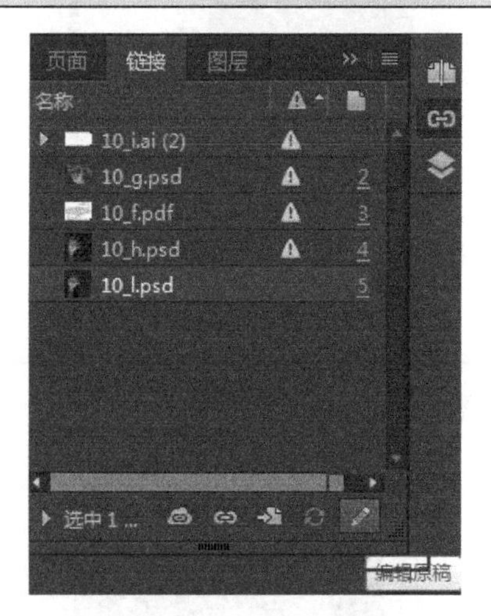

3 在链接面板中，单击“编辑原稿”按钮（![编辑原稿]）。

将在某应用程序中打开图片，进行查看和编辑。本图片保存为 Photoshop 格式，因此如果读者计算机上安装有 Photoshop，InDesign 将启动 Photoshop 打开选定的文件。

4 在 Photoshop 中，选择“窗口”>“通道”或是单击通道面板图标以显示“通道”面板。然后单击通道面板顶部的标签并进行拖曳。

> **注意：**单击“编辑原稿”按钮将在创建该文件的应用程序中打开该文件。安装软件时，某些安装程序会修改操作系统的相关设置。“编辑原稿”命令将使用有关程序和文件的关联设置。如需修改设置，请参阅操作系统的相关文档。

5 如有需要，可增大通道面板高度以便查看除了标准的 RGB 通道之外的 3 个 alpha 通道（Alpha 1、Alpha 2 和 Alpha 3）。这些通道都是使用 Photoshop 中的蒙版和绘图工具绘制的。

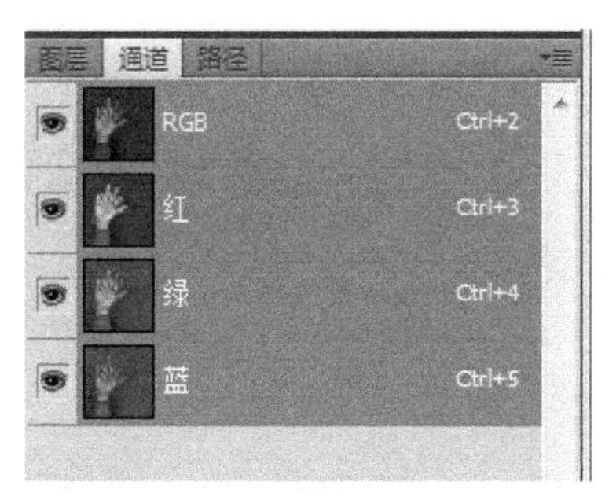

保存带有 3 个 alpha 通道的 Photoshop 文件

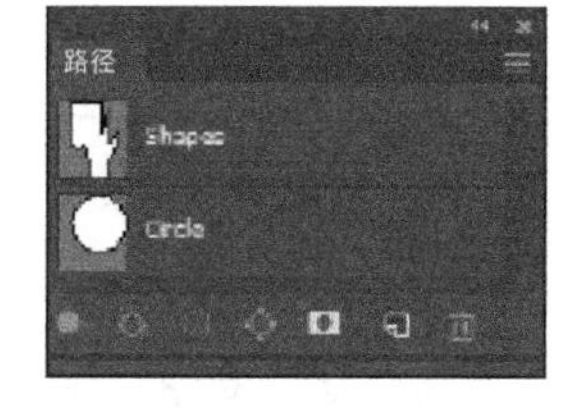

6 在 Photoshop 的通道面板中，单击 Alpha 1 可查看该通道，然后再单击 Alpha 2 和 Alpha 3，进行对比。

7 单击 RGB 通道。

8 在 Photoshop 中，选择“窗口”>“路径”，或是单击路径面板图标打开路径面板。

该路径面板包含两个路径名称：“Shapes”和“Circle”。它们是用 Photoshop 中的钢笔工具（）和其他路径工具绘制的，也可能是由 Illustrator 创建再粘贴在 Photoshop 中的。

9 在 Photoshop 的路径面板上，单击“Shapes”可查看该路径，然后再单击“Circle”。

因为没有更改，所以不需要保存文件。

10 退出 Photoshop。本课中不需要再使用该程序。

在 InDesign 中使用 Photoshop 路径和 alpha 通道

接下来回到 InDesign 中，探索如何从 Photoshop 路径和 alpha 通道中创建不同的剪切路径。

1 切换回 InDesign。请确保在页面保持选定 10_d.psd 文件，如有需要，可重新使用选择工具（）将其选定。

2 保持选定手形图片，并选择“对象”>“剪切路径”>“选项”，打开“剪切路径”对话框。如有需要，可移动该对话框，以便查看图片。

3 请确保已勾选“预览”，从“类型”下拉列表中选择“Alpha 通道”。此时可使用“Alpha”下拉菜单，该菜单中列出了之前在 Photoshop 中看到的 3 个 alpha 通道。

4 从“Alpha”菜单中选择“Alpha 1”。 InDesign 将根据该 alpha 通道创建剪切路径。然后再选择“Alpha 2”，对比结果。

5 接着选择“Alpha 3”，并勾选“包含内边缘”。请注意观察图片上的修改。

提示：通过调整“阈值”和“容差”值，可微调根据 alpha 通道创建的剪切路径，就如之前在“使用 InDesign 删除白色背景”中的操作一样。根据 alpha 通道创建剪切路径时，可从低阈值（如 1）开始微调。

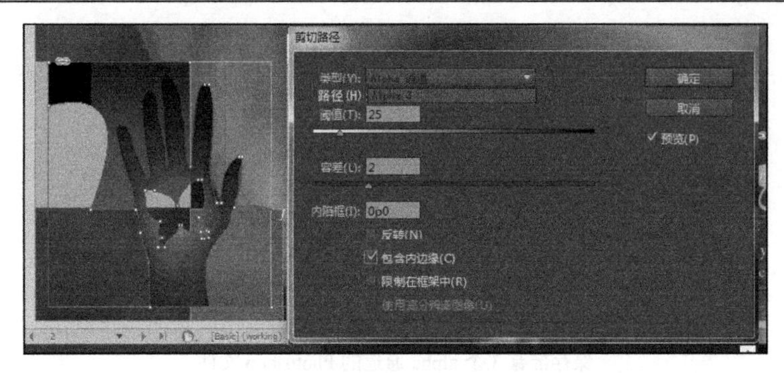

勾选“包含内边缘”后，InDesign 将能够识别 Alpha 3 通道中绘制的蝴蝶形空洞，并添加至剪切路径上。

提示：通过在源文件中显示 Alpha 3 通道，可看到该蝴蝶形空洞在 Photoshop 是什么样子。

6 从“文字”下拉列表中选择“Photoshop 路径”，然后从“路径”下拉列表中选择“Shapes”。 InDesign 将调整图片的框架形状，匹配 Photoshop 路径。

7 然后再从“路径”下拉列表中选择“Circle”，单击“确定”按钮。

8 选择“文件”>“存储”。

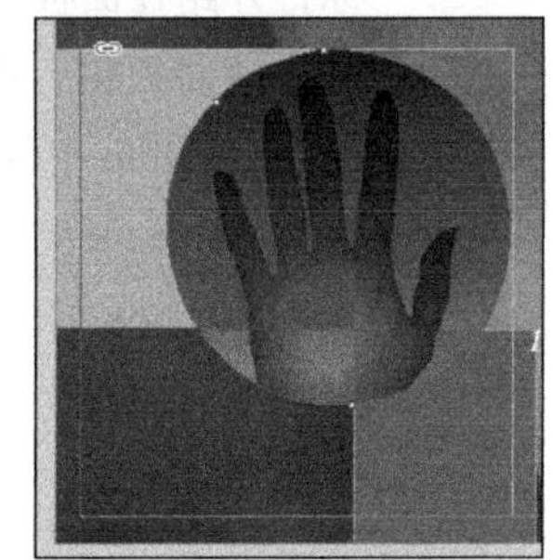

导入本机 Adobe 图片文件

InDesign 使用户能够以独特的方式导入 Adobe 的本机文件，如 Photoshop 图像处理软件（PSD 格式）、Illustrator（AI 格式）和 Acrobat（PDF 格式）文件，并提供了如何控制文件的显示选项。例如，可以在 InDesign 中调整 PS 图像处理软件图层的可视性，还可查看不同的复合图层。同样，如果导入了分层的 Illustrator 文件，也可通过调整其图层的可视性来改变插图。

导入带图层和图层复合的 Photoshop 文件

在之前的练习中，使用了带路径和 alpha 通道的 Photoshop 文件，但该文件仅使用单个背景图层。当使用分层的文件时，可单独调整每个图层的可视性。另外，还可查看不同的图层复合。

> **提示：**图层复合创建于 Photoshop 并保存为文件的一部分，常常用来制作图片的多层合成，来对比不同的风格和样式，当文件导入 InDesign 时，可在整个布局中预览不同的复合关系。下面将查看一些图层复合。

1 在链接面板上，单击“10_j.psd”链接，并单击“转到链接”按钮（ ），选择文件并使其居中显示在文档窗口中。该文件是之前重新链接的，具有 4 个图层和 3 个图层复合。

2 选择“对象”>“对象图层选项”，打开“对象图层选项”对话框。该对话框允许用户关闭或打开图层，并在图层复合间实现切换。

3 如有需要，可移动“对象图层选项”对话框，以便查看选择的图片。勾选“预览”选项，可保持对话框打开的情况下看到图像变化。

4 在“对象图层选项”对话框中，选择“hands”图层左侧的眼睛图标（ ）。此时将关闭该图层，仅留下“Simple background”图层显示。单击“hands”图层旁的方框，可恢复打开该图层。

5 从“图层复合”下拉列表中选择“Green Glow”，此时该图层复合拥有了不同的背景。然后从“图层复合”下拉列表中选择“Purple Opacity”。此时图层复合又变换了背景，并且“hands”图层变得部分透明，单击“确定”按钮。

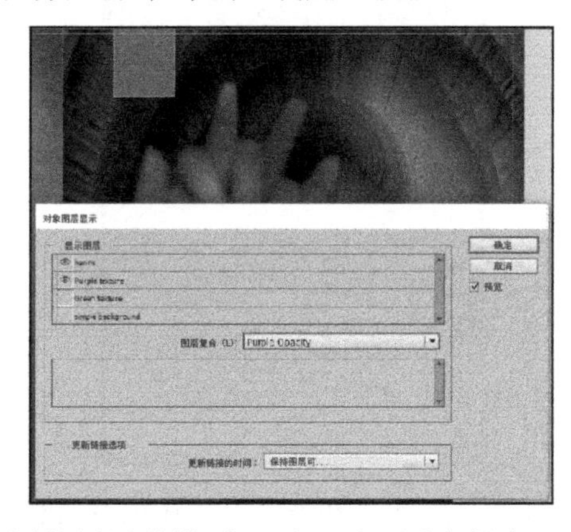

图层复合不仅仅是不同的图层的排列，而且可以用来保存 Photoshop 图层效果、可视性和位置等属性。当修改了图层文件的可视性时，InDesign 将在链接面板的“链接信息”区显示相应提示。

6 在链接面板中，如果无法看到该区域，可单击“显示 / 隐藏链接信息”按钮（ ）来显示。找到“图层优先选项”列表。其中，显示“是（2）”，说明有两个图层被覆盖；显示“否”，说明没有覆盖任何图层。

7 选择“文件”>“存储”，保存现在的文档。

创建内嵌图片框架

内嵌图片框架随文本一起编排。本练习中，将把唱片图标置入页面 6 的文本框架中。

1 在页面面板中双击第 2 个跨页，选择“视图” > “使跨页适合窗口”。如有需要，可向下滚动。剪贴板的底部有“Orchard of Kings”图标，下面将把它插入页面的段落中。

2 使用选择工具（ ），单击该图标。请注意图片框架右上侧的绿色小方块。拖曳该方块可将对象内嵌进文本。

提示：若“定位对象控件”不可见，可选择“视图”>“其他”>“显示定位对象控件”。

3 按住 Z 键临时使用缩放显示工具，或是选择“缩放”工具（ ），单击可查看图标及其上的文本框架。

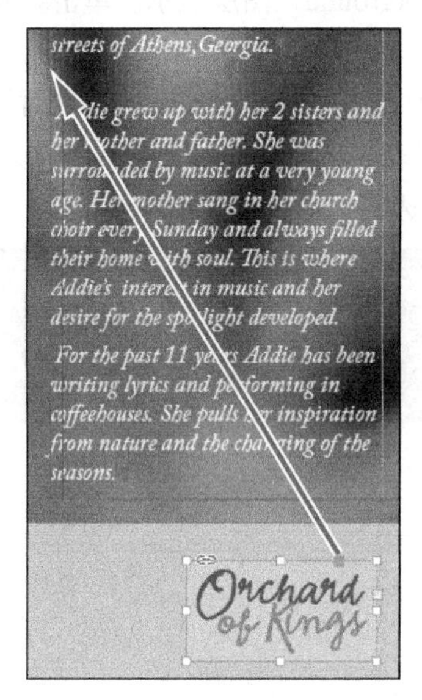

4 选择“文字” > “显示隐含的字符”，可查看文本中的空格和换行符。这有助于定位希望内嵌的框架。

注意：当置入内嵌图片时，并不需隐藏字符，这里只是为了识别文本的结构。

5 按住 Shift 键，并拖曳图标右上角旁边的绿色小方块，回到下方的单词“streets”。按住 Shift 键在两段文本之间创建行间图片。请注意当插入图片时，图片之后的文本将重排。现在，使用“段前间距”选项为图片和环绕的文本创建间距。

6 选择文字工具（ ），然后单击行间图片的右侧放置文本插入点。

7 单击控制面板上的“字符格式控制”按钮（ ）。在“段前间距”选项（ ）中单击上箭头，将值修改为“0p4”。在增加该值时，内嵌图片框和下方的文本也在慢慢地拉大距离。

8 要查看文本在编辑文本时如何流动，请单击第一段结尾的右侧，然后按 Enter 键两次。注意每次按下 Enter 键时图形都会向下移动。然后按两次 Backspace 键删除多余的段落。

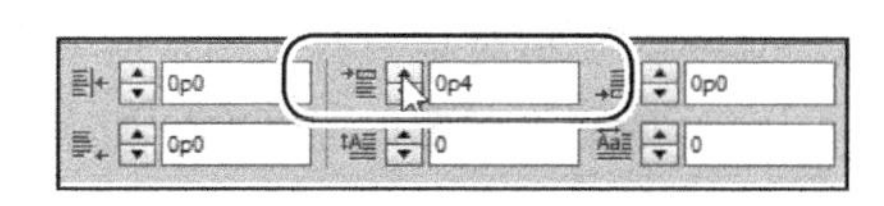

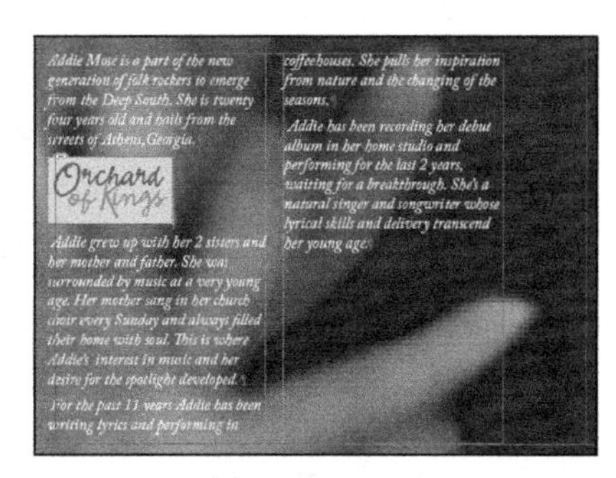

9 选择“文件” > “存储”，保存当前工作。

为内嵌图片框架添加文本环绕

为内嵌图片框架添加文本环绕十分容易，使用文本绕排可立即看到不同环绕的显示效果。

1 使用选择工具（ ），选择之前导入的“Orchard of Kings”图标。

2 按下 Shift+Ctrl（Windows）或 Shift+Command（Mac OS）键，并向右上拖曳图片框右上侧的控点，直到将大约 25% 的图片嵌入。

该组合键可保证成比例地调整图片和框架的尺寸。

3 选择“窗口” > “文本绕排”，打开文本绕排面板。即使已内嵌了图片，该图片还是显示在文本的下方。

4 在文本绕排面板上，选择“沿对象形状绕排”（ ）来添加文本绕排。

5 单击“上位移”选项（ ）的上箭头按钮，将值修改为“1p0”，以增加图片边框与文本的距离。

文本还可按照图片形状而不是边框形状环绕图片。

6 为看得更清楚，可单击剪贴板全部取消选择对象，然后单击“Orchard of Kings”图标，按下斜杠键（/），应用无填充颜色。

7 在文本绕排面板中，从“文字”下拉列表中选择“检测边缘”。由于该图片为矢量图形，文本绕排将紧靠文本边缘。

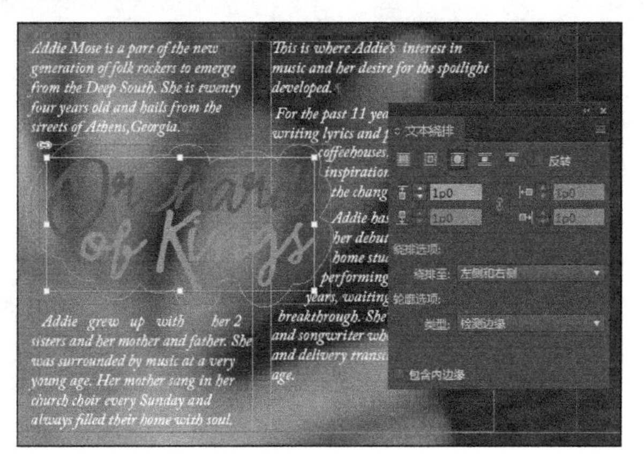

8 为更清楚地查看文档，可单击剪贴板取消选择图片，然后选择“文字”>“不显示隐藏字符”，隐藏不必要的段落换行和空格。

9 使用选择工具（），再次选择“Orchard of Kings”图标。

10 在文本绕排面板中，从“绕排至”下拉列表中选择下列选项。

- “右侧”：文字将移至图片的右侧，并避开图片下方的区域，即使该区域有空间显示文本绕排的下边界。
- “左侧和右侧”：图片四周都可放置文本。注意在文本绕排边界的文本区域出现了一些间隙。
- “最大区域”：文本移动至文本绕排边界的空间较大的一侧。

11 也可选择直接选择工具（），然后单击图片查看用于文本绕排的锚点。使用“检测边缘”轮廓选项时，用户可手动调整锚点，通过单击锚点或拖曳可重定义文本绕排。

12 关闭文本绕排面板。

13 选择“文件”>“存储”。

导入 Illustrator 文件

InDesign 会充分利用矢量图提供圆滑边缘的优势，例如 Adobe Illustrator 的矢量图。当使用高质量显示时，矢量图和文本在任意的缩放比例下都能显示圆滑的线条。大部分矢量图不需要剪切路径，这是因为大部分应用程序制作矢量图时就使用了透明背景。本小节中，将在 InDesign 文档中插入 Illustrator 图片。

1 在图层面板中，选择“Graphics”图层。选择“编辑”>“全部取消选择”，确保没有选中任何对象。

2 选择“视图”>“使跨页适合窗口”，以便看到整个跨页。

3 选择“文件”>“置入”，然后双击 Lesson10 文件中的“10_e.ai”。请确保没有勾选“显示导入选项”，单击“打开”按钮。

4 使用载入图片（）图标单击页面 5 的左上角，将 Illustrator 文件添加到页面，再使用选择工具（）将其移到下图中所示的位置。Illustrator 创建的图片在对象周围区域默认为透明。

5 选择“文件”>“存储”来保存所做的工作。

导入带图层的 Illustrator 文件

可导入包含图层的 Illustrator 本地文件，并控制图层的可视性，移动图片位置，但无法编辑路径、对象或文本。

1 单击剪贴板，全部取消选择对象。

2 选择“文件” > “置入”，在“置入”对话框的左下角，勾选“显示导入选项”。选择文件“10_n.ai”，然后单击“打开”按钮。由于勾选了“显示导入选项”，将出现“置入 PDF”对话框。

3 在该对话框中，确保已勾选“显示预览”。在“常规”选项卡中，从“裁切到”下拉菜单中选择“定界框（所有图层）”，并确保勾选了“透明背景”。

4 单击“图层”选项卡，以查看图层。该文本包含 3 个图层：包含树木的背景图片（Layer3）、英文文本图层（English title）以及西班牙语文本图层（Spanish title）。

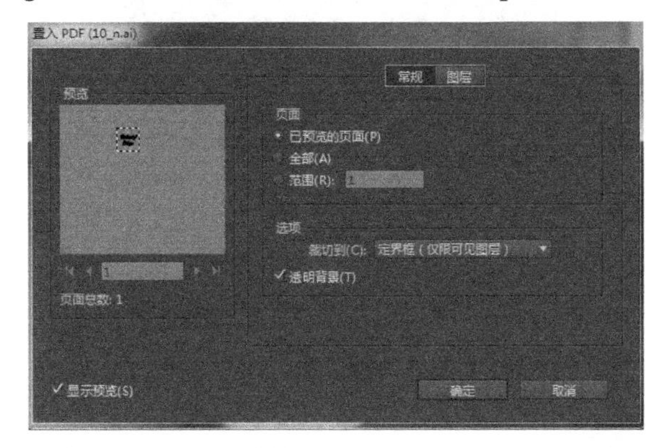

虽然可以指定导入哪些图层，但是过小的预览区域很难看清效果。

5 单击“确定”按钮，选择图层并在版面中显示。

6 使用载入图形图标（ ），将鼠标指针置于页面 5 的蓝色框的左侧。请注意不要将指针置于蓝色框中，这将把图片插入该框架。单击插入图片，然后使用选择工具（ ），并放置图片。

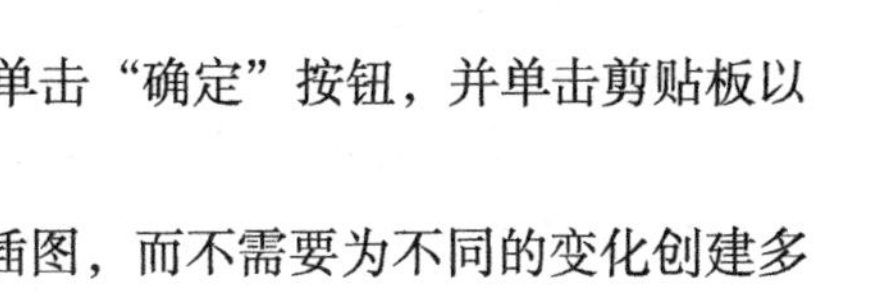

7 使用缩放显示工具（ ）放大图片。

8 保持选定图片，选择“对象” > “对象图层选项”。如有需要可移动对话框，以便查看文档中的图片。

9 勾选“预览”，然后单击“English title”图层旁的眼形图标（ ），将该图层关闭。

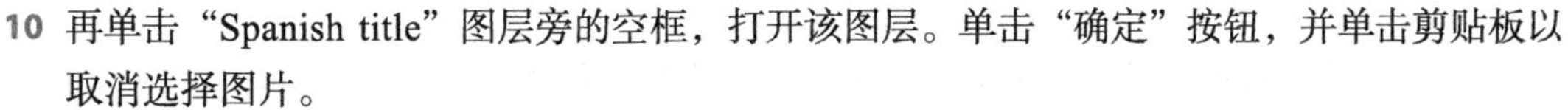

10 再单击“Spanish title”图层旁的空框，打开该图层。单击“确定”按钮，并单击剪贴板以取消选择图片。

使用分层的 Illustrator 文件，可使用户可以使用创意插图，而不需要为不同的变化创建多个文件。

11 选择“文件” > “存储”来保存所做的工作。

使用库管理对象

对象库可用来存储和管理常用的图片、文本和页面。对象库可以以文件形式存储在硬盘上。还能为对象库添加标尺参考线（网），绘制形状和编组图片。每个库都可作为一个独立的面板，如有需要还可编组进其他面板。用户可根据实际需要创建多个库，不同的库可针对不同的项目或客户。本节中，将导入已存储在库中的图片，然后创建自己的库。

1 如果当前不在第 5 页，在文档窗口左下角页面编号中输入“5”，按下 Enter 键或 Return 键转至该页面。

2 选择“视图” > “使页面适合窗口”，可看到整个页面。

3 选择“文件” > “打开”，选择 Lesson10 文件下的 10_k.indl，然后单击“打开”按钮，可打开库文件。拖曳“10_k.indl”面板的右下角，以便查看面板上的所有项目。

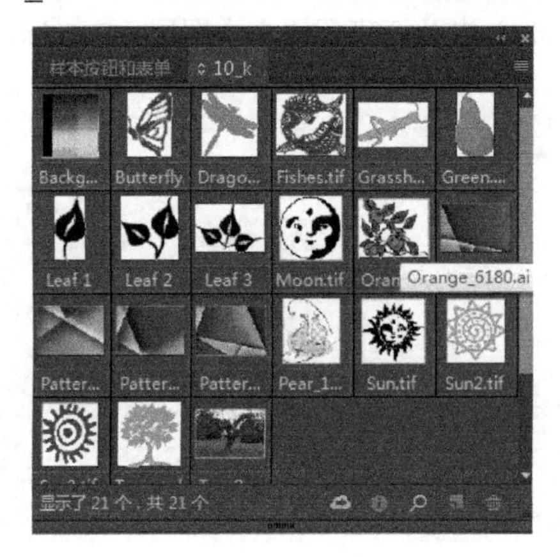

4 在“10_k.indl”面板上，选择“显示库子集”按钮（ ）。在“显示子集”对话框中，在“参数”部分最后一个文本框中输入“tree”，然后单击“确定”按钮。此时将搜索出库中所有名称中包含“tree”的对象，经搜索发现了两个对象。

5 在图层面板中，确保目标图层为“Graphics”层，打开链接面板。

注意： 将树木图片拖曳至页面上后，链接面板上会可能显示丢失链接图标（ ）或修改链接图标（ ），这是由于该图是从硬盘的原位置导入的。为消除这些警告，可单击面板上的“更新链接”按钮，或者单击“重新链接”按钮，并导览至 Lesson10 文件夹，选择文件“ Tree.psd”。

6 将“10_k”库面板上的“Tree.psd”拖曳至页面5上。此时该文件已添加至页面上。请注意该文件名是如何显示在链接面板上的。

7 使用选择工具（![]），放置“Tree.psd”图片，使其左侧边缘对齐页面的左边缘，上下边缘对齐蓝色背景框的边缘。图片应居中显示在蓝色框中，因此框的右侧边缘应对齐蓝色背景框的右侧边缘。

8 选择“文件”>“存储”来保存所做的工作。

创建库

本小节将创建自己的库，并将文本和图片添加到库中。当向库中添加图片时，源文件并没有被复制进库，InDesign只是建立了与源文件的链接。因此存储在库中的图片仍然需要原有的高分辨率文件才能显示和打印。

1 选择“文件”>“新建”>“库”。（如果CC库警报显示询问是否想尝试使用CC库，单击“否”）将库名称设置为“CD Projects”，并保存至文件夹Lesson10中。此时该库面板显示在之前打开的库面板的面板组中。

2 导览至页面3，使用选择工具（![]），将“Ricky Records”图标拖曳至刚创建的库中。该图标已保存至库中，可用于其他InDesign文档。

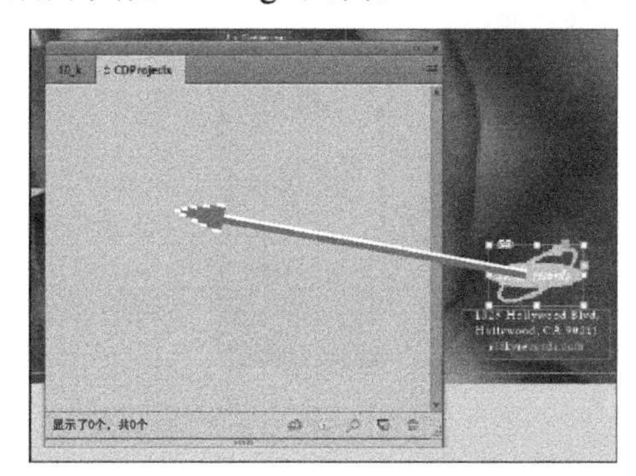

3 在CD Projects库中，双击Ricky Records。对于项目名称，键入文字标志，然后单击“确定”。

4 使用选择工具将地址文本块拖到CD Projects库中。

5 在CD Projects库中，双击地址文本。设置有关项目名称、地址，然后单击“确定”。

现在CD Projects库中包含文本和图形。一旦在库中做出改变，InDesign将保存更改。

6 在库面板顶部单击关闭按钮，可关闭库。

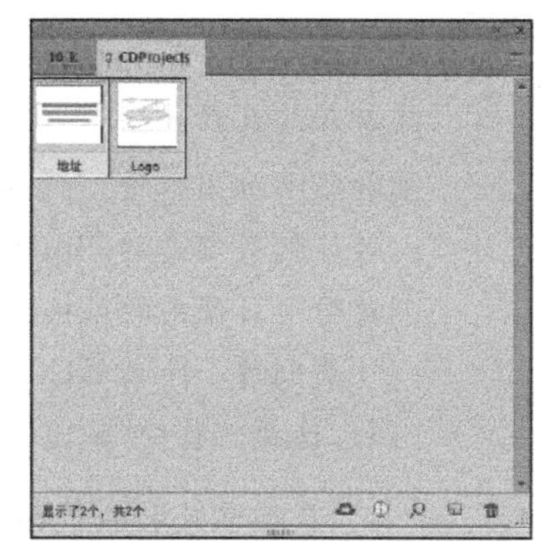

使用 Adobe Bridge 导入图片

Adobe Bridge是一个独立应用程序，InDesign CC用户可以使用。Adobe Bridge是跨平台应用程序，可用来浏览本地和网络计算机的图片，并将其导入 InDesign 文档中。但这只是该程序众多功能的其中一项（如果没有 Bridge，可使用“插入”命令完成本节操作）。

1 选择“文件”>“在 Bridge 中浏览”，启动 Adobe Bridge。在收藏夹面板中单击文件夹图标，或者在内容面板中双击找到 lesson10 文件夹。

2 利用 Adobe Bridge 可以很容易地浏览和重命名文件。

单击“Leaf.psd”图片，然后单击文件名以选择文件名框。将文件重命名为“10_o.psd”，按 Enter 键或 Return 键确认修改。

创建和使用CC库

Creative Cloud库给用户提供了很多便利。可以使用CC库来创建和共享颜色、字符和段落样式、图形、Adobe存量，更多地是使用用户喜爱的Creative Cloud桌面和移动应用程序，然后访问他们在其他Creative Cloud应用程序中的文件。也可以与任何有创意的Cloud账户共享库，所以它很容易合作，可保持设计一致，甚至创建跨项目使用的风格指南。

要创建一个新的CC库，可遵循以下这些步骤。

1 选择“窗口”>“CC Libraries”，显示 CC 库面板，或者单击 CC 库面板（）。

2 在库面板菜单中选择“新建库”。

3 在“新建库”字段中输入“CD Elements ”，然后单击“创建”。

4 在第 3 页下面的第一行用文字工具选择地址文本，然后单击 CC 库面板底部的添加段落样式按钮（¶）。将指针移到面板上，以显示有关段落样式格式的信息。

提示：CC Libraries 菜单包括多个命令，可以创建和管理库。

提示：当向 CC 库添加一个资产时，它被分配了一个默认名称。如果要更改资产名称，请双击其名称，然后输入新名称。

5 使用选择工具在第 4 页选择“Orchard of Kings”图形，然后将其拖动到库窗口中。保存资产到 CC 库，可以使用它们的其他设计文件，以及其他 Adobe CC 应用程序，如 PS 图象处理软件和 Illustrator。

6 选择“文件”>“新建”>“文档”，打开一个新的设计文件。单击“确定”，使用默认设置。

7 使用文字工具创建文本框，然后输入文本行。选择文本，然后单击 CC 库面板中的“地址”。（地址段落样式使用纸张作为填充颜色，所以需要在文本框中添加填充颜色以查看白色文本。）段落样式也被添加到“段落样式”面板的样式列表中。

8 从 CC 库面板中拖动“Orchard of Kings”到页面，然后单击加载的图形图标来放置图形。

9 不保存更改关闭文档，并返回到正在运行的文档。

还可以共享 CC 库。欲了解更多信息，请参见本课结尾的“练习”部分。

3 拖曳 Bridge 窗口右上角缩小窗口，并移动窗口位置，以便查看文档的页面 4。将“10_o.psd”拖曳进 InDesign 文档。单击回到文档中，然后再次单击插入图片。

4 使用选择工具（ ），将叶子图片放置在页面 4 左上角的紫色框上方。将图形框架的右上角和右边框与紫色边框的右上边框对齐。

5　打开图层面板。图片的高亮绿色边框表明该图片已自动放置在了“Graphics”图片层。如果图片没有位于“Graphics”图层，可拖曳面板右侧的小方块至“Graphics”图层。

恭喜！至此，通过导入、更新和管理不同格式的文件，已经制作好一个 CD 封套。

练习

已完成了一些导入图片的练习，请读者自己完成下面的练习。

1　在“置入”对话框中勾选“显示导入选项”，插入不同的文件格式，并观察每种格式的文件会出现哪些选项。如果需要了解所有选项的具体解释，请参阅 InDesign 帮助。

2　使用多页 PDF 文件，并勾选“置入”对话框中的“显示导入选项”，导入多页的 PDF 文件

使用片段

片段是一个文件，用于保存对象并描述对象在页面或跨页上彼此之间的相对位置。使用片段可方便地重用和放置页面对象。通过将对象保存进片段文件，可创建含有扩展名为 .IDMS的片段（早期版本的InDesign使用的扩展名是 .INDS）。在InDesign中插入片段文件时，可决定是将对象放置在原有位置还是在鼠标单击位置。还可将片段文件保存进对象库或Adobe Bridge。从InDesign插图加入到CC库也存储为片段。

插入片段时，片段内容将保持它们的图层关系。当某片段包含资源定义，同时这些定义又出现在文档中，此时片段将使用文档中的资源定义。

在 InDesign 中创建的片段无法在早期版本的 InDesign 中打开。创建片段需进行下列操作之一。

- 使用选择工具，选择一个或多个对象，然后选择“文件”>“导出”。从“保存类型”（Windows）或“存储格式”（Mac OS）下拉列表中，选择“InDesign Snippet”，输入文件名并单击“保存”按钮。
- 使用选择工具，选择一个或多个对象，然后拖曳至桌面。此时已成功创建片段文件，重命名该文件。
- 从结构面板（“视图”>“结构”>“显示结构”）拖动项目到桌面。

要添加片段至文档请按如下步骤操作。

1 选择“文件”>“置入”。

2 选择一个或多个片段（.IDMS 或 .INDS）文件，单击“打开”按钮。

3 在左上角希望导入片段文件的位置单击。

提示：如果使用 Alt+（Windows）或 Option+（Mac OS）键将对象拖曳进库中，将出现“项信息”对话框，可为对象命名。

当在文本框架中放置插入点时，片段将作为定位对象插入文本。

插入片段后，其中所有对象都会保持选中状态。通过拖曳可调整所有对象的位置。

4 如果导入了多个片段，滚动鼠标并单击可选择插入片段。然后单击加载的片段光标来放置当前选定的片段。

除了将对象插入至鼠标单击位置，还可以将这些对象插入到原有的位置。例如，如果文本框架在作为片段的一部分导出时出现在页面中间，再次插入片段时该文本框架将位于和之前相同的位置。

- 在“文件处理”首选项中，选择“原始位置”可保持对象在片段中的原有位置；选择“光标位置”，可将片段放置在鼠标单击的位置。

和 Adobe Illustrator（ai）文件，可从 PDF 中导入不同的页面，或从 Illustrator 文件中导入不同的原图。

3 创建一个包含文本和图片的库。

4 本课中创建了一个名为“CD Elements”的 CC 库，除了能够使用多个 Adobe 图形应用程序访问 CC 库中的资源外，还可以与团队成员和其他同事共享这些库，以确保每个人都使用最新的迭代。

选择“窗口”>“CC Libraries”，打开 CC 库面板，然后从面板顶部的库列表中选择 CD Elements。从面板菜单选择“协作”，在浏览器中打开的“合作者”窗口中，输入要与您共享库同事的电子邮件地址。选择可以编辑或可以从菜单中查看指定收件人是否可以查看和编辑元素（可以编辑）或只查看（可以查看），可以添加消息，然后单击邀请。在库合作区，收件人将收到电子邮件邀请。

5 也可以与其他人共享 CC Libraries 的链接，这样他们就可以在浏览器中查看库内的资源，而无需安装 Creative Cloud 应用程序或登录。从库面板菜单中选择“共享链接”，在打开的浏览器窗口中，单击创建公共链接共享库。若要将链接发送给其他人，请在“发送链接”窗口中输入一个或多个电子邮件地址，然后单击“发送链接”。如果单击该链接，则该库将在另一个浏览器窗口中打开。也可以复制公共链接到其他地方使用。单击“高级选项”可以允许或阻止从库下载到其他用户库的资料。如果需要，请单击“删除公共链接”以移除链接。

复习题

1 如何才能确定导入图片的文件名?

2 “剪切路径”中的“类型”下拉列表有哪4种选项，哪些是导入图片必须包含的选项?

3 更新文件链接和重链接文件有何区别?

4 何时可用更新图片版本？如何确保文档中的图片为最新版本?

复习题答案

1 选择图片，然后选择“窗口”>“链接”，可在链接面板上查看图片名称是否高亮显示。出现在链接面板上的图片，可能是通过选择“文件”>“置入”或是直接从资源管理器（Windows）、Finder（Mac OS）、Bridge或Mini-Bridge拖曳进文档中的。

2 使用下列方式可利用“剪切路径”对话框（“对象”>“剪切路径”>“选项”)，从导入图片中创建剪切路径。

- 当图片包含纯白色或纯黑色背景时，可使用“检测边缘”类型。
- 当图片包含一个或多个alpha通道时，可选择“alpha通道”类型。
- 当Photoshop文件包含一个或多个路径时，可使用“Photoshop路径”类型。
- 如果修改了选定的剪切路径，则使用“用户修改路径”类型。

3 “更新链接”使用链接面板更新屏幕上的图形标识，从而更新文件链接，轻松地更新图片。“重新链接”是使用“插入”命令插入另一张图片以替换选定的图片。如果需要修改插入图片的所有导入选项，就必须替换该图片。

4 在链接面板上，确保没有提示图标。如果出现提示图标，可选择其链接，并单击“更新链接”按钮。如果该文件已移动到其他地方，可使用“重新链接”按钮重新浏览定位。

第11课 创建表格

课程概述

本课中，将学习如何进行下列操作。

- 将文本转换为表格，从其他应用程序中导入表格，从头创建表格。
- 修改表格的行数和列数。
- 重排行和列。
- 调整表格行和列的尺寸。
- 使用描边和填色设置表格格式。
- 为长表格指定套用表头行和表尾行。
- 在表格单元格中导入图片。
- 创建和应用表样式和单元格样式。

学习本课大约需要 45 分钟。

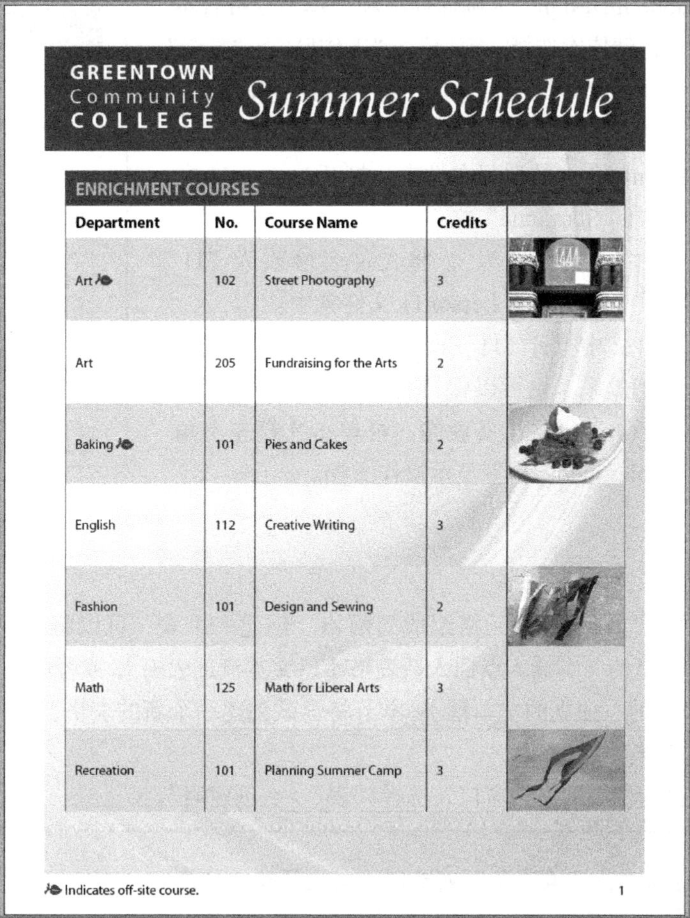

GREENTOWN
Community
COLLEGE
Summer Schedule

ENRICHMENT COURSES

Department	No.	Course Name	Credits	
Art	102	Street Photography	3	
Art	205	Fundraising for the Arts	2	
Baking	101	Pies and Cakes	2	
English	112	Creative Writing	3	
Fashion	101	Design and Sewing	2	
Math	125	Math for Liberal Arts	3	
Recreation	101	Planning Summer Camp	3	

Indicates off-site course.　1

使用 InDesign，可方便地创建表格，将文本转换为表格，或从其他应用程序中导入表格。它具有丰富的表格格式选项，包括表头、表尾以及交替显示行和列，可存为表格样式和单元格样式。

概述

本课中，将制作一个虚构的大学课表设计。该课表应该美观、易用并方便修改。我们将把文本转换为表格，然后使用表菜单和表面板选项设置表格格式。当表格跨多个页面时，将自动重复套用标题行。最后，还将创建表样式和单元格样式，以便快速和统一地应用到其他表格。

1 为确保 Adobe InDesign 程序的首选项和默认设置符合本课的要求，请先按照“前言”中的步骤将 InDesign Defaults 文件移动到 4 ～ 5 页。

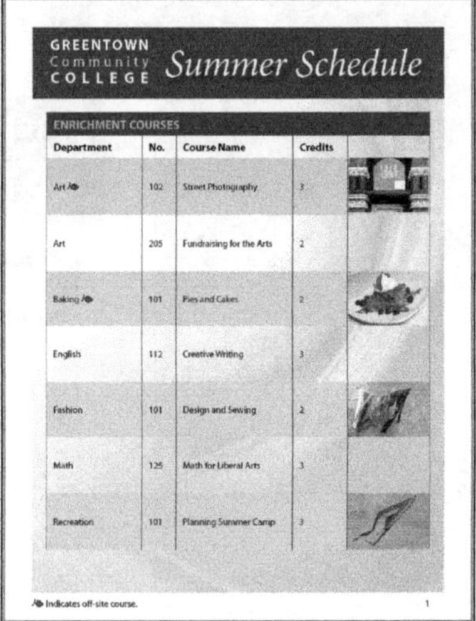

2 启动 Adobe InDesign。为确保面板和菜单命令符合本课程要求，请依次选择“窗口”>“工作区”>“高级”，然后再选择“窗口”>“工作区”>“重置‘高级’”。

3 选择“文件”>“打开”，然后选择已下载到硬盘上的 InDesignCIB 中的课程文件夹，打开 Lesson11 文件夹中的“11_Start.indd”文件。

4 选择“文件”>“存储为”，将文件名修改为“11_Tables.indd”，并保存至 Lesson11 文件夹中。

5 在同一文件夹中打开“11_End.indd”文件，可查看完成后的档效果。也可以保持打开该文档，以作为操作的参考。若已经准备就绪，可单击文档左上角的“11_Tables.indd”标签显示操作文档。

创建表格

表格是由许多行和列的单元格组成的网格。创建一个表，可以将现有的文本转换到一个表格，在一个文本框里的文本插入点插入新表格（以文本流加表格），或者创建一个新表格（InDesign 会自动装入一个新的、独立的文本框）。本节将尝试创建一个新的表格，然后删除该表格，因为后面将选择文本并转换为表格。

1 在以 1 页为中心的文档窗口，选择“表”>“创建表”。

提示：如果点击表光标和列之间，新表将跨列宽度。

2 在“创建表”对话框中，保持主体行和列的默认设置，单击“确定”。

3 单击并拖曳表创建指针（ ），当释放鼠标按钮时，InDesign 将按照所画尺寸创建与表匹配的矩形。

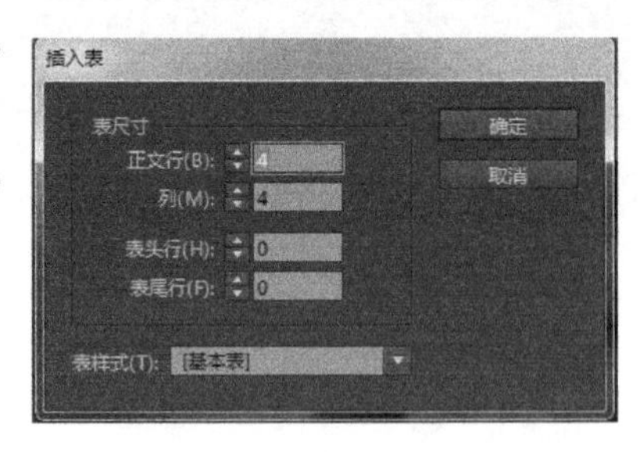

4 使用选择工具（![选择工具]），选择刚创建的新表的文本框。

5 选择“编辑”>“还原”，删除刚创建的文本框和表格。

6 选择“文件”>“存储”。

将文本转换为表格

通常,用于表格的文本以“制表符分隔”的形式存在,其中列由制表符分开,行由段落换行符分开。本实例中，目录文本是从学院的电子邮件中收到的，并粘贴到文档中。我们将选择这些文本并转换为表格。

提示：将使用“文字工具”完成创建所有表、设置格式以及编辑等任务。

1 使用文字工具（T），选择文本框中“ENRICHMENT COURSES”。

注意：本课的操作过程中，可根据显示和视图需要调整显示尺寸。

2 选择“编辑”>“全选”。

ENRICHMENT COURSES
Art » 102 » Street Photography » 3
Art » 205 » Fundraising for the Arts » 2
Baking » 101 » Pies and Cakes » 2
English » 112 » Creative Writing » 3
Fashion » 101 » Design and Sewing » 2
Recreation » 101 » Planning Summer Camp » 3
Math » 125 » Math for Liberal Arts » 3

3 选择“表”>“将文本转换为表”。

注意：如果没有看到标签，选择“文字”>“显示隐含的字符”。

在“将文本转换为表”对话框中，需要为选定的文本制定当前分隔方式。由于隐藏字符（“文字”菜单）已显示出来，可以看到列由制表符（»）分隔，而行由段落换行符（¶）分隔。

4 从“列分隔符”下拉列表中选择“制表符”，从“行分隔符”下拉列表中选择“段落”。

5 确认表样式设置为“无表样式”，然后单击“确定”。

提示：如果在文档中已经创建了表格样式，可在转换文本时使用。

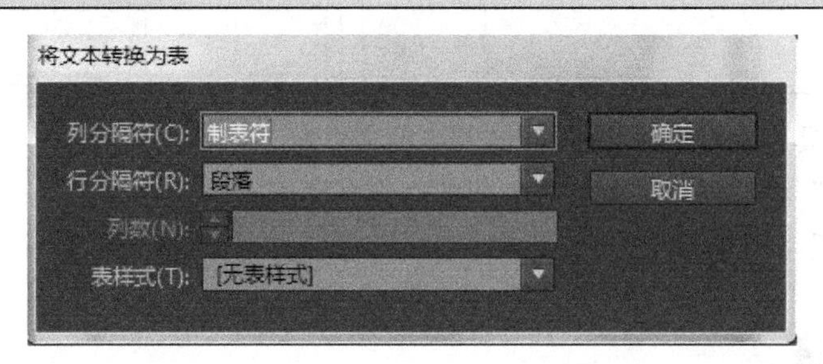

新的表格将自动定位在之前包含该文本的文本框中。InDesign 中，表格总是定位在文本中的。

ENRICHMENT COURSES#	#	#	#
Art#	102#	Street Photography#	3#
Art#	205#	Fundraising for the Arts#	2#
Baking#	101#	Pies and Cakes#	2#
English#	112#	Creative Writing#	3#
Fashion#	101#	Design and Sewing#	2#
Recreation#	101#	Planning Summer Camp#	3#
Math#	125#	Math for Liberal Arts#	3#
#	#	#	#

6 选择“文件”>“存储”。

导入表格

InDesign 还能从其他应用程序中导入表格，包括 Microsoft Word 和 Microsoft Excel。插入表格时，可创建与外部文件之间的链接。如果更新或修改了 Word 和 Excel文件，可使用链接轻松地更新相应的修改。

导入表格的步骤如下。

1 使用文字工具（T），在文本框中单击。

2 选择“文件”>“置入”。

3 在“置入”对话框中勾选“显示导入选项”。

4 选择一个包含有表格的 Word 文件（.doc 或 .docx）或 Excel 文件（.xls 或 .xlsx）。

5 单击“打开”按钮。

6 使用“导入选项”对话框可指定如何处理 Word 中的表格信息。对于 Excel 文件，可指定导入某个工作表和单元格范围，以及如何处理设置。

要在导入表格时创建链接，可进行以下操作。

1 选择“编辑”>“首选项”>“文件处理”(Windows)或“ InDesign”>“首选项”>“文件处理”(Mac OS)。

2 在“链接”区中，勾选“置入文本和电子表格文件时创建链接”，并单击“确定”按钮。

3 如果对源文件中的数据进行了修改，使用链接面板可更新 InDesign 文档中的表格内容。

请注意，更新 Excel 文件时，InDesign将保持应用的表格格式，InDesign表格中所有的单元格都应使用表样式和单元格样式进行设置。更新链接时必须重新应用表头行和表尾行。

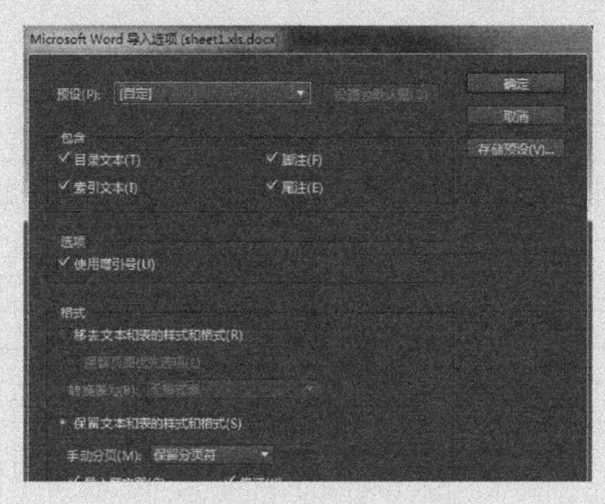

导入 Excel 电子表格的“导入选项”对话框

改变行和列

当从客户端源数据开始时，通常需要在文档的审阅周期中添加若干行、重新排列文本和更多的表。一旦创建了表，就可以轻松地添加行和列、删除行和列、合并单元格、重新排列行、调整行高度和列宽度，并为单元格指定文本插入。在本节中，将在开始格式化之前完成表的外形，以便了解其大小。

添加和删除行

用户可在选定行的上方或下方添加行，也可删除选定行的上一行和下一行。添加和删除列的控件与添加删除行的控件类似。现在，将为表格顶部添加一行作为标题行，然后删除底部多余的行。

提示：若需删除选定的多行，可将文字工具移动至表格左侧边缘，显示箭头时单击并拖曳以选择多行；若需删除选择的多列，可将文字工具移动至表格上侧边缘，显示箭头时单击并拖曳选择多列。

1 使用文字工具（T.）单击选定表格的第一行。

2 选择“表”>“插入”>“行”。

3 在“插入行”对话框的“行数”中输入“1”，并单击选中“上”，再单击“确定”按钮，即可添加行。

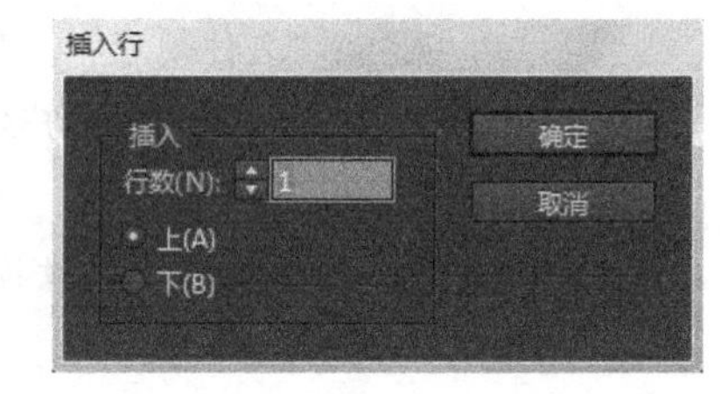

4 单击第一个新单元格，输入 Department。若要将列头添加到剩余单元格，请选择“文字工具”然后单击每个空单元格，或者按 Tab 键从单元格跳到下一个单元格。在每个单元格中键入以下文本，如图所示。

- 第二单元格 : No。
- 第三单元格 : Course Name。
- 第四单元格 ：Credits。

ENRICHMENT COURSES			
Department	No.	Course Name	Credits
Art	102	Street Photography	3
Art	205	Fundraising for the Arts	2
Baking	101	Pies and Cakes	2
English	112	Creative Writing	3
Fashion	101	Design and Sewing	2
Recreation	101	Planning Summer	3

5 使用“文字”工具，在第二行的第一个单元格中单击并拖动到右侧，选中新的列标题行中的所有单元格。

6 选择“文字”>“段落样式”，打开段落样式面板。

7 从“段落样式”面板选择 Table Column Heads 表格列头。

ENRICHMENT COURSES			
Department	**No.**	**Course Name**	**Credits**
Art	102	Street Photography	3
Art	205	Fundraising for the Arts	2
Baking	101	Pies and Cakes	2
English	112	Creative Writing	3
Fashion	101	Design and Sewing	2
Recreation	101	Planning Summer Camp	3
Math	125	Math for Liberal Arts	3

8 单击“Credits”的单元格来激活单元格。

接下来将在该列的右侧插入包含图像的一列。

9 选择“表”>“插入”>“列”。

10 在“插入列”对话框中，在列数框中键入 1，然后单击选中“右”，单击“确定”添加列。这时，表比框架和页面更宽，稍后将解决这个问题。

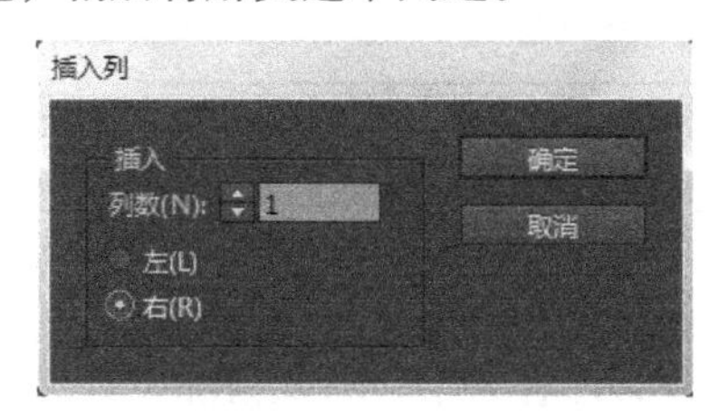

ENRICHMENT COURSES#	#	#	#	#	
Department#	No.#	Course Name#	Credits#	#	
Art#	102#	Street Photography#	3#	#	
Art#	205#	Fundraising for the Arts#	2#	#	
Baking#	101#	Pies and Cakes#	2#	#	
English#	112#	Creative Writing#	3#	#	
Fashion#	101#	Design and Sewing#	2#	#	
Recreation#	101#	Planning Summer Camp#	3#	#	
Math#	125#	Math for Liberal Arts#	3#	#	
#	#	#	#	#	

11 选择“文件” > “存储”。

删除行

本小节将删除表底部的空白行。

1 使用文字工具（T），单击表的第二到最后一行的空白左边缘。

Recreation#	101#	Planning Summer Camp#	3#	#	
Math#	125#	Math for Liberal Arts#	3#	#	
#	#	#	#	#	

2 选择“表” > “删除” > “行”。

3 选择“文件” > “存储”。

重排行和列

如果在表格上工作时，发现信息以不同的顺序工作得更好，或者发现一个错误，可以选择并拖动行或列到新位置。这张表是按部门的字母顺序排列的，但“Math”行处在错误的位置。

提示：要拖放的行或列，必须选择整行或整列。若要拖动行或列的副本到新位置，请在拖动时按住 Alt（Windows）或 Option（Mac OS）键。

1 查找表的最后一行，它以“Math”开头。

2 使用文字工具（T），将指针移到“Math”行的左边缘，直到它显示为水平箭头（→），单击以选择行。

3 将“Math”列拖动到“Fashion”行下。粗体蓝色线表示将插入行的位置。

Fashio	101	Design and Sewing	2	
Recrea ion	101	Planning Summer Camp	3	
Math	125	Math for Liberal Arts	3	

4 选择“文件”>“存储”。

调整列宽、行高和文本位置

列和行，以及文本，往往适合其内容大小。默认情况下，表单元格会垂直扩展以适合其内容大小，所以，如果继续在单元格内输入文字，它将自动适应输入的内容。但是，用户也可以指定一个固定行高或在 InDesign 中创建表内的列或行的大小，使表格大小与设置相等。选择“表”>“均匀分布列”>“均匀分布行”。

在这个练习中，将手动调整列宽度，然后修改文本在单元格中的位置。

1 使用文字工具（T），指向两列之间的垂直边框。当双箭头图标（↔）出现时，单击鼠标并向左或向右拖动来调整列宽度。

> **提示：**拖动两列之间的单元格边界将改变列宽度并移动其余各列（根据用户是否增加或减少列的宽度）。要保持整体表格宽度，当拖动单元格边界时，需按住 Shift 键。此时在表的宽度未被改变的情况下，相邻列的边界会进行宽度的调整。

2 选择“编辑”>“还原”。尝试调整列宽几次，以便熟悉该工具。每次移动后选择“编辑”>“还原”。拖动时，注意文档窗口顶部的水平标尺。

3 通过拖动每个列的右边缘将各列放置如下。

- Department 列：2.5 在文档窗口顶部的水平标尺上。
- No. 列：3.125 在水平标尺上。
- Course Name 列：5.25 在水平标尺上。
- Credits 列：6.25 在水平标尺上。
- Blank image 列：7.75。

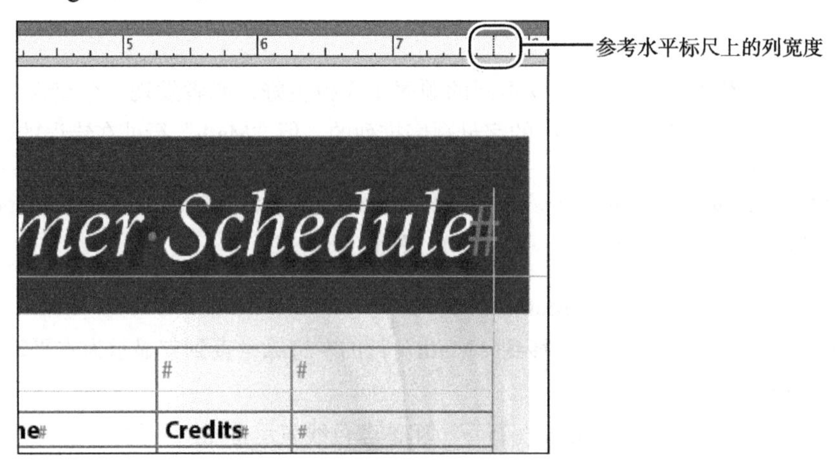

ENRICHMENT COURSES				
Department	**No.**	**Course Name**	**Credits**	
Art	102	Street Photography	3	
Art	205	Fundraising for the Arts	2	
Baking	101	Pies and Cakes	2	
English	112	Creative Writing	3	
Fashion	101	Design and Sewing	2	
Math	125	Math for Liberal Arts	3	
Recreation	101	Planning Summer Camp	3	

现在，列宽度更适合文本。

4 选择“窗口”>“文字和表”>“表”，打开表面板。

5 单击表中的任意位置，然后选择“表”>“选择”>“表”。

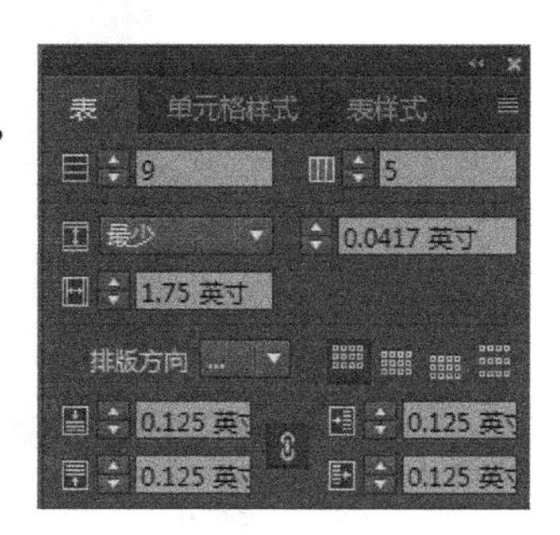

6 在上单元格内边距（ ）输入 .125，并按 Enter 键。如果需要，单击“将所有设置设为相同”（ ）按钮使单元格 4 个方向的边距相同。

7 “表”>“选择”，在表面板单击“居中对齐”按钮。
这将垂直于每个单元格内的文本。

8 单击表格中的任何地方。

9 选择“文件”>“存储”。

合并单元格

可将相邻的单元格合并成一个单元格。本例中将合并第一行上的单元格，使得表头可跨表格。

1 使用文字工具（ ），单击该行的第一个单元格并拖曳，以选择该行的所有的单元格。

2 选择“表”>“合并单元格”。

提示：使用控制面板上的“合并单元格”按钮也很方便。

3 选择“文件”>“存储”。

ENRICHMENT COURSES				
Department	**No.**	**Course Name**	**Credits**	

格式化表格

表的边界是位于整个表外的描边。单元格描边是在表中的行，将单个单元格彼此分开。InDesign 包括表的许多易于使用的格式设置选项。利用这些格式可使表格更加引人注目，从而有助于传达信息给读者。本节中将指定表格的填充和描边。

添加填充图案

实现效果如底纹，每隔一行，InDesign 提供行和列填充模式。可以指定模式开始的位置，允许排除任何标题行。当添加、删除和移动行和列时，模式会自动更新。接下来，将向该表中的每一行添加填充。

1 使用文字工具（T.），单击表中的任何位置。

2 选择“表”>“表选项”>“表设置”。在“表选项”对话框中，单击顶部的“填色”标签。

3 从“交替模式”下拉列表中选择“每隔一行”，剩余选项保持默认设置。

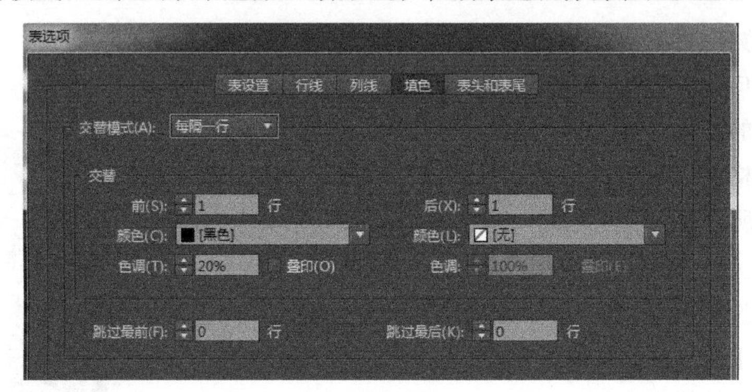

4 单击“确定”。这时，可以看到每隔一行有一个灰色背景。

ENRICHMENT COURSES				
Department	No.	Course Name	Credits	
Art	102	Street Photography	3	
Art	205	Fundraising for the Arts	2	

5 选择“文件”>“存储”。

将填充颜色应用于单元格

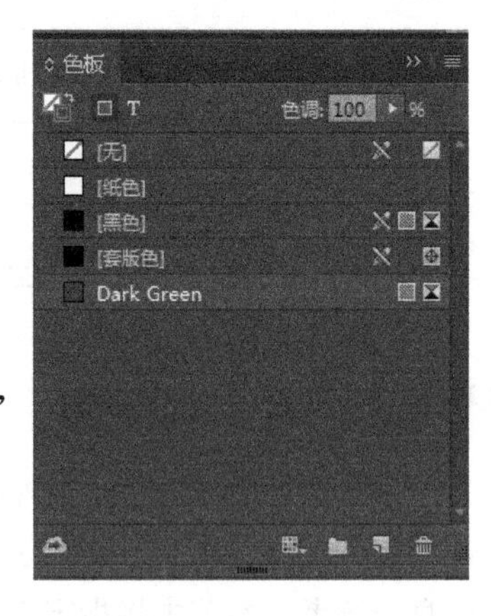

整个表可以有填充色，每个单元格也可以有自己的填充颜色。使用文字工具，可以拖动选择任何相邻单元格以填充颜色。在本小节中，将向页眉行应用填充颜色，灰色文本更容易阅读。

1 使用文字工具（T.），将指针移动到“ENRICHMENT”行的左边缘，直到它显示为水平箭头（➜），单击以选择行。

2 选择“窗口”>“颜色”>“色板”，打开色板面板。

3 在色板面板中选择“填色”（），然后双击“Dark Green”面板。

4 在“色板选项”对话框中，拖动的“色彩”滑块拖动到100%。

5 选择“编辑”>“全部取消选择”查看颜色。然后选择“文件”>“储存”。

编辑单元格描边

单元格描边是各个单元格的边框。可以编辑默认的黑色描边，或者将描边删除。在本小节中，将修改单元格描边边框，使其与新的表格边框匹配。

1 使用文字工具（T.），单击表中的任意位置，然后选择“表”>“选择”>“表”。

2 在控制面板中找到预览（ ）。
每条水平线和垂直线代表行、列或边框，可以通过单击该行来切换选择或关闭。这里选择格式的特定描边。

3 确保只选择左侧和右侧垂直线，以及中心水平线。

4 在控制面板的描边字段中的输入 0，按 Enter（Windows）或 Return（Mac OS）键。

ENRICHMENT COURSES				
Department	No.	Course Name	Credits	
Art	102	Street Photography	3	
Art	205	Fundraising for the Arts	2	
Baking	101	Pies and Cakes	2	
English	112	Creative Writing	3	
Fashion	101	Design and Sewing	2	
Math	125	Math for Liberal Arts	3	
Recreation	101	Planning Summer Camp	3	

5 选择“编辑”>“全部取消选择”，以看到结果。

6 选择“文件”>“存储”。

添加表格边框

表格边框是整个表的一个描边。与其他描边一样，可以自定义宽度、样式、颜色和其他。在本小节中，将在表中应用边框。

1 使用文字工具（T.），单击表中的任何位置。

2 选择“表”>“选择”>“表”。

3 选择“表”>“表选项”>“表设置”，打开“表选项”对话框。检查是否勾选左下角的“预览”。

4 在“表设置”选项卡的“表外框”部分中，在“粗细”框中输入 0.5pt。

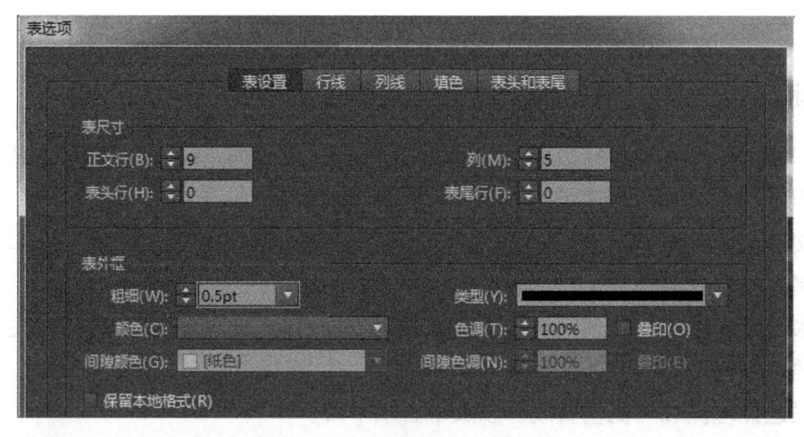

5 单击“确定”，然后选择“编辑”>“全部取消选择”。

6 选择“视图”>“屏幕模式”>“预览”，以查看格式的效果。

7 选择“视图”>“屏幕模式”>“正常”，然后选择“文件”>“储存”。

在表格单元中加入图形

使用 InDesign，可结合文字、图片和插图来创建表格。由于表格的单元格基本上都是小的文本框，添加图形将挂靠到单元格的文本流中。挂靠在单元格中的图形可能会导致文本溢出，溢出将在单元格中用红点表示。要解决这个问题，无需拖动单元格边框来调整单元格大小。在这个练习中，将添加图形到一些单元格。

提示：除了转化单元格的图形单元，还可以在一个单元格的文本锚定对象和图像。

将单元格转换成图形单元格

首先，将使用表菜单和表面板将选定单元格转换为图形单元格。稍后，将看到如何将单元格转换为图形单元格。

1 使用文字工具（T），单击表第一行右边的单元格（行描述：Art 102 Street Photography）。

2 选择“表”>“选择”>“单元格”。

3 选择单元格后，选择“表”>“将单元格转换为图形单元格”。

ENRICHMENT COURSES#				
Department#	**No.#**	**Course Name#**	**Credits#**	#
Art#	102#	Street Photography#	3#	

4 在选定的转换单元格中，选择“表”>“单元格选项”>“图形”，以查看单元格内定位图形的选项。

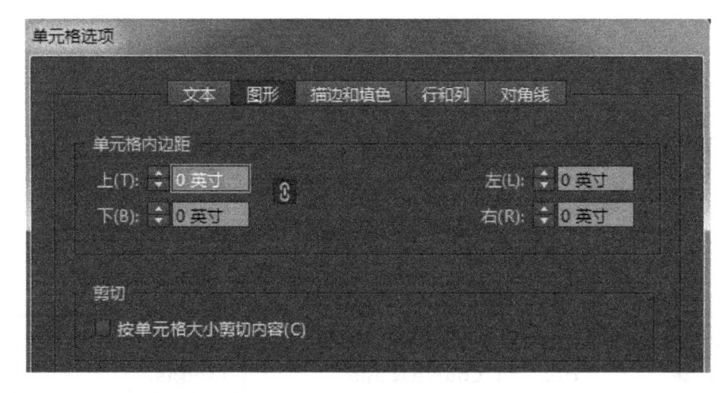

5 在“单元格选项”对话框的“图形”选项卡中查看选项后，单击“取消”。

6 在第三行的右边单元格中单击（行描述：Baking 101 Pies and Cakes ）拖动到右侧选择单元格。

7 必要时，选择“窗口”>“文字和表”>“表”，以显示表面板。

提示：编辑单元格选项或转换图形单元格时，必须首先选择单元格。若要使用文字工具选择图形单元格，请拖动图形单元格。或者，可以用选择工具单击单元格，然后按 Esc 键。可以使用“表”>“单元格选项”>“图形或表”将单元格转换为文本单元格。

8 从“表”面板菜单中选择“将单元格转换为图形单元格”。

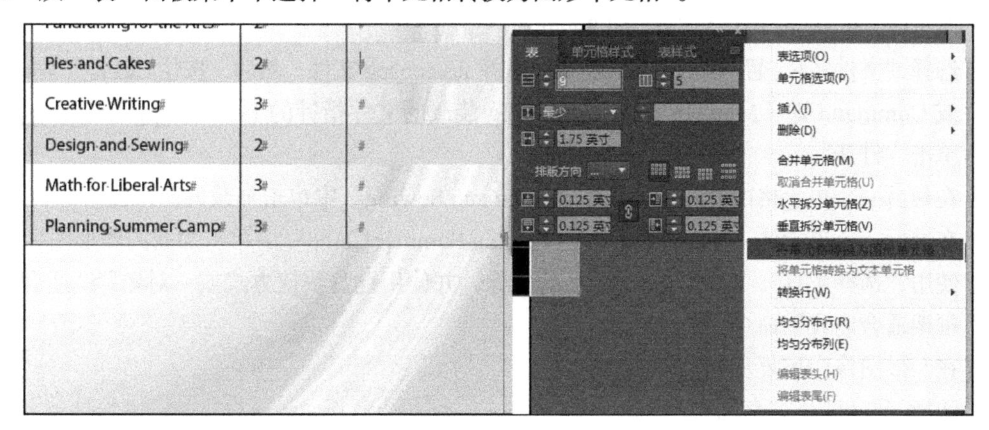

在图形单元格中放置图像

现在，将图像转换为图形单元格中的两个单元格。然后，将自动把两个文本单元格转换为图形单元格。

1 使用选择工具（ ），单击新的图形单元格内的行“Art 102 Street Photography”。

注意：如必要，取消勾选“显示导入选项”。

2 选择“文件”>“置入”，在对话框中，从文件夹 Lesson11 中选择 streetart.jpg 文件。

3 选择替换选定的项目，然后单击“打开”。

4 若要将单元格与图像相匹配，请选择“对象”>“适合”>“使框架适合内容”。

> **提示：**在控制面板中使用选项，如适应内容的比例，可在单元格中调整图像的大小和位置。

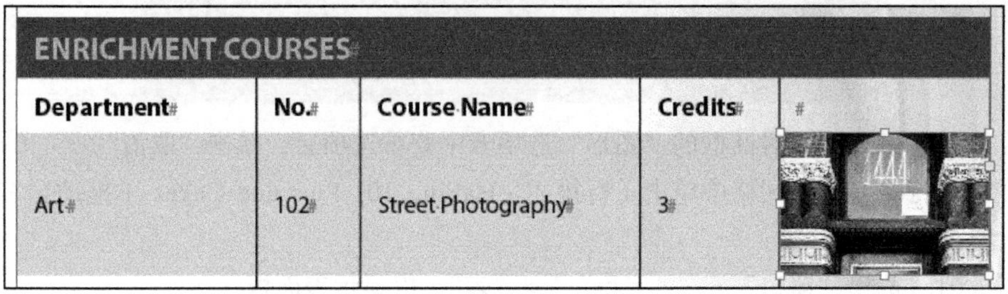

ENRICHMENT COURSES#				
Department#	No.#	Course Name#	Credits#	#
Art#	102#	Street Photography#	3#	

5 在行“Baking 101 Pies and Cakes”中单击新的图形单元格。

6 选择“文件”>“置入”。在对话框中，在文件夹 Lesson11 中，选择 Bake.jpg 文件，然后单击“打开”。

7 适应单元格的图像，使用键盘快捷键配合框架内容：Ctrl+Alt+C（Windows）或 Command+Option+C（Mac OS）。

8 双击行“Fashion 101 Design and Sewing”。

9 选择“文件”>“置入”。在对话框中，选择 fashion.jpg 文件。然后，按住 Ctrl 键（Windows）或 Command 键（Mac OS），单击 kite.jpg 装载的文件指针的 Fashion.jpg 和 kite.jpg 文件。单击“打开”。

10 在最后一个单元格的“Fashion 101 Design and Sewing”中单击加载的图形图标。

11 在最后一个单元格“Recreation 101 Planning Summer Camp”中单击加载的图形图标。

12 使用“选择工具”，单击“scarves”的图像，并使用键盘快捷方式或“对象”>“适合”>“使框架适合内容”命令。

13 在 kite 图像中重复步骤 12。

14 选择“文件”>“存储”。

调整行高

图像的高度为 1，所以现在将表的行高度设为 1。

1 如需要，选择“窗口”>“文字和表”>“表”，打开表面板。

2 使用文字工具（T），将指针移动到第一行的左边缘，直到它显示为水平箭头（→）。

3 单击并从第一个表的行拖动，从“Art”开始，以“Recreation”结尾。

4 选择行，从菜单中选择行高度。然后，在面板右侧的行高字段中键入 1，按 Enter（Windows）或 Return（Mac OS）键。

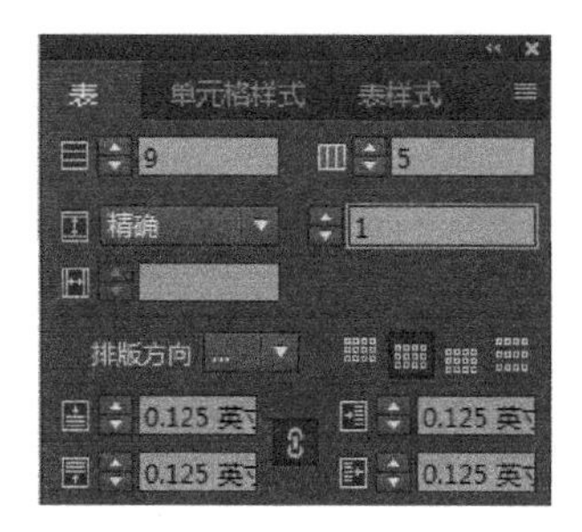

5 选择“编辑” > “全部取消选择”，查看结果。

6 选择“文件” > “存储”。

ENRICHMENT COURSES				
Department	No.	Course Name	Credits	
Art	102	Street Photography	3	
Art	205	Fundraising for the Arts	2	
Baking	101	Pies and Cakes	2	
English	112	Creative Writing	3	
Fashion	101	Design and Sewing	2	
Math	125	Math for Liberal Arts	3	
Recreation	101	Planning Summer Camp	3	

表单元格中的固定图形

通过在文本中固定图像，可以在单元格中同时拥有文本和图形。在这个练习中，将放置一个叶子图标。

1 可选择“视图” > “使页面适合窗口”。

2 使用“选择工具”（ ），选择标题行左侧的“叶子图标”。

3 选择“编辑” > “剪切”。

4 选择文字工具（ T ）或者双击表内自动切换到文字工具。

提示：通过按住 Ctrl（Windows）或 Command（Mac OS）键，可以暂时从文字工具切换到选择工具。

5 在表的第一行中，在“Art”后单击。

6 选择“编辑”>“粘贴”。

7 单击“Baking”，选择“编辑”>“粘贴”。

8 选择“文件”>“存储”。

ENRICHMENT COURSES	
Department	No.
Art	102

创建一个表头行

表的名称和列标题格式往往凸显于该表的其余部分。要实现这一点，可以选择并格式化单元格包含的表头信息。如果表中含有多个页面，这个表头信息就会重复。在 InDesign，可以指定表头和表尾行，使其到下一栏、下一框架或下一页面重复出现。下面将设置表前两行的格式——它通常含有表头和列标题——并指定它们作为重复的表头行。

提示：编辑一个表头行文本时，文本会自动在其他实例的标题行进行更新。只能在原来的标题行中编辑文本；而其他实例将被锁定，不能进行编辑。

1 使用文字文具（T），将指针移到第一行的左边缘，它将显示为一个水平箭头（→）。

2 单击选择整个第一行，然后拖动以选择包括第二行。

ENRICHMENT COURSES				
Department	No.	Course Name	Credits	
Art	102	Street Photography	3	

3 当两行处于选中状态时，选择“表”>“转换行”>“到表头”。

4 在表最后一行单击文字工具。

5 选择“表”>“插入”>“行”。

6 在“插入行”对话框中的“行数”框中输入“4”，单击“确定”按钮。

7 选择“版面”>“下一页”，将看到第 2 页重复出现表格的表头行。

ENRICHMENT COURSES				
Department	No.	Course Name	Credits	

8 选择“版面”>“上一页”，跳转到该文档的第 1 页，选择“文件”>“存储”。

创建、应用表样式和单元格样式

为快速连续地套用表样式到表格中，可以创建表样式和单元格样式。表格样式适用于整个表格，而单元格样式可应用到选定的单元格或行和列。在这里，将创建一个表样式和一个单元格样式，样式可以很快应用到其他类型的表单。

创建表格和单元格样式

在此练习中，将创建一个表样式作为表格模板，并为表头行创建一个单元格样式。用户将基于表格模板简单地创建一种样式，而非在模板中指定一种样式。

1　使用文字工具（T.），单击表中的任何地方。

提示：默认情况下，面板是按表样式和单元格样式来分级的。

2　选择“窗口”>“样式”>“表样式”，打开表样式面板。在表样式面板菜单中，选择“新建表样式”。

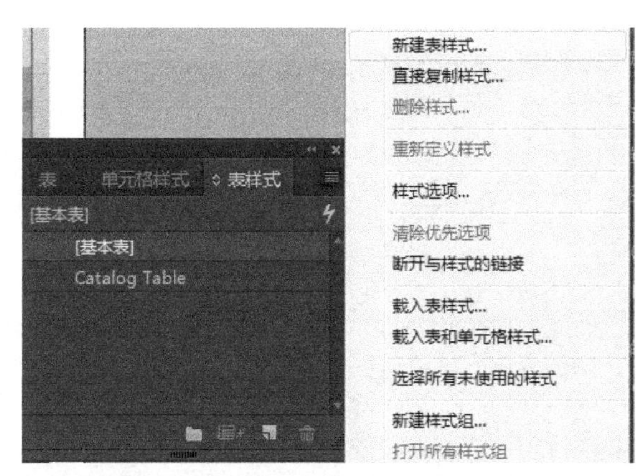

3　在“样式名称”框中，输入“Catalog Table”。

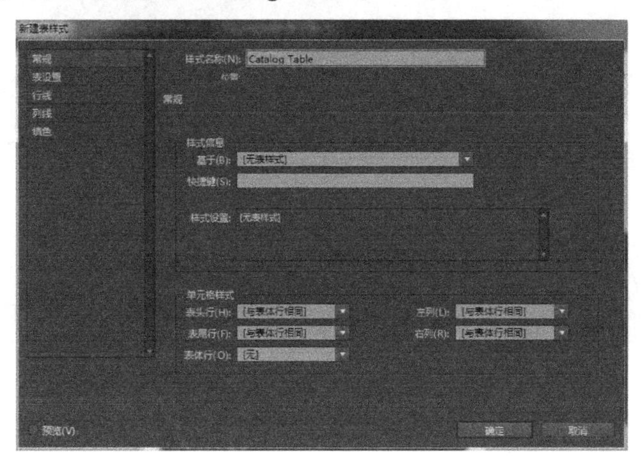

4 单击“确定”按钮。“表样式”面板中将出现新的样式。

5 使用文字工具，单击表的第一行“ENRICHMENT COURSES”。

6 选择“窗口”>“样式”>“单元格样式”，打开“单元格样式”面板。在“单元格样式”面板菜单中，选择“新建单元格样式”。

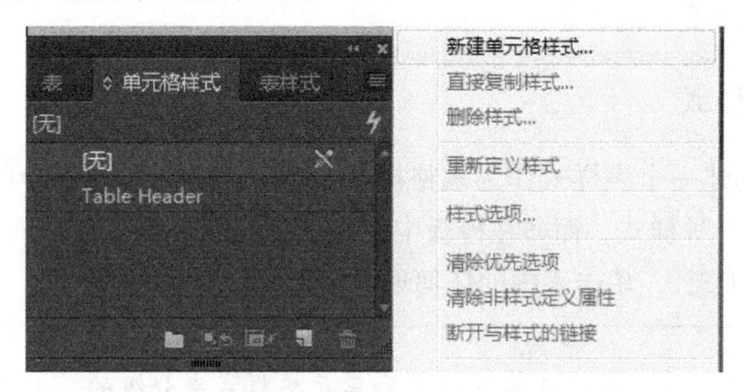

7 在“样式名称”框中输入“Table Header”。

现在，将为单元格中的文本和表头行指定一个不同的文字段落样式。

8 从“段落样式”下拉列表中，选择“Table Header”。这时段落样式已经应用到表头行中的文本。

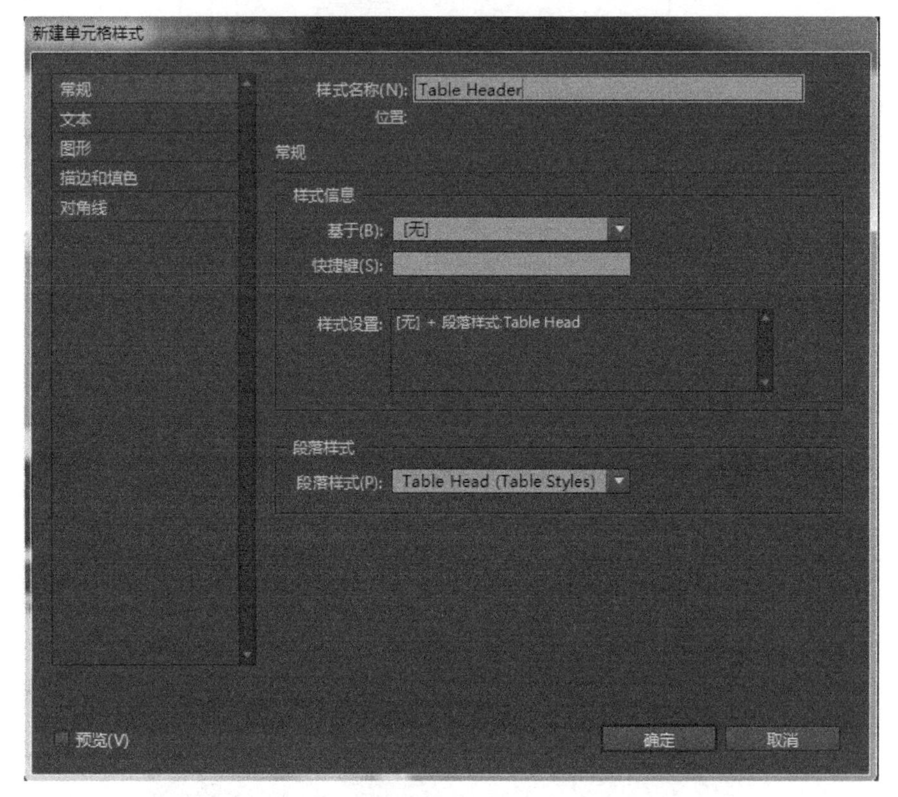

9 单击“确定”按钮。

10 选择“文件”>“存储”。

应用表格和单元格样式

现在，可以应用样式到表格中了。只需编辑表或单元格样式，就能使表格模板产生全局变化。

1 使用文字工具（T），单击表中的任何地方。

> **提示：**自动格式化，以指定一个段落样式表中的样式为标题行。

2 在表样式面板中单击“Catalog Table”。

3 使用文字工具，单击表的第一个标题行。选择“表” > “选择” > “行”，选择行。

4 在单元格样式面板中选择“Table Header”。

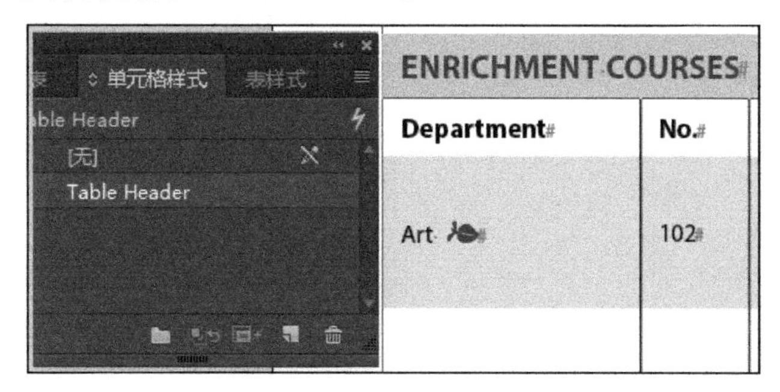

5 全部取消选择，选择“视图” > “使页面适应窗口”，然后选择“文件” > “存储”。
最后，可以在当前状态预览表单形式。还可以在此表中添加其他元素。

6 在工具面板的底部，单击“预览”查看最终的表格。

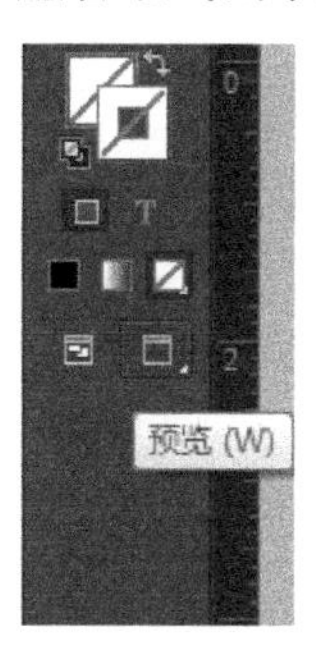

恭喜！您已经完成了此练习。

练习

现在，已经熟悉了 InDesign 中的工作表基本知识，还可以尝试与其他技术一起应用以构建表格。

1 首先，新建文档，页面大小和其他规格没有限制。

2 选择“表” > “插入表”，输入所需的行数和列数，单击“确定”。然后单击并拖动，以创建任意尺寸的表格。

3 使用文字工具（T），确保插入点在第一个单元格，然后键入想要在表中输入的信息。可使用键盘上的方向键在单元格进行移动。

4 将文字工具置于表中一列的右边缘，使鼠标指针变为双箭头图标（↔），单击并开始向右侧拖曳，从而添加一列。按住 Alt（Windows）或 Option（Mac OS）键，向右拖动一小段距离。松开鼠标按钮时，会出现一个新的列（拖动的距离即为列的宽度）。

5 要在单元格内旋转文本，可单击文字工具，将插入点放入单元格中。选择“窗口”>“文字和表”>“表”。在表面板中，排版方向选择“直排”（ ）旋转文本 270°，然后在此单元格中键入想要的文字。

6 将表格转换为文本，选择“表”>“将表转换为文本”。制表符可分隔以前的列，段落换行符可以分隔行。用户可修改这些选项。同样，也可以将文本转换为表格，选定文本然后选择“表”>“将文本转换为表”。

复习题

1 与输入文字并使用制表符将各列分开相比，使用表格有什么优点?

2 什么情况下单元格可能溢流?

3 处理表格时，什么工具最常用?

复习题答案

1 表具有更多的灵活性且格式化起来更容易。在表格中，文本可在单元格中换行，无需添加额外的行，单元格就能容纳很多字。此外，还可以指定样式（包括字符样式和段落样式）到选定的单元格、行或列，因为每个单元格的功能就像一个单独的文本框。

2 当单元格无法容纳其内容时将发生溢流。仅当明确指定了单元格的高度和宽度时才会发生溢流。否则，当在单元格中输入文本时，文本将在单元格中换行，而单元格将沿垂直方向扩大以容纳所有文本。在一个已限定宽度的单元格中插入图形，单元格将也会沿垂直方向扩大，但水平方向不会发生改变，所以列宽会保持不变。

3 在表格上进行操作时，必须选择文字工具。可以使用其他工具来操作单元格内的图形。但要处理单元格本身，如选择行或列，插入文字或图形，调整表格尺寸等，都将用到文字工具。

第12课 处理透明度

课程概述

本课中，将学习如何进行下列操作。

- 给导入的黑白图像着色。
- 修改 InDesign 中绘制图像的不透明度。
- 为导入的图像设置透明度。
- 为文本设置透明度。
- 为重叠对象应用混合模式。
- 为对象应用羽化效果。
- 添加一个阴影到文本。
- 在对象上应用多种效果。
- 编辑和删除效果。

学习本课大约需要 75 分钟。

Adobe InDesign 提供了一系列透明度功能，用以满足用户的想象力和创造力。这包括控制不透明度、效果和颜色混合。此外，还可以导入使用透明度和应用其他透明效果的文件。

概述

本课的项目是为一个虚构餐厅 Bistro Nouveaus 设计菜单封面。通过应用透明度效果和使用一系列图层，创建出一个视觉效果丰富的设计。

1 为确保 Adobe InDesign 程序的首选项和默认设置符合本课的要求，请先按照“前言”中的步骤将 InDesign Defaults 文件移动到 4 ～ 5 页。

2 启动 Adobe InDesign。为确保面板和菜单命令符合本课要求，请依次选择“窗口”>“工作区”>“高级”，然后再选择“窗口”>“工作区”>“重置‘高级’”。开始工作之前，应先打开已部分完成的 InDesign 文档。

3 选择“文件”>“打开”，然后选择已下载到硬盘上的 InDesignCIB 中的课程文件夹，打开 Lesson12 文件夹中的“12_a_Start.indd”文件（如果显示缺少字体对话框，单击“同步”的字体，然后单击“关闭”，字体已经从 Typekit 成功同步）。

4 选择“文件”>“存储为”，将文件名修改为“12_Menu.indd”，并保存至 Lesson12 文件夹中。

由于目前所有的层都隐藏着，菜单显示为一个长空白页。在本课，将一个一个打开所需图层，以便能将注意力集中到那些特定的对象和任务。

5 在 Lesson12 件夹中打开“12_b_End.indd”，可查看完成后的文档效果。

6 当准备开始工作，可关闭“12_b_End.indd”文件或保持打开，以供后面的工作参考。然后从“窗口”菜单中选择“12_Menu.indd”，或者单击文档窗口左上角的标签，返回到所选择的文件。

导入黑白图像并为其着色

从餐厅菜单的背景层开始工作。该层充当纹理的背景，将透过它上面带透明度设置的对象显示出来。通过应用透明效果，可以创建透视对象，使其下面的对象可见。

由于“Background”图层位于最下面，所以对该图层可以不应用任何透明效果。

1 选择“窗口”>“图层”，打开图层面板。

2 在图层面板向下滚动，找到并选择位于最下面的图层“Background”。接下来将置入图像到该层上。

3 确保图层名称左侧的两个选框显示该层是可见的（显示眼睛图标）且没有锁定的（图层锁定图标不出现）。图层名称右侧的钢笔图标（），表示导入的对象和新建的框架将放在该图层中。

4 选择“视图”>“网格和参考线”>“显示参考线”，以使用页面上的参考线对齐导入的背景图像。

5 选择“文件”>“置入”，然后打开 Lesson12 文件夹中的“12_Background.tif”文件。这是个灰度 TIFF 文件。

> **提示**：TIFF 代表标记图像文件格式，是常见的位图图形格式，通常用于印刷出版。TIFF 文件使用 TIF 文件扩展名。

6 将载入图形图标（）指向页面左上角的外部，然后单击红色出血参考线交点，这样置入的图像占满整个页面，包括页边距和出血区域。然后选中图形框架。

7 选择“窗口”>“颜色”>“色板”，使用色板面版为图像上色，首先调整所需要的色彩。

8 在色板面板中，选择“填色”（）。向下滚动色板列表，找到“Light Green”，并选择它。单击色板面板顶部的“色调”下拉列表，并拖动滑块到 76%。

> **提示**：InDesign 提供了很多简便的方法来应用颜色。也可以在工具面板的底部选择“填色”。

现在，图像的白色区域为色调 76% 的绿色，但图形的灰色区域仍保持不变。

9 使用选择工具（），将鼠标指针移到内容抓取器内的中心区域。当手形指针（）出现时，单击以选中框架内的图形，然后在色板面板中选择“Light Green”。用“Light Green”替换图像中的灰色，但色调为 76% 的区域不变。

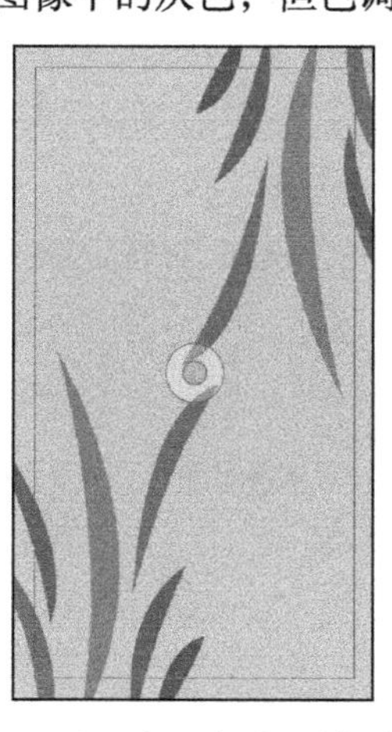

应用一个填充颜色和色调到框架

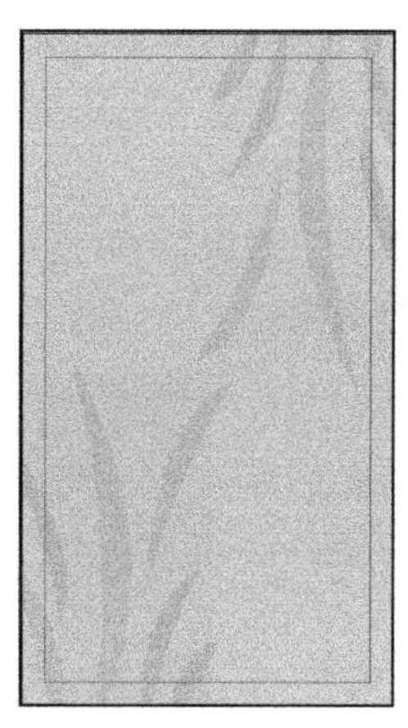

应用颜色到图像

InDesign 可以应用颜色到灰度或位图图像，并保存为 PSD、TIFF、BMP 或 JPEG 格式。如果在图形框架内选择图形并应用一种填充颜色，颜色将应用到图像的灰色部分，而不是框架背景。正如在步骤 8 中，当时该框架已被选中。

10 在图层面板中，单击图层“Background”名称左侧的空选框锁定该层。让图层“Background”可见，以便能看到设置其他图层透明度的结果。

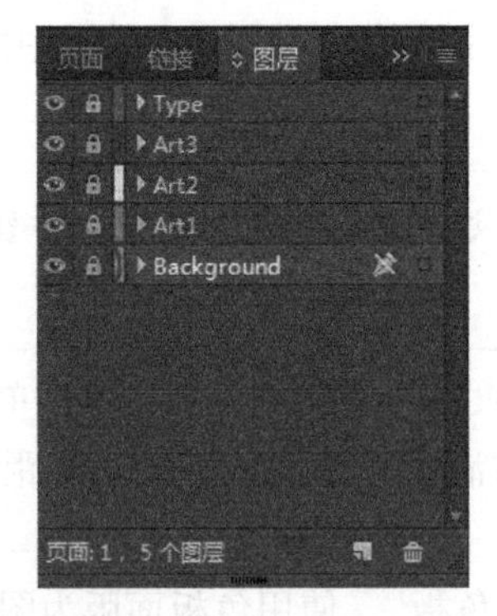

11 选择“文件”>“存储”进行保存。

刚刚学习了一个为灰度图像着色的快捷方法。虽然这种方法可以很好地用于合成图层，但对于创建最终的作品而言，Adobe Photoshop 的颜色控制功能更加有效。

设置透明度

InDesign 拥有很多透明度控件。例如，通过降低对象、文本或导入的图形的不透明度，让下面原本不可见的对象显示出来。诸如混合模式、投影、边缘羽化、发光及斜面和浮雕特效等透明度功能提供了大量的选项，让用户能够创建特殊的视觉效果。本课后面将介绍这些功能。

> **提示**：采用混合模式，可以改变其中相互重叠的对象混合颜色。

在本节中，将练习为餐厅菜单的每个图层使用各种透明度选项。

效果面板简介

使用效果面板（“窗口”>“效果”）可指定对象的不透明度和混合模式，对特定组执行分离混合，挖空组中对象或应用透明度效果。

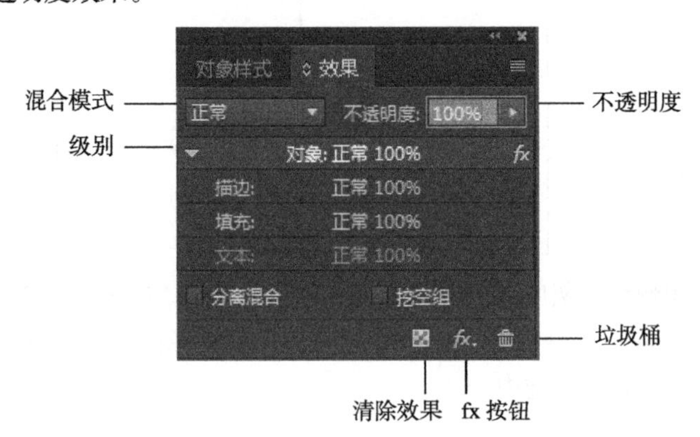

效果面板概述

混合模式——指定如何混合重叠对象的颜色。

级别——指出有关“对象”“描边”“填充”和“文本”的不透明度设置，以及是否已应用了透明度效果。单击“对象”（或“组”或“图形”）左边的三角形交替隐藏和显示这些级别的设置。某级别应用透明度效果后，该级别显示fx图标，双击fx图标可编辑设置。

清除效果——清除一个对象效果（描边、填色或文本），设置混合模式为“正常”，对整个选定对象设置不透明度为100%。

fx按钮——显示关于透明效果的列表。

垃圾桶——对一个对象去除效果，但不能去除混合模式或不透明度。

不透明度——降低对象的不透明度值，使对象变得越来越透明，底层对象变得越来越明显。

分离混合——应用一种混合模式到选定的一组对象，但不会影响不属于该层的底层对象。

挖空组——使组中每个对象的不透明度和混合属性挖空或遮蔽组中的底层对象。

—InDesign帮助

修改纯色对象的不透明度

在完整的图像背景下，可以对该层上面的对象运用透明度效果。首先处理一系列在 InDesign 中绘制的简单形状。

1 在图层面板中，选择“Art1”图层，使之成为活动图层，单击锁定图标（🔒），可以解锁该图层。单击“Art1”图层的名称左边的方框，这样就会出现眼睛图标（👁），表明该层是可见的。

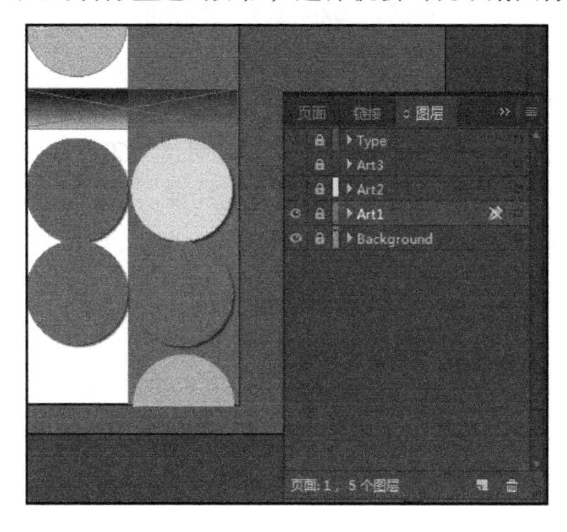

2 使用选择工具（ ），单击右边色板中的 Yellow/Green 填充圆圈，在 InDesign 中绘制实心填充的椭圆框架。

注意：可通过颜色色板对对象进行填充，并对这些对象进行命名。如果色板没有打开，选择“窗口”>“颜色”>“色板”来打开它。

3 选择“窗口”>“效果”来显示面板。

4 在效果面板中单击右侧不透明度百分比的箭头，将打开不透明度滑块。将滑块拖动到 70%，或者在不透明度框中输入 70%，然后按 Enter 键或 Return 键。

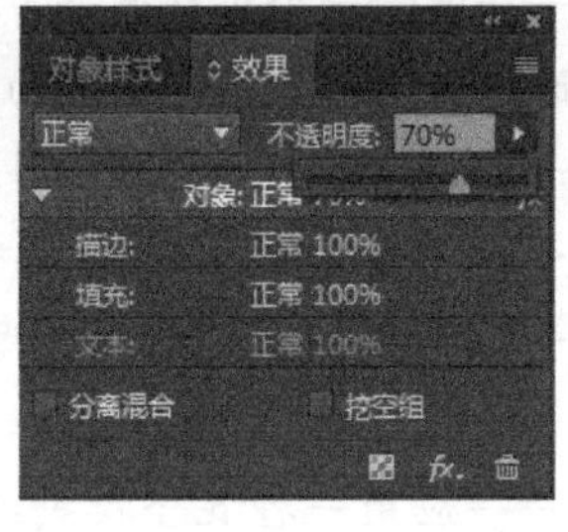

在改变 Yellow/Green 圆圈的不透明度后，它就变成半透明的，得到的 Yellow/Green 圆圈和覆盖页面右半部分的浅紫色矩形组成混合色。

5 选择页面的左上角 Light Green 填充的半圆，然后在“效果”面板中将不透明度设置为 50%。现在，出现有背景颜色映衬的一个半圆。

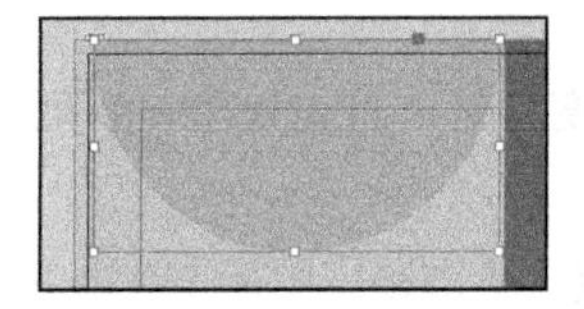

应用 50% 不透明度之前

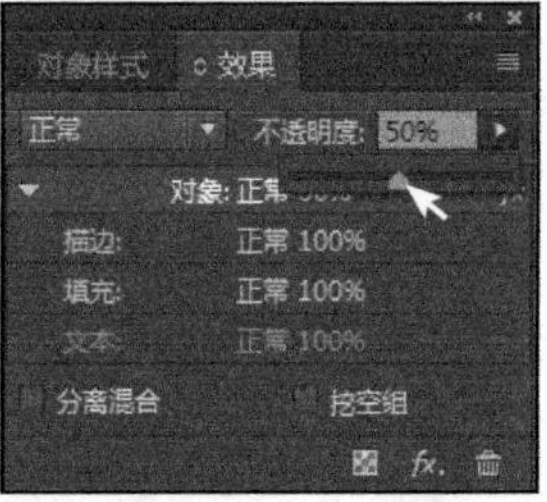

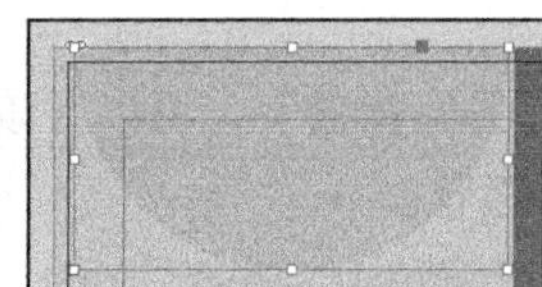

应用 50% 不透明度之后

6 重复步骤 5，对 Art1 层中剩余的圆使用以下设置来修改其他圆的不透明度。

- 用 Medinm Green 填充左侧中间的圆部分，不透明度 =60%。
- 用 Light Purple 填充左侧底部的圆，不透明度 =70%。
- 用 Light Green 填充右侧底部的半圆，不透明度 =50%。

7 选择“文件”>“存储”，保存所做的工作。

应用混合模式

修改对象的不透明度后，将得到当前对象颜色及其下面的对象颜色组合得到的颜色。混合模式提供了另一种指定不同图层中的对象如何交互的方式。

在此过程中，对以下 3 个对象使用混合模式。

1 使用选择工具（ ），选择页面右侧使用 Yellow/Green 填充的圆。

2 在效果面板中，从“混合模式”列表中选择“叠加”。请注意颜色的变化。

70% 的不透明度

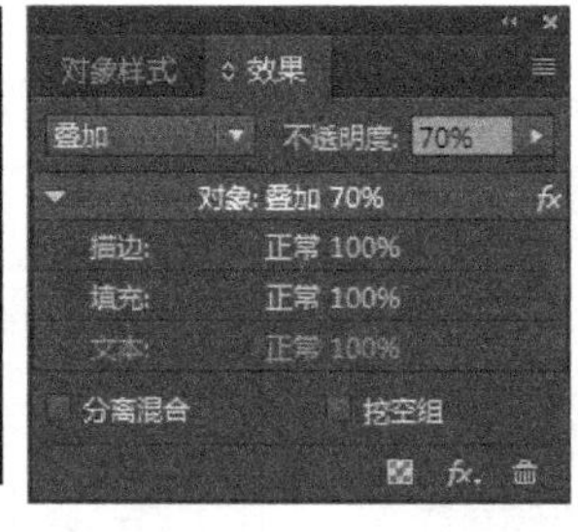

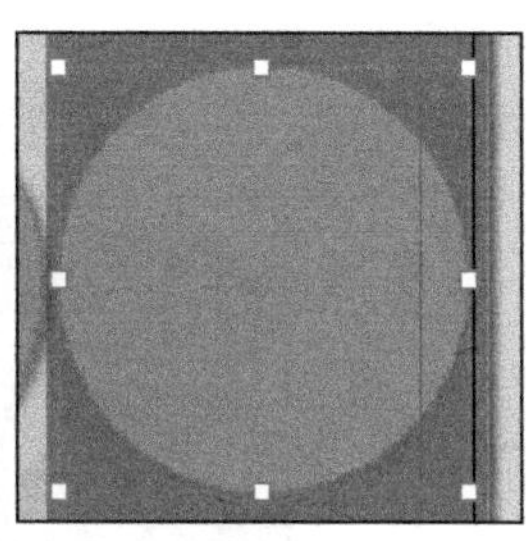
不透明度和混合模式

3 选择 Light Green 填充的页面右下角的半圆，然后按住 Shift 键并选择 Light Green 填充的页面左上角的半圆。

4 在效果面板中，在“混合模式”列表中选择“叠加”。

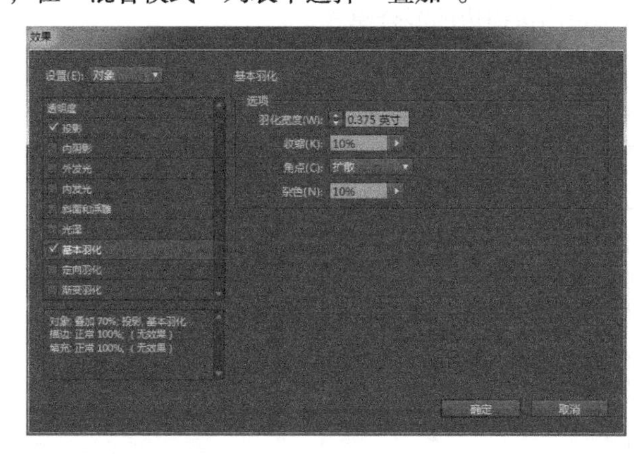

5 选择“文件” > “存储”。

如果想获得不同的混合模式的更多信息，请参阅在 InDesign 帮助中的“指定颜色混合”部分。

对导入的矢量图和位图图形应用透明效果

前面对 InDesign 绘制的对象应用各种透明度设置。此外，还可以对导入图形更改不透明度值和混合模式，并与其他应用程序（如 Adobe Illustrator 和 Adobe Photoshop）一起使用。

对矢量图应用透明度

1 在图层面板中，解锁“Art2”层，使其可见。

2 在工具面板中，确保选中选择工具（ ）。

3 在页面的左侧，选择包含黑色螺旋图像的框架，单击框架，鼠标指针会变成（ ）。当出现手形指针时（ ），不要单击框架中的内容，否则会选择图形，而不是框架。这个框架是在前面的中绿颜色的圆圈。

4 保持黑色螺旋图像框架处于选中状态时，按住 Shift 键并单击以选择页面右侧的黑色螺旋图像。这个框架是在前面的淡紫色的圆圈（确保选定的是图片框架，而不是图片）。两个螺旋图像都已选中。

5 在效果面板中，在“混合模式”列表中选择“颜色减淡”，并将不透明度设置为 30%。

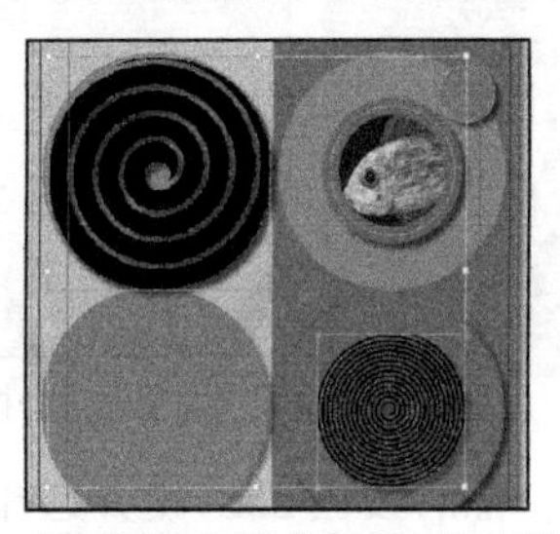

未运用混合模式和不透明度的选定图像

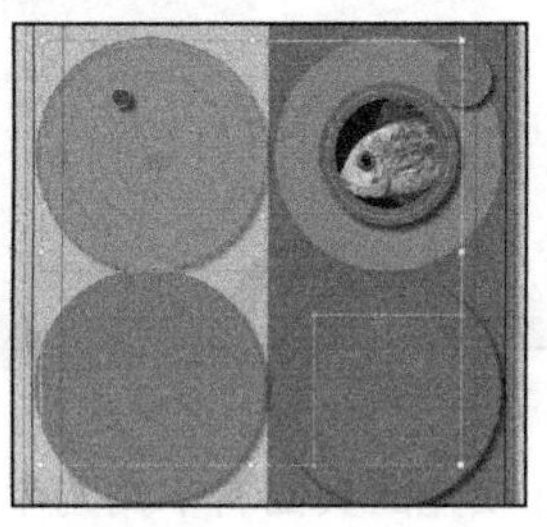

运用混合模式和不透明度后的选定图像

接下来，将设置小鱼图像描边的混合模式。

6 使用选择工具（ ），选择页面右侧的小鱼图像。确保鼠标指针显示的是箭头指针（ ），而不是手形指针（ ）。

7 在效果面板，单击“对象”下面的“描边”，这样对混合模式或不透明度的设置将应用于所选对象的描边。

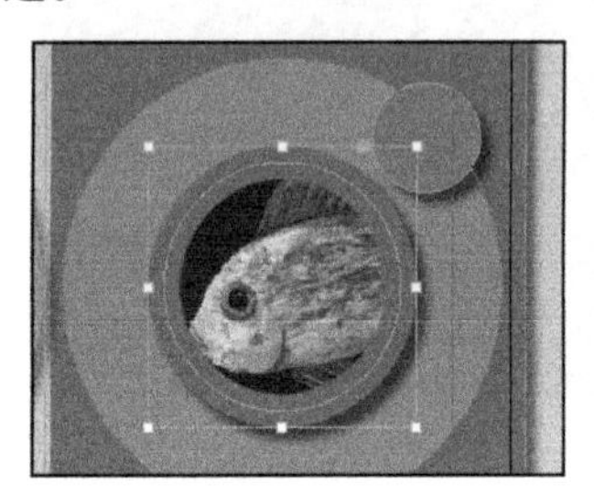

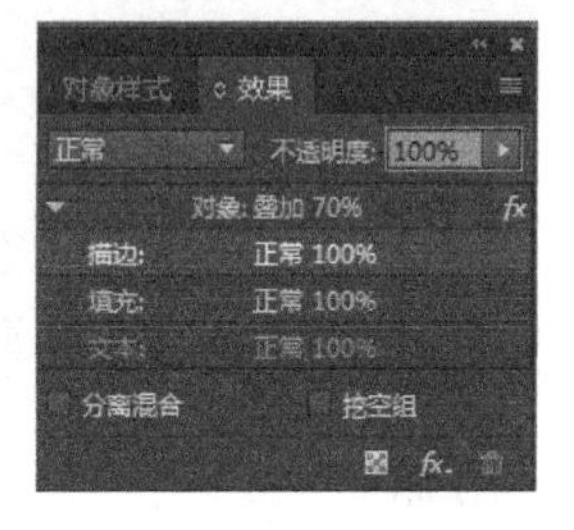

级别包括“对象”“描边”“填充”和“文本”，它指出了当前的不透明度设置、混合模式以及透明效果。单击“对象”（“组”或“图形”）左边的三角，可以隐藏或显示这些级别的设置。

8 从“混合模式”列表中选择“强光”。

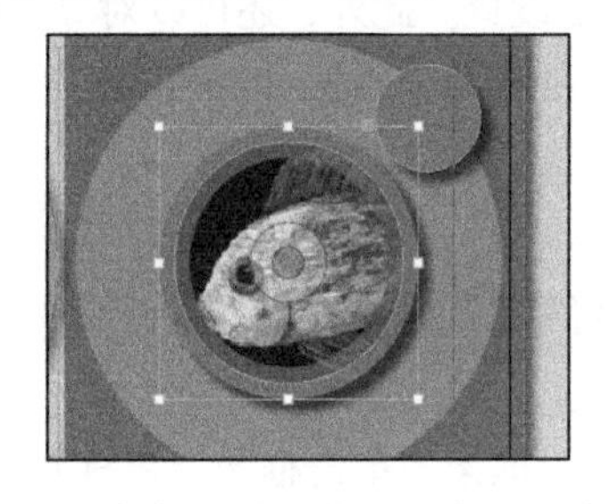

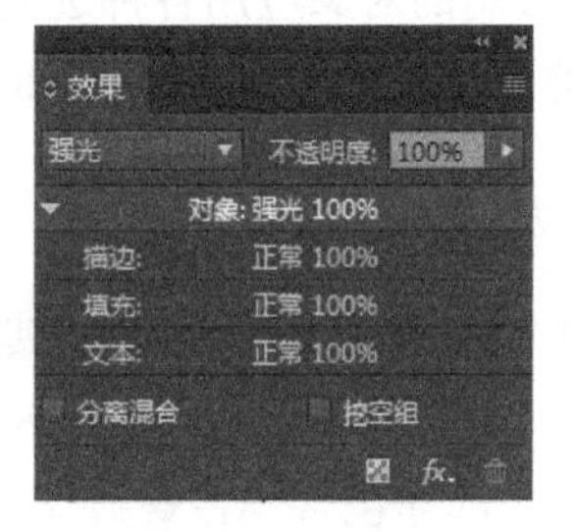

9 选择“编辑”>“全部取消选择”，之后选择“文件”>“存储”。

对位图应用透明效果

下一步，将为导入的位图应用透明效果。虽然此示例使用的是一个单色图像，但在 InDesign 中也可以设置彩色照片的透明度。其方法与设置其他 InDesign 对象的不透明度相同。

1 在图层面板中，选择“Art3”层。解锁这层并使其可见。可以隐藏或锁定“Art1”层或“Art2”层，使后面的操作更容易些。但确保至少一个底层可见，以便看到透明度相互作用的结果。

2 使用选择工具（ ），选择页面右侧的黑色星爆式图像。因为它在“Art3”层，框架边缘显示为蓝色，即该层的颜色。

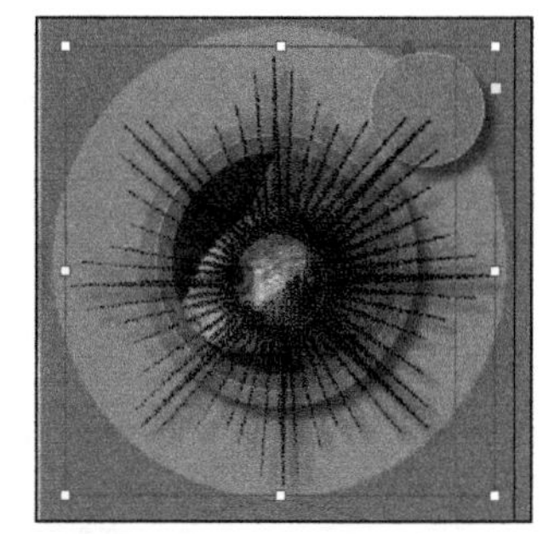

3 然后在效果面板中，在不透明度处输入“70%”，然后按下 Enter 或 Return 键。

4 将鼠标指针移动到星爆式图像的中间，当鼠标指针变为手形（ ）后单击一次，在框架内选择图形。

5 在色板中，单击“填色”（ ），然后选择色板红色，使红色替代了图像的黑色区域。

如果在“Art3”层下的其他层可见，星爆式图像将为橙色。如果没有其他层，星爆式图像将为红色。

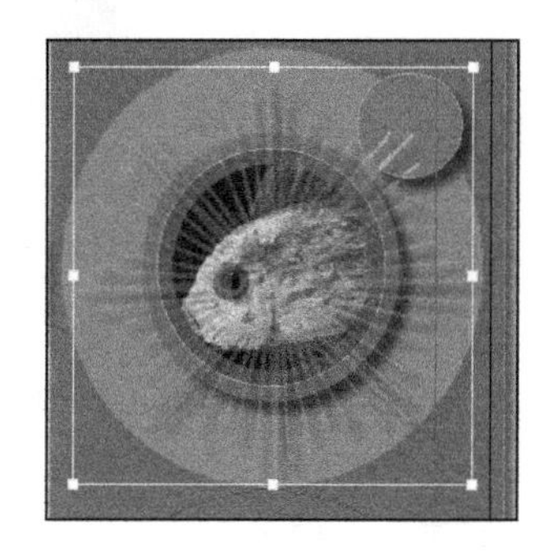

6 如果当前没有选择星爆式图像，通过单击重新选择。

7 在效果面板，从“混合模式”列表中选择“滤色”，并将不透明度设置为 100%。星爆式图像将根据其下面可见的图层改变颜色。

8 选择“编辑”>“全部取消选择”，然后选择“文件”>“存储”保存工作。

导入并调整使用了透明度设置的 Illustrator 文件

在 InDesign 中导入 Adobe Illustrator（.ai）文件时，InDesign Creative Cloud 会识别并保留在 Illustrator 中应用的透明设置。在 InDesign 中还可以调整不透明度，添加混合模式，并应用额外的透明效果。

现在插入一个玻璃水杯图像，然后调整其透明度。

1 选择“视图”>“使页面适合窗口”。

2 在图层面板中，确保“Art3”层激活，且“Art3”“Art2”“Art1”和“Background”层均可见。

3 锁定“Art2”“Art1”和“Background”，以防止它们被修改。

4 选择工具面板中的选择工具（ ），然后选择“编辑”>“全部取消选择”，以防导入的图像被放在当前对象中。

5 选择“文件”>“置入”，在对话框底部，勾选“显示导入选项”。

提示：如果在对话框中未勾选“显示导入选项”，可在选择图像进行导入时，按下 Shift 键，然后单击“打开”按钮。

6 找到 Lesson12 文件夹中名为“12_Glasses.ai”的文件，双击它。

7 在“置入 PDF”对话框中，确保从“裁切到”下拉列表中选择了“定界框（所有图层）”，并勾选“透明背景”。

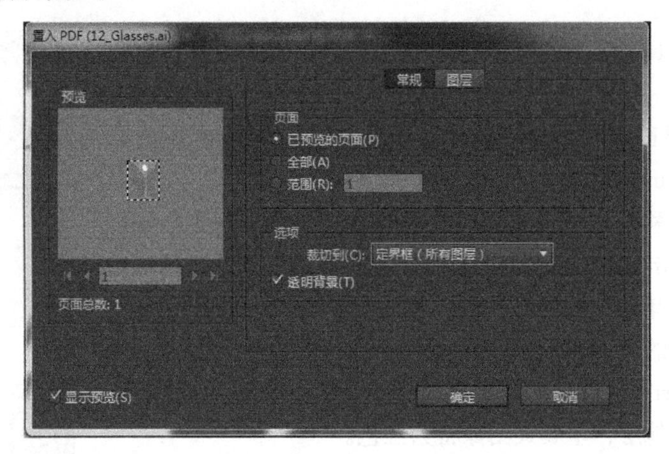

8 单击“确定”按钮，将对话框关闭，鼠标指针将变成一个加载图形图标（）。

9 将鼠标指针指向页面右侧的浅紫色彩色圆圈，出现加载图标（），单击放置图片的地方。注意不要单击螺旋内，否则会放置图像到错误的框架。如果已放到错误框架中，可以选择“编辑”>“还原”，然后再试一次。如果有必要，将图片拖动到紫色圆圈中间。

提示：当重新定位紫色圆圈内的图片时，智能参考线有助于完美地将紫色圆圈居中。

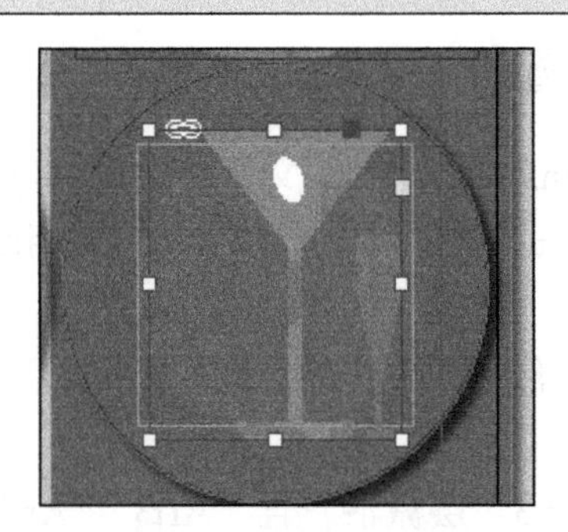

10 在图层面板中，单击使“Art2”“Art1”隐藏，只剩下“Art3”和“Background”可见，现在可以查看图像本身和透明色的相互作用。

提示：若要只显示“Art3”层，且隐藏所有其他图层，可以按住 Alt 键（Windows）或 Option 键（Mac OS），并在图层面板中使图标切换成可见。

11 单击使“Art1”“Art2”和“Background”重新显示。请注意，白色橄榄形状图形是完全不透明的，而玻璃杯其他部分的形状图形是部分透明的。

12 在已选中玻璃杯图像的状态下，在效果面板中设置不透明度为 60%，保持选中图像。

13 在效果面板的“混合模式”列表中选择“颜色加深”。现在该图像的颜色和透明度已完全不同。

14 选择“编辑”>“全部取消选择”，然后选择“文件”>“储存”。

设置文本的透明度

改变文字的不透明度，就和在版面中为图像应用透明度设置一样容易。现在将尝试使用这项技术，同时可以改变文字的颜色。

1 在图层面板中，锁定“Art3”层，然后解除对“Type”图层的锁定并使其可见。

2 在工具面板中，选中选择工具（），然后单击文本框中的“I THINK, THEREFORE IDINE.”如果有必要，可对文本进行放大，以便看清文本。

想要对文本或文本框架及其内容应用透明度设置，必须使用选择工具选择框架。当使用文字工具选择文本时，不能设置透明度。

3 在效果面板中选择“文本”层，以使选择的不透明度或混合模式更改可以应用到文本中去。

4 在“混合模式”列表中选择“叠加”，并改变不透明度为 70%。

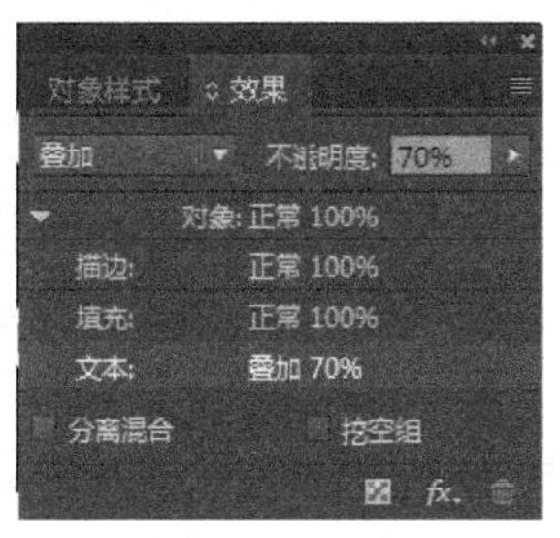

5 双击抓手工具，使页面适合窗口，然后选择“编辑”>“全部取消选择”。下面将修改文本框架填色的不透明度。

6 在工具面板中，确保选中选择工具（），然后单击页面底部文本“Boston Chicago Denver Houston Minneapolts”的文本框。如果有必要，可对文字进行放大以便看清文本。

7 在效果面板上选择“填充”，将透明度修改为 70%。

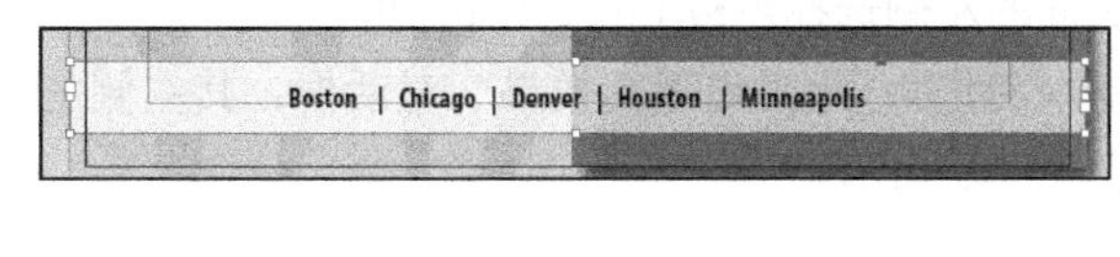

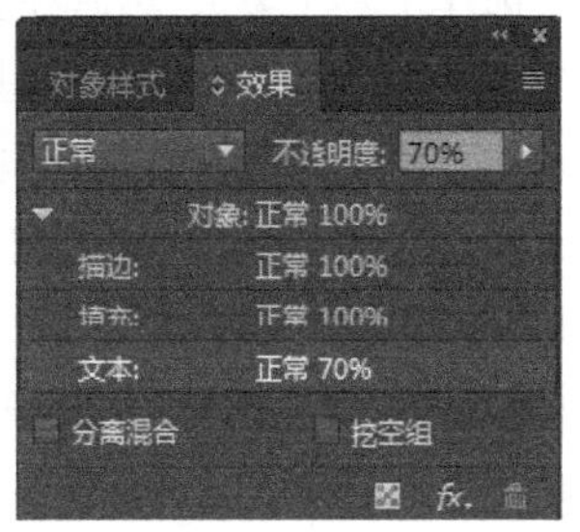

8 选择“编辑”>“全部取消选择”，然后选择“文件”>“存储”。

使用效果

至此，已经学会了如何在 InDesign 中通过修改混合模式和不透明度来绘制对象、导入的图形和文本。应用透明度的另一种方法是使用 InDesign 中的 9 个透明度效果。在创建这些效果时很多设置和选项都是类似的。

透明度效果

投影——为对象、描边、填充或文本添加阴影。

内阴影——为对象、描边、填充或文本边缘，添加一个凹陷的阴影外观。

外发光和内发光——为对象、描边、填充或文本边缘添加一个发光效果。

斜面和浮雕——添加各种高亮和阴影的组合，使文字和图像具有三维外观。

光泽——添加形成光滑光泽的内部阴影。

基本羽化、定向羽化、渐变羽化——使对象边缘渐隐为透明，具有柔化效果。

——InDesign帮助

下面将试用一些效果，以使菜单设计更有艺术品位。

对图像边缘应用基本羽化效果

羽化是对一个对象使用透明效果的另一种方式。羽化会在对象边缘周围创建一个从不透明到透明的渐进过渡效果，通过羽化作用，任何相关的对象或页面背景都将可见。InDesign 中有 3 种类型的羽化：

- 基本羽化可以对指定距离内的对象的边缘进行柔化或渐隐。
- 定向羽化可以将指定方向的边缘渐隐为透明，从而柔化边缘。
- 渐变羽化可以柔化对象领域，使其渐隐为透明。

先来学习基本羽化，然后再学习渐变羽化。

1 在图层面板中，如果“Art1”层是锁定的，请先解锁。

2 如果需要，请选择“查看”>“使页面适合窗口”，以看到整个页面。

3 选中选择工具（ ），然后在页面的左侧选择色板 Light Purple 填充圆。

4 选择“对象”>“效果”>“基本羽化”。此时出现“效果”对话框，其左侧的列表显示一系列的透明效果，在右侧出现了一系列操作。

5 在“效果”对话框中的选项部分，设置以下选项。

- 在“羽化宽度”框中，键入“0.375 英寸”。
- 将“收缩”和“杂色”值都设置为“10%”。
- 保留“角点”设置为“扩散”。

6 确保勾选“预览”，如果有必要，将对话框移到一边来查看更改效果。注意，紫色圆圈的边缘模糊了。

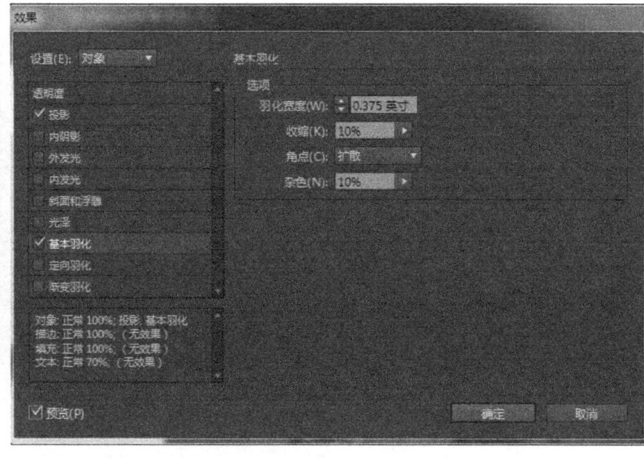

7 单击“确定”按钮保存设置，并关闭“效果”对话框。

8 选择“文件”>“存储”。

应用渐变羽化

使用渐变羽化效果，可以将对象区域渐隐为透明，从而柔化它们。

1 使用选择工具（ ），单击页面右边使用 Light Purple 填充的垂直矩形。

2 在效果面板的底部，单击（ fx ）按钮，并从弹出的菜单中选择“渐变羽化”。

出现“效果”对话框，并显示渐变羽化选项。

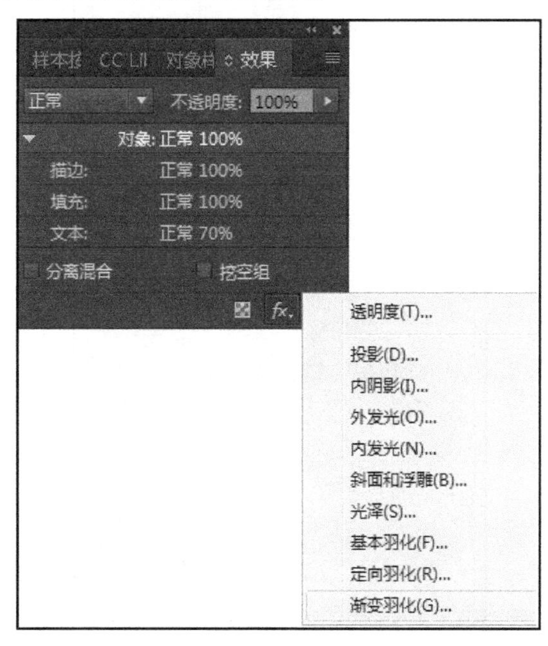

3 在对话框的“渐变色标”部分，单击“反向渐变”按钮（ ），以反转纯色和透明色的位置。

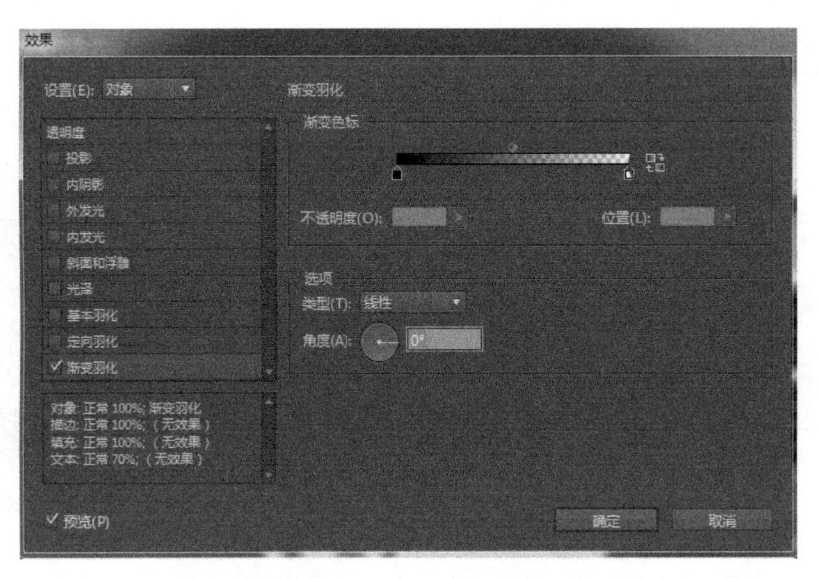

4 单击“确定”按钮。可以看到紫色矩形由右至左渐隐为透明。

下面使用渐变羽化工具调整渐变方向。

5 在工具面板中，选定“羽化渐变工具”( )，小心不要选择“渐变色板工具”，然后按住 Shift 键，从紫色矩形底部拖曳到顶部，以改变渐变方向。

6 选择“编辑”>“全部取消选择”，然后选择“文件”>“保存”。

下面将多种效果应用于一个对象，然后对其进行编辑。

为文本添加投影效果

为对象添加投影效果，出现一个 3D 效果，使对象就像漂动在页面上一样，在其下面的页面投影一层阴影。可为任何对象添加投影，可以为对象描边、填色、文本框架内的文字添加投影。

注意：“效果”对话框允许对一个对象应用多种效果，并能够显示出对选定对象应用了哪些效果（勾选对话框左侧的相应选项）。

现在可以尝试用这种效果为文本“bistro”添加阴影。

1 使用选择工具（ ），选择文本框内的“bistro”。按住 Z 键暂时使用缩放显示工具或者选择缩放显示工具（ ）将文字放大，这样就可以清楚地看到文字。

2 在效果面板的底部，单击（ ）按钮，然后从菜单中选择“投影”。

3 在“效果”对话框中的“选项”部分，在“大小”框中输入“0.125 英寸”，在“扩展”框中输入“20%”，确保勾选“预览”，以便能够在页面上立即看到效果。

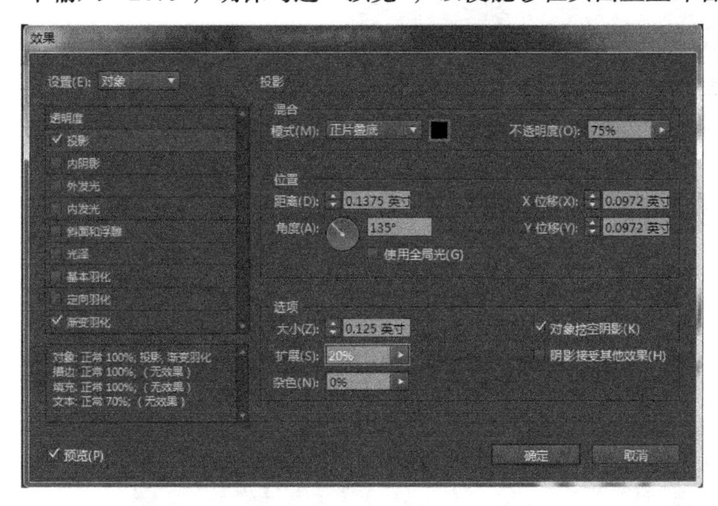

4 单击“确定”按钮应用投影到文本。

5 选择“文件”>“存储”。

为一个对象应用多种效果

可以对一个对象使用不同类型的透明效果。例如，可以对一个对象应用斜面和浮雕效果让对象看起来是突出的，然后对其应用发光效果，使其有两种透明效果。

在本练习中，将对页面上的两个半圆运用斜面和浮雕效果以及发光效果。

1 选择“视图”>“使页面适合窗口”。

2 使用选择工具（ ），选择页面左上角 Light Green 填充的半圆。

3 在效果面板的底部，单击（ ）按钮，然后从菜单中选择“斜面和浮雕”。

4 在“效果”对话框中，请确保勾选了“预览”，这样就可以查看页面上的效果。然后在结构部分做如下设置。

- 大小：“0.3125 英寸”。
- 柔化：“0.3125 英寸”。
- 深度：“30%”。

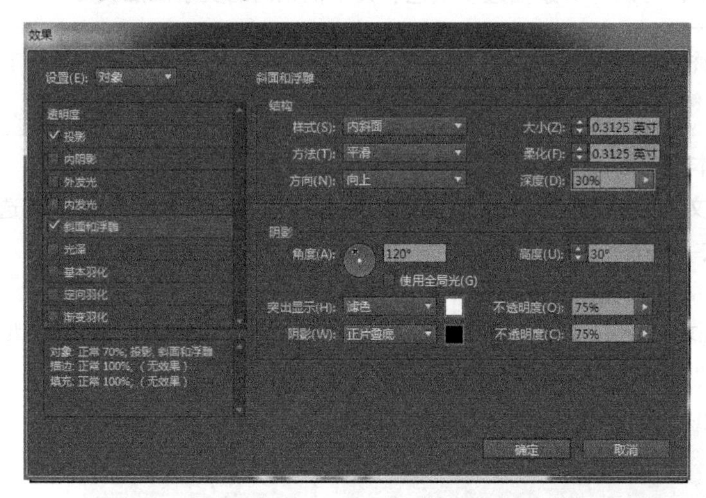

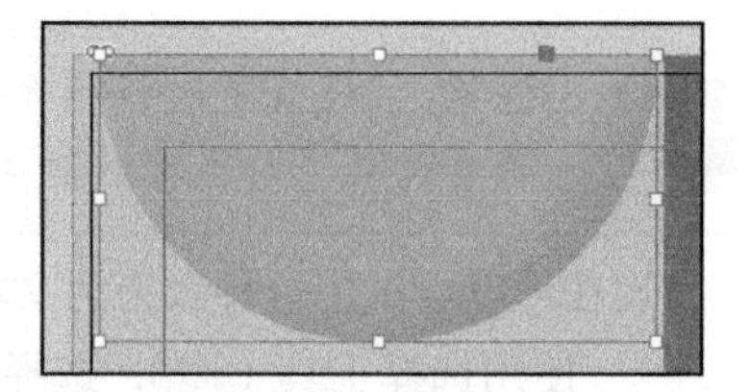

5 对其余的设置不进行改动，保持效果对话框处于打开状态。

6 在对话框左侧，勾选“外发光”，给半圆添加外发光效果。

7 单击“外发光”编辑效果，并做如下设置。

- 模式：正片叠底。
- 不透明度：80%。
- 大小：0.25 英寸。
- 扩展：10%。

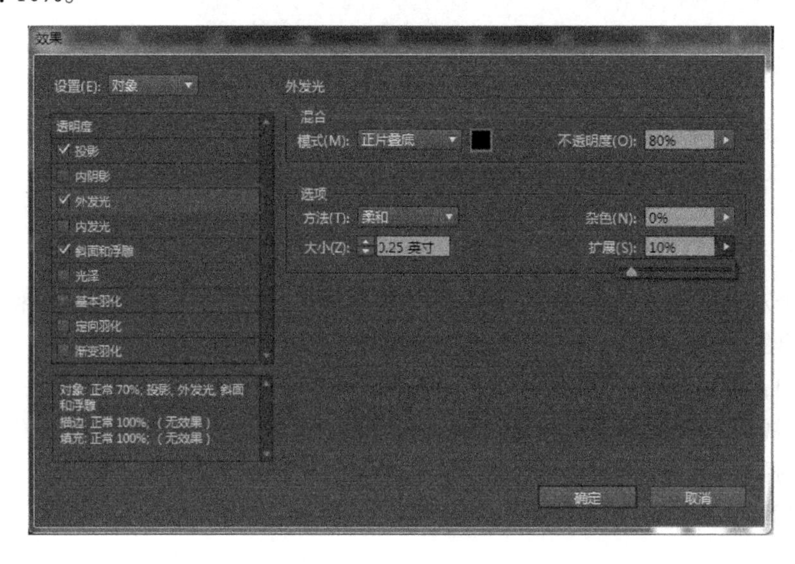

8 单击“模式”下拉列表右侧的“设置发光颜色”按钮。在“效果颜色”对话框中，确保“颜色”下拉列表中选择“色板”，选择“黑色”，然后单击“确定”按钮。

9 再单击“确定”按钮，应用已设置的多重效果。

下面将应用同样的效果到另一个半圆上，只需将“fx”图标从“效果”面板拖动到该半圆上即可。

对象间复制效果

1 双击抓手工具（），使页面适合窗口中的页面。

2 使用选择工具（），如果需要的话，选择页面左上角的绿色半圆。

3 在效果面板打开的情况下，拖动对象层右侧（）图标至页面右下角绿色半圆的顶部。

提示：也可以通过双击影响面板对象右侧的 fx 图标，打开“效果”对话框。

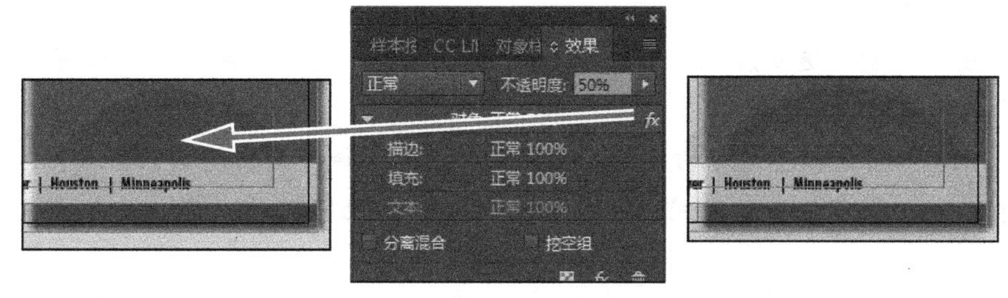

将“fx”图标拖动到半圆（左边和中心位置），产生的结果可以在右图看到（右）

现在，将相同的效果运用到页面上灰色的小圆圈。

4 在图层面板中，单击眼睛图标（）隐藏“Art3”层，然后解锁“Art2”层。

5 确保页面左上角的绿色半圆仍然处于选择状态。从效果面板拖动（）图标到小鱼图片右侧的小灰圈上面。

6 选择“文件”>“存储”。

透明度设置

不同效果的许多设置和选项是相同的。常见的透明度设置和选项包括以下内容。

角度和高度——决定照明效果的照明角度。设置为0相当于水平；设置为90相当于垂直。可单击角度半径或输入度数测量来设置。如果要为所有对象提供均匀的照明角度，请选择全局光，用于投影、内阴影、斜面和浮雕、光泽和羽化效果。

混合模式——指定透明对象中的颜色与它们后面的对象的相互作用，适用于投影、内阴影、外发光、内发光、光泽等。

阻塞值——设置大小值用于确定多少阴影是不透明的，多少是透明的；设置值较大增加透明度，设置值减小可增加透明度，用于内阴影、内发光和羽化显示效果。

距离——指定偏移距离的投影、内阴影或光泽效应。

噪点——指定在输入值或拖动滑块时，在光译或阴影的不透明度中的随机元素的数量，用于投影、内阴影、外发光、内发光和羽化显示效果。

不透明度——决定效果的不透明度；拖动滑块或输入百分比测量值，用于设置阴影、用内阴影、外发光、内发光、渐变羽化、斜面和浮雕、光泽效果。

尺寸——指定阴影或色彩的数量，用于阴影、内阴影、外发光、内发光和光泽显示效果。

范围——决定的透明度的阴影内的阴影或色彩的影响，建立了用于投影和外发光显示效果。

手法——确定透明度效果的边缘如何与背景颜色交互。柔和和精确可用于外发光和内发光效果。

柔化——应用模糊边缘的效果。在较大的尺寸，详细的功能不保留。

精确——保留边缘的效果，包括它的角落和其他尖锐的细节。保留功能优于软技术。

使用全局光——将全局光设置应用于阴影，用于投影、斜面和浮雕以及内阴影显示效果。

X位移和Y位移——由指定数位来设定偏移X或Y轴的阴影，用于投影和内阴影显示效果。

——InDesign帮助

编辑和删除效果

编辑或删除应用的效果非常容易。还可以快速检查这些效果是否已经应用到对象上。

首先，编辑餐厅标题后面的渐变填充，然后删除应用到其中一个圆的效果。

1 在图层面板中，确保“Art1”层处于解锁状态且可见。

提示：为了快速查看用户文档中的页面是否包含透明度，可以从页面面板菜单中选择“面板选项”，并在“面板选项”对话框中勾选“透明度”复选框。一个小图标（）会出现在含有透明度的页面。

2 使用选择工具（），单击文本框，对“bistro Nouveau”进行渐变填充。

3 使用效果面板，单击面板底部的（）按钮，在出现的菜单中的“渐变羽化”旁边有一个勾选标记，这表明此效果已经应用到选定的对象。在菜单中选择“渐变羽化”选项。

4 在“效果”对话框的“渐变色标”部分，单击右端的色标（白色的小块），将“不透明度”改为“30%”，在“选项”部分将角度改为“90°”。

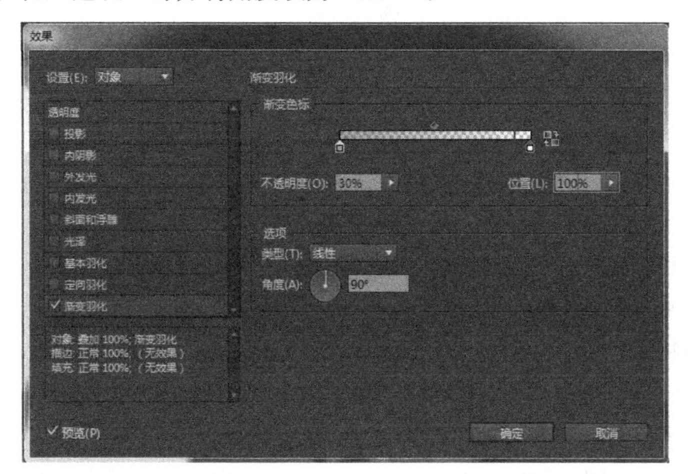

5 单击“确定”按钮，以更新渐变羽化效果。

接下来，将删除应用到一个对象的所有效果。

6 在图层面板中，使所有图层可见。

> **提示：**当按住 Ctrl 键（Windows）或 Command 键（Mac OS）单击重叠的对象时，首先单击选择最上面的对象，会在顺序中选择下一下对象。

7 选择选择工具（ ），按住 Ctrl 键（Windows）或命令键（Mac OS）单击页面右侧的小鱼图像上方的小灰圆。第一次单击将选择矩形框架以上的圆圈，再次单击在小圈子选择它。

8 在效果面板的底部，单击“清除所有效果并使对象变为不透明”按钮（ ）以移除应用于圆形的阴影效果。

> **注意：**“消除效果”按钮还移除了来自对象的混合模式和不透明度设置更改。

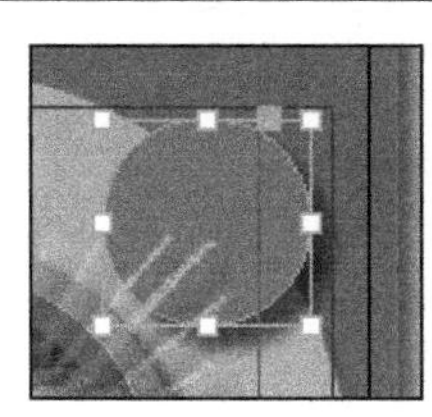

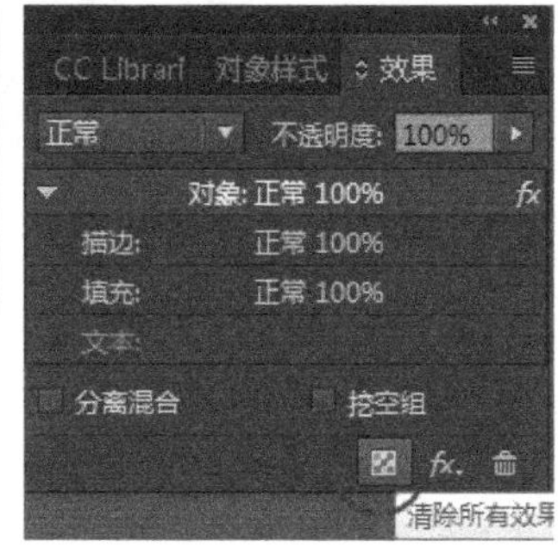

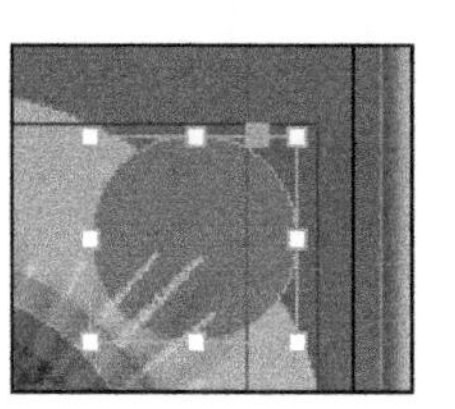

9 选择“文件”>“存储为”。

恭喜！您已完成本课程的学习。

练习

通过以下方式，尝试在 InDesign 下进行透明度操作。

1 滚动到剪贴板中的空白区域，并在一个新图层中创建一些图形（使用绘图工具或者导入本课中使用的图片）。应用填充颜色到空白的形状，移动形状，使它们相互重叠，至少部分重叠。然后进行如下操作。

- 选择最上面的图形。使用效果面板，试着与“亮度”“强光”和“差值”等其他模式混合，然后在效果面板中，选择相同的混合模式，再对结果进行比较。当对各种模式的用法有一定认识后，选择所有的对象，并将混合模式设置为“正常”。
- 在效果面板中，改变一些对象的不透明度值。然后选择不同的对象，使用“对象”>“排列”>“前移一层”和“对象”>“排列”>“后移一层”，以观察不同的结果。
- 尝试将不同的透明度和不同的混合模式应用于对象。对部分重叠的最上面的对象和其他对象，试用创建的各种效果。

2 在页面面板中，双击页面 1，将其显示在文档窗口中央。在图层面板中，对不同的 Art 层单击眼睛图标，并查看文档的整体效果。

3 在图层面板中，确保所有的图层处于解锁状态。在文档窗口上，单击选择玻璃杯图像，对其应用效果面板的“投影”效果。

复习题

1 如何改变灰度图片中白色区域的颜色？如何改变灰色区域的颜色？

2 在不改变对象的不透明度值的情况下，如何修改其透明度效果？

3 使用透明度时，图层及其中对象的堆叠顺序有何重要性？

4 将透明度应用于对象后，要将这些效果应用于其他对象，最简单的方法是什么？

复习题答案

1 要更改图片的白色区域，首先用选择工具选择图形，然后在色板面板中选择一种颜色。要改变灰色区域，选择的图片内容，然后在内容提取器单击，最后从色板面板选择所需的颜色。

2 除了可以在效果面板中选择对象并修改不透明度值，也可以通过改变混合模式，以多种方法羽化对象，以及添加投影、斜面和浮雕等效果来修改其透明度效果。混合模式的颜色由基色和混合色来确定生成的最终颜色。

3 对象的透明度，决定了对象下面（后面）的视图堆叠顺序。例如，透过半透明的对象可看到它下面的对象，就像透过彩色胶片一样。不透明的对象位于堆叠顺序最上层，就只能看到此层，不管它后面的物体是否已进行了降低不透明度值、羽化、混合模式等其他操作。

4 选择已经应用透明度效果的对象，然后将效果面板右侧的 fx 图标拖动到另一个对象上。

第13课 打印和导出

课程概述

本课中，将学习如何进行下列操作。

- 检查文件潜在的打印问题。
- 确认 InDesign 文件和其所包含的元素都已就绪，可以印刷。
- 收集所有必要的文件以便打印或提交给服务提供商或印刷厂。
- 生成用于校样的 Adobe PDF 文件。
- 打印前在屏幕上预览文件。
- 为字体和图形选择适当的打印设置。
- 打印文档。
- 创建打印预设，使印刷过程自动化。
- 管理文档中的颜色。

学习本课大约需要 45 分钟。

Adobe InDesign CC 提供了先进的印刷和印前准备来帮助用户管理打印设置。无论有什么样的输出设备，都可以轻松地完成像激光或喷墨打印机、高分辨率胶片或印版机设备等输出工作。

概述

在本课中，将处理一个杂志封面，它包含一个全彩色图像，还使用了专色。文件将在彩色喷墨或激光打印机打印，然后在一个高分辨率印刷设备（如印版机或胶印机）上打印。在打印之前，将该文件导出为 PDF 文件，以供审阅。

1 为确保 Adobe InDesign 程序的首选项和默认设置符合本课的要求，请先按照“前言”中的步骤将 InDesign Defaults 文件移动到 4 ～ 5 页。

2 启动 Adobe InDesign。为确保面板和菜单命令符合本课程要求，请依次选择“窗口” > “工作区” > “高级”，然后再选择“窗口” > “工作区” > “重置‘高级’”。

3 选择“文件” > “打开”，然后选择已下载到硬盘上的 InDesignCIB 中的课程文件夹，打开 Lesson13 文件夹中的“13_Start.indd”文件。

4 如果出现警告消息，指出文档包含已丢失和修改的链接，单击“不更新链接”。将在本课修复这些问题（如果显示缺少字体对话框，单击“同步”的字体，然后单击“关闭”，字体已经从 Typekit 成功同步）。

使用 InDesign 文档或生成一个 PDF 文件进行打印时，InDesign 必须访问原始的图稿，并将它置入版面。如果导入的插图已移动，或图形的文件名已经改变，或原始图形文件的位置不存在，InDesign 会提醒不能定位原始图稿，或原始图稿已被修改。此警告一般出现在打开一个文档，或打印、导出、印刷使用印前检查面板对文档进行检查时。 InDesign 将在链接面板显示所有必要的文件打印状态。

提示：在 InDesign 首选项中，当打开一个包含缺失或修改链接的文件时，可以设置是否显示一个警告。如果要禁用警告，取消勾选“打开文档前检查链接”，它位于“首选项”对话框的“文件处理”面板中。

5 选择“文件” > “存储为”，将文件名修改为“13_Cover.indd”，并保存至 Lesson13 文件夹中。

6 在文件夹 Lesson13 中打开“13_end.indd”文件，可以看到完成后的效果。

7 准备开始工作，关闭“13_end.indd”文件或保持打开以供参考。然后从“窗口”菜单选择或者单击文档窗口左上角的“13_cover.indd”文件，选择“13_cover.indd”文件。

印前检查文件

InDesign 集成了对文档质量进行检查的控制，可在打印文档或将文档交给服务提供商前执行这样的检查。印前检查这个过程是标准的行业术语。第 2 课介绍了如何使用在 InDesign 中的实时印前检查功能，并在创建文档的早期指定印前检查配置文件。这让用户能够在制作文档期间对其进行监视，以防止潜在打印问题的发生。

可以使用印前检查面板确认文件中使用的所有图形及字体都可用且没有溢流文本。在这里，将使用印前检查面板找出示例文档中的一对缺失图形。

1　选择“窗口”>“输出”>“印前检查”。

提示： 双击文档面板底部的“3 个错误”标识，或者从弹出的菜单中选择“印前检查面板”，可以打开该面板。

2　在印前检查面板，确保勾选复选框“开”，并在“配置文件”下拉列表中选择“基本（工作）”。注意到列出了（链接）错误，“(3)”表示有 3 个链接错误。

请注意，没有文字错误出现在错误区域，确认该文件没有缺失的字体，并且没有溢流文本。

3　单击“链接”左边的三角形，然后单击“缺失的链接”左边的三角形，这将显示缺失的图形文件的名字。双击“Title_Old.ai”，图像居中于文档窗口中，且图形框架已被选中。

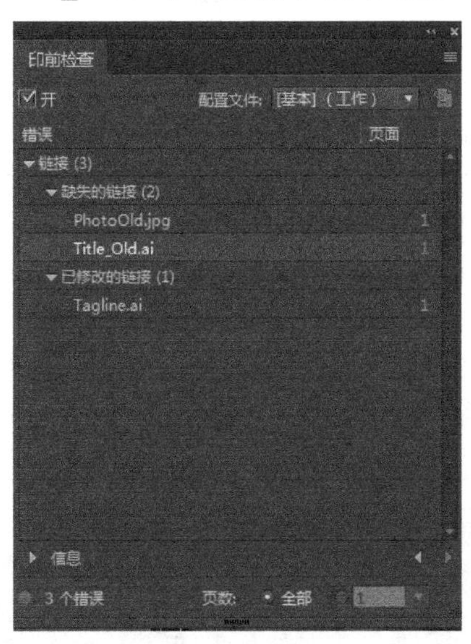

4　在印前检查面板的底部，单击“信息”左边的三角形，将显示缺失的文件的信息。

在这种情况下，问题是缺少图形文件，解决办法是使用链接面板查找文件。如果仔细查看包含杂志标题的框架，会注意到左上角的一个红色圆圈问号，这表明原来的图形文件丢失了。

5　如果链接面板没有打开，单击链接面板图标或者选择“窗口”>“链接”来打开它。确保在链接面板中 Title_Old.ai 文件被选中，然后从面板菜单中选择“重新链接”。导览至 Lesson13 文件夹内的文件夹，双击 Title_New.ai 文件，替换原来的文件，链接新的文件。

请注意重新链接 Title_New.ai 图形之后，是一个新杂志标题（“Flora&Fauna”），具有不同的颜色和较低的分辨率，这是导入的 Adobe Illustrator 文件的默认设置。

注意：无论当前的显示性能设置如何，都将在低分辨率中显示修改或缺乏的图形。

6 要以高分辨率显示标题，用选择工具选中图形框架，然后选择“对象” > “显示性能” > “高品质显示”。

提示：在“首选项”的“显示功能”对话框可以更改栅格图像、矢量图形和物体透明度的设置。选择“编辑” > “首选项” > “显示性能”（Windows）或“InDesign CC” > “预置” > “显示性能”（Mac OS）可以打开该对话框。

7 重复步骤 5，把封面照片 PhotoOld.jpg 重新链接为 PhotoNew.jpg，新链接的图片会比较明亮。

8 确保选择工具已被选中。按住 Shift 键单击内容采集，然后将图像拖动到左边，大至到下面的图像。（按下 Shift 键，将拖动限制在水平上。）

9 在印前检查面板上，单击“修改链接”左侧的三角形。名为“Tagline.ai”的图形已经过修改，需更新链接到本图形（“家居饰品”）。先选择链接面板，然后从面板菜单中选择“更新链接”。注意，印前检查面板不再显示任何错误。

上图：消失前重新修改图形　下图：经过重新链接

10 选择“文件” > “存储”来保存文件，关闭印前检查面板。

显示性能和CPU

InDesign CC 2017提供视频卡，包括一个图形处理单元（GPU）的计算机支持。如果你的计算机有一个兼容图形卡，InDesign会自动显示文件使用GPU和设置高质量的默认显示性能。如果你的计算机没有兼容的显卡，默认的显示性能设置是典型的。这本书假定读者在使用的计算机没有GPU。如果你的计算机有兼容的GPU，您可以忽略步骤，要求切换到高质量的显示。更多信息在InDesign中CC对GPU的支持，登录https://helpx.adobe.com/indesign/using/gpu_performance.html。如果你有一个兼容的显卡，你可以改变GPU设置在GPU性能部分的对话框。

创建印前检查配置文件

当启用实时印前检查功能时（即在印前检查面板勾选“开”时），默认的工作配置文件为“基本（工作）”，主要用于InDesign文档进行印前检查。此配置文件主要检查基本的输出条件，如缺失或修改后的图形文件、溢流文本、缺失字体。

用户还可以创建自定义的印前检查规范或从印刷服务供应商或其他来源加载配置文件。当创建定制的印前检查时，可以指定要检测的条件。下面将创建一个配置文件，当用户在文档中使用非CMYK颜色时，它会发出警告。

1 如果印前检查面板未打开，选择“窗口”>“输出”>“印前检查”，然后从印前检查面板菜单中选择“定义配置文件”。

2 单击对话框左下侧的“新建印前检查配置文件”按钮（），创建一个新的印前检查配置文件。在“配置文件名称”框中，输入“CMYK Colors Only”。

3 单击“颜色”左边的三角形，显示颜色相关的选项，勾选“不允许使用色彩空间和模式”。

4 单击“不允许使用色彩空间和模式”左侧的三角形，并勾选除了CMYK外的其他所有模式（RGB、灰度、Lab和专色）。

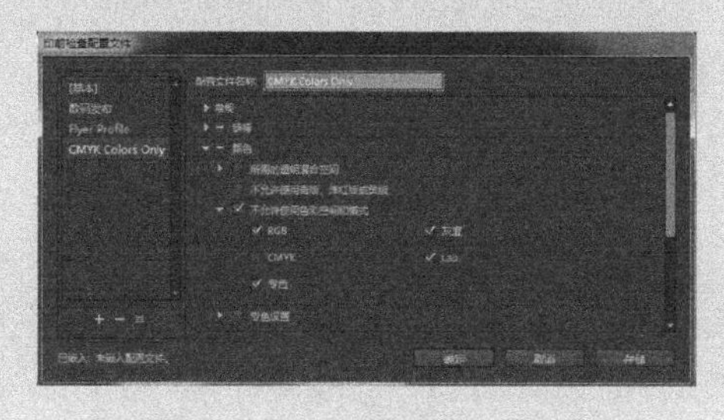

5 保留现有的印前检查标准——“链接”“图像和对象”“文本”和“文件”，单击“存储”按钮，然后单击“确定”按钮。

6 从印前检查面板“配置文件”下拉列表中选择“ CMYK Colors Only”。注意错误区域面板中列出的其他错误。

7 单击“颜色”旁边的三角形以扩大显示，然后单击“不允许色彩空间”左边的三角形，将看到一个没有使用 CMYK 颜色模式的列表。单击各个对象来查看问题信息，以及如何解决它（确保印前检查面板的信息部分是可见的。如果不可见，单击“ 信息 ” 左边的三角形来显示它）。

8 在印前检查面板中的“配置文件”下拉列表中选择“基本（工作)”，返回到本课使用的默认配置文件。

打包文件

可以使用打包命令，将所有 InDesign 文件副本和所有链接（包括图片）汇集到一个文件夹中。InDesign 中也将复制所有的字体供打印时使用。在准备将它们发送到打印服务提供商之前，先将这些杂志封面文件打包，这确保提供了输出所需的所有组件。

1 选择“文件” > “打包”，打开“打包”对话框。“打包”对话框的“小结”部分，除“印前检查”面板列出的缺失链接问题外，还列出了另外印刷方面的问题。

提示： 也可以在“创建包文件夹”编辑说明文本，在对话框中单击“说明”按钮。

因为文档中包含一个 RGB 图像，所以 InDesign 会出现提醒。在本课的后面，将会把此图像转换为 CMYK 图像。

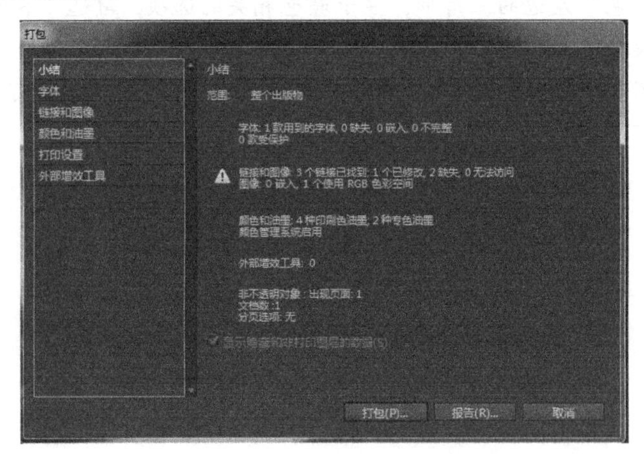

2 单击“打包”按钮。

3 在“印刷说明”对话框中，为附带的InDesign文件键入一个文件名（例如“Info forPrinter”），同时输入联系信息，单击“继续”按钮。

InDesign使用此信息来创建一个说明文件，它将随InDesign文件、链接和字体一起存储在文件夹中。如果出现问题，包的接收者可以使用说明文件，以便更好地了解对方的需求以及有问题时如何与客户联系。

4 在“打包出版物”对话框中，浏览找到Lesson13文件夹。将创建的文件夹的包命名为“13_Cover”。InDesign会自动基于用户在本课开始时分配的文件名对文件夹命名。

5 勾选以下选项。

提示：当从“打包出版物”对话框中勾选“复制字体（CJK和Typekit除外）”时，InDesign会生成一个名为“文档字体包”的文件夹。当打开一个与字体文件夹位置相同的InDesign文档时，InDesign会自动安装这些字体，它们只可用于该文档。当关闭文档时，字体将卸载。

- “复制字体（CJK和Typekit除外）”。
- “复制链接图形”。
- “更新包中的图形链接”。

6 取消勾选“包括IDML”和“包括PDF（打印）”。

7 单击“打包”按钮。

8 如果存在许可限制，会出现警告消息，这可能会影响复制这些字体。单击“确定”按钮。

提示：“包括 IDML”和“包括 PDF（打印）”选项允许打包的文件夹添加这两个文件类型。InDesign 文档保存或导出为 IDML 可以在 InDesign 打开以前版本。如果勾选了“包括 PDF（打印）”，可以在 PDF 菜单中设置。

9 切换到资源管理器（Windows）或 Finder（Mac OS）中，然后导航到 Lesson13 的 13_Cover 文件夹（位于硬盘驱动器上的 Lessson 文件夹）。

请注意，InDesign 创建了一个文件副本，复制高分辨率打印的所有字体、图形和其他相关文件。因为勾选了“更新包中的图形链接”，现在 InDesign 文件副本是链接到图形文件包中的图像文件，而不是原始链接的文件。这使文档更易于打印机或服务提供商来管理，也使得包文件可以归档。

10 完成查看内容后，关闭 13_Cover 文件夹，返回到 InDesign 中。

创建 Adobe PDF 校样

如果文件需要由他人审阅，可以创建 Adobe PDF（可移植文档格式）进行文件传输和共享。使用这种文件格式有多个优点：文件压缩得很小，所有的字体和图形链接都包含在单一的复合文件中，跨平台（Mac/PC）兼容性。InDesign 可以将文档直接导出为 Adobe PDF 文件。

将出版物转换为 Adobe PDF 文档有很多优点：可以创建一个更紧凑的可靠文件，供服务提供商浏览、编辑、整理及校对。服务提供商可以直接输出 Adobe PDF 文件，或者使用各种工具对文件进行印前检查、陷印、拼版、分色处理等。

下面将创建适合检查和校对的 Adobe PDF 文件。

1 选择“文件”>“导出”。

2 从“保存类型”（Windows）或“格式”（Mac OS）下拉列表中选择“Adobe PDF”，在“文件名”中文本框输入“13_Cover_ Proof.pdf”。如果有必要，导航到 Lesson13 文件夹，然后单击“保存”，打开“导出 Adobe PDF”对话框。

3 在“Adobe PDF 预设”下拉列表中选择“高质量打印”。此设置创建的 PDF 文件，适合桌面打印机和打样机及屏幕校对。

注意：在 Adobe PDF 预设菜单中可以预设用于创建 Adobe PDF 文件的范围，包括适合从屏幕上观看的小文件，以及适合以高分辨率输出的待印文件。

4 在“兼容性”下拉列表中，选择“Acrobat 6（PDF 1.5）。这是第一个支持在 PDF 文件使用较高级功能（包括图层）的版本。

5 在对话框的“选项”部分中，勾选。

- “导出后查看 PDF”；
- “创建 Acrobat 图层”。

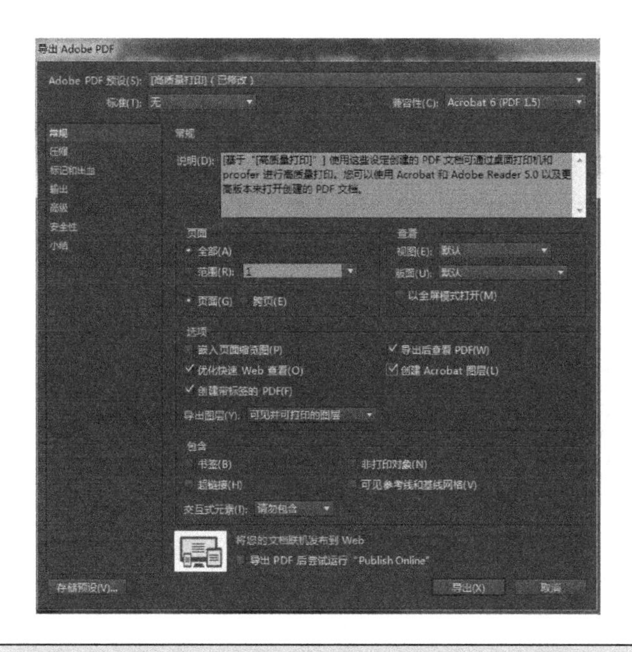

注意：如果试着在背景过程完成后关闭文档，InDesign 将显示警告消息。

"导出后查看 PDF" 是使一种检查文件导出结果的高效方式。"创建 Acrobat 图层" 将 InDesign 文档中的图层转换为可在 PDF 文件中查看（或隐藏）的图层。

在"导出图层"下拉列表中，可在创建 PDF 时选择将被导出的图层。在本练习中，使用默认的选项："可见并可打印的图层"。

6 单击"导出"，将生成 Adobe PDF 文件，并在 Adobe Acrobat 或 Adobe Reader 中打开。

提示：可以从"窗口" > "工具" > "后台任务面板"中查看进度。

7 审阅 Adobe PDF，然后返回到 InDesign。

查看包含图层的 Adobe PDF文件

在InDesign文档中使用图层（"窗口>图层"）有助于组织出版物中的文本和图形元素。例如，可以将所有的文本元素放在一层，所有的图形元素放在另外一层。使用显示/隐藏、锁定/解锁图层的功能，可进一步控制设计元素。除了在InDesign中显示和隐藏图层，也可以在Adobe Acrobat中打开从InDesign文件导出的Adobe PDF 文档并显示和隐藏图层。使用下面的步骤，以查看在刚导出的 Adobe PDF文件（13_Cover_Proof.pdf）中的图层。

1 单击文档窗口左侧的“图层”图标（ ），或在层面板中选择“视图”>“显示”“隐 / 藏”>“导航面板”>“图层”，打开图层面板。

2 选择“视图”>“缩放”>“适合的高度”来显示整个页面。

3 单击图层面板中文件名左侧的加号（Windows）或三角形（Mac OS）。文档中的图层将显示出来。

4 单击图层“Text”左侧的眼睛图标（ ）。当图标是隐藏的，该图层中所有对象也会隐藏。

5 单击图层“Text”的左边空白框，使文字可见。

6 选择“文件”>“关闭”以关闭文档，返回到 InDesign 中。

预览分色

如果文档需要分色以进行商业印刷，可以使用分色预览面板，以便更好地了解文档的每部分是如何打印的。可以尝试下这项功能。

1 选择“窗口”>“输出”>“分色预览”。

2 从分色预览面板的“视图”下拉列表中选择“分色”。移动面板以便看到页面，并调整面板的高度以便看到列表中所有颜色。如果尚未选定，可选择“视图”>“使页面适合窗口”。

3 单击 CMYK 旁的眼睛图标（ ），隐藏所有使用 CMYK 颜色的页面元素，并只显示那些应用 PANTONE 色彩的元素。

提示：如果在分色预览面板的“视图”下拉列表中选择“油墨限制”，则在红色的任何领域会显示超过规定的最大油墨百分比（默认油墨限制值为 300%）。

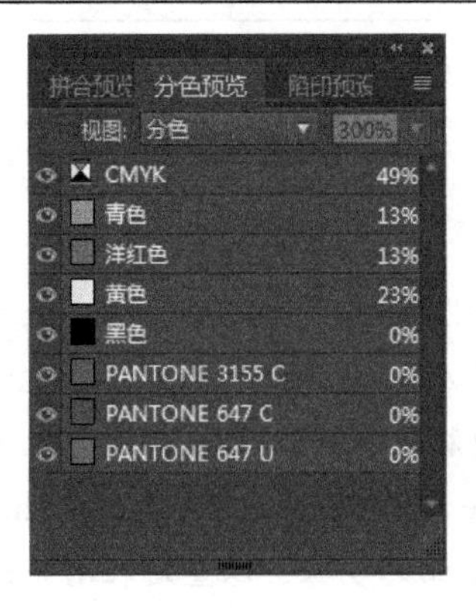

读者可能已经注意到，两种 PANTONE 颜色名中数字相同，虽然这些颜色是相似的，但它们代表两类不同打印用途的油墨。这可能会导致输出混乱或不必要的印刷版费用。稍后将使用“油墨管理器”来修复这个问题。

提示：为了防止文本框等对象受透明度的影响，可以在堆叠时将文本置于带有透明效果的对象之上。或是向前移动或已在上层（“对象”>“排列”），或是把它放在更高层次。

4 单击 PANTONE 647 旁边的眼睛图标，文本在页面的右侧仍然是可见的。

5 单击“下一步”PANTONE 647 旁边的眼睛图标，表示文本填充此颜色。

6 从分色预览面板中的“视图”下拉列表中选择“以查看所有颜色”，然后关闭面板。

7 单击色板面板图标或者选择“窗口”>“颜色”>“色板”，打开色板面板。单击以颜色命名的 PANTONE 3155 C，然后在面板右下角的面板菜单中选择“删除样本点”，或者单击“删除选定的样本 / 组”按钮。

提示：从色板面板菜单中选择“所有未使用的样式”，可以快速找到所有未使用的样式。然后可以从面板菜单中选择“删除色板”来删除色板。

8 选择“文件”>“保存”。

透明度拼合预览

文件若包含具有不透明度和混合模式等透明效果的对象，当打印或导出时，通常需要经过拼合化过程。拼合把透明效果图稿分割为基于矢量的区域和光栅化区域。

这本杂志封面的一些对象已经使用透明效果。下面将使用拼合预览面板来确定哪个对象应用了透明效果，以及哪些页面区域受到透明度效果的影响。

1 选择“窗口”>“输出”>“拼合预览”。

2 如果整个页面在文档窗口中是不可见的，双击抓手工具（ ）让文件适合当前窗口的大小，移动拼合预览面板以便看到整个页面。

3 在拼合预览面板中，从“突出显示”下拉列表中选择“透明对象”。

4 从“预设”下拉列表中选择“高分辨率”。这是本课程后面打印该文件时将使用的设置。注意有些页面上的对象出现红色亮区，这些对象受文档中使用的透明度设置（如混合模式、不透明度或其他 9 个透明效果）的影响。可根据这种突出显示确定页面的哪些区域意外地受透明度设置的影响，进而相应地调整透明度设置。

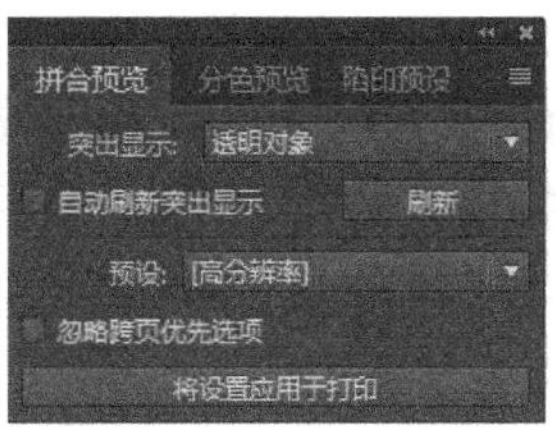

5 从“突出显示”下拉列表中选择“无”，可以禁用“拼合预览”。然后关闭面板。

关于透明效果拼合预设

如果经常打印或导出包含透明度的文件，可通过在透明效果拼合预设中保存拼合设置，使文档进行自动拼合处理。也可以通过这些设置来打印输出、保存和导出文件。这些文件可以为PDF 1.3（Acrobat 4.0中）及EPS和PostScript格式。此外，在Illustrator中，当用户保存文件到早期版本的Illustrator或复制到剪贴板时可以应用它们；在Acrobat中优化PDF文件时，也可以使用它们。

当导出格式不支持透明度时，这些设置项还可以设置如何拼合。

可以在“打印”对话框或执行“导出”时出现的格式特定对话框的“高级”面板及“存储为”对话框中选择拼合预设。可以创建自己的拼合预设，也可以选择软件提供的默认选项。默认预设的设置主要根据文档的预期用途，使拼合质量、速度和拼合效果的栅格化透明区域的分辨率匹配。

高分辨率：主要用于出版输入或高分辨率校样（如分色的彩色校样）。

中分辨率：主要用于桌面校样，以及在PostScript彩色打印机上打印的文件。

低分辨率：主要用于黑白桌面打印机上打印的快速校样，以及将在网站上公布或 SVG 导出的文件。

——InDesign帮助

预览页面

现在，已经在版面中预览分色和透明度，接下来在预览页面查看最终打印出来的封面外观。

1 如果需要更改放大率，让页面适应文档窗口，双击抓手工具（）。

2 在工具面板的底部，单击并按住“屏幕模式”按钮（），然后从菜单中选择“预览”（）。所有参考线、框架边缘和其他非打印项目都将隐藏。

提示：还可以在应用程序栏中的屏幕模式中选择一种模式，在不同的屏幕模式之间进行切换。

3 单击并按住“模式”按钮，然后选择“出血”（）。这将显示最终文件周围的区域。颜色背景将延伸到文档的外边缘，以确保将文件的内容全部打印出来。打印作业后，将根据最终文档的尺寸裁切掉多余的区域。

4 单击并按住“模式”按钮，然后选择“辅助信息区”（）。现在该页面将显示页面底部的额外空间。这些额外的区域主要用于提供有关工作的信息，可以使用文档窗口右侧的滚动条来查看这方面的信息。

提示：当创建一个新的 InDesign 文件时，设置出血和辅助信息，然后在“新建文档”对话框中选择“文件”>“新建”>“文档”，单击“更多选项”来显示出血和辅助信息区。

如果想在现有的文件设立流失或弹性区，选择“文件”>“页面设置”，然后单击“更多选项”显示出血和辅助信息区选项。

5 双击抓手工具（ ），让页面适合文档窗口。在确认该文件外观可接受时，就可以准备打印了。

6 从屏幕模式菜单中选择“正常”。

确认文件完成后，可以打印它。

打印激光或喷墨校样

InDesign 中，各种文件都可以在各种设备打印输出，操作非常容易。本课的部分课程中，将创建一个打印预设来存储设置，这个存储设置能够节省很多时间，因为不必在相同设备上单独设置每个选项。

注意：如果没有连接到打印机，可以从“打印机”菜单中选择“PostScript（R）”文件。这样就可以从“PPD”选择“Adobe PDF”（如果有的话），并完成本课剩余的所有步骤。如果“PPD”不可用，可选择“设备无关”PPD，本课余下的内容中的某些控件是不可用的。

1 选择“文件”>“打印”。

2 从“打印”对话框的“打印机”下拉列表中，选择自己的喷墨或激光打印机。

注意，InDesign 会自动选择安装该设备时关联的打印机描述（PPD）软件。

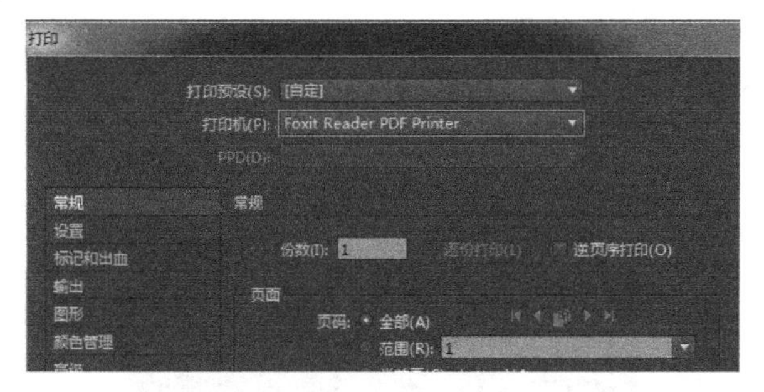

3 在“打印”对话框的左侧，单击“设置”类别，然后设置以下选项。

提示：位于“打印”对话框左下角的预览窗口显示了页面区域、标记和出血区域会如何打印。

- 纸张大小：信纸。
- 页面：纵向（ ）。
- 选中“缩放以适合纸张”。

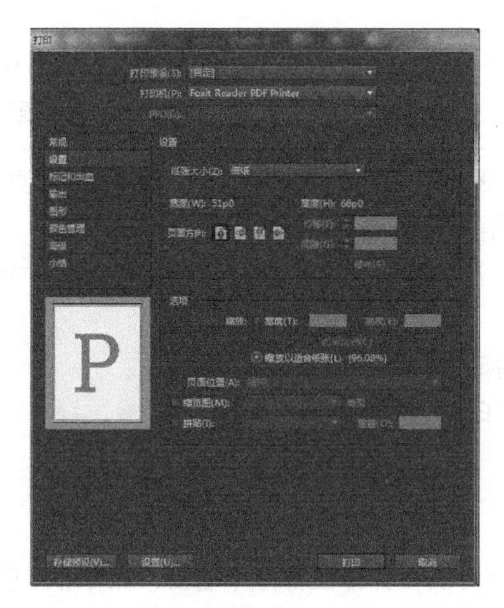

4 在“打印”对话框左边，单击“标记和出血”类别，然后勾选以下选项。

- 裁切标记；
- 页面信息；
- 使用文档出血设置。

5 在“位移”文本框，输入“1p3”。该值决定了超出页面边缘的距离，即特殊标记和页面信息出现的地方。

裁切记号印在页面外，指出了最终文件打印后在什么地方剪裁。页面信息自动添加了文件名，连同打印的日期和时间会显示在打印输出的底部。因为粘贴记号和页面信息打印在页面边缘外，所以有必要选择纸张规格来满足要求，可以打印在“8.5 × 11”的纸张上。

选择“使用文档出血设置”将导致 InDesign 打印超出页面边缘外的内容，这使得无需指定要打印的额外区域。

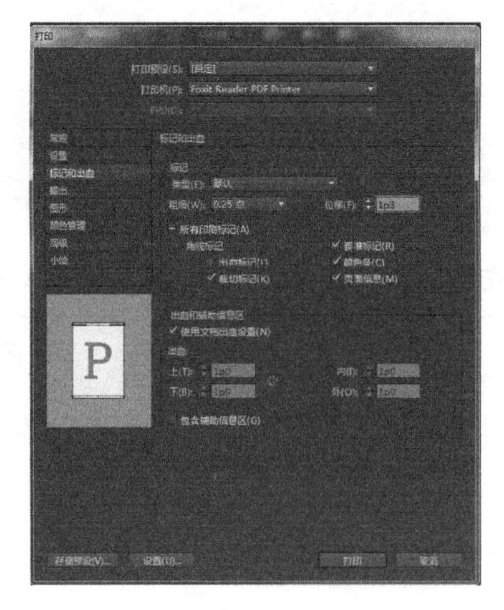

注意：在“颜色”菜单中，选择“复合保持不变”可以保持作业中已有颜色不变。此外，如果是印刷商或服务提供商，则需要从 InDesign 打印分色，根据使用的工作流程选择“分色”或“In-RIP 分色”。此外，某些打印机（如 RGB 打样机），可能无法选择“复合 CMYK”。

6 在“打印”对话框左边，单击“输出”选项。在“颜色”下拉列表选择“复合 CMYK”（若使用黑白打印机打印，选择“复合灰度”）。

提示：如果文档中包含已在印刷过程中拼合的透明度效果，为获得最佳的打印效果，打印时选择“打印”对话框中“输出”部分的“模拟叠印”。

选择“复合 CMYK”，因为任何 RGB 颜色，包括 RGB 图形，都将在打印时转换为 CMYK。此设置既没有改变原来的放置图形，也没有将任何颜色应用于对象。

7 在“打印”对话框左边，单击“图形”，从“发送数据”下拉列表中选择“优化次像素采样”。

当选择“优化次像素采样”时，InDesign 只会发送在“打印”对话框中选择的、必要的图像信息给打印机，这可以缩短它将文件发送去打印的时间。将完整的高分辨率的图形信息发送到打印机，可能需要更长时间的图像显示。

8 选择“字体”中“下载”下拉列表中的“子集”。这将导致只有在文档中使用的字体和字符被发送到输出设备，并能减少打印单面页面和没有太多内容的短文件所花费的时间。

颜色管理类别允许用户设置选项，该选项提供对如何在不同设备上打印颜色的控制。本课将使用默认设置。

9 在“打印”对话框左侧单击“高级”，并在“透明度拼合”部分“预设”下拉列表中选择“中等分辨率”。

饱满预设会决定艺术品或图像的打印质量，包括透明度。它也影响使用透明功能内容的打印质量，以及应用 InDesign 的效果，包括阴影或羽化效果。可以选择适当的透明饱满预设输出需求（侧边栏有 3 个默认的透明度饱满预置的详细解释，称为“影响预览透明度”）。

10 在“打印”对话框的底部单击“存储预设”，命名预设为“Proof”，并单击“确定”按钮。

提示：要使用预设快速打印，选择“文件”>“打印预设”，并选择设备的预设。此时按住 Shift 键，打印时将没有提示对话框。

创建打印预设，保存“打印”对话框设置，然后每次打印使用相同的设备时，就不需要单独设置每个选项。可以创建多个预设，以满足不同的质量需求，还可以使用个人打印机。以后想使用这些设置时，可以在“打印”对话框的顶部“打印预设”下拉列表中选择。

11 单击“打印”。如果要创建一个 PostScript 文件，单击“保存”，浏览至 Lesson13 文件夹，并保存在 FLE13_End.indd.ps。 PostScript 文件可以提供给服务提供商或商业打印商，也可以转换到 Adobe PDF 文件使用 Adobe Acrobat Distiller。

使用油墨管理器

油墨管理器用于在输出时控制油墨。使用油墨管理，只影响输出文件，不影响如何定义颜色。多色出版物印刷分色时，油墨管理器选项对印刷服务供应商特别有用。例如，如果要使用 CMYK 油墨印刷的出版物采用专色，油墨管理器会提供选项来改变相当于 CMYK 色的专色。如果文档仅需要一种专色，却含有两种相似的专色，或者同一专色有两个不同的名称，油墨管理器允许映射到一个单一的专色。

打印图形选项

当正在导出或打印包含复杂图形（如高清晰度图像、EPS图形、PDF页面或透明效果）的文档时，通常会改变分辨率和栅格化以获得最佳输出。

发送数据——控制置入的位图图像发送到打印机或文件的图像数据量。

全部——发送全分辨率的数据，这适合任何高分辨率打印，或打印灰度或有高对比度的彩色图像，如同在使用一种专色的黑白文本中。此选项需要的磁盘空间最多。

优化次像素采样——只发送足够的图像数据以最佳分辨率来打印图形（高分辨率打印机会比低分辨率的桌面模式使用更多的数据）。当处理高清晰度图像，但打印样张到桌面打印机时，请选择此选项。

代理——发送置入位图图像的屏幕分辨率版本（72 dpi），从而减少打印时间。

无——打印时，暂时删除所有的图形，并用交叉线的图形框替代这些图形，从而减少打印时间。图形框与导入图形和剪切路径保持相同的尺寸，所以仍然可以检查大小和位置。如果要将文本校样发给编辑或校对时，禁止打印导入的图形是非常有用的。分析引起印刷问题的原因时，没有图形的打印也是有帮助的。

下面将学习如何使用油墨管理将专色转换到 CMYK 色彩。将创建油墨别名文件，这样在作为分色输出时就能创建所需数量的分色。

1 单击色板面板图标，或者选择“窗口”>“色板”，打开色板面板，然后从色板面板菜单中选择“油墨管理器”。

ID | **注意：**在分色预览面板菜单中来打开“油墨管理器”（“窗口”>“输出”>“分色预览”）。

2 在“油墨管理器”对话框中，单击 Pantone 647 C 左边的专色图标（），使其变为一个 CMYK 图标（）。该颜色将以组合 CMYK 颜色的方式打印，而不是在独立的印板打印。这是一个很好的解决方案，既能限制印刷 4 色过程，又不需要改变源文件中所有的专色。勾选对话框底部的“所有专色转换为印刷色”，可以转换所有专色处理。

将字体下载到打印机的选项

打印机驻留字体——这些字体存储在打印机的内存或与打印机相连的硬盘驱动器上。Type 1和TrueType字体可以存储在打印机或计算机上，位图字体仅存储在计算机上。按需要从InDesign下载字体，将它们安装在计算机的硬盘驱动器上。

从下列选项中选择“打印”对话框中的图形区域，可以控制如何将字体下载到打印机。

空——包括在PostScript文件夹内的参考字体，它会告诉RIP或后续处理器哪里需要字体。如果字体驻留在打印机内，应该使用此选项。TrueType字体以PostScript文件夹的名称为依据，然而，并不是所有的应用程序都可以解释这些名字。为了确保能够正确解释TrueType字体，使用一个其他字体下载选项，如子集或下载PPD字体。

完整——在开始打印作业前下载文档所需的所有字体。包括所有字体的字形和字符，即使它们没有在文件中使用。InDesign会自动包含多于首选项对话框中指定的最大数量的字形（字符）的子集字体。

子集——只下载文档中使用的字符（字形）。每页下载一次字形。此选项通常用于单页文档或没有太多文字的短文件，可生成快速的小PostScript文件。

下载PPD字体——下载文档中使用的所有字体，包括已驻留在打印机中的字体。使用此选项可以确保计算机上能打印InDesign使用的常见字体，如黑体和Times。如计算机和打印机字符集不匹配或陷印中的轮廓变化，使用此选项可以解决字体的版本问题。除非经常使用扩展字符集，否则不需要使用这个选项来打印桌面草稿。

3 单击 CMYK 图标（），在 Pantone 647 C 左边色板将它转换为一个专色。

4 单击 Pantone 647 U 色板，然后从油墨别名菜单中选择 Pantone 647 C。现在，Pantone3155 两个版本中任意一个的任何页面元素都将以相同的分色打印（示例文档只使用 Pantone 647 C）。不需要对 Pantone Process BlueC 做任何处理。重新链接本课之前的两个失踪字形后，文档不再包含任何 Pantone Process Blue C 应用的元素。

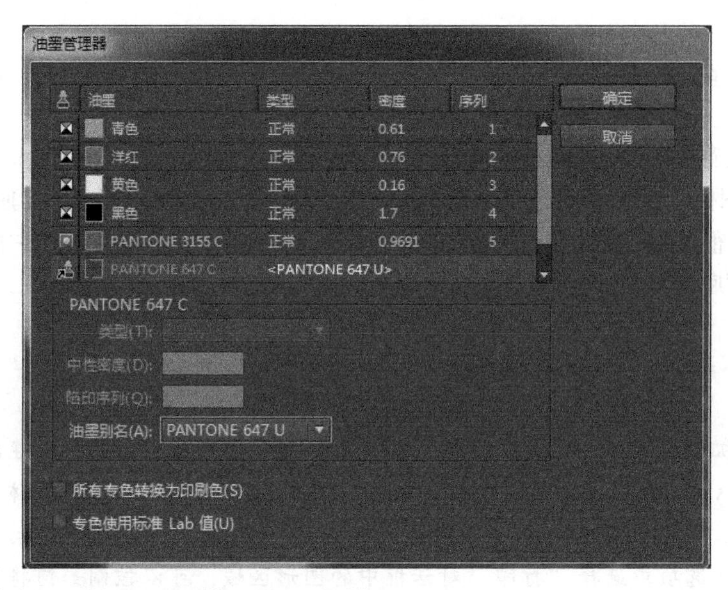

5 单击“确定”，关闭“油墨管理器”对话框。

6 选择“文件”>“存储”，然后关闭文件。

恭喜！您已经完成本课内容。

练习

1 通过选择“文件”>“打印预设”>“定义”创建新的打印预设。使用打开的对话框，创建用于特大型打印或各种可能使用的彩色或黑白打印机的打印预设。

2 打开 13_Cover.indd 文件，并探讨如何使用分色预览面板来启用或禁用每个分色。选择同一面板上视图菜单下的油墨控制。看看油墨总量设置运用于 CMYK 颜色创建时的不同方式如何影响打印不同的图像。

3 随着 13_Cover.indd 文件的激活，选择“文件”>“打印”。单击“打印”对话框左侧的“输出”选项，并检查打印彩色文档时的不同选项。

4 在色板面板菜单中选择“油墨管理器”，尝试添加油墨别名以及将专色转换为印刷色。

5 尝试打印杂志封面的放大版。在“打印”对话框的“设置”部分中，在“缩放宽度”框中输入 250%，并确保勾选“约束比例”；勾选“拼贴”，在“重叠”框中输入 3p。对话框左侧的页代理区域会显示将如何打印九个重叠大小的字母大小的纸张；然后单击“打印”。在所有的页面都打印后，可以修剪页面，然后将它们粘在一起创建放大的封面。

ID **提示：**也可以在“打印”对话框中选择使用尺寸较大的选定打印机的纸张大小。

复习题

1 使用印前预检面板的“基本（工作）”配置文件时，InDesign 会出现什么问题？

2 当 InDesign 打包成文件时，收集了哪些元素？

3 如果想在较低分辨率的激光打印机或打样机上打印扫描图像的最高质量版本，会选择什么选项？

4 油墨管理器提供了什么功能？

复习题答案

1 通过选择“窗口”>“输出”>“印前检查”，可以确认需要高分辨率打印的所有项目。默认情况下，印前检查面板检查文档中使用的所有字体或内置图形是否可用。 InDesign 中还可以查找链接图形文件和链接文本文件，以确认它们并没有被修改，因为它们是最初输入的，同时也能在缺少图形文件和出现溢流文本框时发出提示。

2 InDesign 在原始文档中收集一份 InDesign 文件和使用的所有字体图形的副本。原文件保持不变。

3 默认情况下，InDesign 将只发送必要的图像数据到输出设备。如果想发送整个图像数据集（虽然它可能需要更长的时间进行打印），可以在“打印”对话框的“图形”面板，从“发送数据”下拉列表中选择“全部”。

4 在输出时，油墨管理器提供控制油墨，包括专色转换为印刷色和个别油墨颜色映射到不同颜色的功能。

第14课 创建带表单字段的 Adobe PDF文件

课程概述

本课中，将学习如何进行下列操作。

- 在页面中添加不同类型的 PDF 表单字段。
- 使用预编译的表单字段。
- 添加表单字段的描述。
- 设置表单字段的跳位顺序。
- 为表格添加“提交”按钮。
- 导出和测试带表单字段的 Adobe PDF 文件。

学习本课大约需要 45 分钟。

We're looking for some help

Are You Interested in Volunteering?

If you share our love of animals, you can spread the love by volunteering. Can you offer a home to an orphaned cat or dog? Donate a few hours a month to a local shelter? Make a financial contribution to any of the numerous area non-profits dedicated to improving the lives of our friends in the animal kingdom? If so, please fill out and submit the form below.

First Name: Last Name:

Address:

City: State: ZIP:

E-mail Address:

Click to submit your information

Submit

In what way are you best able to help?

Adopt a pet

Volunteer time

Financial donation

Yes, I would like to receive your quarterly newsletter.

Please send me your newsletter in the following format:

Profile of a Recent Rescue ...

This month's featured pet is Mister Tea, a three-year-old tabby who before birth seemed destined for the feral life of his mother in the back alleys of Albuquerque, N.M. Fortunately, Mister Tea's mother was rescued shortly before he and his three siblings arrived. Mister Tea and his brother, Obiwan, were adopted by a Colorado woman and now live a life of comfortable domesticity with 24/7 outdoor access. Mister Tea remains a free spirit, but is quick to show fondess for those he trusts. He loves corned beef and hiding under a pile of crumpled up newspaper pages.

4 • Rocky Mountain Pet Rescue Newsletter • Spring 2017

Adobe InDesign CC 提供创建简单的PDF 表单所需要的工具，可以选择使用Adobe Acrobat，来添加在 InDesign 中不具备的特性和功能。

概述

在本课中，将为新闻稿加入几种不同类型的表单字段，输出 Adobe PDF（交互）文件，然后打开导出文件并测试在 InDesign 中创建的字段。

1 为确保 Adobe InDesign 程序的首选项和默认设置符合本课程的要求，请先按照“前言”中的步骤将 InDesign Defaults 文件移动到 4 ～ 5 页。

2 启动 Adobe InDesign。为确保面板和菜单命令符合本课要求，请依次选择“窗口” > “工作区” > “高级”，然后再选择“窗口” > “工作区” > “重置‘高级’”。开始工作之前，应先打开已部分完成的 InDesign 文档。

3 选择“文件” > “打开”，然后选择 InDesignCIB 中的课程文件夹，打开 Lesson14 文件夹中的 14_Start.indd 文件。此文档包括新闻稿的背页。（如果显示缺少字体对话框，单击“同步”的字体，然后单击“关闭”，字体已经从 Typekit 成功同步）。

注意：如果警报通知文档包含已修改的源链接，单击更新链接。

4 要看到完成的文件效果，打开 Lesson14 文件夹的 14_End.indd 文件。

5 浏览完毕后，关闭“14_End.indd”，也可保持其打开以作参考。

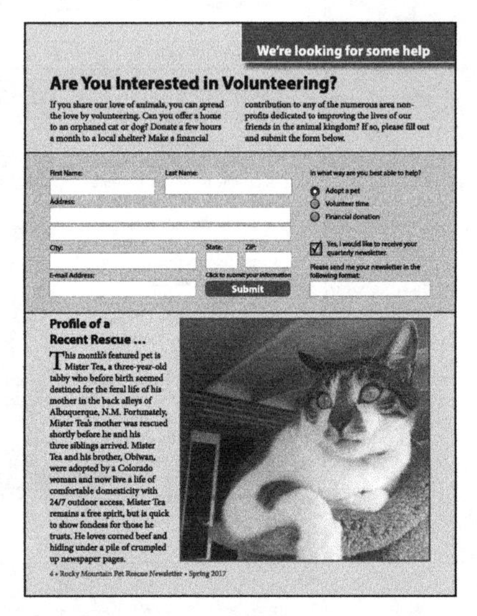

启动文件　　　　完成的文档

6 选择“文件” > “存储为”，重命名文件为“14_PDF_Form.indd”，并将其存储在 Lesson14 文件夹中。

添加表单字段

本书将完成一些表单字段工作。通过添加一些字段完成表单，然后修改其中的一部分。

添加文本字段

在 PDF 表单中，一个文本字段是一个容器，填写的表格可以输入文字。除了两个文本框，所有都已转换成文本字段。会将这两个文本框转换成文本字段。

1 选择“窗口”>“工作区”>“交互式 PDF”。这将为在本课中要做的工作优化面板安排，并提供会使用到的很多快速访问控件。

注意：可以通过隐藏图层 1 在图层面板简化页面的显示。只有隐藏表单 1 时，才会显示表单区域中的对象。

2 使用缩放工具（ ）可放大包含表单对象的页面的上半部分。这就是本课将进行工作的区域。

3 使用选择工具（ ），然后将指针移到文本字段下面的“First Name”。请注意，红色的虚线显示在对象周围，小图形显示在右侧的文本字段中。虚线行表示该对象是一个 PDF 表单元素，文本框的图标表示该元素是一个文本字段。选择对象。

4 选择“窗口”>“交互”>“按钮和表单”，或者单击“按钮和表单”图标以显示按钮和表单面板。注意文字表单的设置。在“类型”下拉列表中选择“文本域”，该元素名称就是“First Name”。

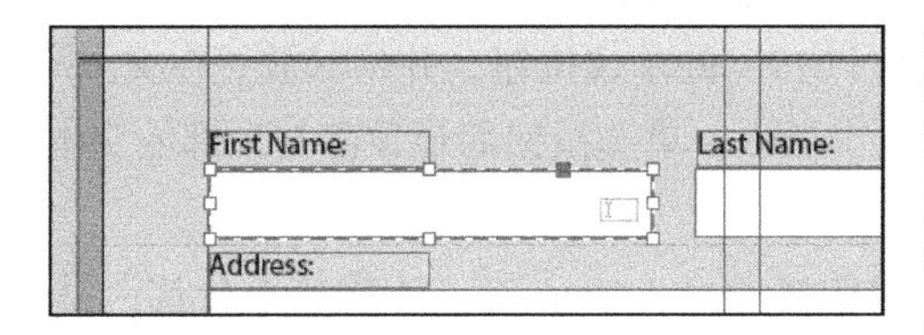

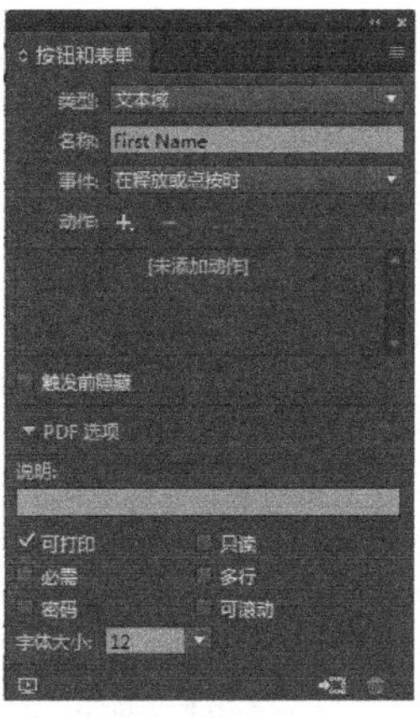

注意：当调整组合框、列表框、文本字段或签名字段的大小时，请记住，在导出 Adobe PDF 格式文件时只有实线和填充可以保留。在 Adobe Reader 或 Adobe Acrobat 打开表单时，若未选中“高亮显示字段”，这些属性将在导出的 PDF 文件中可见。

5 选择文本框下面的“Last Name”。在按钮和表单面板中，从“类型”下拉列表中选择“签名域”，然后指定一个名称按钮，在“名称”中输入“LastName”。按 Enter 或 Return 键应用名称变更，然后取消勾选“可滚动”。

提示：当勾选文本字段“可滚动”选项时，可以在字段中输入的文本比在屏幕上显示得更多。这可能会导致只有部分文字出现在该页面的打印副本上。

6 选择文本框下面的“E-mail Address”。在按钮和表单面板，请确认“Last Name”字段和指定 E-mail 地址是匹配的。

提示：可以转换任何一种框架的文本、图形或未分配到 PDF 的表单字段。

7 选择“文件”>“存储”。

添加单选按钮

单选按钮可呈现两个或两个以上的选择填写表格，有些则可以有多个选择。单选按钮在同一时间只有一个选择可以选，单选按钮往往是简单的圆圈；但是可以自己设计更复杂的按钮，或选择一些 InDesign 中包含的示例按钮。在本小节中，将使用其中一个示例单选按钮。

1 在窗口中选择“窗口”>“使页面适合窗口”，然后使用放大工具（）放大表格“In what way are you best able to help?”部分。

2 在按钮和表单面板的菜单中选择“样本按钮和表单”，或者单击位于页面面板图标（）左侧的示例图，以显示样本按钮和表单面板。如果有必要，可重新定位和调整面板的大小，然后可以看到“In what way are you best able to help?”部分的形式。

3 在示例按钮和表单面板拖动名为“019”的单选按钮，并将其放置在文本“In what way are you best able to help?”下面的文本框中。单选按钮的最顶部与顶部的文本右线对齐。请参阅屏幕截图，找到正确的位置。

4 在控制面板上，确保选中左上角的参考点（），在“X 缩放百分比”框中输入 40%，然后按 Enter 键或 Return 键。

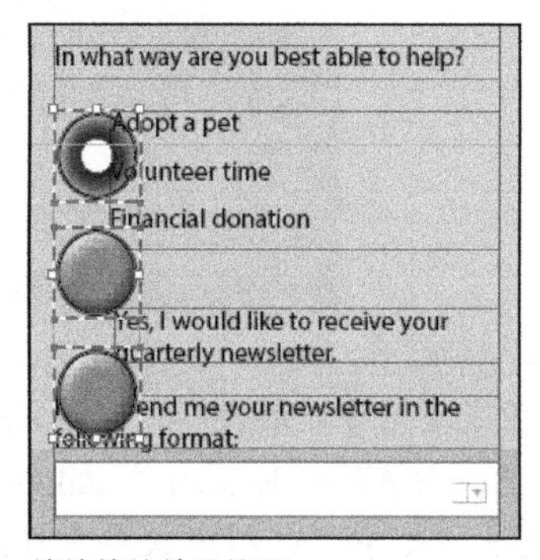

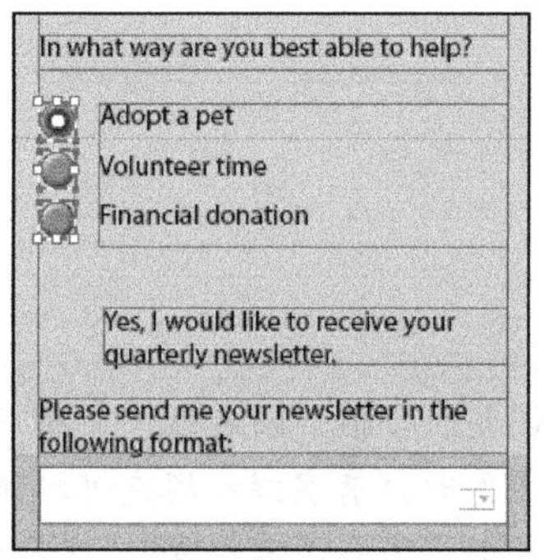

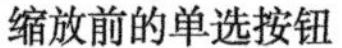
缩放前的单选按钮

缩放 40% 后的单选按钮

5 在按钮和表单面板的“名称”框中输入“Form of Assistance”，然后按 Enter 键或 Return 键。

6 选择“编辑”>“全部取消选择”，或是单击页面或剪贴板的空白区域。

7 使用选择工具（）选择第一个单选按钮（“Adopt a pet”的左侧）。

8 在“按钮和表单”面板底部的“按钮值”输入“Adopt a pet”，然后按 Enter 键或 Return 键。

9 重复步骤 7 和步骤 8，命名中间按钮“Volunteer time”和底部按钮“Financial donation”。

10 选择“文件”>“存储”。

添加复选框

复选框为单个项目提供“是”或“否”选择选项。在查看器中可以单击复选框（写出的 pdf 中的默认设置）来添加复选标记或将其取消选中，接下来，一个浏览器的表单单击空复选框（在导出 PDF 的默认设置）添加标记或将它选中。接下来，您将在下面的组合框中添加一个复选框。

1 使用选择工具（ ），拖动名为“001”的复选框，选择按钮和表单面板并放置它，使选中部分与文本框的顶部对齐，其中包含“Yes, I would like to receive your quarterly newsletter”。
2 按住 Shift + Ctrl（Windows）或 Shift +Command（Mac OS）键并拖动右下角的组合框，直到框的底部与底部的文本框对齐。
3 在按钮和表单面板中，在“名称”字段中输入“Receive Newsletter”，然后按 Enter 键或 Return 键。

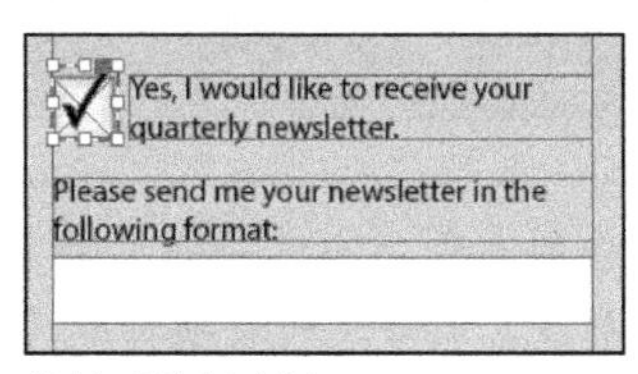

缩放后的复选框

4 选择“文件”>“存储”。

添加组合框

组合框是一个下拉列表，其中列出了多个预定义的选项。表单的查看器只能选择一个选项。接下来，将创建一个提供 3 个选项的组合框。

1 使用选择工具（ ）来选择文本框下面的标题，“Please send me your newsletter in the following format”。
2 在按钮和表单面板，从“类型”下拉列表中选择“组合框”，然后输入名称为“Newsletter Format”。

注意：添加了列表项的组合框与列表框类似，但是，组合框仅允许从 PDF 表单列表中选择一个项目。如果选择了多个列表框，PDF 查看器可以选择一个以上的选择。

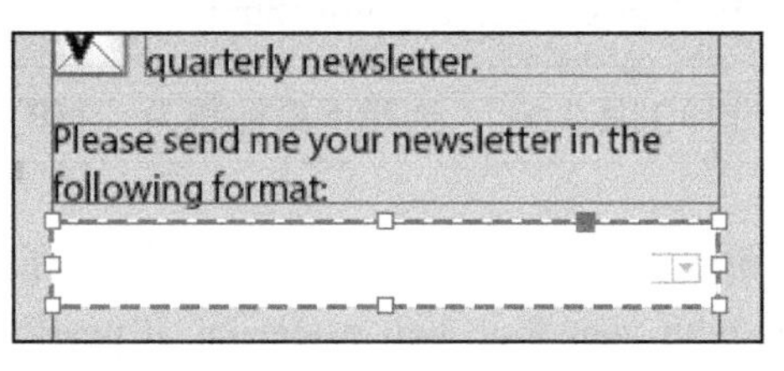

3 在按钮和表单面板的下半部分，在“列表项目”框中输入“Print Publication: Standard Mail”，然后单击框右侧的加号。请注意，输入的文字将显示在下面的列表框中。

4 重复前面的步骤，为列表添加“Adobe PDF: E-mail Attachment”和“EPUB: E-mail Attachment”。

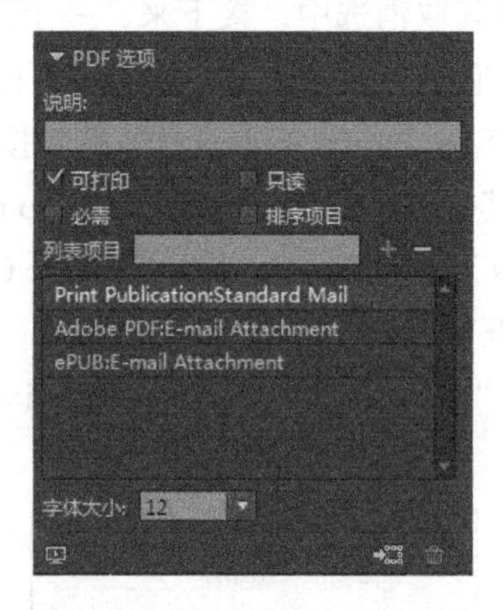

> **提示：**若要按字母顺序排序列表项，勾选按钮和表单面板中“排序项目”。还可以通过拖动它们在列表中改变上下位置来修改列表项目顺序。

5 单击列表项目中的“Standard Mail”，使它成为默认选择。当查看器打开输出的 PDF 文件时，“Standard Mail”就已经被选定。

> **提示：**要显示没有默认选择的组合框，请确保没有选中列表项。当选择列表项时，它将成为 PDF 打开时的默认选择。

6 选择“文件”>“存储”。

添加表单字段的描述

通过添加表单字段描述，用户可以给查看器提供额外的指南。当指针滑过包括指南的领域时会显示说明。接下来，将为文本字段添加一个说明。

> **提示：**建议为表单字段添加描述，因为它有助于访问 PDF 表单。欲了解更多信息请访问 www.adobe.com/accessibility.html。

1 使用选择工具（ ），选择下面标题为“ZIP”的文本字段的文本框。

2 在按钮和表单面板，在“说明”框中输入“Enter your ZIP code along with your four-digit extension, if possible”，然后按 Enter 键或 Return 键。

3 选择“文件”>“存储”。

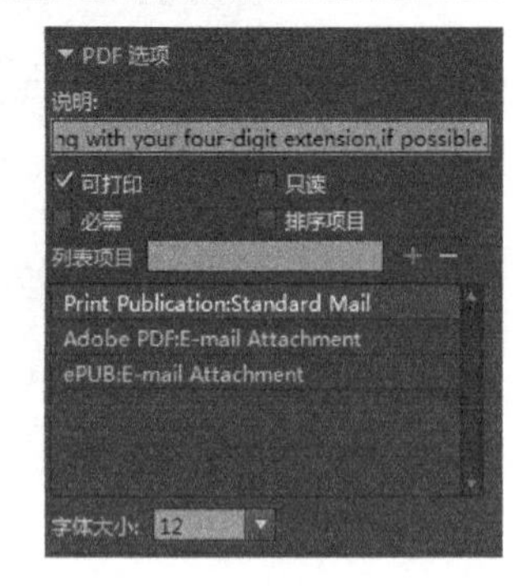

设置字段的跳位顺序

为 PDF 表单建立的跳位顺序将决定选择哪个字段作为按 Tab 键的顺序。接下来，将设置页面上的字段的跳位顺序。

1 从"对象"菜单中，选择"交互" > "设置跳位顺序"。

提示： 用户也可以通过上下拖动"跳位顺序"对话框中列表项目来更改跳位顺序。

2 在"跳位顺序"对话框中，单击"Last Name"，然后单击"上移"，直到它出现在顶部附近的"First Name"下面。使用"上移"和"下移"按钮，可以拖动字段名，向上或向下重新安排它们，使它们与在页面上的顺序相匹配。单击"确定"关闭对话框。

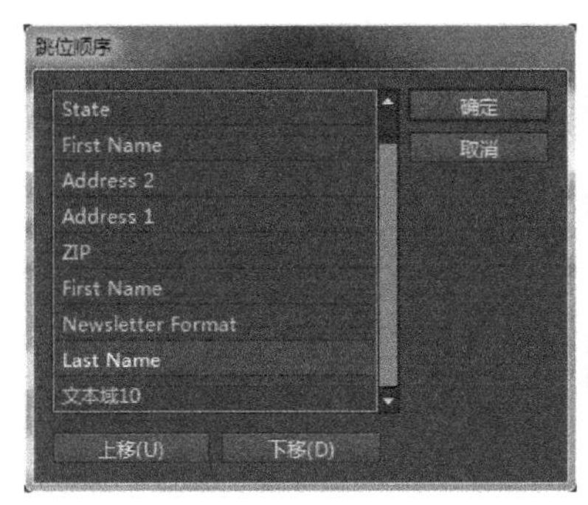

重排前的字段顺序

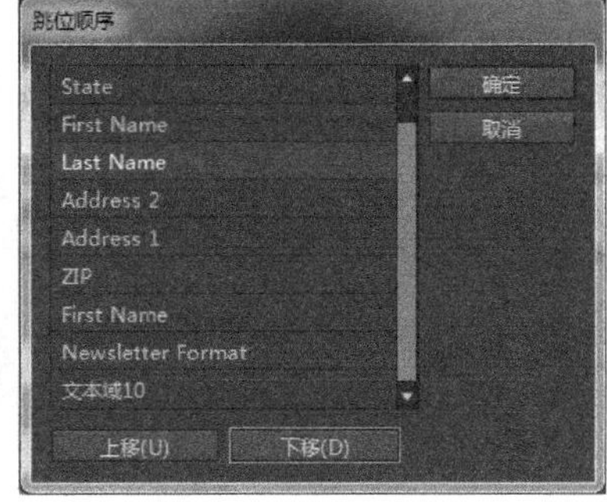

重排之后

3 选择"文件" > "存储为"。

添加一个按钮提交表单

如果发布一个 PDF 表单，需要包括一个任何人都能填写的表格，并将其返回给用户。要做到这一点，将创建一个按钮，发送填好的 PDF 到用户的电子邮件地址。

提示： 任何对象或组都可以转换为按钮。例如，带有填充颜色和文本"提交"的文本框可以成为提交按钮。若要将选定的对象或组转换为按钮，请从按钮和表单面板中的"类型"下拉列表中选择"按钮"。

1 使用选择工具（ ）选择圆角的文本框与蓝色填充和文本"提交"。

2 在按钮和表单面板中，从"类型"下拉列表中选择"单选按钮"，在"名称"字段中输入"Submit Form"，然后按 Enter 键或 Return 键。

3 单击"为所选事件添加新动作"按钮（ ），然后从菜单中选择"提交表单"。

4 在"URL"文本框中，输入邮寄地址。确保在"mailto"后输入了冒号；不要在冒号前后输入空格或句点。

5 在"mailto："后输入电子邮件地址（例如 pat_smith@domain.com）。这样便可将填好的表格交回给用户。

当 PDF 表单的用户将指针移动到提交按钮上时，将导致按钮外观发生改变，所以这里添加一个翻转外观。

6 在按钮和表单面板中单击。打开色板面板，在色调字段中输入 50，按 Enter 键或 Return 键，然后关闭面板。

7 返回按钮和表单面板。注意，“翻转”外观现在颜色轻于“正常”的外观，反映了刚刚改变的色调。单击“正常”显示默认外观。

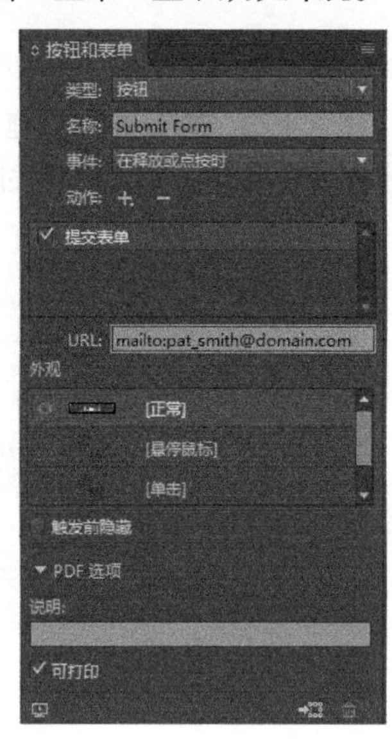

8 打开图层面板（“窗口” > “图层”），确保所有图层可见。

9 选择“文件” > “存储”。

导出交互式 Adobe PDF 文件

接下来，将已经完成的工作表单字段，准备好导出交互式 Adobe PDF 文件，然后测试导出的文件。

1 选择“文件” > “导出”。

2 在“导出”对话框中，在“保存类型”下拉列表（Windows）或“格式”下拉列表（Mac OS）中选择“Adobe PDF（交互）”。使用默认名称（14_PDF_Form.pdf），并把它存储到 Lesson14 文件夹内，位于硬盘驱动器上 Lessons 文件夹的 InDesignCIB 文件夹里。单击“保存”按钮。

3 在“导出交互式 PDF”对话框中，确保在“表单和媒体”部分选中“包含全部”，并勾选“导出后查看”。

4 从“视图”菜单中选择“使页面适合窗口”导出到交互式 PDF 对话框，以显示整个页面时导出的 PDF 打开。保留所有其他设置不变，单击“导出”按钮，然后单击“确定”按钮关闭。

如果计算机上安装有 Adobe Acrobat Pro DC 或 Adobe Acrobat Reader DC，输出的 PDF 文件会自动打开，可以测试先前创建的领域。完成后，单击发送。创建电子邮件时，可能会显示“安全警告”对话框）如果需要，请修改“发送电子邮件”对话框中的设置，然后单击“继续提交表单信息”或单击“取消”，返回 InDesign。

5　选择“文件”>“存储”。

恭喜！您已经创建了一个 PDF 表单。

练习

现在已经创建了一个简单的 PDF 表单，可以进一步探索，创建各类字段以及自己定制设计的按钮。

1　打开一个新的文档，创建一个文本框，然后使用按钮和表单面板，将其转换为一个签名字段。PDF 格式的签名栏位可以让用户应用数字签名的 PDF 文件。为字段指定名称，然后导出 Adobe PDF（交互）文件。如果计算机是可用的，可以使用 Adobe Acrobat Pro DC 单击并按照屏幕上的说明测试签名字段。

2　使用椭圆形工具（ ）创建一个小的圆形框架。如果想使用色板面板改变颜色的渐变，使用渐变面板用径向渐变填充圆形。使用按钮和表单面板将框架转换成按钮。为按钮指定转到 URL 操作，并输入完整的 URL 网址字段。为了测试这个按钮，导出 Adobe PDF 交互文件，然后单击它。

提示：Adobe Acrobat Standard DC 是一个 Windows 的产品，可以从 PDF 文件的任何地方创建、编辑。欲知道更多的信息，请查看 https://acrobat.adobe.com/us/en/products/acrobat-standard.html。

3 请尝试样本按钮和表单面板中的其他预制形式。拖动一个按钮到页面上，然后在按钮和表格面板中查看其属性。既可以使用元素本来的样子，也可以修改它的外观，改变一些属性，或两者兼而有之。最后导出和测试结果。

复习题

1 利用什么面板可以让对象转换成 PDF 表单字段，并指定表单字段的设置？

2 怎样指定按钮，使用户导出的 PDF 表单发送填好的表单到一个电子邮件地址？

3 什么程序可以用于打开和填写 Adobe PDF 表单？

复习题答案

1 按钮和表单面板（“窗口” > “交互” > “按钮和表单”），可以将对象转换到 PDF 表单字段和指定设置。

2 为了使查看器返回填好的 PDF 表单，使用按钮和表单面板来指定提交表单动作按钮。首先勾选“提交表单”，在“URL”字段输入“mailto：”然后输入邮件地址。

3 可以使用 Adobe Acrobat Pro DC 或 Adobe Reader DC 打开和填写 PDF 表单。Adobe Acrobat Pro DC 还提供了处理 PDF 表单字段的额外功能。

第15课 创建固定版面电子书

课程概述

本课中，将学习如何进行下列操作。

- 为移动传输新建文档。
- 使用动画调整和动画路径创建影视。
- 配置多个动画的时间。
- 在 InDesign 中预览动画和交互性。
- 添加影片、声音、幻灯片、按钮和超链接。
- 在应用程序中导出固定版面的 EPUB 和预览。

学习本课大约需要 60 分钟。

ROCKY MOUNTAIN
PET SPA AND RESORT
Your furry friends deserve a little "R and R" ... and we can provide it — with l♥ve!
Our mission at Rocky Mountain Pet Spa and Resort is simple: We want to provide the healthiest, happiest, most comfortable and safest environment for our guests. Whether it's a short stay while you're out of town or a long stay while you're out of the country, you can rest assured that your pet will be treated like royalty.

InDesign的功能可以让动画、电影、幻灯片、声音和超链接来创建媒体的出版物，通过单击幻灯片来播放声音文件；查看和执行各种操作的按钮，并添加一些按钮，使其执行各种动作。

概述

在本课中，将首先创建一个新的固定版面 EPUB。先打开一个部分完成的版本，添加多种多媒体和互动元素，然后保存并预览 EPUB 固定版面，可在各种 EPUB 阅读器中浏览。

相对于可重排版面的 EPUB，在 InDesign 文档上导出固定版面 EPUB 显示的是在一个连续的回流基础之上的电子阅读器的屏幕大小，这是它们之间最大的区别。

固定版面在出版物中可以包括按钮、动画、视频和音频，在固定版面 EPUB 中，观众可以查看网页和交互按钮以及多媒体元素。这种格式更适合设计密集的出版物，如儿童读物、教科书和漫画书，而可重排版面格式是文本型出版物的首选。

1 为确保 Adobe InDesign 程序的首选项和默认设置符合本课的要求，请先将 InDesign Defaults 文件按照“前言”中的步骤移动到 4 ～ 5 页。

注意：InDesign CC 提供了两种 EPUB 选择：EPUB（可重排版面格式）和 EPUB（固定版面）。本课涉及一个固定版面的 EPUB 创作。关于 EPUB 的更多信息（可重排版面），创建和导出电子书，可以从 peachpit.com 下载文件，请参见本书的“前言”部分。

2 启动 Adobe InDesign。为确保面板和菜单命令符合本课程要求，请依次选择“窗口”>“工作区”>“数字出版”，然后再选择“窗口”>“工作区”>“重置‘数字出版’”，这将优化在本课中所做的工作的面板安排，并将快速访问将使用的几个控件。

3 完成文档后，在 lesson15 文件夹中打开“15_end.indd”文件。（如果显示缺少字体对话框，单击“同步”的字体，然后单击“关闭”，字体已经从 Typekit 成功同步）。如果警报通知文档包含已修改的源链接，单击更新链接。

4 可在完成后的文档中查看封面和页面，如下图所示。

由于导出出版物在这节课的目的是导出一个 EPUB 阅读器的显示屏幕，在 InDesign 中打开示例文件在 InDesign 导出的 EPUB 不能完全匹配。下图是完成课程文件的第一页。

5 浏览完毕后，关闭“15_End.indd”，也可保持打开以作参考。

为导出固定版面新建文档

因为导出 EPUB 屏幕显示（如台式计算机、平板电脑）可以包括元素，如按钮、动画、视频，所以创建以 EPUB 格式写出的文档在某些方面与创建打印文档有所不同。就是说，这本书所涵盖的所有排版和页面布局功能都是可用的，在创建数字出版物时也是如此。

> **注意：**设置新文档的用途：移动设备（或网络）将在页面选项中，设置景观默认页面方向和变化的计量单位为像素。它还设置了透明复合空间（“编辑”>“透明度混合空间”）RGB 和默认色板在色板面板中 RGB 的新文档。

1 选择“文件”>“新建”>“文档”。

2 在“新建文档”对话框中，从“用途”下拉列表中选择“移动设备”，从“页面大小”下拉列表中选择“iPad”，在页数框中输入 2，并取消勾选“主文本框架”。保持所有其他设置不变，然后单击“确定”按钮。

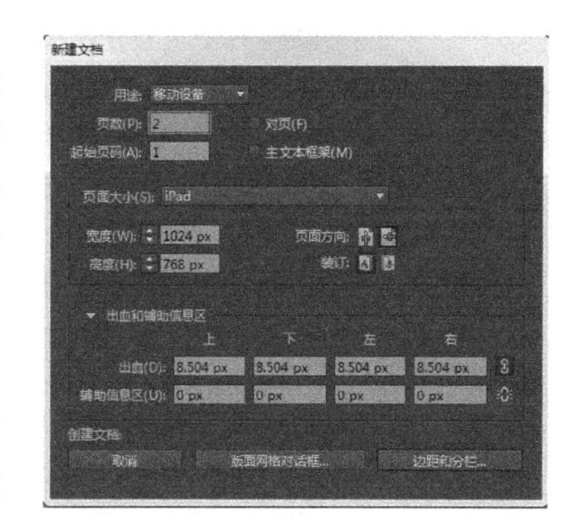

3 选择“文件”>“存储为”，该文件的文件名为 15_setup.indd，将其保存在 Lesson15 文件夹中。本章不是从头开始创建文档的其余部分，而是打开部分已完成的文档，该文档已经包含了大多数所需的对象。可以保持 15_setup.indd 文件打开并继续。

添加动画

添加动画效果是添加动作和其他视觉效果。例如，可以通过从页面外部“飞入”一个图形框架，或者在一个文本框中淡入 / 淡出，来使它从无形变成不透明。设计包括几个动作的预设，这是预设动画，也可以使用任何对象作为另一个对象或组的运动路径。

接下来，会指定动画设置使其在打开导出 EPUB 文件时自动“飞”到绘图页上。可以在 InDesign 中预览该动画，然后创造自己的一些动画在页面自动播放。要完成此部分，需要调整动画的时间，以便它们在所需的序列中播放。

使用运动预设来创建动画

使对象或组动起来的最快捷简单的方法是应用超过 40s 的运作预设。应用预设后，将有几个选项用来控制动画的播放，包括触发动画和持续时间的事件。

1 选择“文件”>“打开”，在 lesson15 文件夹打开“15_fixedlayout_partial”文件。

2 选择“文件”>“存储为”，该文件的文件名为“15_fixedlayout.indd”，并保存在 lesson15 文件夹中。

在创建动画之前，先来查看一组已经应用到它的动画效果。

3 在主题开始页用缩放工具放大文本框顶部的一半——“and we can provide it …”，然后用选择工具（ ）单击文本框。虚线边框表示选择了包括文本框和红色心形对象的组。

注意，在该组对象的右下角有一个小图标，这表明动画已应用于该组。另外，一个绿色的线从纸板的中心穿过。绿色线右端的圆表示路径的起点，绿色线左端箭头是路径的终点。

右下角的图标表示该组已被动画化

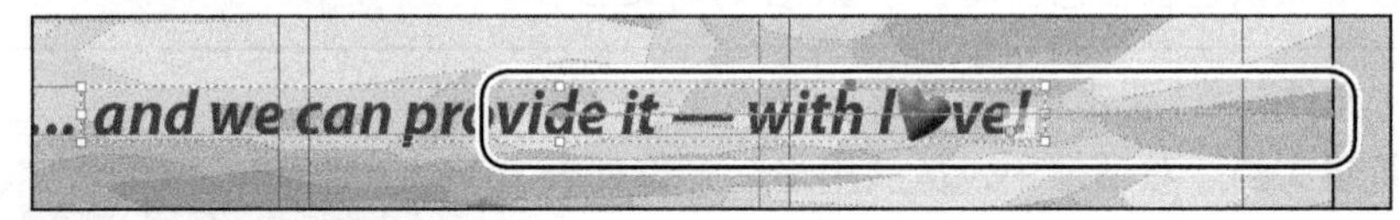
绿色线指示沿着该组移动的路径

4 选择“窗口”>“交互”>“动画”，或者单击动画图标打开动画面板。注意，该组有名称（Animated Subhead Group），在预设菜单中选择“（自定）从右侧飞入”。（预设名称开始的“自定”表明该预设的默认设置被修改。在本课后面修改其他预置）当在事件下拉列表中选择“载入页面”时，动画将在页面显示时自动播放。

提示： 选择一个动作预设，动画代理预览是在动画面板上显示的。在代理窗口中移动指针可以预览重复所选预设。

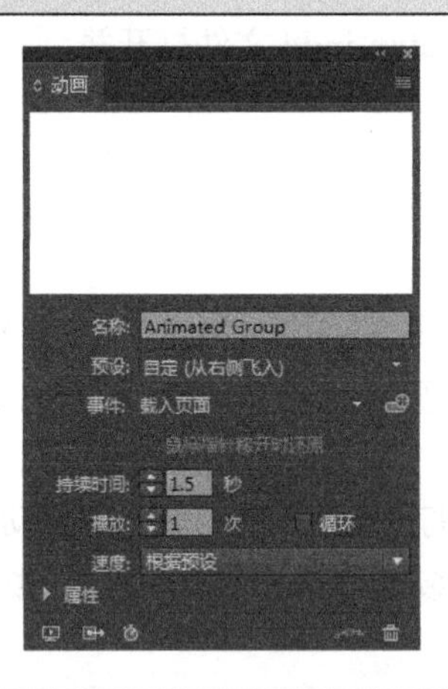

提示： 单击“属性”旁边的扩展箭头，动画属性扩展面板提供了一些额外的动画控制。

5 要预览动画，请单击动画面板底部的“预览跨页：EPUB”按钮（ ）。EPUB交互性预览面板打开，动画标题从页面右边飞进来。拖动左下方或底部的EPUB交互性预览面板在右上角扩大和创造一个更大的预览面板。如需要，请拖动EPUB交互性预览面板的底部或右下角，以扩大面板并创建一个更大的预览。

6 关闭 EPUB 交互性预览面板。

接下来，将添加一个预设到另一组，然后添加一个预设到一个文本框，来自定义两个动画的设置。

EPUB交互性预览面板

EPUB交互性预览面板可以预览InDesign文档，包括多媒体、动画，而无需切换到一个单独的交互程序。选择“窗口”>“交互”>“EPUB交互性预览”，或者单击动画面板左下角的“预览跨页：EPUB”按钮来打开EPUB交互性预览面板。

可以在EPUB交互性预览面板执行下列功能。

- 播放预览（▶）：单点击播放预览的文件。Alt+ 单击（Windows）或 Option+ 单击（Mac OS）将重播预览。
- 清除预览（■）：单击以清除预览。
- 在上一页（◀）和下一页（▶）之间导航：单击左箭头和右箭头可以在上一页和下一页之间导航。必须启用预览文档模式才能导航到上一页或下一页。单击“播放预览”按钮可启用上一页和下一页按钮。

- 设置预览跨页模式（□）：单击可设置预览跨页模式。这是默认模式，特别适用于测试当前页上的交互元素。
- 设置预览文档模式（□）：单击可设置预览文档模式。此模式允许运行文档的每个页面并测试交互元素。
- 折叠 / 展开面板（◇）：单击可展开 / 折叠 EPUB 交互性预览面板。

7 选择“视图”>“使页面适合窗口”。

8 使用选择工具，在页面的底部单击任何狗或猫的图形（除了在极左侧，这将在以后的课程中单独工作）。一定不要单击在内容采集或选择图像内，单击任何图形选择组中的四个图形。

9 在动画面板中，确保在“事件”下拉列表中选择“载入页面”，并从菜单中选择“从底部飞入”。

10 选择红色文本框与白色文本。在动画面板中，确保在“事件”下拉列表中选择了“载入页面”。在预设中应用淡入淡出并设置持续时间为 2 秒。

提示：当选择一个动作 + 预设时，会在动画面板上显示动画预览。在窗口中移动指针可以重复预览所选的预设。

11 单击 EPUB 交互性预览面板左下角的“播放预览”按钮查看动画。注意，页面顶部的编组先出现，紧接着页面底部的图形编组出现，最后是红色文本框。序列是创建动画的顺序的结果。接下来，将修改这些动画播放的顺序。

调整动画的时间

计时面板列出了页面上的动画，并且允许更改动画播放顺序，可同时播放动画，或者延迟动画。本小节将使用计时面板更改页面 1 上播放的 3 个动画的顺序，同时播放两个动画。

1 选择“窗口”>“交互”>“计时”，或者单击计时图标打开计时面板，确保在“事件”下拉列表中选择“载入页面”。使用在上一小节中的三个动画。

2 单击动画列表中的动画分组。因为它是第一个创建的，它位于列表的顶部并且将首先播放。请注意，“延迟”设置为 1.5 秒，这意味着直到其他非动画对象可见，它才会播放。

3 将列表 Animated Subhead Group 拖到列表底部，以便它最后播放。

4 选择 Dog/Cat Group 组，然后右键单击并将动画命名为“Our mission …”。

5 在计时面板的底部单击“播放”按钮（ ）。

6 选择动画列表顶部的 Dog/Cat Group，并指定延迟 1.5 秒。当页面打开时，这会延迟动画的显示。延迟后，Dog/Cat Group 将飞入，红色文本帧将同时淡入。

7 单击在计时面板底部的“预览跨页：EPUB”按钮，打开 EPUB 交互性预览面板，然后单击“播放预览”，预览页面。

8 选择“文件”>“存储”以保存工作。

使用按钮播放动画

在导出 EPUB 页面显示时，上一小节中的动画被配置为自动播放。用户还可以在创建动画时执行其他操作，例如将鼠标指针移动到动画对象上或单击为对象编组单配置按钮。

在本小节中，将首先配置已被动画化并转换为播放动画的按钮的对象。然后会为一个已经动画化的对象创建一个新的按钮。

1 使用文档窗口右侧的滚动条稍向下滚动。在极左侧会看到一个帽子插图下面的狗。使用选择工具（ ）来定位帽子，匹配下面的屏幕，然后选择“视图”>“使页面适合窗口”。

注意组边界框右下角的两个图标：右边的图标表示该编组是动画的，左边的图标表示该编组也是一个按钮。

2 帽子插图是由用钢笔工具创建的几个路径组成的，路径被组合在一起（“对象”>“编组”）。选择帽子编组，打开动画面板。

注意“旋转”预设已被应用,并且在“事件”下拉列表中选择“释放”。这意味着一个按钮将触发动画。持续时间和播放次数显示，动画将一秒钟播放两次。

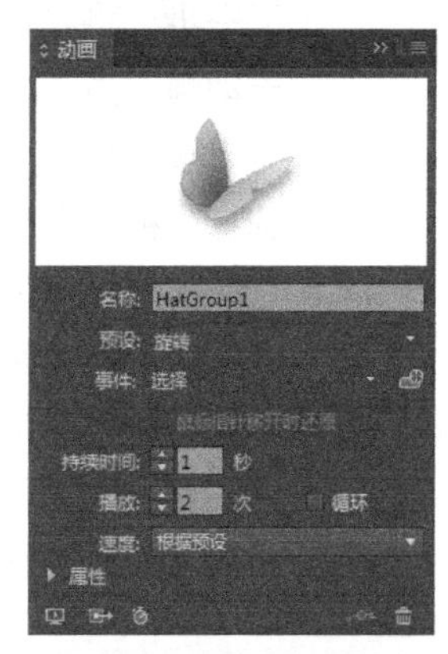

3 关闭动画面板并打开按钮和表单面板。注意，该组已被配置作为一个按钮来播放 HatGroup1 动画。

4 单击按钮和表格面板底部的“预览跨页：EPUB”，打开 EPUB 交互性预览面板。单击播放显示动画，单击帽子编组播放动画然后关闭面板。接下来，要配置一个按钮，激活一个不同的对象。

5 选择页面右下角的帽子插图。

右下角的图标表示此组是动画的，但是，您可能已经注意到，当预览页时，该组不可见。这是因为尽管该组被配置为从页面上方飞进来，但没有办法播放动画。为了解决这个问题，需要将附带的宠物图形转换为按钮。

6 使用选择工具，在页面右下角选择图形框（带白色的狗）。因为图形框架是一个组的一部分，所以需要单击两次选择它，并确保没有单击其他内容，或者选择图形代替框架。如果选择了错误的项目，单击面板，再试一次。

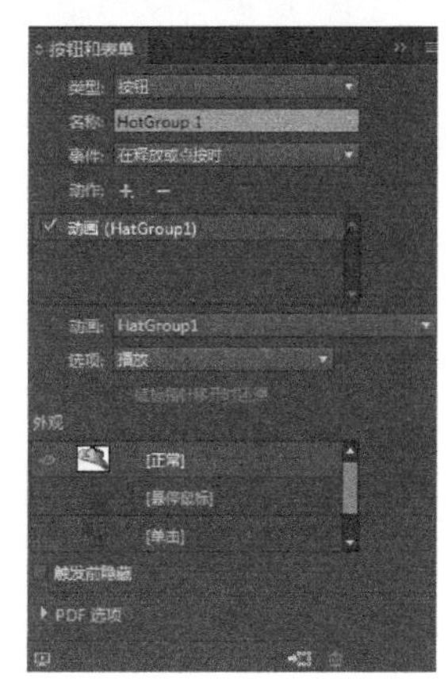

7 在按钮和表格面板中，在“类型”下拉列表中选择“按钮”，“名称”框中为 AddHat，并确保在“事件”下拉列表中选择“在释放或点按时”。

8 单击“为所选事件添加新动作”（ ），从中选择动画。

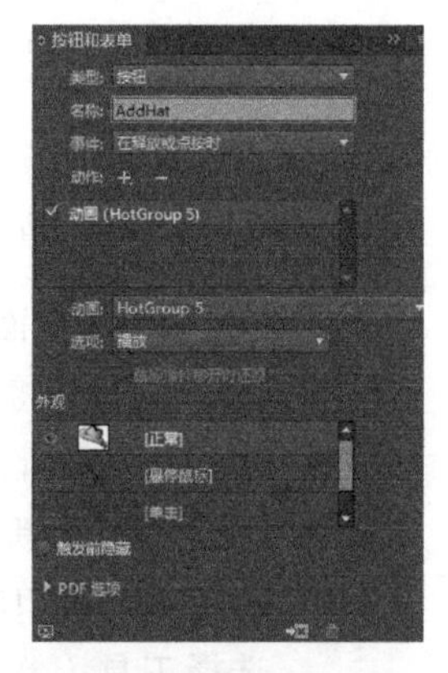

9 选择动画 HatGroup5。

10 在按钮和表格面板底部单击“预览跨页：EPUB”，打开 EPUB 交互性预览面板。打开动画后，单击“宠物图形”按钮，播放新动画，然后关闭面板。

11 选择“文件”>“存储”以保存工作。

在动画中使用自定义路径

在 InDesign 中利用运动预设可使一个物体沿路径移动。除了使用这种类型的预设动画对象，还可以使用任何设计对象作为另一对象的动画转换为运动路径。接下来，将配置一个按钮来播放一个已经有自定义路径的动画，然后创建一个自定义路径，并将其作为运动路径使用。

1 使用文档窗口右侧的滚动条稍微向上滚动，会看到上面第四列的帽子插图。使用选择工具（![]）选择图形。

正如所看到的早期工作的动画，绿色运动路径表示当动画播放时如何将帽子移动。这是在 InDesign 中使用钢笔工具创建的自定义路径。

下一步，将在底部的图形框架转换成一个按钮，播放已配置的帽子动画。然后，将为不同的帽子创建自定义路径，并配置一个按钮来播放它。

2 选择“视图”>“使页面适合窗口”，使用选择工具在第四列底部选择图形框架（与猫）。

3 在按钮和表格面板中，在“类型”下拉列表中选择“按钮”，“名称”框中为 FloatingHat1，并确保在“事件”下拉列表中选择“在释放或点按时”。

4 单击“为所选事件添加新动作”（⊞），从中选择动画。

5 选择动画 HatGroup4。在按钮和表格面板底部单击“预览跨页：EPUB”，打开 EPUB 交互性预览面板。打开动画后，单击“宠物图形”按钮，播放新动画，然后关闭面板。

知道了自定义运动路径是如何工作的，就可以创建自己的自定义动画路径，然后配置一个按钮来播放它。

6 使用文档窗口右侧的滚动条稍微向上滚动，会看到上面第三列的帽子插图。

7 使用钢笔工具画一个曲折的路径，开始于靠近帽子的中间，并结束于略高于第三栏狗的头部。要创建直路径段，而不是弯曲段，请确保每次单击和释放鼠标创建一个点（可以用钢笔或铅笔工具画出一条更复杂的路径）。

8 使用“选择工具”选择第三列上方的帽子组和刚刚创建的线条，然后在动画面板底部单击“转换为移动路径”（ ）。在菜单中取消播放页面加载和设置时间到 2 秒。

左：用钢笔工具创建路径
右：转换后的运动路径

9 使用选择工具在第三列底部选择狗图形。在按钮和表格面板，“类型”下拉列表中选择“按钮”，“名称”为 Floating Hat2。

10 单击“为所选事件添加新动作”（ ），从中选择动画。

11 选择动画 Hat Group3。

12 在按钮和表格面板底部单击“预览跨页：EPUB”，打开 EPUB 交互性预览面板。打开动画后，单击“宠物图形”按钮，播放新动画，然后关闭面板。

帽子是准确地放置在动画结束时，如果需要修改运动路径的端点的位置，可使用选择工具选择帽子组，然后切换到直接选择工具（ ），用它来移动路径的端点或随意修改其他的点或段的路径。

13 还有一只宠物没有帽子。使用滚动条来显示面板下页和剩余的帽子。可以使用迄今为止学到的任何动画技巧，或尝试其他技术定位的帽子上面的宠物。（注：该 15_end 文件使用从下飞入预设，伴随宠物图形框按钮触发的动画。）

14 选择“文件”>“储存”以保存工作。

在下一节中，将学习将声音文件添加到移动出版物，并控制如何播放这些媒体文件。

添加多媒体和交互元素

在 InDesign 文件中添加电影和声音，导出为一个固定版面的 EPUB，意味着可以创建富有媒体能力、互动的出版物，但不可印刷出版。

在许多方面，导入影片和声音类似于 InDesign 的其他设计对象。例如，可以复制、粘贴、移动。删除影片和声音也与其他对象相似，但它们有可以在 InDesign 中调整的独特性质。

添加影片

添加影片到一个固定版面 EPUB 设计文档，类似于添加照片或插图到打印文档。接下来，将导入一个影片到文档中，缩放它，当影片不播放时使用媒体面板来选择一个海报图片显示。

注意：可以将视频文件导入到 H.264 编码的 MP4 格式视频文件和 MP3 格式音频文件中。也可以使用 Adobe Media 编码器应用程序。

1 导航到第 2 页。选择“文件”>“置入”。在 lesson15 文件夹选择 cuteclips.mp4 视频文件链接，然后单击“打开”。

2 在水平标尺下的最高点与垂直标尺最左边的列相交叉处单击“加载视频图标”（）。在视频全尺寸单点击加载视频的图标，因版面太大，需要把它进行缩小。

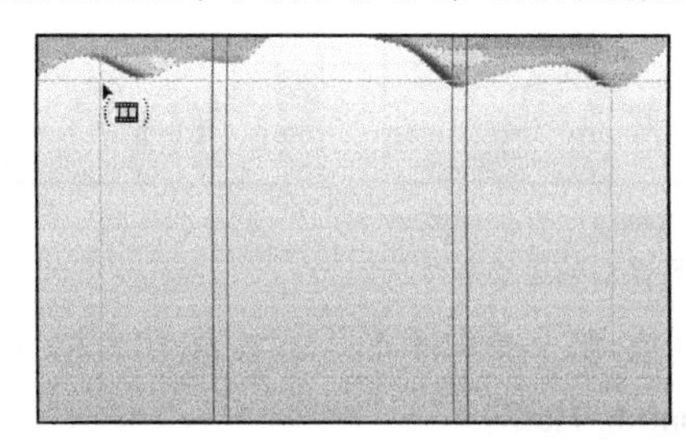

3 确保选择控制面板左上角的控制点（）。在控制面板中按比例 X 或比例 Y 框输入 43，按 Enter 键。现在的影片适合预先的绘制。

4 选择“窗口”>“交互”>“媒体”，或者单击媒体图标打开媒体面板。如果需要，请使用影片图像下面的控件预览影片。

当影片不播放时，显示的不是影片的第一帧，而是选择一个海报图片来代替。

5 拖动预览窗口下方的滑块，电影的最后一秒显示一个标语。将指定选定的帧作为默认的海报图片。从媒体面板的“海报”下拉列表中，选择“通过当前帧”。单击“可将当前帧作为海报”（🔄）来选择框，并在电影帧中显示它。

6 单击媒体面板底部的预览展开按钮以查看页面。在 EPUB 交互性预览面板中，单击播放预览按钮预览页面，然后单击影片控制器中的播放 / 暂停按钮，播放和暂停影片并调节音量。

7 单击页面背景或面板，取消选择所有对象。

8 关闭 EPUB 交互性预览面板。

9 选择“文件” > “存储”。

添加声音

向页面添加声音和添加影片是一样的，但由于影片和声音是不同类型的媒体，控制声音显示和播放的选项与修改影片有些不同。

接下来，将添加一个声音到封面，然后会将页面上的一个对象转换为单击时播放声音的按钮。还将隐藏声音对象，以使它在页面上不可见。

1 导航到第 1 页。选择“文件” > “置入”，在 lesson15 文件夹中选择 bckgmusic.mp3 声音文件的链接，然后单击“打开”。

2 单击网页左上角的面板。不要担心是否精确放置声音，因为以后会隐藏这个对象。

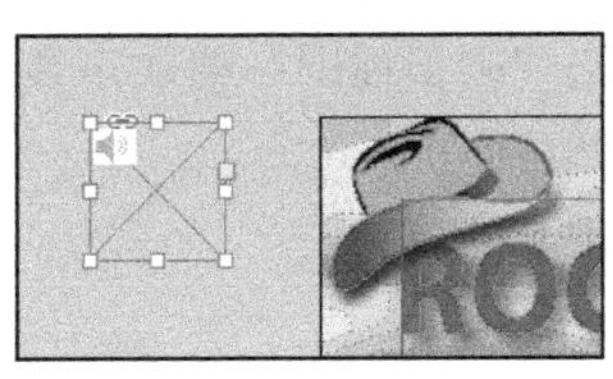

> ID **提示：**默认情况下，声音文件显示为一个控制器，利用该控制器可以关闭声音文件。

3 打开媒体面板，并注意可用的声音文件的选项。如果需要，请使用“播放”和“暂停”按钮来预览声音，保留默认设置不变。

这是所有需要添加的声音，但本课，不是在电子阅读器中显示声音的控制器，而是让它变小，隐藏它，然后配置一个按钮来播放它。

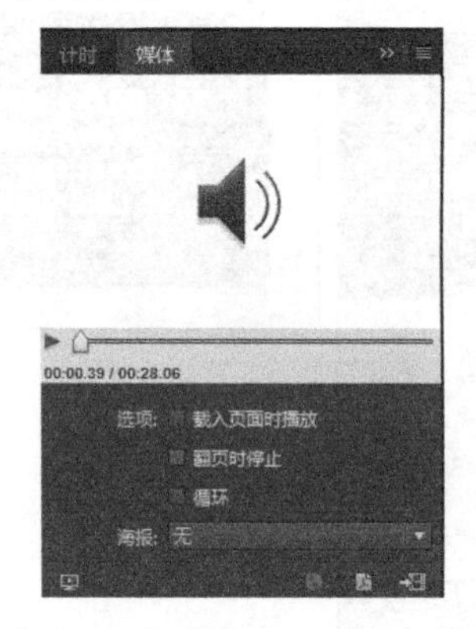

4 在控制面板中，将声音帧的宽度和高度更改为 30（像素）。

5 使用选择工具将声音框定位在帽子插图的顶部。

6 选择“对象” > “排列” > “置为底层”。

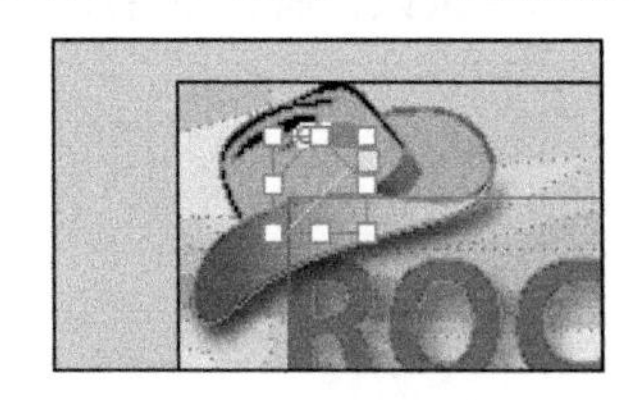

7 使用选择工具来选择现在声音框架前面的帽子插图。

8 打开按钮和表单面板。在按钮和表单面板的“类型”下拉列表中选择“按钮”，然后在“名称”字段中输入 Play Music。

9 确保在“事件”下拉列表中选择“在释放或点按时”。单击“为所选事件添加新动作”(⊞)，然后选择“声音”。因为页面只有一个声音，所以会在声音菜单中自动选择。确保在“选项”下拉列表中选择“播放”。

10 单击“预览跨页：EPUB”按钮。在 EPUB 交互性预览面板单击“播放预览”按钮，然后单击“帽子插图”播放声音。音频剪辑（约 30 秒长度）将播放一次然后停止。

11 关闭 EPUB 交互性预览面板。

12 选择“文件” > “存储”。

创建一个幻灯片

幻灯片是点击阅读器和下一个按钮前的一系列的堆叠图像显示。本课的示例文档已经包括需要创建交互式幻灯片的图形。本小节将排列这些图形，将它们转换为多状态对象，然后配置按钮使查看器能够通过幻灯片进行浏览。

1 导航到文档的第 2 页。

2 使用选择工具（![]），选择前面的 5 个重叠图形框架。

3 按 Shift 键，然后从前面到后面依次选择其他 4 个重叠的图形帧中的每一个。在选择的 5 帧放开 Shift 键。

4 选择“窗口”>“对象和版面”>“对齐”。在对齐面板中，在“对齐”下拉列表中选择“对齐选区”（![]）。单击“左对齐”按钮（![]），然后单击“底对齐”按钮（![]）。

5 随着图形框架仍处于选中状态，选择“窗口”>“交互”>“对象状态”，或者单击对象状态图标显示对象状态面板，然后在面板的底部单击“将选定范围转换为多状态对象”按钮（![]）。必要时，可以拉长面板以显示所有对象的名称。

结合到多状态对象的图形帧。每个图像独立出现在对象状态面板

6 在对象状态面板中，在“对象名称”框中输入 Guest Quotes，然后按 Enter 或 Return 键。

现在，已经创建了一个多状态对象，将提供一种让观众移动浏览图像的方法。

7 使用“选择工具”选择多状态对象左下角下方的红色箭头。

8 显示按钮和表单面板。

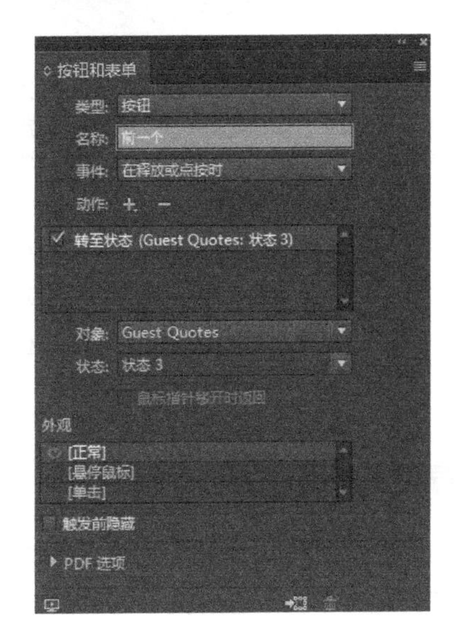

9 在按钮和表单面板中，单击面板底部的“转换为按钮”（![]），并在“名称”框中输入“前一个”。

10 单击“为所选事件添加新动作”（![]），在弹出菜单中选择“转至状态”。（“Guest Quotes”多状态对象会自动添加到动作列表中。）

11 选择第一状态停止。这可以防止按钮在单击时选择最后一个状态，并选择第一个状态。

12 选择向右的红色箭头并重复步骤 9 ～ 11，配置一个名为“下一个”的按钮。单击“为所选事件添加新动作”，从弹出菜单中选择“转至下一状态”，然后勾选“在最终状态停止”。

13 单击“预览跨页：EPUB”按钮。

14 在 EPUB 交互性预览面板，单击“播放预览”按钮，然后单击“前一个”和“下一个”按钮创建视图幻灯片。

15 关闭 EPUB 交互性预览面板。

16 选择“文件” > “存储”。

创建一个超链接

利用超链接可以跳转到文件的其他位置，以及其他文件或网站。超链接包括源元素（文本、文本框或图形框架）和目标，它是连接超链接跳转的 URL、文件、电子邮件地址、页文本锚或共享目标。接下来，将使用文本框创建网站的超链接。

1 使用选择工具在第 2 页的右下角选择图形框架。动画图标显示在右下角，因为当加载页面时，图形框架与其他图形帧沿底部的页面被配置为飞入。

2 选择“窗口” > “交互” > “超链接”，或者单击超链接图标以显示超链接面板。

3 从超链接面板菜单中选择“新建超链接”。

4 在“链接到”下拉列表选择 URL，并在目标“URL”框中键入链接（示例文档使用 http：//www.humanesociety.org），取消勾选“共享的超链接目标”。在“PDF 外观”部分的“类型”下拉列表中选择“不可见矩形”，“突出”下拉列表中选择“无”，单击“确定”按钮。

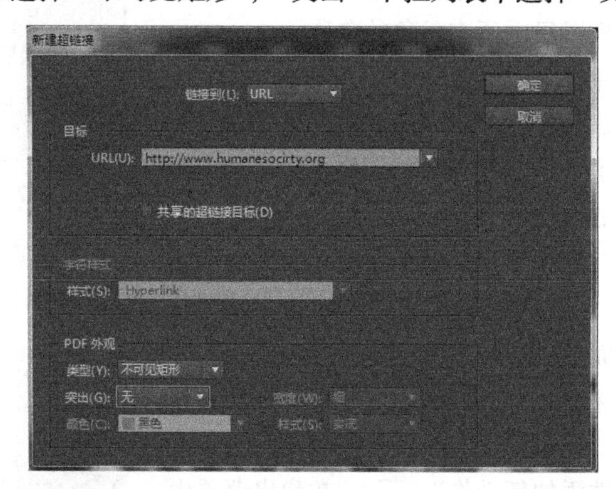

5 选择“窗口” > “交互” > “EPUB 交互性预览”，单击“播放预览”按钮，然后单击文本框添加超链接。Humane Society of the United States 主页会在浏览器中显示。

6 回到 InDesign，并显示在文档的第 1 页。

7 关闭 EPUB 交互性预览面板。

8 选择“文件” > “存储”。

导出 EPUB 文件

现在已经添加并配置所需的多媒体和互动元素，接下来将利用本课前面的工作来优化将以 EPUB 格式导出的文件。

指定导出设置

就像在“打印”对话框中设置控制打印的页面外观一样，也可在将 InDesign 文档导出为 EPUB 格式时进行设置来控制 EPUB 外观。

1 选择“文件” > “导出”。

2 在“导出”对话框中的“保存类型（Windows）或“格式”（Ma cOS）下拉列表中选择 EPUB 文件。

3 在“文件名”框（Windows）或“存储为”（Mac OS）框中，将文件命名为 15_FixedLayout.epub，并保存到硬盘驱动器上 InDesign CIB 文件夹内的课程文件夹中的 Lesson 15 文件夹中。

4 单击“保存”，关闭“导出”对话框。

5 在“EPUB 固定版面导出选项”对话框中的常规部分，发现 EPUB 3 是自动显示版本。这是由于固定版式的 EPUB 是唯一的 EPUB 版。然后指定下列设置选项。

- 导出范围：所有页面。
- 封面：栅格化首页。
- 导航 TOC：无。
- 跨页控制：停用跨页。

6 在“EPUB 固定版面导出选项”对话框中单击列表中的“元数据”。在标题栏中输入 Multimedia Brochure，并在创建程序字段中输入姓名。

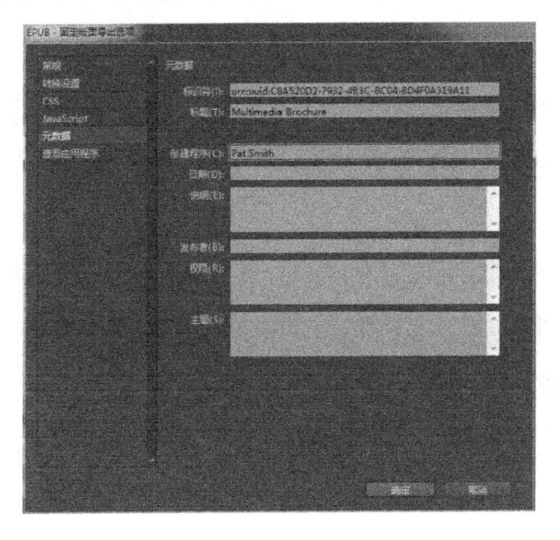

7 在“EPUB 固定版面导出选项”对话框中单击列表中的“转换设置”。在“格式”下拉列表中选择“PNG”确保分组对象的图形在导出 EPUB 时正确显示。

8 在“EPUB 固定版面导出选项”对话框中单击列表中的“查看应用程序”。

如果计算机上安装了 Adobe Digital Editions，系统默认会自动选择查看应用程序部分。如果您经安装 Adobe Digital Editions，但它没有作为应用程序列出，请单击“添加应用程序”并从程序文件夹（Windows）或应用程序文件夹（Mac OS）上选择它，然后选择它作为首选查看应用程序。或者，选择另一个程序读取 EPUB。当 EPUB 是输出时，它在选定的程序会自动打开。可以从 www.adobe.com 免费下载 Adobe Digital Editions。

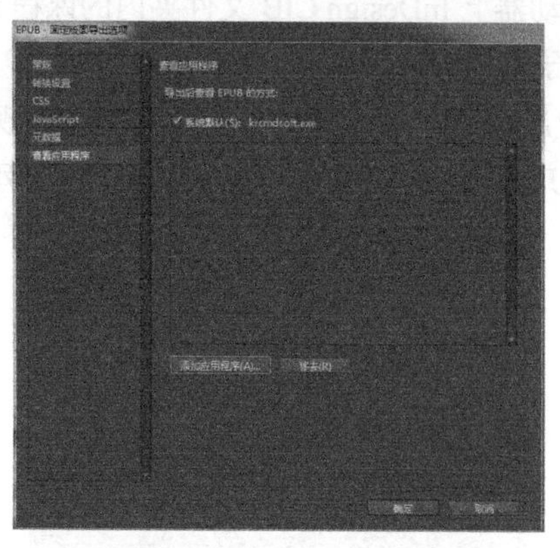

9 单击“确定”按钮以输出固定版面的 EPUB。如果显示一个警告，警告后不可能出现预期的输出对象，单击“确定”按钮继续查看 EPUB。

如果计算机上安装了 Adobe Digital Editions，EPUB 文件就会自动打开，可以通过它查看内容与多媒体和互动元素。也可以在任何支持 EPUB 格式的设备打开 EPUB 文件。如果选择 iBooks 和 Adobe Digital Editions，EPUB 会在程序中打开。

10 返回 InDesign 中。

11 选择“文件”>“存储”。

恭喜！您已经创建了电子出版物，可以在各种电子阅读设备上查看。

练习

在本章中，创建了动画和配置的影片和声音文件。如需额外练习，请尝试以下练习。可以在示例文档继续工作并保存您的更改，也可以选择“文件”>“存储为”，保存完成的 InDesign 文件 15_Practice.

如果不想使用默认的影片控件，可以创建自己的按钮，用于播放、暂停、停止和恢复影片。为了节省时间，本课的示例文件包括一组预定义的对象，保存为一个 InDesign 代码段文件，可以快速的转换按钮，然后配置完成影片的行动。

1 如果没有显示，请导航到文档的第 2 页。

2 选择“文件”>“置入”，然后在 lesson15 文件夹中双 VideoControlButtons.idms 片段链接。

3 单击下面的影片海报图片的片段，然后使用选择工具来排列最左面的“按钮”和左面的图像（虽然这些看起来像按钮，但每一个都是一个简单的编组，包括背景框架，斜面和浮雕效果已经应用）。

现在，需要将4个组中的每一个都转换为执行影片相关操作的按钮。

4 点击页面背景或面板取消一切，然后在按钮组单击最左边的按钮以选择它。在按钮和表单面板中，从“类型”下拉列表中选择“按钮”，然后在“名称”字段中输入Play Movie。

5 从“动作”下拉列表中选择“视频”。因为只有一部影片在网页上（cuteclips.MP4），会在视频菜单自动选择。

6 从“选项”下拉列表中选择“播放”。

7 其余3组重复步骤4～6。

- 第2组命名为Stop Movie，并从“动作”下拉列表中选择“停止”。
- 第3组命名为Pause，并从“动作”下拉列表中选择“暂停”。
- 第4组命名为Resume，并从“动作”下拉列表中选择“继续”。

8 单击动画、计时或媒体面板中的预览展开按钮，然后单击所创建的按钮以控制影片的播放。

在本章中，将使用计时面板在第1页上配置3个动画对象的时间，自动播放时则页面打开，利用计时面板中的控件也可以按任意顺序播放动画，甚至可以同时创建顺序计时的组合。

1 在文档窗口中显示第2页，确保没有选择任何内容，然后打开计时面板。

2 5个动画列在创建的顺序中。使用选择工具（ ）选择第一个动画，然后按住Shift键单击最后一个动画以选择所有动画。然后在面板的底部单击“单独播放按钮”（ ）。

3 单击面板底部的“预览跨页：EPUB”按钮来预览页面。

4 再次选择所有动画，然后在计时面板底部单击“单独播放”按钮。

5 继续调整计时面板中的设置。延迟字段允许在动画之间添加暂停。可通过选择单个动画并指定延迟值来对该字段进行实验。将对每一次预览页面进行改变。

6 通过创建顺序和同步动画的不同组合继续实验。例如，先配置两个动画一起播放，然后在短时间内将剩下的动画配置在一起播放。

InDesign CC 2017：在线出版

InDesign CC 2017 在线出版功能允许在互联网中发布InDesign文件的数字版本。在网上发布的文档可以通过任何桌面或移动设备上查看，并且可以轻松地在Facebook和Twitter上共享，还可以方便地在电子邮件中提供这些文档的超链接，或者在网页中嵌入超链接。

InDesign文档在线出版的原始版面具有相同的视觉效果并保留所有视频、音频、动画以及互动元素。InDesign文档的在线版本，可以被视为为所有现代台式计算机和平板电脑的浏览器提供了一种身临其境的交互式的阅读和观看体验。

在线发布文档后，可以轻松地访问最近5年发表的InDesign文件。Publish Online功能允许删除在线出版物。

1 若要在线发布当前显示的文档，请单击“应用程序栏”中的“Publish Online”或者选择“文件”>“Publish Online”（如果共享和嵌入窗口显示，请单击“立即尝试”）。

提示：也可以在“打印”对话框中的“常规”部分选择“Publish Online”（“文件”>“打印”）发布在线文档打印。

2 在“Publish Online”对话框的常规部分中，使用默认名称或者在“名称”字段中输入新名称，并可选择添加说明。

3 “Publish Online”对话框的高级部分允许用户选择封面并指定图像导出设置。在此对话框中进行更改后，单击“Publish”。

提示：如果不想公开在线文件，可以隐藏所有在线发布命令和通过选择禁用在线发布部分的对话框控制在线发布。

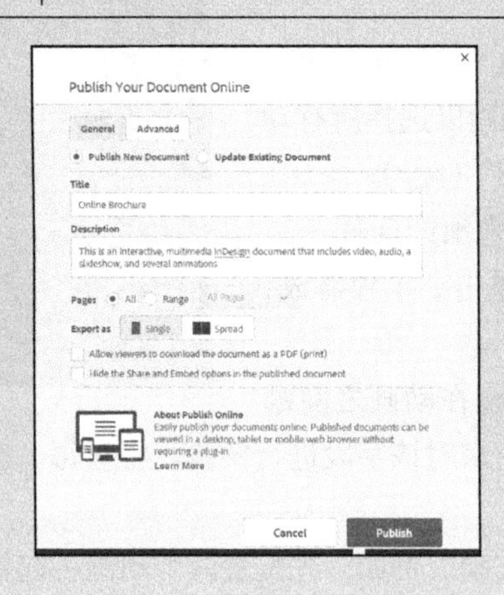

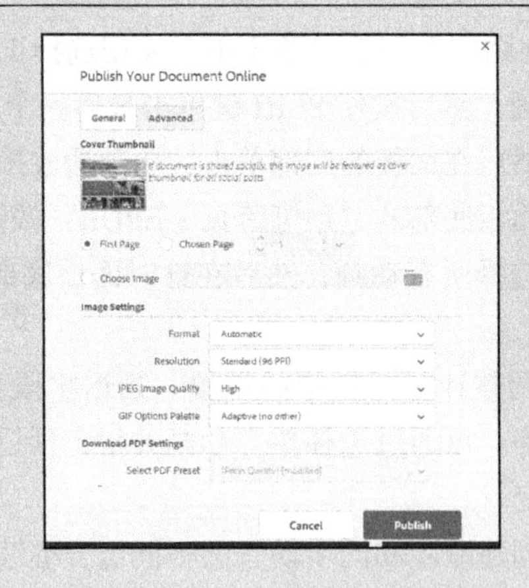

窗口显示文件上传，并提供了预览的第一页、文件的名称，状态栏显示上传的进度，并可以取消上传。

4 当上传完成后，单击“View Document”以在Web浏览器中显示文档，然后单击“Copy”将URL复制到剪贴板。也可以单击Facebook、Twitter或电子邮件按钮来在社交网络上共享链接。

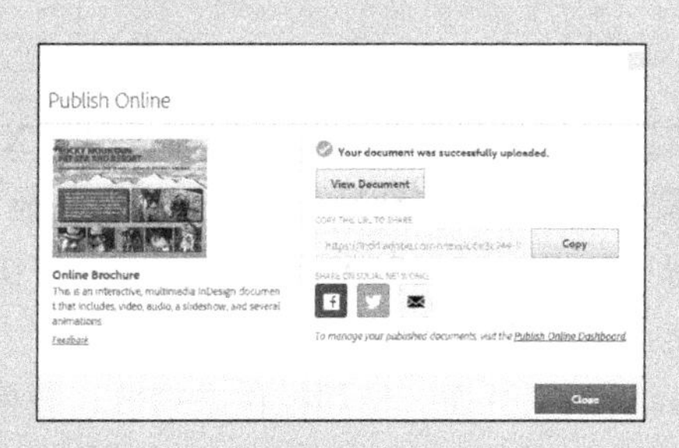

5 完成选择后，单击“Close”关闭窗口并返回文档。

对于使用在线发布功能上传的InDesign文档，可以选择“文件”>“近期发布”显示最近发布的文件名称菜单，从列表中选择名称即可以打开浏览器中的文档。

如果要删除在线发布的文档，请选择“文件”>“Publish Online功能板”。在默认浏览器中打开一个网页，会按时间顺序显示一个最近上传的文件列表。要删除已发布的文档，请在列表中指向它，然后单击右侧的垃圾桶按钮。

在本课中，将两个已经创建的对象配置为一个运动路径，该路径允许用户已不能使用任何运动预置的方式移动对象。

1 使用椭圆工具在第2页面板框架的左边画一个小圆形框架，填充颜色。

2 用铅笔工具或钢笔工具从页面左侧的面板到页面右侧的面板，画一个波浪形的、不规则的延伸线。

3 使用“选择工具”和按Shift键并单击可选择圆形形状和线条，然后单击动画面板底部的“转换为移动路径”按钮。

4 预览动画。

5 默认情况下，当页面加载时动画会播放。选择页面底部的图形（除了已经是按钮的图形），然后使用按钮和表单面板将其转换成一个按钮，也可以播放圆圈动画。单击测试按钮，预览动画。

在本课中导入了声音文件后，将配置一个按钮来播放声音。声音对象隐藏在输出文件中的声音控制器。如果选择显示声音，看看会发生什么。

1 如有必要，请浏览至第2页。选择“文件”>“置入”，在Lesson15文件夹中选择Bckg Music.mp3的声音文件链接。

2 单击顶部边框和第四列左边框相交处，如图所示（对于这个任务，精度不重要）。

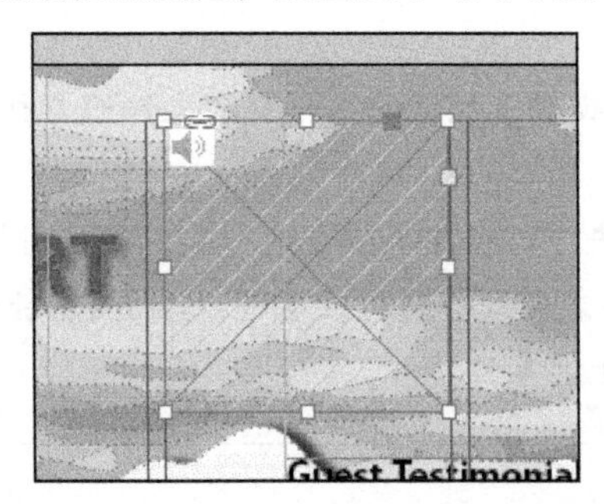

3 确保在控制面板左上角选择参考点（▦）。在控制面板中在 X 或 Y 框中输入 300，按 Enter 或 Return 键（扩大对象使得声音控制在导出 EPUB 时更明显，更容易操作）。

4 在媒体面板中，从“海报”下拉列表中选择“标准”。这将在 InDesign 页面的框架中显示声音图标，以及导出交互式 PDF 文件。

5 在 EPUB 交互性预览面板预览页面。使用控件来播放、暂停、静音和取消静音声音控制器。输出固定版面 EPUB 时选择“查看应用程序”来查看声音控件的显示和功能。

复习题

1 可重排版面 EPUB 和固定版面 EPUB 的主要区别是什么？

2 InDesign 提供动画对象的两种方法是什么？如何显示它们的不同？

3 默认情况下，动画按创建的顺序播放。如何更改动画播放的顺序，以及如何同时播放多个动画？

4 在 InDesign 中如何预览多媒体和互动元素？

5 如何创建幻灯片？

复习题答案

1 可重排版面的 EPUB 格式允许 EPUB 阅读器优化内容取决于显示装置。例如，可重排版面的 EPUB 阅读器可以调整文本显示的大小，在一个给定的页面，从而影响文本的数量。固定版面 EPUB，原有的 InDesign 页面的尺寸保持不变，为的是保真于原来的版面。

2 可以通过选择动画面板中的运动来进行动画对象的分组，也可以创建运动路径。运动路径由两个元素组成：动画对象或动画对象移动的运动路径。

3 利用计时面板的控件可以控制动画的播放。所有与选定条件相关的动画（例如在示例文档的第一页上的页面加载和单击页面上的动画）都会显示。可以拖动名字列表中的顺序来改变播放顺序。也可以选择多个动画，单击“一起播放”按钮（ ）使其同时播放。

4 在 EPUB 交互性预览面板可以预览和测试多媒体和互动元素。动画、计时、媒体对象的状态和按钮和表单面板都包括一个“预览跨页：EPUB”按钮，也可以通过选择“窗口” > “交互” > “EPUB 交互性预览”显示面板。

5 要创建幻灯片，首先创建一个对象层积，然后使用对象状态面板创建多状态对象。接下来，创建和配置两个按钮：一个显示多状态对象的上一个状态，另一个显示下一个状态。

第16课 创建可重排版面EPUB

课程概述

本课中，将学习如何进行下列操作。

- 加锚的图形，InDesign 版面将导出 EPUB 文件。
- 地图段落和字符样式导出标签。
- 创建一个 EPUB 文件的内容表。
- 选择包括 EPUB 文件和指定内容的顺序。
- 为 InDesign 文档和 EPUB 文件添加元数据信息。
- 导出和预览 EPUB 文件。

学习本课大约需要 45 分钟。

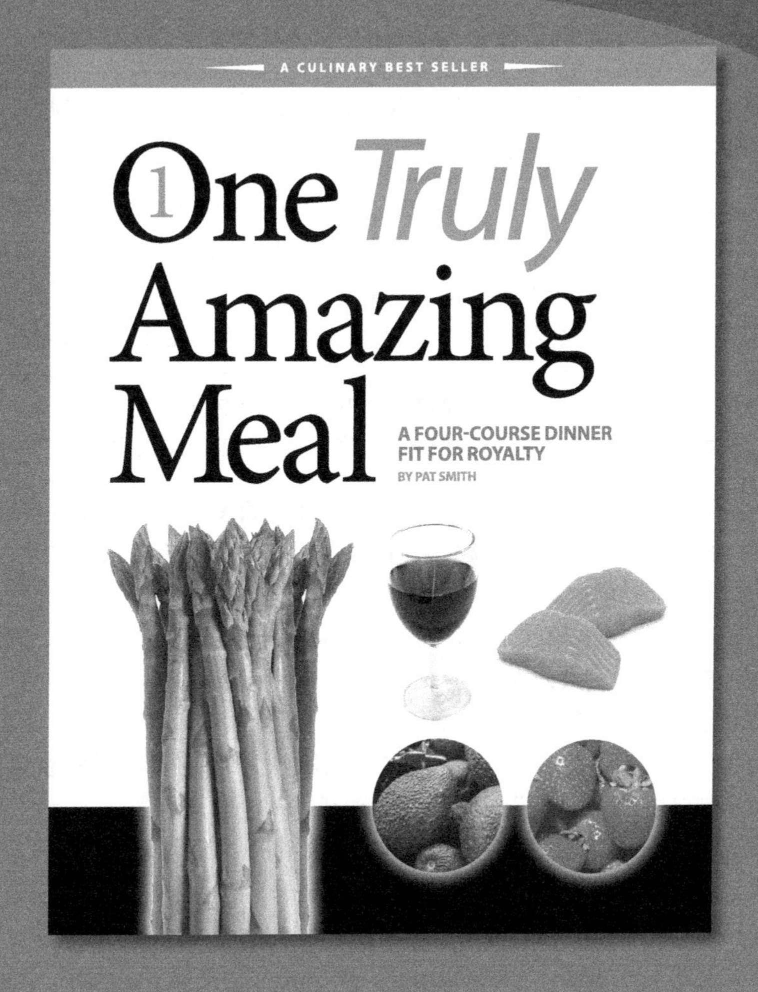

提供强大的 EPUB 功能，可以调整内容的顺序和外观，并创建电子书。导出的 EPUB 文件可以在各种电子阅读设备、平板电脑和智能手机上阅读。

概述

本课中，将完成一本食谱小册子，将文档导出为 EPUB，然后预览导出的文件。

在几个关键方面，印刷出版物与电子出版物是根本不同的，EPUB 文件的一些基本信息将为用户在操作中提供帮助。

- 格式。EPUB 标准旨在使出版商创建优化显示模式的内容，即可以显示在任何支持 EPUB 格式的电子阅读设备和软件上，例如 Barnes & Noble 的 Nook、Kob eReader iPad 和 iPhone 使用的 iBooks，索尼阅读器和 Adobe 数字版本软件支持 EPUB 格式。

注意：在撰写本书时，亚马逊的 Kindle 不支持 EPUB 标准，但提交的 EPUB 文件可以转换为其专有的 Kindle 格式。

- 可重排版面的 EPUB。对于可重排版面的 EPUB，电子阅读器的屏幕大小不同。电子阅读器屏幕的大小，随设备而变化，内容适应重排版面，以匹配阅读器的屏幕大小和首选字大小。这意味着将有一个可重排的 EPUB 可变页计数设备。可重排版面的 EPUB 格式是针对电子设备用户文件的首选，如小说、非小说类的书和其他类型的出版物。

注意：InDesign CC 2017 提供两种 EPUB 选择：EPUB（可重排版式）和 EPUB（固定版面）。本课涉及一个可重排的 EPUB 创作。关于 EPUB(固定版面)导出，请参见第 15 课。

- 固定版面 EPUB。相比于可重排版面的 EPUB，固定版面的 EPUB 格式是页码格式，提供了更多的设计控制和使用以及丰富的媒体文件，包括图形密集型文件，如音频或视频。例子包括课本、漫画书和儿童读物。

在本课中，将创建一个可重排版面的 EPUB。因为电子阅读器屏幕的大小因设备而不同，内容以单项连续的方式展开，其页面大小与 InDesign 文档不需要任何特定的屏幕尺寸对应，这就是为什么本节课采用了标准的“8.5 × 11”的页面大小。

1 为确保 Adobe InDesign 程序的首选项和默认设置符合本课的要求，请先将 InDesign Defaults 文件按照“前言”中的步骤移动到 4 ～ 5 页。

2 启动 Adobe InDesign。为确保面板和菜单命令符合本课程要求，请依次选择“窗口” > “工作区” > “高级”，然后再选择“窗口” > “工作区” > “重置‘高级’”。开始工作之前，应先打开已部分完成的 InDesign 文档。

3 选择“文件” > “打开”，在 InDesign CIB 课程文件夹的 Lesson16 文件夹中打开“16_start.indd”文件。（如果显示缺少字体对话框，单击“同步”的字体，然后单击“关闭”，字体已经从 Typekit 成功同步）。如果警报通知文档包含已修改的源链接，单击更新链接。

4 要看到完成的文件效果，可以打开 Lesson16 文件夹中的“16_End.indd”文件。

5 浏览已完成的文件，查看标题页和 4 个食谱。

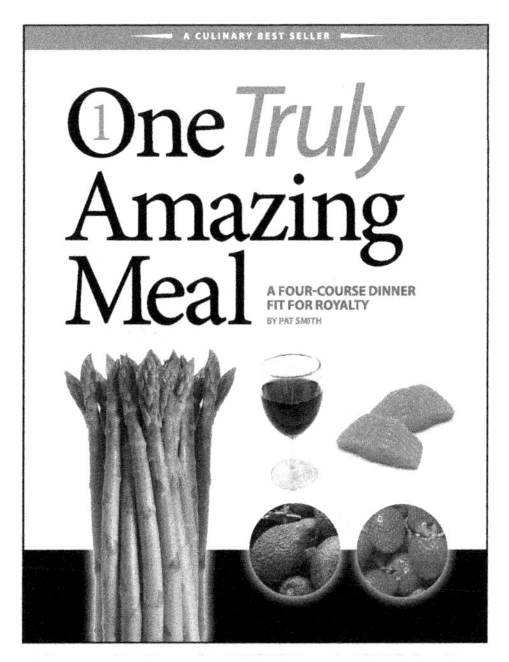

6 浏览完毕后，关闭“16_End.indd”，也可保持打开以作参考。

> **提示**：苹果 iBooks 会自动安装在 Mac OS 的计算机和显示文件的默认应用程序。

7 返回到的 16_Start.indd 文件，选择“文件”>“存储为”，重命名文件为“16_RecipesBooklet.indd”，并将其保存在 Lesson16 文件夹中。

导出前完成小册子

导出 EPUB 文件前，一些扫尾工作是必需的。先添加一些图形，锚文本中的图形，然后格式化包含锚的图形，导出的 EPUB 将自动创建分页符。为了完成这本小册子，需要创建一个简单的目录，并添加一些元数据。

添加锚的图形

食谱小册子包括 4 个食谱：开胃菜、主菜、蔬菜和甜点。食谱都包含在一个单一的文本线程中。在每道菜的标题前添加图片，然后将导出 EPUB 时创建分页符的段落样式应用于文档。为了简化任务，可将图形文件存储在库中。

> **注意**：在文本中添加锚的图形就可以在导出的 EPUB 中控制其相对于文本的位置。

1 选择“文件”>“打开”，然后在 Lesson16 文件夹中打开“16.Library.indl”文件。

2 使用页面面板，或者按 Ctrl+J 组合键（Windows）或 Command +J（Mac OS）键，在“页面”下拉列表中选择“3”，然后单击“确定”按钮，导航到第 3 页。

3 使用文字工具（T），将插入点放在标题“Guacamole”前，然后按 Enter 键或 Return 键。

> **提示：**如果需要，本课中可以通过选择“文字”>“显示隐含的字符”来显示隐藏的字符，如段落换行和空格键。

4 使用选择工具（▶），将库项目命名为“Avocados.tif”，并拖曳至页面两侧的剪贴板上。

5 按住 Shift 键，拖动右上角，将步骤 3 中创建的空行文字图形框架放在蓝色方框附近。当标题上方显示短垂直线时，释放鼠标按钮。

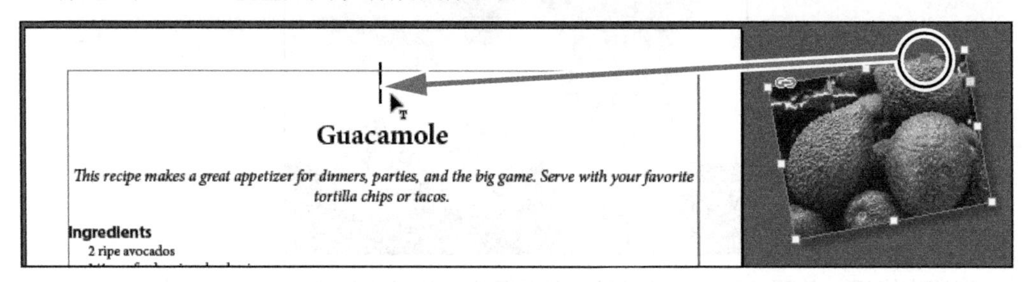

> **提示：**当插入内嵌图形库项目时，也可以在文本建立插入点。从库中选择该项目，然后从库面板菜单中选择“置入项目”，该项目则自动插入作为内嵌图形。

6 使用文字工具，单击左或右锚的图形，建立插入点。

7 选择“文字”>“段落样式”，或者在停靠面板列表单击“段落样式”，以打开段落样式面板。

8 单击段落样式名列表中的“图形”，为包含锚的图形的单行段落应用段落样式。
本课后面导出 EPUB 文件后，会使用图形段落样式将菜谱分裂成 4 个独立的（HTML）食谱文件。长文档分割成小块，可使得 EPUB 显示更有效率，每个食谱都在新的一页开始。

9 重复步骤 3 ～ 8，为剩下的 3 个库项目（Salmon.tif、Asparagus.tif、Strawberries.tif）在食谱标题前添加锚。使用页面面板浏览需要的页面，确保每个图形框架均已内嵌在文档中，图形段落样式应用到包含框架的段落。

10 选择“文件”>“存储”。

段落和字符样式映射到导出标签

EPUB 是一种基于 HTML 的格式。为了在导出过程中帮助控制 EPUB 文件中的文字格式化，可以映射到 HTML 标签和类的段落样式和字符样式。接下来，将几个文档的段落样式和字符样式映射到 HTML 标签。

1 从段落样式面板菜单中选择“编辑所有导出标签”。

2 在“编辑所有导出标签”对话框，确保“显示”选择为“EPUB 和 HTML”，单击“Main Headlines”样式右边的“自动”，从下拉列表中选择“h1”。

提示： 单击并拖动“编辑所有导出标记”对话框的任何边缘或角落以使其变得更大或更小。

3 在主标题的类字段中输入“主标题”。当导出 EPUB 时，将把 h1 HTML 标签（用于最大的头条新闻）和“主标题”类分配给应用了主标题段落样式的段落。

4 应用标签和类名，其余段落样式设置如下所示。如果需要，拖动右下角扩大对话框。

- Recipe Tagline：h3; 类：tagline。
- Graphics：自动。
- Subheads：h2；类：subheads。
- Ingredients：p。
- Instructions：自动；类：instructions。
- Instructions Contd：自动；类：instructions。
- Related Recipes：自动。

5 因为指令和指令连续段落样式被映射到相同的标记和类名，所以在本课后面 EPUB 导出时只导出说明的 CSS 段落样式。取消选中的 EmitCSS 指令续段落样式。

该文件还包括两个字符样式，需要指定标签来定义下面段落样式。

6 应用加强标签，加粗字符风格样式。加强标签将保持配方中的粗体文本。

在关闭“编辑全部导出标签”对话框前，需执行一个任务：指定图形段落样式，将 EPUB 分成更小的 HTML 文件。每个食谱会在 EPUB 产生一个新的 HTML 文件，每个图片菜的食谱将开始一个新页面。

7 选择图形段落样式，然后勾选其“拆分 EPUB 复选框”。

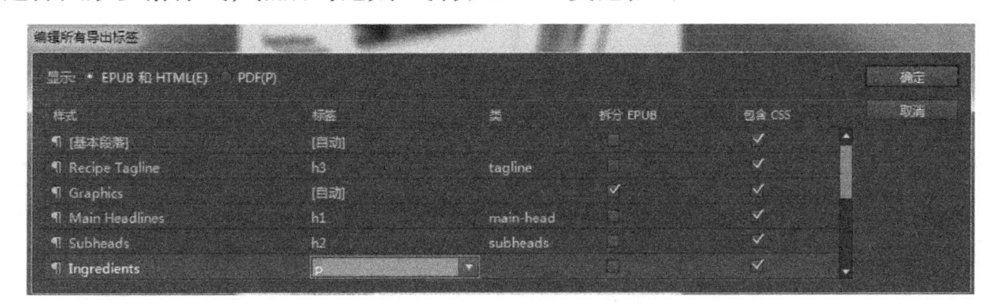

8 单击“确定”按钮，关闭对话框。

9 选择“文件”>“存储”。

添加目录

将 InDesign 文档导出为 EPUB 时，可以选择生成一个导航表的内容，使查看器轻松地浏览 EPUB 某些位置。此目录是基于一个表的内容。

1 选择“版面” > “目录样式”。

2 在“目录样式“对话框中，单击“新建”，显示“新建目录样式”对话框。

3 在“新建目录样式”对话框中，在“目录中的样式”选项框中键入的食谱小册子。拖动滚动条来显示，并在“其他样式”列表中选择“主标题段落样式”，然后单击“添加”按钮，将该段落样式添加到“包含段落样式”列表中。

4 其他设置保持不变，单击“确定”按钮关闭“新建目录样式”对话框。再单击确定关闭“目录样式对话框”。

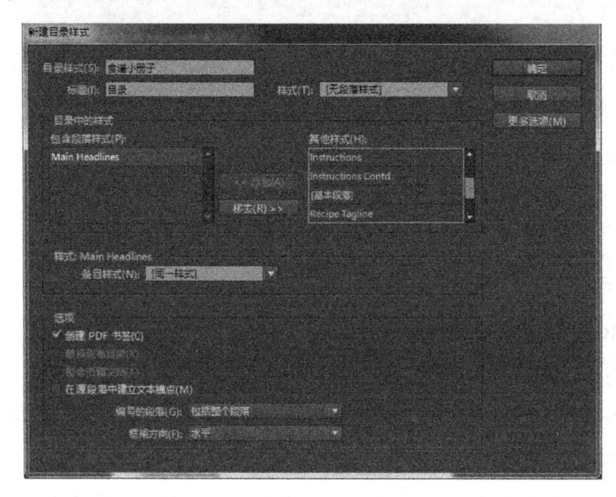

5 选择“文件” > “存储”。

选择电子书的内容

文章面板提供了简单的方法来选择希望纳入 EPUB 中的内容（文本框架、图形框架、未分配框架等）。接下来，将添加 3 篇文章到文章面板，给它们命名并重新排列两个元素。

添加封面页

在导出的 BPUB 内嵌封面图片，将使用第一个页面的文件。因为第一个页面包含几个对象，要保持页面外观，需要作为一个单一的图形导出封面页的内容，而不是作为一系列的单个对象。要完成这个任务，可对第 1 页上的所有对象进行分组，然后指定导出选项，在导出时将其转换成一个单一的图形组。

> ID **提示：**为了防止任何出血区域的封面页被包含在光栅化的封面图像中，需删除之前页面边缘延伸的所有对象。

1 导览到第 1 页的文件，并选择“视图” > “使页面适合窗口”。

2 选择“窗口” > “文章”来打开文章面板。

3 选择选择工具（![]），选择“编辑” > “全选”，然后选择“对象” > “编组”。

4 选择“对象” > “对象导出选项”，打开“对象导出选项”对话框。

5 选择“栅格化内容”，从“大小”下拉列表中选择“自定义宽度”，并在“分辨率”（PPI）下拉列表中选择“150”。单击“确定”按钮关闭对话框。

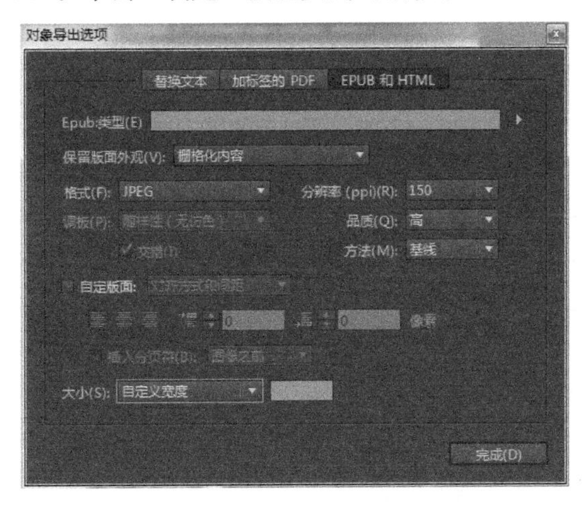

6 将第 1 页上的对象组拖动到文章面板中。在“新建文章”对话框，在“名称”框中输入“封面”，确保勾选“导出时包含”，然后单击“确定”按钮。

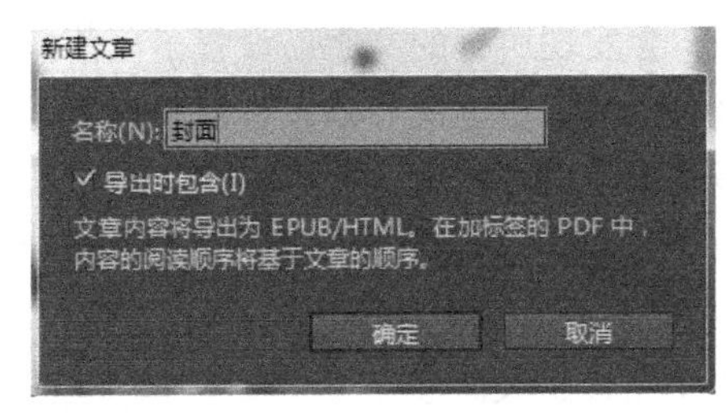

注意到，封面页文章已添加到文章面板。

7 选择“文件” > “存储为”。

添加标题页，其内容重新排序

第 2 页的文件是一个简单标题页，只有几个对象。因为这个页面不是密集设计的，所以做第 1 页时没有必要把它转换成一个图形。因此，不是将对象分组，而是创建一个新的文章，然后指定定制导出设置，简单地将它们拖曳到文章面板。然后，重排其他元素来修改文章。

1 导览到文件第 2 页。

2 使用选择工具（![]）或者选择“编辑” > “全选”，选择页面上的所有对象，拖动对象到面板下方的封面页文章，将文章命名为“标题页”（单击“确定”按钮关闭“新建文章”对话框）。

> **提示：**也可以从文章面板菜单中选择“新建文章”，或者单击面板底部的“新建文章”按钮（），添加一个新的文章。

标题页上对象的顺序是按照创建对象时的顺序排列的，如果在这时导出文章，文档导出的两条水平线将是页面上的最后两个对象，因为它们是最后创建的。因为这个页面不会转换成图形导出，所以需要更改元素的顺序，以确保它们以正确的顺序导出。

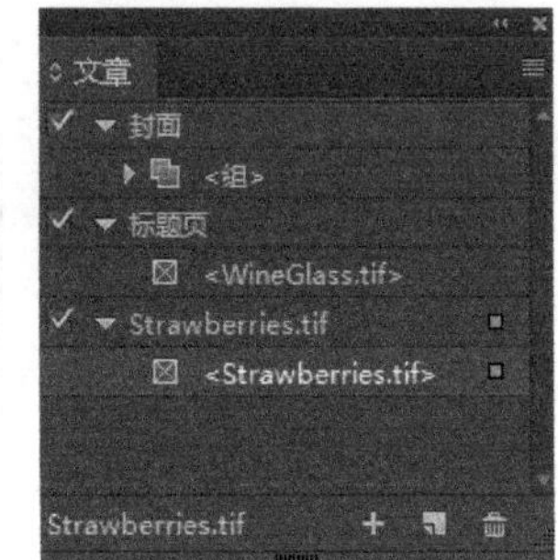

3 在文章面板，将最上面的两个 <rectangle> 元素在列表中向上移动。当白色水平线上方显示“Everything you need…”时，释放鼠标按钮。这就会在包含“Everything you need…”的文本框上方和下方出现水平线（以匹配 InDesign 页面）。

4 拖动 Strawberries.tif 至元素列表的底部，放置在文章中所有其他元素的下面。这将移动图形至 EPUB 标题页的底部，这意味着 EPUB 当前页的布局将与 InDesign 文档中的布局稍有不同。

5 选择“文件”>“存储”。

添加其他内容

小册子的其余内容，即 4 个配方，包含在一个单独的文本跨页上。接下来，将再创建一篇文章，其中包含食谱，但首先有必要快速浏览一下文本。

如果在食谱的文本内单击，会发现所有的文字已设置了段落样式。这有助于确保导出文档时，文本保留它的样式。符号和编号列表样式使用包括自动项目符号和编号的段落样式。

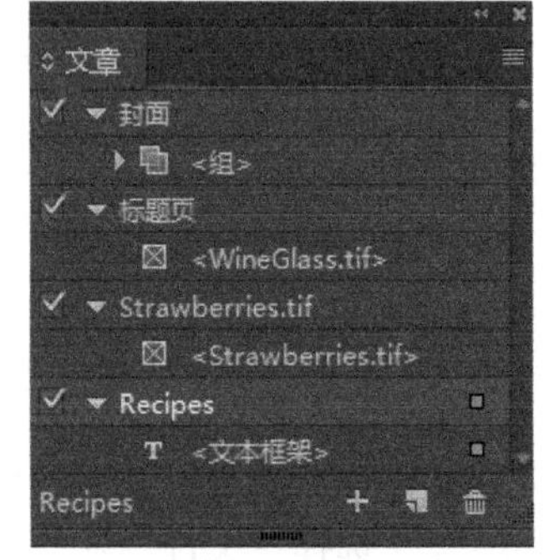

1 浏览页面 3。使用选择工具（），将包含食谱的文本框拖动到标题页文章下方的文章面板，并将其命名为“食谱”（如果有必要，拖动面板右下角以扩大面板）。

2 请单击“确定”关闭“新建文章”对话框。

请注意，食谱的文章仅包含一个元素：一个文本框。之前内嵌的图形没有单独列出，因为它们是配方文本的一部分。

3 选择“文件”>“存储”。

添加元数据

元数据是一组有关文件的标准化信息，如标题、作者名、描述、关键字。当导出 EPUB 文件时，可以在 EPUB 文件内自动包括元数据。这个数据用来在电子阅读器 EPUB 库显示文档的标题和作者。接下来，将添加 InDesign 文件的元数据信息。此信息包含在导出的 EPUB 中，EPUB 打开时会显示。

1 选择“文件”>“文件信息”。

2 在“文件信息”对话框中，在“基本”页面，在文档标题框中输入“One Traly Amazing Meal”，在“作者”框中输入姓名，单击“确定”按钮关闭对话框。

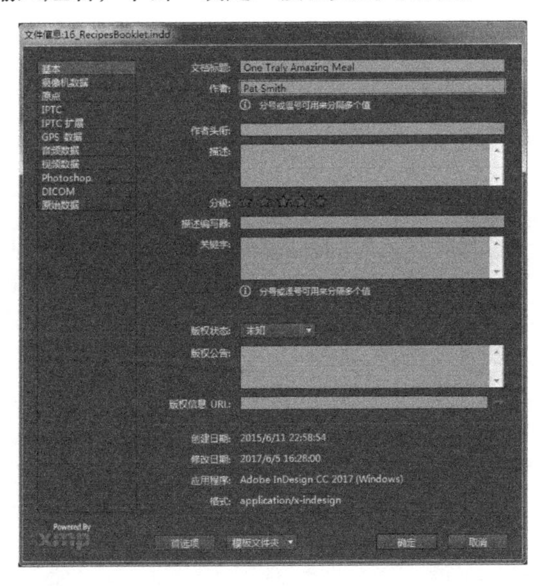

3 选择“文件”>“存储”。

导出 EPUB 文件

现在，已经完成了筹备工作，准备好文档以导出 EPUB 文件。要完成这一课，还要指定几个定制导出选项，利用本课前面的工作来优化将以 EPUB 格式导出的文件。

就像在“打印”对话框中设置控制打印页面的外观一样，用户将 InDesign 文档导出为 EPUB 格式时进行的设置也控制 EPUB 外观。下面将指定几个通用设置，然后再指定几个高级设置。

1 选择“文件”>“导出”。

2 在“导出”对话框中的“保存类型（Windows）或“格式”（Mac OS）下拉列表中选择 EPUB 文件。

3 在“文件名”框（Windows）或“存储为”框（Mac OS）中，将文件命名为 16_Recipes.epub，并保存到硬盘驱动器上 InDesign CIB 文件夹内的课程文件夹中的 Lesson 16 文件夹中。

4 单击“保存”，关闭导出对话框。

5 在“EPUB 导出选项”对话框中的“常规”部分，确保“版本”下拉列表中选择“EPUB 3.0”，然后指定下列设置选项。

- 封面：栅格化首页。
- 导航 TOC：多级别（TOC 样式）。
- TOC 样式：食谱小册子。
- 内容顺序：与文章面板相同。

确保勾选“拆分文档”并选中“基于段落样式导出标签”。因为指定的图形段落样式在 EPUB 中创建了较小的 HTML 部分。当指定“基于段落样式导出标签”，在 EPUB 中开始新的 HTML 部分时则选择食谱中锚定的每 4 个图形。

> **注意**：当对特定段落样式启用拆分 EPUB 功能时，利用“基于段落样式导出标签”设置，可以将长文档分割成较小的文件。也可以在可能引起拆分的“EPUB 导出选项”对话框中选择一个段落样式。

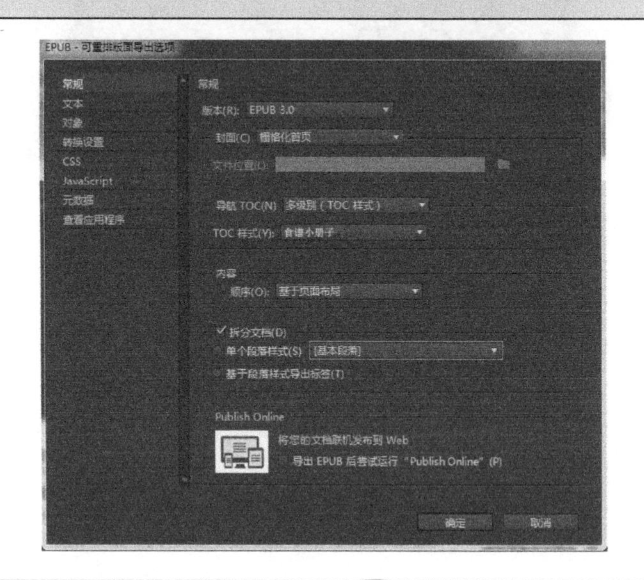

> **提示**：在 EPUB 导出选项对话框中的“对象”部分，勾选“忽略对象导出设置”复选框，可以覆盖任何已经应用到单个对象和多个对象的导出设置。

6 在“文本”的选项部分，确保在“项目符号”下拉列表中选择“映射到无序列表”，在“编号”下拉列表中选择“映射到有序列表”。这确保了配方文本中的编号和符号列表在 EPUB 转换成 HTML 列表。

> **注意**：如果已经对设置了格式的段落和字符应用了大量的手动覆盖，选择保留本地覆盖可以为 InDesign EPUB 导出时产生的 HTML 和 CSS 添加大量内容。如果不选择这个选项，可能需要编辑 CSS，以进一步控制 EPUB 外观。编辑 CSS 超出本书的范围。

7 单击 EPUB 导出选项对话框的“对象”部分，勾选“(对图形 / 媒体对象) 保留版面外观”，以确保未内嵌的图像仍保留剪裁功能以及旋转和透明效果等属性。

从“CSS 大小”下拉列表中选择“相对于文本流”，以防止对象大于所需。

8 在“转换设置”部分，在“格式”下拉列表中选择“JPEG”，并确保“分辨率”选择 150。

9 在“CSS”部分，指定 4 个边距都为 24 并确保勾选“生成 CSS”“保留页面优先选项”“包括可嵌入字体”，然后单击“添加样式表”。

10 在 Lesson16 文件夹选择 recipes.css 文件，然后单击“打开”。

此 CSS 样式表中包含 HTML 代码，改变了配方名称和副标题的颜色。

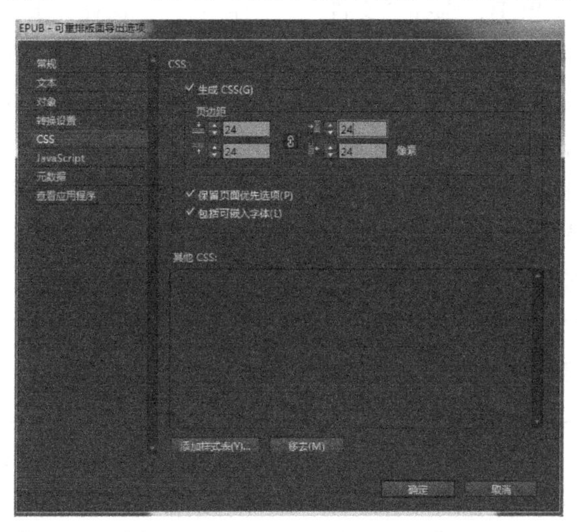

11 在“元数据”部分中，可以看到本课中较早时候输入的元数据信息。如果需要，请在其他字段中添加附加信息。

注意：Mac OS 系统中，iBooks 是系统默认的浏览 APP。

12 在“EPUB 导出选项”对话框的左侧列表中单击“查看应用程序”。

注意：InDesign 会为 EPUB 自动生成一个唯一的 ID，但商业版 EPUB 需输入书号。

- 如果计算机上安装了 Adobe Digital Editions，在“查看应用程序”部分时系统默认会自动选择该应用程序。
- 如果已经安装 Adobe Digital Editions，但它没有作为应用程序列出，请单击“添加应用程序”并从程序文件夹（Windows）或应用程序文件夹（Mac OS）上选择它，然后将它作为首选查看应用程序。
- 或者，选择另一个程序读取 EPUB。当 EPUB 是导出状态时，它将在选定的程序自动打开。Adobe Digital Editions 可以从 Adobe 网站免费下载：www.adobe.com。

13 单击“确定”按钮以导出 EPUB。如果显示一个警告，单击“确定”继续查看 EPUB。

如果计算机上安装了 Adobe Digital Editions，EPUB 文件将自动打开，可以通过滚动来查看内容。也可以在任何支持 EPUB 格式的设备上打开 EPUB 文件。

14 返回 InDesign 。

15 选择“文件”>“存储”。

恭喜！您已经创建了电子出版物，可以在各种电子阅读设备上查看。

练习

现在已经创建了一个 EPUB，选择“文件”>“存储为”，保存完成的 InDesign 文件，文件名为 16_Practice.indd。下面可以使用此练习文件，使用不同的设置，执行任何课程任务。

1 重新访问“编辑所有导出标签”对话框，并尝试将一些段落样式映射到不同的 HTML 标签上。导出新版本，并将变化与原有的 EPUB 文本进行比较。

2 导出另一个 EPUB，但不使用文章面板指定 EPUB 的内容和顺序，这次从“EPUB 导出选项”对话框“常规”部分的“内容顺序”下拉列表中选择“基于页面布局”。将这个版本与原来的进行比较。

注意：不是所有的电子阅读器都支持字体嵌入。如果可能的话，对各种设备测试 EPUB。

3 如果是高级类型，可以“打开”一个 EPUB 文件，然后查看其组成文件。 EPUB 文件本质上是一个压缩文件，其中包含几个文件夹和文件。如果将 EPUB 文件扩展名 .epub 替换为 .zip 就可以使用一个文件解压工具来解压缩文件。那么会发现文件夹包含 InDesign 文档中的图像，以及所使用的字体和 CSS 样式表。还可以找到 7 个 XHTML 文件，每个分别用于 EPUB 的 7 个页面。在 Adobe Dreamweaver 中可以查看源代码，打开这些页面，预览网页，选择添加更多的信息和功能。

注意：InDesign CC 2017 提供两种 EPUB 选择：EPUB（可重排版式）和 EPUB（固定版面）。本课涉及一个可重排的 EPUB 创作。关于 EPUB(固定版面)导出,请参见第 15 课。

4 打开 Recipes.css 文件（Lesson16 文件夹中）。检验控制 3 个段落样式外观的 HTML 代码（H1：主标题，h4: 配方标语和 H3：分目）。通过将颜色数 669933 改变为 DF0101，改变应用了主标题段落样式的段落的颜色。将更改保存到的 Recipes.css 文件，或者选择“存储为”，用不同的名称创建一个新的文件，导出另一个 EPUB。（如果更改文件名，请确保在“EPUB 导出选项”对话框中选择新建的文件。）注意添加到主标题的不同颜色。

可以尝试改变一些其他属性。例如，从“居中”改变为“左对齐”，或者找一些十六进制的颜色代码，改变主标题和副标题的颜色。

提示：在个人 InDesign 文档中，将长文切割成较小文件的 HTML 文档是创造每一部分 EPUB，将这些结合到 InDesign 书中，然后从面板菜单中选择导出 EPUB。

5 从 Lesson16 文件夹打开 ipadepub.indd 文件。本文档包含与在课程中所学习的内容相同的地方，但页面大小已更改为 1024 × 768 像素 iPad 屏幕的尺寸，并已被稍微修改，以适应不同的页面尺寸。

提示：不同 EPUB 阅读器可以显示不同的 EPUB 文件。

导出文件并命名为 Recipes2.epub，在“导出”对话框中选择 EPUB（固定版面），而不是选择 EPUB（可重排版面）。

使用苹果 iBooks（一个应用程序，包括 Mac OS X[10.9]）查看导出的固定版面的 EPUB，在“EPUB 固定版面导出选项”对话框左侧选择“查看应用程序”，然后选择 iBooks。也可以下载 EPUB 文件使用 iTunes iPad 和 iBooks 打开它。在“EPUB 固定版面导出选项”对话框中保留所有其他默认设置并单击“确定”。

注意：iBooks 只能用于 Mac OS 系统。可以使用数字版本在 Windows 和 Mac OS 计算机上查看固定版面的 EPUB。

复习题

1 当创建一个要导出为 EPUB 的文件时，怎么确保图形保持其与周围文本的相对位置？

2 什么是元数据？

3 什么样的面板，可以将指定的内容包含在一个 EPUB 中并排列元素导出的顺序？

4 当导出 EPUB 时，必须选择什么选项？如何由文章面板来决定内容顺序，而不是页面布局来决定？

5 已经为几个图形框架具体定制导出设置，怎么可以在导出 EPUB 时覆盖这些对象的导出设置？

复习题答案

1 要确保图形保持其相对于 EPUB 文件文本的位置，可内锚文本作为内嵌图形。

2 元数据是有关文件的信息，比如其标题、作者、描述和关键字。将元数据纳入 EPUB 是一个很好的做法，因为这些信息可以被搜索引擎和电子阅读器访问。

3 在文章面板（“窗口”>“文章”），可以选择在 EPUB 想要的内容，并安排导出顺序。

4 为了确保内容的顺序是通过文章面板，而不是通过页面布局决定，必须从“内容顺序”下拉列表中选择“与文章面板相同”。“内容顺序”下拉列表位于“EPUB 导出选项”对话框中的“常规”部分。

5 如果勾选“EPUB 导出选项”对话框中“对象”部分的“忽略对象导出设置”，任何已选定的定制导出设置都将被忽略，在“对象”部分指定的设置将应用于 EPUB 的所有对象。

欢迎来到异步社区！

异步社区的来历

异步社区（www.epubit.com.cn）是人民邮电出版社旗下 IT 专业图书旗舰社区，于 2015 年 8 月上线运营。

异步社区依托于人民邮电出版社 20 余年的 IT 专业优质出版资源和编辑策划团队，打造传统出版与电子出版和自出版结合、纸质书与电子书结合、传统印刷与 POD（按需印刷）结合的出版平台，提供最新技术资讯，为作者和读者打造交流互动的平台。

社区里都有什么？

购买图书

我们出版的图书涵盖主流 IT 技术，在编程语言、Web 技术、数据科学等领域有众多经典畅销图书。社区现已上线图书 1000 余种，电子书 400 多种，部分新书实现纸书、电子书同步出版。我们还会定期发布新书书讯。

下载资源

社区内提供随书附赠的资源，如书中的案例或程序源代码。

另外，社区还提供了大量的免费电子书，只要注册成为社区用户就可以免费下载。

与作译者互动

很多图书的作译者已经入驻社区，您可以关注他们，咨询技术问题；可以阅读不断更新的技术文章，听作译者和编辑畅聊好书背后有趣的故事；还可以参与社区的作者访谈栏目，向您关注的作者提出采访题目。

灵活优惠的购书

您可以方便地下单购买纸质图书或电子图书，纸质图书直接从人民邮电出版社书库发货，电子书提供多种阅读格式。

对于重磅新书，社区提供预售和新书首发服务，用户可以第一时间买到心仪的新书。

用户账户中的积分可以用于购书优惠。100 积分 =1 元，购买图书时，在 0 使用积分 里填入可使用的积分数值，即可扣减相应金额。